教育部高等学校电子信息类专业教学指导委员会规划教材

高等学校电子信息类专业系列教材

Automation and Instrumentation for Petrochemical Process

石油化工自动化及仪表

（第2版）

许秀　主编　　肖军　王莉　副主编

Xu Xiu　　　　Xiao Jun　Wang Li

清華大學出版社

北京

内 容 简 介

本书全面系统地介绍了应用于石油化工领域的测控仪表系统及过程控制技术的基础知识。

全书共分为四篇。第一篇自动控制基础知识,共 3 章,主要介绍了自动控制的基本概念、性能指标和要求及对象的特性和数学模型。第二篇参数检测及仪表,共 7 章,主要介绍了检测仪表的基础知识,石油化工生产过程中主要工艺参数温度、压力、流量、物位及成分等常用检测仪表,现代检测技术。第三篇控制仪表及装置,共 5 章,主要介绍了控制仪表及装置,包括模拟控制器、数字控制器、可编程控制器(PLC)、集散控制系统(DCS)、现场总线及控制系统和执行器。第四篇过程控制系统,共 4 章,主要介绍了过程控制技术,包括简单控制和复杂控制系统,新型控制系统和石油加工典型设备的自动控制。

本书从石油化工工程的角度出发,在介绍传统自动控制与仪表基础知识的同时,注重与实际应用相结合,同时,对新系统、新装置、新方法进行了阐述。配套给出了大量例题与习题,教学建议和教学课件,便于教学与自学。在叙述方式上力求深入浅出、图文并茂。本书注重培养学生逻辑思维、创新思维与工程思维的能力,提高分析与解决实际工程问题的能力。

本书可作为高等学校石油化工和储运类专业等非自动化专业本、专科生及研究生教材,也可作为石油化工行业各类工程技术人员的参考用书。

图书在版编目(CIP)数据

石油化工自动化及仪表/许秀主编. —2 版. —北京:清华大学出版社,2017(2023.7重印)
(高等学校电子信息类专业系列教材)
ISBN 978-7-302-46428-0

Ⅰ. ①石… Ⅱ. ①许… Ⅲ. ①石油化工—化工生产—自动控制—高等学校—教材 ②石油化工—自动化仪表—高等学校—教材 Ⅳ. ①TE9

中国版本图书馆 CIP 数据核字(2017)第 023668 号

责任编辑:盛东亮
封面设计:李召霞
责任校对:梁 毅
责任印制:丛怀宇

出版发行:清华大学出版社
   网   址:http://www.tup.com.cn,http://www.wqbook.com
   地   址:北京清华大学学研大厦 A 座   邮   编:100084
   社 总 机:010-83470000   邮   购:010-62786544
   投稿与读者服务:010-62776969,c-service@tup.tsinghua.edu.cn
   质量反馈:010-62772015,zhiliang@tup.tsinghua.edu.cn
   课件下载:http://www.tup.com.cn,010-83470236
印 装 者:三河市龙大印装有限公司
经   销:全国新华书店
开   本:185mm×260mm   印 张:25   字   数:603 千字
版   次:2013 年 6 月第 1 版   2017 年 3 月第 2 版   印   次:2023 年 7 月第 5 次印刷
定   价:65.00 元

产品编号:071506-02

序

FOREWORD

　　我国电子信息产业销售收入总规模在 2013 年已经突破 12 万亿元,行业收入占工业总体比重已经超过 9%。电子信息产业在工业经济中的支撑作用凸显,更加促进了信息化和工业化的高层次深度融合。随着移动互联网、云计算、物联网、大数据和石墨烯等新兴产业的爆发式增长,电子信息产业的发展呈现了新的特点,电子信息产业的人才培养面临着新的挑战。

　　(1) 随着控制、通信、人机交互和网络互联等新兴电子信息技术的不断发展,传统工业设备融合了大量最新的电子信息技术,它们一起构成了庞大而复杂的系统,派生出大量新兴的电子信息技术应用需求。这些"系统级"的应用需求,迫切要求具有系统级设计能力的电子信息技术人才。

　　(2) 电子信息系统设备的功能越来越复杂,系统的集成度越来越高。因此,要求未来的设计者应该具备更扎实的理论基础知识和更宽广的专业视野。未来电子信息系统的设计越来越要求软件和硬件的协同规划、协同设计和协同调试。

　　(3) 新兴电子信息技术的发展依赖于半导体产业的不断推动,半导体厂商为设计者提供了越来越丰富的生态资源,系统集成厂商的全方位配合又加速了这种生态资源的进一步完善。半导体厂商和系统集成厂商所建立的这种生态系统,为未来的设计者提供了更加便捷却又必须依赖的设计资源。

　　教育部 2012 年颁布了新版《高等学校本科专业目录》,将电子信息类专业进行了整合,为各高校建立系统化的人才培养体系,培养具有扎实理论基础和宽广专业技能的、兼顾"基础"和"系统"的高层次电子信息人才给出了指引。

　　传统的电子信息学科专业课程体系呈现"自底向上"的特点,这种课程体系偏重对底层元器件的分析与设计,较少涉及系统级的集成与设计。近年来,国内很多高校对电子信息类专业课程体系进行了大力度的改革,这些改革顺应时代潮流,从系统集成的角度,更加科学合理地构建了课程体系。

　　为了进一步提高普通高校电子信息类专业教育与教学质量,贯彻落实《国家中长期教育改革和发展规划纲要(2010—2020 年)》和《教育部关于全面提高高等教育质量若干意见》(教高【2012】4 号)的精神,教育部高等学校电子信息类专业教学指导委员会开展了"高等学校电子信息类专业课程体系"的立项研究工作,并于 2014 年 5 月启动了《高等学校电子信息类专业系列教材》(教育部高等学校电子信息类专业教学指导委员会规划教材)的建设工作。其目的是为推进高等教育内涵式发展,提高教学水平,满足高等学校对电子信息类专业人才培养、教学改革与课程改革的需要。

　　本系列教材定位于高等学校电子信息类专业的专业课程,适用于电子信息类的电子信息工程、电子科学与技术、通信工程、微电子科学与工程、光电信息科学与工程、信息工程及其相近专业。经过编审委员会与众多高校多次沟通,初步拟定分批次(2014—2017年)建设约100门课程教材。本系列教材将力求在保证基础的前提下,突出技术的先进性和科学的前沿性,体现创新教学和工程实践教学;将重视系统集成思想在教学中的体现,鼓励推陈出新,采用"自顶向下"的方法编写教材;将注重反映优秀的教学改革成果,推广优秀的教学经验与理念。

为了保证本系列教材的科学性、系统性及编写质量,本系列教材设立顾问委员会及编审委员会。顾问委员会由教指委高级顾问、特约高级顾问和国家级教学名师担任,编审委员会由教育部高等学校电子信息类专业教学指导委员会委员和一线教学名师组成。同时,清华大学出版社为本系列教材配置优秀的编辑团队,力求高水准出版。本系列教材的建设,不仅有众多高校教师参与,也有大量知名的电子信息类企业支持。在此,谨向参与本系列教材策划、组织、编写与出版的广大教师、企业代表及出版人员致以诚挚的感谢,并殷切希望本系列教材在我国高等学校电子信息类专业人才培养与课程体系建设中发挥切实的作用。

吕志伟 教授

第2版前言
PREFACE

　　自动控制技术已经广泛应用于国民经济的各个领域,尤其是工业生产过程中。在石油化工行业,随着生产过程的连续化、大型化、复杂化,生产工艺、设备、控制与管理已逐渐成为一个有机的整体。一方面,从事石油化工过程控制的技术人员必须深入了解和熟悉生产工艺与设备;另一方面,工艺与设备人员必须具有相应的自动化及仪表方面的知识,这对于管理与开发现代化石油化工生产过程是非常重要的。本书为石油化工行业专业人员学习自动化及仪表的基础知识而编写。

　　为了适应当前我国高等教育跨越式发展的需要,依据"卓越工程师教育培养计划",培养创新能力强、适应经济社会发展需要的应用型复合人才,本书在介绍传统的自动控制与仪表基础知识的同时,注重与实际应用相结合,同时,对新系统、新装置、新方法进行了阐述。

　　全书分为四篇共计19章。第一篇共3章,主要介绍了自动控制的基本概念、性能指标和要求及对象的特性和数学模型。第二篇共7章,主要介绍了检测仪表的基础知识,石油化工生产过程中主要工艺参数温度、压力、流量、物位及成分等常用检测仪表,现代检测技术。第三篇共5章,主要介绍了控制仪表及装置,包括模拟控制器、数字控制器、可编程控制器(PLC)、集散控制系统(DCS)、现场总线及控制系统和执行器。第四篇共4章,主要介绍了过程控制技术,包括简单控制和复杂控制系统,新型控制系统和石油加工典型设备的自动控制。

　　本书由2013年出版的第1版教材修改和增加相关内容形成。在第1版的基础上,根据教学需要和实际应用的要求,增加了更多的实际应用实例。如在第16章简单控制系统和第17章复杂控制系统中引入了实际应用的例子,使读者能够更容易理解相关内容。在第13章集散控制系统的论述中,更加注重DCS控制系统的应用,把理论和实际应用更好地结合起来。

　　在再版过程中,本书维持了原书的整体风格,配套给出了大量例题与习题,教学建议和教学课件,便于教学与自学。在叙述方式上力求深入浅出、图文并茂。在全面系统地介绍应用于石油化工领域的测控仪表系统及过程控制技术基础知识的同时,强调从石油化工工程实际应用的角度出发,培养学生逻辑思维、创新思维与工程思维的能力,提高分析与解决实际工程问题的能力。

　　再版后,本教材能够更好地满足石油化工行业各类非自动化专业本、专科生及研究生学习的需求,同时也能更好地满足相关领域的工程技术人员的工作需求。

　　本书第 2 版由辽宁石油化工大学许秀、肖军、王莉、张新玉、黄越洋、翟春艳编写,许秀任主编,肖军、王莉任副主编。在这里谨向这些老师及对本书提出宝贵意见的广大师生和读者表示感谢,并恳切希望大家继续对本书提出宝贵意见。另外,对清华大学出版社盛东亮编辑为本书付出的辛勤劳动深表谢意。

　　由于时间及作者水平有限,书中难免有不当之处,敬请广大读者批评指正。

编　者

2017 年 1 月

第1版前言
PREFACE

　　自动控制技术已经广泛应用于国民经济的各个领域,尤其在工业生产过程中。在石油化工行业,随着生产过程的连续化、大型化、复杂化,生产工艺、设备、控制与管理已逐渐成为一个系统工程。一方面,从事石油化工过程控制的技术人员必须深入了解和熟悉生产工艺与设备;另一方面,工艺与设备人员必须具有相应的自动化及仪表方面的知识,这对于管理与开发现代化石油化工生产过程是非常重要的。本书正是为石油化工行业各类专业人员学习自动化及仪表的基础知识而编写。

　　为了适应当前我国高等教育跨越式发展的需要,依据"卓越工程师教育培养计划"关于培养创新能力强、适应经济社会发展需要的应用型复合人才的要求,本书在介绍传统的自动控制与仪表基础知识的同时,注重与实际工程应用相结合,同时对新系统、新装置和新方法进行了梳理与阐述。

　　全书分为4篇共计19章。第一篇共3章,主要介绍了自动控制的基本概念、性能指标和要求及对象的特性和数学模型。第二篇共7章,主要介绍了检测仪表的基础知识,石油化工生产过程中主要工艺参数(温度、压力、流量、物位及成分等)的常用检测仪表。第三篇共5章,主要介绍了控制仪表及装置,包括模拟控制器、数字控制器、集散控制系统(DCS)、现场总线控制系统和执行器。第四篇共4章,主要介绍了过程控制技术、包括简单控制和复杂控制系统、新型控制系统和石油加工典型设备的自动控制。

　　本书由辽宁石油化工大学许秀、肖军、王莉、张新玉、黄越洋、翟春艳编写,许秀任主编,肖军、王莉任副主编。其中,许秀编写了第1、4、5、9、10、15章,肖军编写了第11～14章,王莉编写了第6～8章,张新玉编写了第17、18章,黄越洋编写了第16、19章,翟春艳编写了第2、3章。

　　由于时间及作者水平有限,书中难免有不当之处,敬请广大读者批评指正。

　　作者联系方式:xuxiu_2000@163.com

　　编辑联系方式:shengdl@tup.tsinghua.edu.cn

编　者

2013 年 5 月

教学建议

教学内容	学习要点及教学要求	课时安排	
		全部讲授	部分选讲
第一篇　自动控制基础知识	(1) 了解化工自动化的主要内容；掌握自动控制系统的基本组成及简单控制系统方块图的绘制；掌握工艺管道及控制流程图中常用的图形符号,字母代号和仪表位号；理解自动控制系统的分类。 (2) 掌握自动控制系统的基本要求；了解自动控制系统的过渡过程,掌握衡量控制系统的品质指标。 (3) 了解石油加工对象的特点及其描述方法；了解对象数学模型的概念；理解一阶水槽数学模型的建立过程；掌握描述对象特性的参数——放大系数、时间常数、滞后时间的物理意义	6~8	6
第二篇　参数检测及仪表	(1) 了解测量过程与测量误差；掌握测量范围、上下限及量程、变差、灵敏度与灵敏限的概念；掌握仪表精度及精度等级的确定；了解零点迁移和量程迁移、分辨力、线性度、死区、滞环、反应时间、重复性和再现性、可靠性和稳定性等的概念。 (2) 了解温度检测方法及温标；了解膨胀式温度计；掌握热电偶测温原理、热电偶温度计的构成、热电偶测温的重要结论；了解热电偶的结构,理解工业常用热电偶的型号和分度表,掌握热电偶的补偿导线及冷端温度补偿；掌握热电阻测温原理、工业常用热电阻,了解热电阻温度计的构成；理解热电阻输入电桥；了解电子电位差计工作原理；理解测温元件的安装；了解温度检测仪表的选用及安装。 (3) 掌握压力的概念；了解压力检测方法；掌握大气压力、绝对压力、表压力、真空度和差压的基本概念及它们之间的关系；掌握常用弹性元件,理解弹簧管压力表、应变片式压力传感器、压阻式压力传感器及电容式压力传感器的工作原理和特点；了解液柱式压力计、活塞式压力计、力平衡式差压(压力)变送器；掌握测压仪表测量范围和精度的确定；了解压力检测系统。	18~22	18

续表

教学内容	学习要点及教学要求	课 时 安 排	
		全部讲授	部分选讲
第二篇 参数检测及仪表	(4) 掌握流量的概念；了解流量检测方法及分类；掌握差压式流量计的组成、基本原理及特点，三阀组的应用，了解差压式流量计产生测量误差的原因，标准节流装置；掌握转子流量计的组成、基本原理及特点，理解转子流量计的指示值修正；理解椭圆齿轮流量计的基本原理及特点；了解涡街流量计、电磁流量计、间接式质量流量计、科里奥利质量流量计的基本原理及特点；了解流量标准装置。 (5) 了解物位的概念和物位检测方法及分类；掌握差压式液位变送器的工作原理及零点迁移问题；理解电容式物位传感器的工作原理及应用，核辐射物位计的工作原理及特点；了解浮力式物位检测仪表，称重式液罐计量仪的工作原理及特点，影响物位测量的因素，物位检测仪表的选型。 (6) 了解成分分析方法及分析系统的构成；了解热导式气体分析仪、气象色谱仪、工业酸度计的基本结构、工作原理、特点和使用注意事项；理解氧化锆氧分析器的基本结构和工作原理；掌握氧化锆氧分析器的特点和使用注意事项；了解湿度的检测方法，干湿球湿度计、电解质系湿敏传感器、陶瓷湿敏传感器、高分子聚合物湿敏传感器的基本结构、工作原理和特点；掌握湿度的概念及湿度的表示方法。 (7) 了解现代传感器技术的发展，软测量技术，多传感器融合技术，虚拟仪器	18~22	18
第三篇 控制仪表及装置	(1) 了解控制仪表及装置的发展概况；了解控制仪表及装置的分类；掌握气动、电动仪表的概念，各种仪表的标准信号制及所使用的能源；理解DDZ-Ⅲ型仪表的概念、构成及特点。 (2) 了解可编程调节器的特点、基本构成及基本算法；了解可编程控制器的发展过程及趋势、特点及分类、基本组成、工作原理及编程语言。 (3) 理解DCS控制系统的基本构成及特点；了解DCS控制系统的发展过程，了解其硬件和软件体系。了解DCS控制系统的应用。 (4) 了解现场总线控制系统的基本概念、组成、本质特征及发展过程和发展趋势；了解其体系结构，了解现场总线协议。 (5) 掌握执行器的构成，理解气动执行器的工作原理；掌握执行器的作用方式；理解调节阀的流量特性及流量系数；了解调节阀的工作原理、结构、特点及可调比，了解执行器的选择、计算、安装和维护以及阀门定位器	6~12	6

续表

教学内容	学习要点及教学要求	课时安排	
		全部讲授	部分选讲
第四篇 过程控制系统	(1) 掌握简单控制系统的组成;掌握被控变量和操纵变量的概念,理解被控变量和操纵变量的确定原则;了解测量元件特性对控制过程的影响;掌握基本控制规律及其对过渡过程的影响,控制器正反作用的确定;理解控制器参数的工程整定方法;了解控制系统的准备和投运。 (2) 掌握串级控制系统的概念,主副控制器控制规律及正反作用的选择;理解串级控制系统的工作过程,串级控制系统的特点,串级控制系统中副回路的确定,串级控制系统的设计,串级控制系统适用场合;了解串级控制系统中控制器参数的整定及控制系统的投运;掌握均匀控制的目的,均匀控制系统与简单定值控制系统的区别;理解常用均匀控制方案,均匀控制系统的控制规律及参数整定;掌握比值控制系统的概念;理解常用比值控制方案;理解前馈控制系统的概念,掌握前馈控制系统的特点及主要形式(常用控制方案);理解前馈控制系统的应用场合;理解选择性控制系统的概念及主要类型,选择性控制系统的工作过程;了解积分饱和及其防止措施;掌握分程控制系统的概念及分程方式;理解常用分程控制方案及应用场合;了解分程控制中常见的问题,分程控制的实现方法。 (3) 了解自适应控制系统、预测控制系统、智能控制系统与专家控制系统、模糊控制系统、神经元网络控制、故障检测与故障诊断等新型控制系统。 (4) 了解离心泵的流量特性,掌握离心泵的流量控制方案;了解往复泵的流量特性,掌握往复泵的流量控制方案;了解离心式压缩机的特性曲线和喘振现象,理解防喘振控制方案;理解换热器的常用控制方案;掌握加热炉的基本控制方案和串级控制方案;了解加热炉的安全保护系统;了解锅炉设备的特性,理解锅炉汽包水位的控制方案,了解锅炉燃烧系统的控制方案;了解精馏塔的工艺特点及精馏塔的基本控制方案;了解化学反应器的工艺特点;理解化学反应器的基本控制方案	18~22	18
教学总学时建议		48~64	48

说明:

(1) 本教材为石油化工类专业"化工自动化及仪表"课程教材,理论授课学时数为48~64学时,不同专业根据不同的教学要求和计划教学时数可酌情对教材内容进行适当取舍。

(2) 本教材理论授课学时数中包含习题课、课堂讨论等必要的课内教学环节。

目 录
CONTENTS

第一篇 自动控制基础知识

第二篇　参数检测及仪表

第三篇　控制仪表及装置

自动控制基础知识

本篇主要介绍石油化工自动化的基础知识,为后面章节的学习提供必要的基础。

本篇共分3章。第1章介绍石油化工自动化的意义及主要内容,自动控制系统的基本组成,自动控制系统的图形表示和自动控制系统的分类等内容;第2章介绍自动控制系统的性能指标及要求;第3章介绍被控对象特性与数学模型。

绪　　论

　　自动控制技术已经广泛应用于国民经济的各个领域,尤其在各种工业生产过程中,其中包括了石油化工生产过程。由于采用了自动化仪表和集中控制装置,因此促进了连续生产过程自动化的发展,大大提高了劳动生产率,获得了巨大的社会效益和经济效益。

1.1　石油化工自动化的意义及主要内容

　　为了保证产品的产量和质量,石油化工生产过程需要在规定的工艺条件下进行,对有关参数都有一定的要求。为了保持这些参数不变,或稳定在某一范围内,或按预定的规律变化,就需要对它们进行控制。

1.1.1　石油化工自动化的意义

　　所谓自动化就是指脱离了人的直接干预,利用控制装置,自动地操纵机器设备或生产过程,使其具有希望的状态或性能。

　　石油化工自动化是指石油化工生产过程的自动化。

　　在石油化工生产过程中,大多数物料以液体或气体的状态,连续地在密闭的管道和塔器等内部进行各种变化,不仅有物理变化,还伴随有化学反应。另外,有的石油化工生产过程处在高温、高压、易燃、易爆状态,有的还有毒、有腐蚀、有刺激性气味。因此,只有借助自动化工具进行检测和调节,才能保证生产过程的正常进行。

　　实现石油化工自动化的意义在于:

　　(1) 加快生产速度,降低生产成本,提高产品的产量和质量。用自动化装置代替人的操作可以克服人工操作的精度、速度和效率有一定限度的不足,使生产过程在最佳条件下进行,大大加快生产速度,降低能耗,实现优质高产。

　　(2) 减轻劳动强度,改善劳动条件,改变劳动方式。多数石油化工生产过程都是在比较恶劣的环境下进行的,如高温、高压、易燃、易爆,或有毒、有腐蚀性、有刺激性气味等。实现了生产过程的自动化后,操作人员只需使用自动化装置对生产的运转进行监视,而不再需要在恶劣的环境下直接进行危险的操作。

　　(3) 保证安全生产,防止事故发生或扩大,延长设备使用寿命。石油化工生产过程是非常复杂的过程,由于人的精力和体力有限,在处理危险情况时往往不够及时,最终酿成事故。如离心式压缩机,会由于操作不当引起喘振而损坏机体;放热的化学反应器,会由于反应过程中温度过高而影响生产,甚至引起爆炸。对这些设备进行自动控制,就可以防止或减少事故的发生。

1.1.2　石油化工自动化的发展概况

石油化工自动化的发展大致经过了以下几个阶段:

(1) 20 世纪 30 年代到 40 年代,绝大多数石油化工生产处于手工操作状况,应用自动检测仪表对生产工况进行监视。操作工人根据反映主要参数的仪表指示情况,用人工来改变操作条件,生产过程单凭经验进行。对于那些连续生产的石油化工厂,在进出物料彼此联系的管路中安装了大的储槽,起着克服干扰影响及稳定生产的作用。显然,这种方式生产效率低下,投资成本高。

(2) 20 世纪 50~60 年代,石油化工生产过程朝着大规模、高效率、连续生产、综合利用的方向迅速发展。要使这类石油工厂生产运行正常,必须要有性能良好的自动控制系统和仪表。此时,在实际生产中应用的自动控制系统主要是温度、压力、流量和液位四大参数的简单控制,同时,串级、比值、多冲量等复杂控制系统也得到了一定程度的发展。所应用的自动化技术工具主要是基地式气动、电动仪表及气动、电动单元组合式仪表和巡回检测装置,实现集中监视、集中操作和集中控制。由于这个时期还不能深入了解化工对象的动态特性,所以,应用半经验、半理论的设计准则和整定公式对自动控制系统进行设计和参数整定。

(3) 20 世纪 70 年代,化工自动化技术又有了新的发展。在自动控制系统方面,由于控制理论和控制技术的发展,给自动控制系统的发展创造了各种有利条件,各种新型控制系统相继出现,控制系统的设计与整定方法也有了新的进展。在自动化技术工具方面,计算机的出现对常规仪表产生了一系列的影响,促使常规仪表不断变革,各种数字仪表应运而生,其更新速度非常之快,以满足生产过程中对能量利用、产品质量等各方面越来越高的要求。这一阶段出现了计算机控制系统,最初是由直接数字控制(DDC)实现集中控制,代替常规控制仪表。由于集中控制的固有缺陷,未能普及与推广就被集散控制系统(Distributed Control System,DCS)所替代。DCS 在硬件上将控制回路分散化,数据显示、实时监督等功能集中化,有利于安全平稳生产。就控制策略而言,DCS 仍以简单 PID 控制为主,再加上一些复杂控制算法,并没有充分发挥计算机的功能和控制水平。

(4) 20 世纪 80 年代以后出现二级优化控制,在 DCS 的基础上实现先进控制和优化控制。在硬件上采用上位机和 DCS 或电动单元组合仪表相结合,构成二级计算机优化控制。随着计算机及网络技术的发展,DCS 出现了开放式系统,实现多层次计算机网络构成的管控一体化系统(Computer Integrated Processing System,CIPS)。同时,以现场总线为标准,实现以微处理器为基础的现场仪表与控制系统之间进行全数字化、双向和多站通信的现场总线网络控制系统(Fieldbus Control System,FCS)。它将对控制系统结构带来革命性变革,开辟控制系统的新纪元。

现代自动化技术已经不只是局限于对生产过程中重要参数的自动控制了,概括地说,当前自动控制系统发展的主要特点是:生产装置实施先进控制成为发展主流;过程优化受到普遍关注;传统的 DCS 正在走向国际统一标准的开放式系统;综合自动化系统(CIPS)是发展方向。

1.1.3 非自动化专业人员学习自动化知识的意义

由于现代自动化技术的发展,在石油化工行业,生产工艺、设备、控制与管理已逐渐成为一个有机的整体,因此,一方面,从事石油化工过程控制的技术人员必须深入了解和熟悉生产工艺与设备;另一方面,非自动化专业技术人员必须具有相应的自动控制的知识。现在,越来越多的非自动化专业技术人员认识到,学习自动化及仪表方面的知识,对于管理与开发现代化石油化工生产过程是十分重要而且必要的。为此,化工工艺类和油气储运类等诸多专业设置了本课程。

通过本课程的学习,应能了解石油化工自动化的基本知识,理解自动控制系统的组成、基本原理及各环节的作用;能根据工艺要求,与自控设计人员共同讨论和提出合理的自动控制方案;能在工艺设计或技术改造中,与自控设计人员密切合作,综合考虑工艺与控制两个方面,并为自控设计人员提供正确的工艺条件与数据;能了解化工对象的基本特性及其对控制过程的影响;能了解基本控制规律及其控制器参数与被控过程的控制质量之间的关系;能了解主要工艺参数(温度、压力、流量、物位及组分)的基本测量方法和仪表的工作原理及特点;在生产控制、管理和调度中,能正确地选用和使用常见的测量仪表和控制装置,使它们充分发挥作用;能在生产开停车过程中,初步掌握自动控制系统的投运及控制器的参数整定;能在自动控制系统运行过程中,发现和分析出现的一些问题和现象,以便提出正确的解决办法。

石油化工生产过程自动化是一门综合性的技术学科。它应用自动控制学科、仪器仪表学科及计算机学科的理论与技术服务于化学工程学科。然而,石油化学工程本身又是一门覆盖面很广的学科,有其自身的规律,而石油化学工艺更是纷繁复杂。对于熟悉石油化学工程的工艺及设备人员,如能再学习和掌握一些检测技术和控制系统方面的知识,必能在推进中国的石油化工自动化事业中,起到事半功倍的作用。

1.1.4 石油化工自动化的主要内容

石油化工生产过程自动化一般包括自动检测、自动保护、自动操纵和自动控制等方面的内容。

1. 自动检测系统

利用各种检测仪表对主要工艺参数进行测量、指示或记录,这样的系统称为自动检测系统。它代替了操作人员,对工艺参数进行连续不断的观察与记录,起到人的眼睛的作用。

图 1-1 的换热器是利用蒸汽来加热冷液的,冷液经加热后的温度是否达到要求,可用测温元件配上平衡电桥来进行测量、指示和记录;冷液的流量可以用孔板流量计进行检测;蒸汽压力可用压力表来指示,这就是自动检测系统。

2. 自动保护系统

自动保护系统也称为自动信号和联锁保护系统。

生产过程中,有时由于一些偶然因素

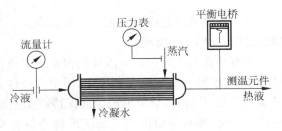

图 1-1 换热器自动检测系统示意图

的影响,导致工艺参数超出允许的变化范围而出现不正常情况时,就有引起事故的可能。为此,常对某些关键性参数设有自动信号联锁装置。当工艺参数超过了允许范围,在事故即将发生以前,信号系统就自动地发出声光报警信号,告诫操作人员注意,并及时采取措施。如工况已到达危险状态时,联锁系统就会立即自动采取紧急措施,打开安全阀或切断某些通路,必要时紧急停车,以防止事故的发生和扩大。它是生产过程中的一种安全装置。例如某反应器的反应温度超过了允许极限值,自动信号系统就会发出声光信号,报警给工艺操作人员及时处理生产事故。

由于生产过程的强化,仅靠操作人员处理事故已不可能,因为在一个强化的生产过程中,事故常常会在几秒钟内发生,由操作人员直接处理是根本来不及的。自动联锁保护系统可以圆满地解决这类问题,如当反应器的温度或压力进入危险限时,联锁系统可立即采取应急措施,加大冷却剂量或关闭进料阀门,减缓或停止反应,从而可避免引起爆炸等生产事故。

3. 自动操纵及自动开停车系统

自动操纵系统可以根据预先规定的步骤自动地对生产设备进行某种周期性操作。例如合成氨造气车间的煤气发生炉,要求按照吹风、上吹、下吹制气、吹净等步骤周期性地接通空气和水蒸气,利用自动操纵机可以代替人工自动地按照一定的时间程序扳动空气和水蒸气的阀门,使它们交替地接通煤气发生炉,从而极大地减轻了操作工人的重复性体力劳动。

自动开停车系统可以按照预先规定好的步骤,将生产过程自动地投入运行或自动停车。

4. 自动控制系统

生产过程中各种工艺条件不可能是一成不变的。石油化工生产过程中,大多是连续性生产,各设备间相互关联,当其中某一设备的工艺条件发生变化时,可能引起其他设备中某些参数或多或少的波动,偏离了正常的工艺条件。为此,就需要用一些自动控制装置,对生产过程中的关键性参数进行自动控制,使它们在受到外界干扰作用偏离正常状态时,能自动地回到规定的数值范围内,这样的控制系统就称为自动控制系统。

综上所述,自动检测系统完成"了解"生产过程进行情况的任务;自动信号和联锁保护系统在工艺条件进入某种极限状态时,采取安全措施,以避免生产事故的发生;自动操纵及自动开停车系统按照预先规定好的步骤进行某种周期性操作。自动控制系统能自动地排除各种干扰因素对工艺参数的影响,使它们始终保持在预先规定的数值上,保证生产维持在正常或最佳的工艺操作状态。因此,自动控制系统是自动化生产中的核心部分,也是本课程了解和学习的重点。

1.2 自动控制系统的基本组成

自动控制系统是由人工控制发展而来的。下面以一个简单的储槽液位控制系统为例来加以说明,如图 1-2 所示。

在石油化工生产过程中液体储槽常用来作为一般的中间容器,从前一个工序来的流体以流量 Q_{in} 连续不断地流入储槽中,槽中的液体又以流量 Q_{out} 流出,送入下一工序进行加工。当 Q_{in} 和 Q_{out} 平衡时,储槽的液位会保持在某一希望的高度 H 上,但当 Q_{in} 或 Q_{out} 波动时,液位就会变化,偏离希望值 H。为了维持液位在希望值上,最简单的方法是以储槽液位为操作指标,以改变出口阀门开度为控制手段,如图 1-2(a)所示。用玻璃管液位计测出储槽的

液位 h，当液位上升时，即 $h>H$ 时，将出口阀门开大，液位上升越多，阀门开得越大；反之，当液位下降时，即 $h<H$ 时，将出口阀门关小，液位下降越多，阀门关得越小，以此来维持储槽液位 $h=H$。这就是人工控制系统，操作人员所进行的工作包括 3 方面：

1）检测——眼睛

用眼睛观察玻璃管液位计中液位的高低 h，并通过神经系统告诉大脑。

2）思考、运算、命令——大脑

大脑根据眼睛看到的液位高度 h，进行思考并与希望的液位值 H 进行比较，得出偏差的大小和正负，根据操作经验决策后发出命令。

3）执行——手

根据大脑发出的命令，用手去改变阀门的开度，以改变流出流量 Q_{out}，使液位保持在所希望的高度 H 上。

眼睛、大脑和手分别担负了检测、运算和执行三项工作，完成了测量、求偏差、操纵阀门来纠正偏差的全过程。用自动化装置来代替上述人工操作，人工控制就变成自动控制了，如图 1-2（b）所示。

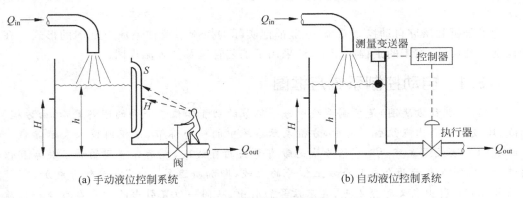

(a) 手动液位控制系统   (b) 自动液位控制系统

图 1-2　液位控制系统

为了完成眼睛、大脑和手的工作，自动化装置一般至少包括 3 个部分，分别用来模拟人的眼睛、大脑和手的功能，这三个部分分别是：

1）测量变送器

测量液位 h 并将其转化为标准、统一的输出信号。

2）控制器

接收变送器送来的信号，与希望保持的液位高度 H 相比较得出偏差，并按某种运算规律算出结果，然后将此结果用标准、统一的信号发送出去。

3）执行器

自动地根据控制器送来的信号值来改变阀门的开启度。

从以上的论述中可以看出，一个最简单的自动控制系统所包含的自动控制装置有测量变送器、控制器和执行器。

在自动控制系统组成中，除了必须具有自动化装置外，还要有控制装置所控制的生产设备，称为被控对象。

应该明确以下概念：

（1）被控对象——需要控制其工艺参数的设备或装置,简称对象(如图 1-2 中的储槽)。

（2）被控变量——工艺上希望保持稳定的变量(如上例中的储槽液位)。

（3）给定值——工艺上希望保持的被控变量的数值,又称为希望值、参考值(如上例中的储槽液位 H)。

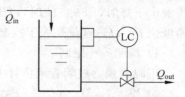

图 1-3　液位自动控制系统

（4）操纵变量——克服其他干扰对被控变量的影响,实现控制作用的变量(如上例中的 Q_{out})。

（5）干扰变量——造成被控变量波动的变量(如上例中的 Q_{in})。

在过程控制工程中,一般习惯于把图 1-2(b)所示的控制系统绘制成如图 1-3 所示的控制流程图(或原理图)的形式。

一般情况下,简单自动控制系统的构成基本相同,只是各系统被控变量不同,所采用的变送器和控制器的控制规律不同。

1.3　自动控制系统的图形表示

为了分析和研究自动控制系统,一般都把实际的控制系统抽象成方框图的形式。在自动控制系统设计、施工的工程应用中,还采用了工艺管道及仪表流程图。

1.3.1　自动控制系统方框图

方框图(也称方块图)是控制系统中每个环节的功能和信号流向的图解表示,由方框、信号线、比较点和引出点组成。其中,方框表示系统中的一个环节,方框内填入表示其自身特性的数学表达式或文字说明;信号线是带有箭头的直线段,表示环节间的相互关系和信号的流向;比较点表示两个或两个以上信号的比较,即加减运算,"＋"表示信号相加,"－"表示信号相减;引出点又称分支点,表示信号的引出,从同一位置引出的信号在数值和性质方面完全相同。作用于方框上的信号为该环节的输入信号,由方框送出的信号为该环节的输出信号。图 1-4 为方框图组成基本单元示意图。

图 1-2 所示的液位自动控制系统可用图 1-5 的方框图表示出来。

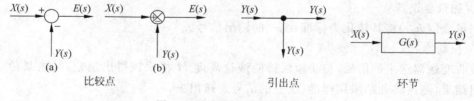

图 1-4　方框图组成单元示意图

在图 1-5 的方框图中,图 1-2 的储槽用一个"被控对象"(简称对象)方框来表示,被控变量就是对象的输出。影响被控变量的因素来自进料流量的改变,它通过对象作用在被控变量上。与此同时,出料流量的改变是由于执行器即控制阀动作所致的,如果用一方框表示执行器,那么,出料流量即为"执行器"方块的输出信号。出料流量的变化也是影响液位变化的因素,所以也是作用于对象上的输入信号。出料流量信号在方框图中把执行器和对象连接在一起。

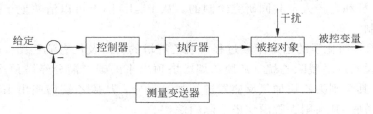

图 1-5 液位控制系统方框图

储槽液位信号是测量变送器的输入信号,而变送器的输出信号进入比较机构,与工艺上希望保持的被控变量数值,即给定值(设定值)进行比较,得出偏差信号 e($e=$给定值－测量值),并送往控制器。比较机构实际上只是控制器的一个组成部分,不是一个独立的仪表,在图中把它单独画出来,为的是能更清楚地说明其比较作用。控制器根据偏差信号的大小,按一定的规律运算后,发出信号送至执行器,使执行器的开度发生变化,从而改变出料流量以克服干扰对被控变量液位的影响,执行器的开度变化起着控制作用。

用同一种形式的方框图可以代表不同的控制系统。例如图 1-6 所示的蒸汽加热器温度控制系统,当进料流量或温度变化等因素引起出口物料温度变化时,可以将该温度变化测量后送至温度控制器 TC。温度控制器的输出送至控制阀,以改变加热蒸汽量来维持出口物料的温度不变。这个控制系统同样可以用图 1-5 的方框图来表示。这时被控对象是蒸汽加热器,被控变量是出口物料的温度,干扰变量是进料的流量、温度或组分的波动及加热蒸汽压力的变化、加热器内部传热系数或环境温度变化等。操纵变量是加热蒸汽量。

方框图中的每一个方框都代表了一个具体的环节。方框与方框之间的连接线只是代表方框之间的信号联系,并不代表物料联系。方框之间连接线的箭头也只是代表信号作用的方向,与工艺流程图上的物料线是不同的。工艺流程图上的物料线是代表物料从一个设备进入另一个设备,而方框图上的线条及箭头方向有时并不与流体流向相一致。例如对于执行器来说,它控制着操纵变量,把控制作用施加于被控对象去克服干扰的影响,以保持被控变量在给定值上,所以执行器的输出信号任何情况下都是指向被控对象的。而执行器所控制的操纵变量却可以是流入对象的,如图 1-6 所示的加热蒸汽,也可以是流出对象的,如图 1-3 所示的出口流量。这说明方框图上执行器的引出线只是代表了施加到对象的控制作用,并不是指具体流入或流出对象的流体。

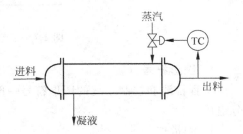

图 1-6 蒸汽加热器出口温度控制系统

1.3.2 工艺管道及仪表流程图

在工艺设计流程图的基础上,按其流程顺序,标出相应的测量点、控制点、控制系统及自动信号与联锁保护系统等,就构成了工艺管道及仪表流程图(Piping and Instrument Diagram),亦称 P&ID 图。

P&ID 图是自控设计的文字代号和图形符号在工艺流程图上描述生产过程控制的原理图,又称为控制流程图,是控制系统设计、施工中采用的一种图示形式。它是在控制方案确定后,由工艺人员和自控人员共同研究绘制的。从 P&ID 图上可以清楚地了解生产的工艺流程与自动控制方案。

图 1-7 所示是简化了的乙烯生产过程中脱乙烷塔的管道及仪表流程图。从脱甲烷塔出来的釜液进入脱乙烷塔脱除乙烷。从脱乙烷塔塔顶出来的碳二馏分经塔顶冷凝器冷凝后,部分作为回流,其余则去乙炔加氢反应器进行加氢反应。从脱乙烷塔底出来的釜液部分经再沸器后返回塔底,其余则去脱丙烷塔脱除丙烷。

在绘制工艺管道及仪表流程图时,图中所采用的图例符号要按有关的技术规定进行,可参见化工行业标准 HG/T 20505—2000《过程测量和控制仪表的功能标志及图形符号》。下面结合图 1-7,对 HG/T 20505—2000 中一些常用的统一规定做简要介绍。

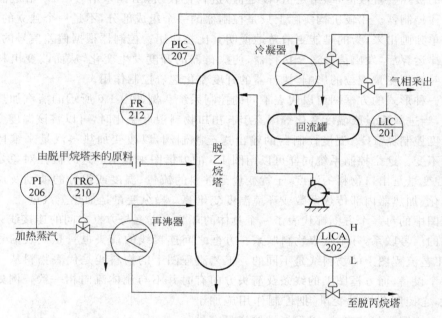

图 1-7　工艺管道及仪表流程图示例

1. 图形符号

过程检测和控制系统的图形符号一般由测量点、连接线(引线、信号线)和仪表符号 3 部分组成。

1) 测量点

测量点(包括检出元件、取样点)是由工艺设备轮廓线或工艺管线引到仪表圆圈的连接线的起点,一般无特定的图形符号,如图 1-8 所示。图 1-7 中的塔顶取压点和加热蒸汽管线上的取压点都属于这种情形。必要时,检测元件也可以用象形或图形符号表示。例如流量检测采用孔板时,检测点也可用图 1-7 中脱乙烷塔的进料管线上的符号表示。

2) 连接线(引线、信号线)

通用的仪表信号线均以细实线表示。连接线表示交叉及相接时,采用图 1-9(a)、(b)形式。必要时也可用加箭头的方式表示信号的方向,如图 1-9(c)所示。在需要时,信号线也可按气信号、电信号、导压毛细管等采用不同的

图 1-8　测量点的一般表示法

表示方式以示区别,如图 1-9(d)、(e)所示。

3) 仪表图形符号

常规仪表(包括检测、显示、控制仪表)的图形符号是一个细实线圆圈,直径约 10mm,如图 1-10(a)所示。集散控制系统(DCS)的图形符号由细实线正方形与内切圆组成,如图 1-10(b)所示。控制计算机的图形符号为细实线正六边形,如图 1-10(c)所示。可编程控制器的图形符号由细实线正方形与内接四边形组成,如图 1-10(d)所示。

交叉	相接	方向	电信号线	气信号线
(a)	(b)	(c)	(d)	(e)

图 1-9 连接线的一些表示法

处理两个或多个变量,或处理一个变量但有多个功能的复式仪表时,可用两个相切的圆圈表示。当两个测量点引到一台复式仪表上,而两个测量点在图纸上距离较远或不在同一张图纸上时,则分别用细实线圆与细虚线圆相切表示。以上两种连接方法如图 1-11 所示。

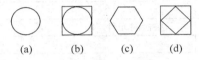

| (a) | (b) | (c) | (d) |

图 1-10 仪表图形符号表示法

图 1-11 复式仪表的表示方法

对于不同的仪表安装位置的图形符号如表 1-1 所示。

表 1-1 表示仪表安装位置的图形符号

序号	安装位置	图形符号	备注	序号	安装位置	图形符号	备注
1	就地安装仪表	○ / ⊖	嵌在管道中	4	集中仪表盘后安装仪表	⊖	
2	集中仪表盘面安装仪表	⊖		5	就地仪表盘后安装仪表	⊖	
3	就地仪表盘面安装仪表	⊖					

2. 仪表位号

在检测、控制系统中,构成一个回路的每个仪表(或元件)都应有自己的仪表位号。仪表位号由字母代号组合(仪表功能标志)和仪表回路编号两部分组成,第一位字母表示被测变量,后继字母表示仪表的功能。仪表回路编号可按照装置或工段(区域)进行编制,一般用 3~5 位数字表示:

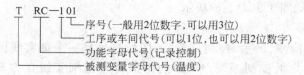

仪表位号按被测变量不同进行分类。同一装置(或工段)的相同被测变量的仪表位号中数字编号是连续的,但允许中间有空号;不同被测变量的仪表位号不能连续编号。仪表位号在工艺管道及仪表流程图中的标注方法是:字母代号填写在仪表圆圈的上半圆中;回路编号填写在下半圆中。

1) 字母代号组合(仪表功能标志)

仪表功能标志的字母代号如表 1-2 所示。

表 1-2　仪表功能标志的字母代号

字母	第一位字母		后继字母
	被测变量	修饰词	
A	分析		报警
C	电导率		控制
D	密度	差	
E	电压		检测元件
F	流量	比(分数)	
I	电流		指示
K	时间、时间程序		自动-手动操作器
L	物位		
M	水分或湿度		
P	压力、真空		
Q	数量	积算、累积	
R	核辐射		记录
S	速度、频率	安全	开关、联锁
T	温度		传送
V	黏度		阀、挡板、百叶窗
W	重量、力		套管
Y	选用		继动器(继电器)、计算器、转换器
Z	位置		驱动、执行元件

现以图 1-7 的脱乙烷塔的工艺管道及仪表流程图(也称为控制流程图)为例,来说明如何以字母代号的组合来表示被测变量和仪表功能。塔顶的压力控制系统中的"PIC-207",其中第一位字母"P"表示被测变量为压力,第二位字母"I"表示具有指示功能,第三位字母"C"表示具有控制功能,因此,PIC 的组合就表示一台具有指示功能的压力控制器。该控制系统是通过改变气相采出量来维持塔压稳定的。同样,回流罐液位控制系统中的"LIC-201"是一台具有指示功能的液位控制器,它是通过改变进入冷凝器的冷剂量来维持回流罐中液位稳定的。

在塔下部的温度控制系统中的"TRC-210"表示一台具有记录功能的温度控制器,它是通过改变进入再沸器的加热蒸汽量来维持塔底温度恒定的。当一台仪表同时具有指示、记录功能时,只需标注字母代号"R",不标"I",所以"TRC-210"可以同时具有指示、记录功能。同样,在进料管线上的"FR-212"可以表示同时具有指示、记录功能的流量仪表。

在塔底的液位控制系统中的"LICA-202"代表一台具有指示、报警功能的液位控制器,它是通过改变塔底采出量来维持塔釜液位稳定的。仪表圆圈外标有"H"和"L"字母,表示该仪表同时具有高、低限报警,在塔釜液位过高或过低时,会发出声、光报警信号。

2) 仪表回路编号

仪表回路编号可按照装置或工段(区域)进行编制,一般用3～5位数字表示。阿拉伯数字编号写在圆圈的下半部,其第一位数字表示工段号,后续数字表示仪表序号。图1-7中仪表的数字编号第一位都是2,表示脱乙烷塔在乙烯生产中属于第二工段。

通过工艺管道及仪表流程图,可以看出上面的每台仪表的测量点位置、被测变量、仪表功能、工段号、仪表序号、安装位置等。如图1-7中的"PI-206"表示测量点在加热蒸汽管线上的蒸汽压力指示仪表,该仪表为就地安装,工段号为2,仪表序号为06。而"TRC-210"表示同一工段的一台温度记录控制仪表,其温度的测量点在塔的下部,仪表安装在集中仪表盘面上。

1.4 自动控制系统的分类

自动控制系统种类繁多,名称上也很不一致,下面介绍几种常用的分类方法。

1.4.1 按信号的传递路径分类

按信号的传递路径分类,自动控制系统有如下三种。

1. 闭环控制系统

对于任何一个简单的控制系统,我们在作方框图时都会发现,不论它们表面上有多大的差别,它的各个组成部分在信号传递关系上都形成一个闭合的环路。其中的任何一个信号,只要沿着箭头方向前进,通过若干个环节后,最终又会回到原来的起点,这就是闭环控制系统,如图1-5所示。其中,系统的输出信号直接或是经过某些环节(如测量变送器)返回到输入端,这种做法称为反馈。反馈信号取负值,为负反馈,它会使偏差信号向减小的方向变化,达到减小偏差或消除偏差的控制目的。负反馈控制原理是构成闭环控制系统的核心。反馈信号取正值,为正反馈,它会使偏差信号向增大的方向变化。如果采用正反馈,控制作用不仅不能克服干扰的影响,反而是推波助澜,即当被控变量受到干扰作用而升高时,控制阀的动作方向是使被控变量进一步升高,使偏差越来越大,直至被控变量超过了安全范围。自动控制系统绝对不能单独采用正反馈。

综上所述,自动控制系统是具有被控变量负反馈的闭环控制系统。它可以随时了解被控变量的情况,有针对性地根据被控变量的变化来改变控制作用的大小和方向,从而使系统的工作状态始终等于或接近所希望的状态,这是闭环系统的优点。

2. 开环控制系统

开环控制系统指控制系统的输出端与输入端不存在反馈回路,输出量对系统的控制作用不发生影响的系统。图1-12所示的自动操纵系统就是典型的开环控制系统方框图。

开环控制系统的应用有很多。如化肥厂的造气自动机系统,自动机在操作时,一旦开

图 1-12　自动操纵系统方框图

机,就只能按照预先规定好的程序周而复始地运转。这时煤气炉的工况如果发生了变化,自动机是不会自动地根据炉子的实际工况来改变自己的操作的。由于没有炉子实际工况的信息反馈,自动机不能随时"了解"炉子的情况而改变自己的操作状态,这是开环控制的缺点。

另外,如数控车床、传统的交通信号红绿灯切换系统、自动生产线、自动售货机等都是开环控制系统。

开环控制系统结构简单、成本低廉、工作稳定。在要求不高的情况下,开环系统仍可取得比较满意的效果。

3. 复合控制系统

它是开环控制和闭环控制相结合的一种控制方式,是在闭环控制回路的基础上,附加一个输入信号或扰动信号的前馈通路,以提高系统的控制精度。

1.4.2　按给定值的性质分类

在分析自动控制系统特性时,最经常遇到的是将控制系统按照工艺过程需要控制的被控变量的给定值是否变化和如何变化来分类,这样可将自动控制系统分为三类,即定值控制系统、随动控制系统和程序控制系统。

1. 定值控制系统

定值控制系统是给定值恒定不变的控制系统。

在工艺生产过程中,如果要求控制系统的作用是使需要控制的工艺参数保持在一个生产指标上不变,或者说要求被控变量的给定值不变,就需要采用定值控制系统。图 1-3 的液位控制系统和图 1-6 的温度控制系统都是定值控制系统,它们的控制目的一个是保持液位在希望值上,另一个是保持温度不变。石油化工生产过程中采用的大多是这种类型的控制系统。

2. 随动控制系统

随动控制系统又称自动跟踪系统,即给定值随机变化的控制系统。

这类系统的特点是给定值不断地变化,而且这种变化不是预先规定好了的,也就是说给定值是时间的未知函数。随动系统的目的就是使所控制的工艺参数准确而快速地跟随给定值的变化而变化。例如航空上的导航雷达系统、电视台的天线接收系统、火炮自动跟踪系统等,都是随动系统的应用实例。

在化工生产中,有些比值控制系统就属于随动控制系统。例如要求甲流体的流量与乙流体流量保持一定的比值,当乙流体的流量变化时,要求甲流体的流量能快速而准确地随之变化。由于乙流体的流量变化在生产中可能是随机的,所以相当于甲流体的流量给定值也是随机的,故属于随动控制系统。另外,串级控制系统中的副回路,也属于随动控制系统。

3. 程序控制系统

程序控制系统又称顺序控制系统,即给定值是按预先规定好的规律来变化的控制系统。

这类系统的给定值也是变化的,但它是一个已知的时间函数,即生产技术指标需按一定的时间程序变化。这类系统在间歇生产过程中应用比较普通。例如合成纤维锦纶生产中的熟化罐温度控制和机械工业中金属热处理的温度控制都是这类系统的例子。近年来,程序控制系统应用日益广泛,一些定型的或非定型的程控装置越来越多地被应用到生产中,微型计算机的广泛应用也为程序控制提供了良好的技术手段与有利条件。

1.4.3 按系统的数学模型分类

可分为线性系统和非线性系统。

由线性元件构成的系统,可以用线性微分方程或差分方程描述的系统,称为线性系统。构成系统的环节中,有一个或以上的非线性环节的系统,称为非线性系统。

1.4.4 按系统传输信号的性质分类

可分为连续系统和离散系统。

系统各部分信号都是模拟的连续时间函数,称为连续系统。常规的 PID 控制系统就属于模拟控制系统。若系统中信号有一处或一处以上为离散的时间函数,则称为离散系统。数字计算机控制系统属于离散系统。

1.4.5 其他分类方法

自动控制系统还有很多其他的分类方法。如,按被控变量来分,有温度、压力、流量、液位等控制系统;按系统元件组成来分,有机电系统、液压系统、生物系统等;按输入输出信号的数量来分,有单入/单出、多入/多出系统;按控制器具有的控制规律来分,有比例、比例积分、比例微分、比例积分微分等控制系统。不管是什么形式的控制系统,都希望它能够做到可靠、迅速和准确。

思考题与习题

1-1　什么是自动化?实现石油化工生产过程自动化有什么重要意义?

1-2　非自动化专业人员为什么要学习自动化知识?

1-3　石油化工自动化包括哪些主要内容?

1-4　自动控制系统主要由哪些环节组成?各环节的作用是什么?

1-5　什么是被控对象、被控变量、操纵变量、给定值和干扰变量?

1-6　图 1-13 所示为一流量控制系统,试画出该系统的方框图,并说明被控对象、被控变量、操纵变量及可能的干扰是什么?

1-7　图 1-14 所示为一反应器温度控制系统。A、B 两种物料进入反应器进行反应,通过改变进入夹套的冷却水流量来控制反应器内的反应温度不变。试画出该系统的方框图,并说明被控对象、被控变量、操纵变量及可能的干扰是什么?

1-8　在图 1-14 所示的反应器温度控制系统中,如果因为进料温度升高,使反应器内的温度超过了给定值,试说明控制系统是如何工作的,并说明该系统是一个具有负反馈的闭环控制系统。

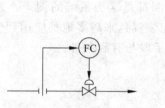

图 1-13 流量控制系统

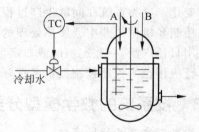

图 1-14 反应器温度控制系统

1-9 图 1-15 所示为某列管式蒸汽加热器的工艺管道及仪表流程图(控制流程图),试分别
说明图中的符号所代表的意义。图中有几个控制回路?各为控制什么的回路?

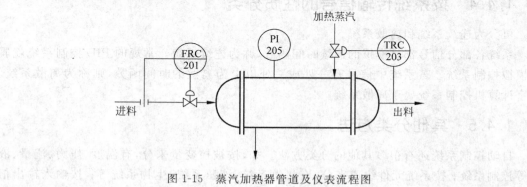

图 1-15 蒸汽加热器管道及仪表流程图

1-10 按信号的传递路径分类,自动控制系统可分成哪几类?

1-11 什么是反馈?什么是负反馈?负反馈在自动控制系统中有什么重要意义?

1-12 什么是开环控制系统和闭环控制系统?

1-13 按给定值的不同,自动控制系统可分成哪几类,分别加以说明。

第 2 章

自动控制系统的基本要求及性能指标

自动控制理论是研究自动控制共同规律的一门学科。尽管自动控制系统有不同的类型,对每个系统也都有不同的特殊要求,但对于各类系统来说,在已知系统的结构和参数时,我们感兴趣的都是系统在典型输入信号作用下,其被控变量变化的全过程。例如,对定值控制系统是研究扰动作用引起被控变量变化的全过程;对随动控制系统是研究被控变量如何克服扰动影响并跟随参变量的变化全过程。但是,对于每一类系统而言,对被控变量变化全过程的共同基本要求都是一样的。本章主要论述自动控制系统的基本要求以及自动控制系统的性能指标。

2.1 自动控制系统的基本要求

为了实现自动控制的任务,必须要求控制系统的被控变量(输出量)跟随给定值的变化而变化,希望被控变量在任何时刻都等于给定值,两者之间没有误差存在。然而,由于实际系统中总是包含具有惯性或储能元件,同时由于能源功率的限制,使控制系统在受到外作用时,其被控变量不可能立即变化,而有一个跟踪过程。

控制系统的性能,可以用动态过程的特性来衡量,考虑到动态过程在不同阶段的特点,工程上常常从稳定性(稳)、快速性(快)、准确性(准)三个方面来评价自动控制系统的总体性能。

1. 稳定性

系统在受到外作用后,若控制装置能操纵被控对象,使其被控变量随时间的增长而最终与给定期望值一致,则称系统是稳定的(如图 2-1 曲线①所示)。如果被控量随时间的增长,越来越偏离给定值,则称系统是不稳定的(如图 2-1 曲线②所示)。

稳定的系统才能完成自动控制的任务,所以系统稳定是保证控制系统正常工作的必要条件。一个稳定的控制系统,其被控量偏离给定值的初始偏差应随时间的增长逐渐减小并趋于零。

2. 快速性

快速性是指系统的动态过程进行的时间长短。

过程时间越短,说明系统快速性越好,过程时间持续越长,说明系统响应迟钝,难以实现快速变化的指令信号,如图 2-2 响应曲线①所示。

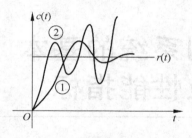

图 2-1　控制系统动态过程曲线

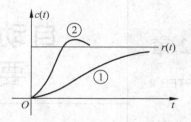

图 2-2　控制系统动态过程

稳定性和快速性反映了系统在控制过程中的性能。系统在跟踪过程中,被控量偏离给定值越小,偏离的时间越短,说明系统的动态精度越高,如图 2-2 中的曲线②所示。

3. 准确性

准确性是指系统在动态过程结束后,其被控变量(或反馈量)对给定值的偏差而言,这一偏差即为稳态误差,它是衡量系统稳态精度的指标,反映了动态过程后期的性能。

由于被控对象的具体情况不同,各系统对稳、快、准的要求应有所侧重。而且同一个系统,稳、快、准的要求是相互制约的。提高动态过程的快速性,可能会引起系统的剧烈振荡,改善系统的平稳性,控制过程又可能很迟缓,甚至会使系统的稳态精度很差。分析和解决这些矛盾,将是自动控制理论学科讨论的重要内容。

2.2　自动控制系统的静态与动态

在自动化领域中,把被控变量不随时间而变化的平衡状态称为系统的静态,而把被控变量随时间变化的不平衡的状态称为系统的动态。

当一个自动控制系统的输入(给定和干扰)和输出均恒定不变时,整个系统就处于一种相对稳定的平衡状态,系统的各个组成环节如变送器、控制器、控制阀都不改变其原先的状态,它们的输出信号也都处于相对静止状态,这种状态就是上述的静态。值得注意的是这里所指的静态与习惯上所讲的静止是不同的。习惯上所说的静止都是指静止不动(当然指的仍然是相对静止)。而在自动控制领域中的静态是指系统中各信号的变化率是零,即信号保持在某一常数不变化,而不是指物料不流动或能量不交换。因为自动控制系统在静态时,生产还在进行,物料和能量仍然有进有出,只是平稳进行没有改变。

假若一个系统原先处于相对平衡状态即静态,由于干扰的作用而破坏了这种平衡时,被控变量就会发生变化,从而使控制器、控制阀等自动化装置改变原来平衡时所处的状态,产生一定的控制作用来克服干扰的影响,并力图使系统恢复平衡。从干扰发生开始,经过控制,直到系统重新建立平衡,在这段时间中,整个系统的各个环节和信号都处于变化状态之中,所以这种状态叫做动态。

在自动化生产中,了解系统的静态是必要的,但是了解系统的动态更为重要。这是因为在生产过程中,干扰是客观存在的,是不可避免的,例如生产过程中前后工序的相互影响、负荷的改变、电压和气压的波动、气候的影响等。这些干扰是破坏系统平衡状态引起被控变量发生变化的外界因素。在一个自动控制系统投入运行时,时时刻刻都有干扰作用于控制系统,从而破坏了正常的生产工艺状态。因此,就需要通过自动化装置不断地施加控制作用去对抗或抵消干扰作用的影响,从而使被控变量保持在工艺生产所要求的技术指标上。所以一个自动控制系统在正常工作时,总是处于一波未平,一波又起,波动不止,往复不息的动态过程中。显然,研究自动控制系统的重点是要研究系统的动态。

2.3　自动控制系统的过渡过程

控制系统在动态过程中,被控变量从一个稳态到达另一个稳态随时间变化的过程称为过渡过程,也就是系统从一个平衡状态过渡到另一平衡状态的过程。

由于被控对象常常受到各种外来扰动的影响,设置控制系统的目的也正是为了应对这种情况,因此系统经常处于动态过程。显然,要评价一个过程控制系统的工作质量,只看稳态是不够的,还应该考虑它在动态过程中被控变量随时间变化的情况。

系统在过渡过程中,被控变量是随时间变化的。了解过渡过程中被控变量的变化规律对于研究自动控制系统是十分重要的。显然,被控变量随时间的变化规律首先取决于作用于系统的干扰形式。在生产中,出现的干扰是没有固定形式的,且多半属于随机性质。在分析和设计控制系统时,为了安全和方便,常选择一些定型的干扰形式,其中常用的是阶跃干扰,如图 2-3 所示。由图可以看出,所谓阶跃干扰就是某一瞬间 t_0,干扰(即输入量)突然地阶跃地加到系统上,并继续保持在这个幅度。采取阶跃干扰的形式来研究自动控制系统是因为考虑到这种形式的干扰比较突然,比较危险,它对被控变量的影响也最大。如果一个控制系统能够有效地克服这种类型的干扰,那么对于其他比较缓和的干扰也一定能很好地克服,同时,这种干扰的形式简单,容易实现,便于分析、实验和计算。

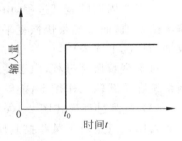

图 2-3　阶跃干扰作用

一般来说,自动控制系统的阶跃干扰作用下的过渡过程有如图 2-4 所示的几种基本形式。

1. 非周期衰减过程

被控变量在给定值的某一侧作缓慢变化,没有来回波动,最后稳定在某一数值上,这种过渡过程形式为非周期衰减过程(如图 2-4(a)所示)。

2. 衰减振荡过程

被控变量上下波动,但幅度逐渐减小,最后稳定在某一数值上,这种过渡过程形式为衰减振荡过程(如图 2-4(b)所示)。

3. 等幅振荡过程

被控变量在给定值附近来回波动,且波动幅度保持不变,这种情况称为等幅振荡过程(如图 2-4(c)所示)。

4. 发散振荡过程

被控变量来回波动,且波动幅度逐渐变大,即偏离给定值越来越远,这种情况称为发散振荡过程(如图 2-4(d)所示)。

以上过渡过程的四种形式可以归纳为以下三类。

(1) 过渡过程图 2-4(d)是发散的,称为不稳定的过渡过程,其被控变量在控制过程中,

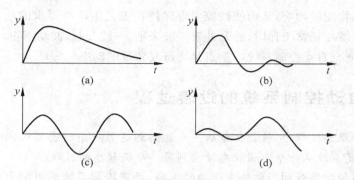

图 2-4 过渡过程的几种基本形式

不但不能达到平衡状态,而且逐渐远离给定值,它将导致被控变量超越工艺允许范围,严重时会引起事故,这是生产上所不允许的,应竭力避免。

(2) 过渡过程图 2-4(a)和图 2-4(b)都是衰减的,称为稳定过程。被控变量经过一段时间后,逐渐趋向原来的或新的平衡状态,这是所希望的。

对于非周期的衰减过程,由于这种过渡过程变化缓慢,被控变量在控制过程中长时间地偏离给定值,而不能很快恢复平衡状态,所以一般不采用,只是在生产上不允许被控变量有波动的情况下才采用。

对于衰减振荡过程,由于能够较快地达到稳定状态,所以在多数情况下,都希望自动控制系统在阶跃输入作用下,能够得到如图 2-4(b)所示的过渡过程。

(3) 过渡过程形式图 2-4(c)介于不稳定和稳定之间,一般也认为是不稳定过程,生产上不能采用。只是对于某些控制质量要求不高的场合,如果被控变量工艺许可的范围内振荡(主要指在位式控制时),那么这种过渡过程的形式是可以采用的。

2.4 自动控制系统的性能指标

稳定是控制系统能够运行的首要条件,因此只有当动态过程收敛时,研究系统的动态性能才有意义。控制系统的过渡过程是衡量控制性能的依据。由于在多数情况下,都希望得到衰减振荡过程,所以取衰减振荡的过渡过程形式来讨论控制系统的性能指标。

通常在阶跃函数作用下,测定或计算系统的动态性能。一般认为,阶跃输入对系统来说是最严峻的工作状态。如果系统在阶跃函数作用下的动态性能满足要求,那么系统在其他形式的函数作用下,其动态性能也是令人满意的。假定自动控制系统在阶跃输入作用下,采用时域内的单项指标来评估控制的好坏。图 2-5(a)和图 2-5(b)分别是给定值阶跃变化和扰动作用阶跃变化时过渡过程的典型曲线。这是属于衰减振荡过程。图上横坐标 t 为时间,纵坐标 y 为被控变量离开给定值的变化量。为了便于分析和比较,假定系统在单位阶跃输入信号作用前处于静止状态,而且输出量及各阶导数均等于零。对于大多数系统来说,这种假设是符合实际情况的。假定在时间 $t=0$ 之前,系统稳定,且被控变量等于给定值,即 $y=0$;在 $t=0$ 的瞬间,外加阶跃干扰作用,系统的被控变量开始按衰减振荡的规律变化,经过相当长时间后,y 逐渐稳定在 C 值上,即 $y(\infty)=C$,即为稳态值。被控变量最终稳态值是 C,超出其最终稳态值的最大瞬态偏差为 B。

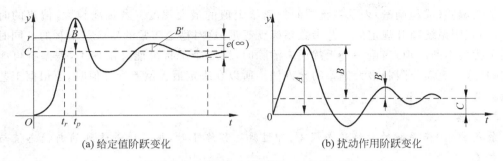

图 2-5 给定值和扰动作用阶跃变化时过渡过程的响应曲线

主要的时域指标包括衰减比、最大动态偏差和超调量、余差、调节时间（过渡时间）、振荡周期或振荡频率、上升时间和峰值时间等。

对于图 2-5 所示阶跃响应 y，其性能指标通常如下：

1. 衰减比

衰减比表示振荡过程的衰减程度，是衡量过渡过程稳定性的动态指标。它是阶跃响应曲线上前后相邻的两个同向波的幅值之比，用符号 n 表示，即

$$n = \frac{B}{B'} \qquad (2-1)$$

式中：B——第一个波的幅值；

B'——第二个波的幅值；

B 和 B' 的幅值均以新稳态值为准进行计算。

衰减比习惯上表示为 $n:1$，如果衰减比 $n<1$，则过渡过程是发散振荡的；如果衰减比 $n=1$，则过渡过程是等幅振荡的；如果衰减比 $n>1$，则过渡过程是衰减振荡的。假如 n 只比 1 稍大一点，显然过渡过程的衰减程度很小，接近于等幅振荡过程，由于这种过程不易稳定、振荡过于频繁、不够安全，因此一般不采用。如果 n 很大，则又太接近于非振荡过程，过渡过程过于缓慢，通常是不希望的。为了保持足够的稳定裕度，衰减比一般取 $(4:1) \sim (10:1)$，这样大约经过两个周期，系统就趋于新的稳态值。

2. 最大偏差和超调量

定值控制系统用最大偏差，随动控制系统用超调量来描述被控变量偏离给定值的程度。最大偏差是指过渡过程中，被控变量偏离给定值的最大值。在衰减振荡过程中，最大偏差就是第一个波的峰值（如图 2-5 中以 A 表示）。

对定值控制系统来说，当最终稳态值是零或者很小的数值时，通常用最大偏差 A 作为指标。最大偏差，又称为动态偏差，是指整个过渡过程中，被控变量偏离给定值的最大值，即图 2-5(b) 中被控变量第一个波的峰值 A。

在随动控制系统中，通常用超调量来描述被控变量偏离给定值的最大程度。在图 2-5 中超调量用 B 来表示。从图中可以看出，超调量 B 是第一个峰值与新稳定值 C 之差，一般超调量以百分数表示，即

$$\sigma = \frac{B}{C} \times 100\% \qquad (2-2)$$

式中：σ——以百分数表示的超调量。

最大偏差(或超调量)表示系统瞬间偏离给定值的最大程度。若偏离越大,偏离的时间越长,即表明系统离开规定的工艺参数指标就越远,这对稳定正常的生产是不利的。同时考虑到干扰会不断出现,当第一个干扰还未清除时,第二个干扰可能又出现了,偏差有可能是叠加的,这就更需要限制最大偏差的允许值。所以在决定最大偏差允许值时,要根据工艺情况慎重选择。

3. 余差

余差 $e(\infty)$ 是系统的最终稳态误差,即过渡过程终了时,被控变量达到的新稳态值与设定值之差。

$$e(\infty) = r - y(\infty) = r - C \tag{2-3}$$

对于定值控制系统,$r = 0$,则有 $e(\infty) = -C$。

余差是一个反映控制精确度的稳态指标,相当于生产中允许的被控变量与设定值之间长期存在的偏差。

有余差的控制系统称为有差调节,相应的系统称为有差系统。没有余差的控制过程称为无差调节,相应的系统称为无差系统。

4. 调节时间

调节时间是从过渡过程开始到结束所需的时间,又称为过渡时间。

过渡过程要绝对地达到新的稳态,理论上需要无限长的时间。但一般认为当被控变量进入新稳态值 ±5% 或 ±2% 范围内,并保持在该范围内时,过渡过程结束,此时所需要的时间称为调节时间 t_s。调节时间是反映控制系统快速性的一个指标。

5. 振荡周期或振荡频率

过渡过程曲线从第一个波峰到同一方向第二个波峰之间的时间称为振荡周期或工作周期。过渡过程的振荡频率 β 是振荡周期 P 的倒数,记为

$$\beta = \frac{2\pi}{P} \tag{2-4}$$

在振荡频率相同的条件下,衰减比越大,则调节时间越短。而在衰减比相同的条件下,振荡频率越高,则调节时间越短。因此,振荡频率在一定程度上也可作为衡量控制系统快速性的指标。

6. 峰值时间和上升时间

被控变量达到最大值的时间称为峰值时间 t_p,过渡过程开始到被控变量第一次达到稳态值的时间称为上升时间 t_r,它们都是反映系统快速性的指标。

7. 综合控制指标

单项指标固然清晰明了,但人们往往希望用一个综合的指标来全面反映控制过程的品质。由于过渡过程中动态偏差越大,或是回复时间越长,则控制品质越差,所以综合控制指标采用偏差积分性能指标的形式。

$$J = \int_0^\infty f(e, t) \, dt \tag{2-5}$$

式中,J 为目标函数值;e 为动态偏差。

通常采用 4 种表达形式:

1) 偏差积分(IE)

$$f(e,t) = e, \quad J = \int_0^\infty e\mathrm{d}t \tag{2-6}$$

2) 平方偏差积分(ISE)

$$f(e,t) = e^2, \quad J = \int_0^\infty e^2\,\mathrm{d}t \tag{2-7}$$

3) 绝对偏差积分(IAE)

$$f(e,t) = |e|, \quad J = \int_0^\infty |e|\,\mathrm{d}t \tag{2-8}$$

若用动态偏差 e 作为 $f(e,t)$ 函数，正、负偏差将相互抵消。即使 e 值很大或剧烈波动，J 值仍然可以很小，因此不能保证控制系统具有合适的衰减比。例如对等幅震荡过程，IE 的值等于零，显然不合理，因此 IE 指标很少采用。

IAE 在图形上也就是偏差面积。这种指标，对出现在设定值附近的偏差与出现在远离设定值的偏差是同等看待的。根据这一指标设计的二阶或近似二阶系统，在单位阶跃输入情况下，具有较快的过渡过程和不大的超调量(约为 5%)，是一种常用的误差性能指标，而 ISE 指标，用偏差平方值来加大对偏差的考虑程度，更着重于抑制过程中的大偏差，采用 ISE，数学处理较为方便。IAE 或 ISE 一般用于评定定值控制系统的品质指标。

4) 时间乘以偏差绝对值的积分(ITAE)

$$f(e,t) = |e|\,t, \quad J = \int_0^\infty |e|\,t\mathrm{d}t \tag{2-9}$$

式(2-9)是突出了快速性的要求，一般用于随动控制系统的品质指标评定。

ITAE 指标，实质上是把偏差积分面积用时间来加权。同样的偏差积分面积，由于在过渡过程中出现时间的前后差异，目标函数 J 是不同的。出现时间越迟，J 值越大；出现越早，J 值越小。所以，ITAE 指标对初始偏差不敏感，而对后期偏差非常敏感。可以想象按这种指标调整控制器参数所得的结果，初始偏差较大，而随时间推移，偏差很快降低。它的阶跃响应曲线将会出现较大的最大偏差。

可见，采用不同的偏差积分性能指标意味着对过渡过程优良程度的侧重点不同，假若针对同一广义对象，采用同一种控制器，使用不同的性能指标，会得到不同的控制器参数设置。

自动控制系统控制品质的好坏，取决于组成控制系统的各个环节，特别是过程的特性。自动控制装置应按过程的特性加以适当的选择和调整，才能达到预期的控制品质。如果过程和自动控制装置两者配合不当，或在控制系统运行过程中自动控制装置的性能或过程的特性发生变化，都会影响到自动控制系统的控制品质，这些问题在控制系统的设计和运行过程中都应该得到充分注意。

例 2-1　某化学反应器工艺规定操作温度为 $900\pm7℃$。考虑安全因素，生产过程中温度偏离给定值最大不得超过 $45℃$。现在设计的温度控制系统在最大阶跃干扰作用下的过渡过程曲线如图 2-6 所示。试求系统的过渡过程品质指标：最大偏差、余差、衰减比和过渡时间。根据这些指标确定该控制系统能否满足题中所给的工艺要求，请说明理由。

解　最大偏差为　$950-900=50℃$

余差为　$908-900=8℃$

过渡时间为　47min

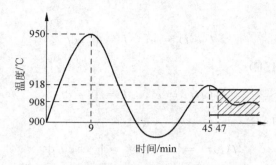

图 2-6　反应器温度控制系统过渡过程曲线

衰减比为　$n:1=(950-908)/(918-908)=42:10=4.2:1$

由于最大偏差 50℃超过了工艺允许的 45℃,余差 8℃超过了工艺允许的 7℃,所以该控制系统不能满足题中所给的工艺要求。

思考题与习题

2-1　自动控制系统的基本要求是什么?它们之间的关系如何?

2-2　什么是控制系统的静态和动态?为什么说研究控制系统的动态比研究其静态更为重要?

2-3　什么是自动控制系统的过渡过程?它有哪几种基本形式?

2-4　为什么生产上经常要求控制系统的过渡过程具有衰减振荡形式?

2-5　自动控制系统衰减振荡过渡过程的性能指标有哪些?影响这些性能指标的因素是什么?

2-6　某换热器的温度控制系统在单位阶跃干扰作用下的过渡过程曲线如图 2-7 所示。试分别求出最大偏差、余差、衰减比、振荡周期和过渡时间(给定值为 200℃)。

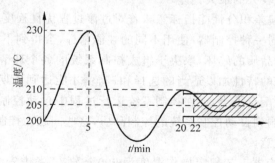

图 2-7　温度控制系统过渡过程曲线

<table>
<tr><td>

第 3 章

CHAPTER 3
</td><td>

被控对象特性与数学模型
</td></tr>
</table>

　　自动控制系统由被控对象、测量变送装置、控制器和执行器组成,系统的控制质量与组成系统的每一个环节的特性都有密切的关系,特别是被控对象的特性对控制质量的影响很大。本章着重研究被控对象的特性,而所采用的研究方法对研究其他环节的特性也同样适用。

3.1　石油化工对象的特点及其描述方法

　　在化工自动化中,常见的对象有各类换热器、精馏塔、流体输送设备和化学反应器等,此外,在一些辅助系统中,气源、热源及动力设备(如空压机、辅助锅炉、电动机等)也可能是需要控制的对象。本章着重研究连续生产过程中各种对象的特性,因此有时也称研究过程的特性。

　　各种对象千差万别,有的对象操作稳定、操作简便,有的对象则不然,只要稍不小心就会超越正常工艺条件,甚至造成事故。有经验的操作人员,他们往往很熟悉这些对象,只有充分了解和熟悉这些对象,才能使生产操作得心应手,获得高产、优质、低消耗。同样,在自动控制系统中,当采用一些自动化装置来模拟操作时,首先必须深入了解对象的特性,了解它的内在规律,才能根据工艺对控制的要求,设计合理的控制系统,选择合适的被控变量和操纵变量,选用合适的测量元件及控制器。在控制系统投入运行时,也要根据对象特性选择合适的控制器参数(也称控制器参数的工程整定),使系统正常运行,特别是一些比较复杂的控制方案设计,例如前馈控制、计算机最优控制等更离不开对象特性的研究。

　　所谓研究对象的特性,就是用数学的方法来描述对象输入量与输出量之间的关系,这种对象特性的数学描述就称为对象的数学模型。

　　在建立对象数学模型(建模)时,一般将被控变量看作对象的输出量,也叫输出变量,而将干扰作用和控制作用看作对象的输入量,也叫输入变量。干扰作用和控制作用都是引起被控变量变化的因素,从控制的角度看,输入变量就是操纵变量(控制变量)和扰动变量,输出变量就是被控变量,如图 3-1 所示。由对象的输入变量至输出变量的信号联系称为通道,控制作用至被控变量的信号联系称为控制通道;干扰作用至被控变量的信号联系称为干扰通道。在研究对象特性时,应预先

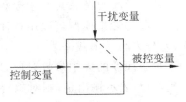

图 3-1　对象的输入输出量示意图

指明对象的输入量是什么,输出量是什么,因为对于同一个对象,不同通道的特性可能是不同的。

要深入了解被控对象的性质、特点以及动态特性就离不开数学模型。工业过程的数学模型可分为动态数学模型和静态数学模型。动态数学模型是表示输出变量与输入变量之间随时间而变化的动态关系的数学描述。动态数学模型在对动态过程的分析和控制中起着举足轻重的作用,可用于各类自动控制系统的设计和分析,以及工艺设计和操作条件的分析和确定。静态数学模型是描述输出变量与输入变量之间不随时间而变化的数学关系。可用于工艺设计和最优化等,同时也是考虑控制方案的基础。静态与动态是事物特性的两个侧面,可以这样说,动态数学模型是在静态数学模型基础上的发展,静态数学模型是对象在达到平衡时的动态数学模型的一个特例。

必须指出,这里要研究的主要是用于控制的数学模型,它与用于工艺设计与分析的数学模型是不完全相同的,尽管在建立数学模型时,用于控制的和用于工艺设计的可能都是基于同样的物理和化学规律,它们的原始方程可能都是相同的,但两者还是有差别的。

用于控制的数学模型一般是在工艺流程的设备尺寸等都已确定的情况下,研究的是对象的输入变量是如何影响输出变量的,即对象的某些工艺变量(如温度、压力、流量等)变化以后是如何影响另一些工艺变量的(一般是指被控制变量),研究的目的是为了使所设计的控制系统达到更好的控制效果。用于工艺设计的数学模型(一般是静态的)是在产品规格和产量已经确定的情况下,通过模型的计算,来确定设备的结构、尺寸、工艺流程和某些工艺条件,以期达到最好的经济效益。

数学模型的表达形式主要有两大类:一类是非参量形式,称为非参量模型;另一类是参量形式,称为参量模型。

1. 非参量模型

当数学模型是采用曲线或数据表格等来表示时,称为非参量模型。

非参量模型可以通过记录实验结果来得到,有时也可以通过计算来得到,它的特点是形象、清晰,比较容易看出其定性的特征。但是,由于它们缺乏数学方程的解析性质,要直接利用它们来进行系统的分析和设计往往比较困难,必要时,可以对它们进行一定的数学处理来得到参量模型的形式。

由于对象的数学模型描述的是对象在受到控制作用或干扰作用后被控变量的变化规律,因此对象的非参量模型可以用对象在一定形式的输入作用下的输出曲线或数据来表示。根据输入形式的不同,主要有阶跃响应曲线、脉冲响应曲线、矩形脉冲响应曲线、频率特性曲线等。这些曲线一般都可以通过实验直接得到。

2. 参量模型

当数学模型是采用数学方程式来描述时,称为参量模型。

对象的参量模型可以用描述对象输入、输出关系的微分方程式、偏微分方程式、状态方程、差分方程等形式来表示。

对于线性的集中参数对象,通常可用常系数线性微分方程来描述,如果以 $x(t)$ 表示输入量,$y(t)$ 表示输出量,则对象特性可用下列微分方程式来描述

$$a_n y^{(n)}(t) + a_{n-1} y^{(n-1)}(t) + \cdots + a_1 y'(t) + a_0 y(t) = x(t) \qquad (3\text{-}1)$$

一个对象如果可以用一个一阶微分方程式来描述其特性(通常称一阶对象),则可表

示为

$$a_1 y'(t) + a_0 y(t) = x(t) \tag{3-2}$$

或表示成

$$T y'(t) + y(t) = K x(t) \tag{3-3}$$

式中：$T = \dfrac{a_1}{a_0}$，称为时间常数；

$K = \dfrac{1}{a_0}$，称为放大系数。

以上方程式中的系数以及 T、K 等都可以认为是相应的参量模型中的参量，它们与对象的特性有关，一般需要通过对象的内部机理分析或大量的实验数据处理才能得到。

3.2 对象数学模型的建立

工业过程数学模型的表达方式很多，对它们的要求也各不相同，主要取决于建立数学模型的目的是什么。在工业控制过程中，建立被控对象的数学模型的目的主要有以下几种：

(1) 进行工业过程优化操作；

(2) 控制系统方案的设计和仿真研究；

(3) 控制系统的调试和控制器参数的整定；

(4) 工业过程的故障检测与诊断；

(5) 制定大型设备启动和停车操作方案；

(6) 设计工业过程操作人员的培训系统；

(7) 作为模型预测控制等先进控制方法的数学模型。

随着工业过程复杂程度的不同。建模的目的各异，对模型的要求也各不相同。相应地，使用建模的方法也是不一样的。大致可分为如下几种。

3.2.1 机理分析法建模

机理建模是根据对象或生产过程的内部机理，列写出各种有关的平衡方程，如物料平衡方程、能量平衡方程、动量平衡方程、相平衡方程以及某些物性方程、设备的特性方程、化学反应定律、电路基本定律等，从而获取对象(或过程)的数学模型，这类模型通常称为机理模型。应用这种方法建立的数学模型，其最大优点是具有非常明确的物理意义，所得的模型具有很大的适应性，便于对模型参数进行调整。但是，由于化工对象较为复杂，对某些物理、化学变化的机理还不完全了解，而且线性的并不多，加上分布参数元件又特别多(即参数同时是位置与时间的函数)，所以对于某些对象，人们还难以写出它们的数学表达式，或者表达式中的某些系数还难以确定。

机理法建模的具体步骤如下：

(1) 根据实际情况确定系统的输入、输出以及中间变量，搞清各变量之间的关系；

(2) 做出合乎实际的假设，以便忽略一些次要因素，使问题简化；

(3) 根据支配运动特性的基本规律，列出各部分的原始方程；

(4) 消去中间变量，写出只有输入变量和输出变量的微分方程；

（5）对微分方程进行标准化处理。

1. 一阶对象的数学模型

下面通过一些简单的例子来讨论一阶对象及积分对象机理建模的方法。

1）水槽对象

图 3-2 是一个水槽，水经过阀门 1 不断地流入水槽，水槽内的水又通过阀门 2 不断流出。工艺上要求水槽的液位 h 保持一定数值。在这里，水槽就是被控对象，液位 h 就是被控变量。如果阀门 2 的开度保持不变，而阀门 1 的开度变化是引起液位变化的干扰因素，那么，这里所指的对象特性，就是指当阀门 1 的开度变化时，液位 h 是如何变化的。在这种情况下，对象的输入量是流入水槽的流量 Q_1，对象的输出量是液位 h。下面推导表征 h 与 Q_1 之间的关系的数学表达式。

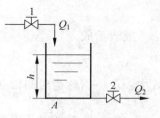

图 3-2　水槽对象示意图

在生产过程中，最基本的关系是物料平衡和能量平衡。当单位时间流入对象的物料（或能量）不等于流出对象的物料（或能量）时，表征对象物料（或能量）蓄存量的参数就要随时间而变化，找出它们之间的关系，就能写出描述它们之间关系的微分方程式。因此，列写微分方程式的依据可表示为

对象物料蓄存量的变化率 ＝ 单位时间流入对象的物料 － 单位时间流出对象的物料

式中的物料量也可以表示为能量。

以图 3-2 的水槽对象为例，截面积为 A 的水槽，当流入水槽的流量 Q_1 等于流出水槽的流量 Q_2 时，系统处于平衡状态，即静态，这时液位 h 保持不变。

假定某一时间 Q_1 有了变化，不再等于 Q_2，于是 h 也就变化，h 的变化与 Q_1 的变化究竟有什么关系呢？这必须从水槽的物料平衡来考虑，找出 h 与 Q_1 的关系，这是推导表征 h 与 Q_1 关系的微分方程式的根据。

在用微分方程式来描述对象特性时，往往着眼于一些量的变化，而不注重这些量的初始值，所以下面在推导方程的过程中，假定 Q_1、Q_2、h 都代表它们偏离初始平衡状态的变化值。

如果在很短一段时间 dt 内，由于 Q_1 不等于 Q_2，引起液位变化了 dh，此时，流入和流出水槽的水量之差为

$$Q_1 - Q_2 = A\frac{dh}{dt} \tag{3-4}$$

上式就是微分方程式的一种形式。在这个式子中，还不能一目了然地看出 h 与 Q_1 的关系。因为在水槽出水阀 2 开度不变的情况下，随着 h 的变化，Q_2 也会变化。h 越大，静压越大，Q_2 也会越大。也就是说，在式（3-4）中，Q_1、Q_2、h 都是时间的变量，如何消去中间变量 Q_2，得出 h 与 Q_1 的关系式呢？

如果考虑变化量很微小（由于在自动控制系统中，各个变量都是在它们的额定值附近做微小的波动，因此这样的假定是允许的），可以近似认为 Q_2 与 h 成正比，与出水阀的阻力系数 R_2 成反比，用式子表示为

$$Q_2 = \frac{h}{R_2} \tag{3-5}$$

将此关系式代入式（3-4），移项整理后可得

$$AR_2 \frac{\mathrm{d}h}{\mathrm{d}t} + h = R_2 Q_1 \tag{3-6}$$

令 $T = AR_2$，$K = R_2$ 代入式(3-6)，便有

$$T \frac{\mathrm{d}h}{\mathrm{d}t} + h = KQ_1 \tag{3-7}$$

这就是用来描述简单的水槽对象特性的微分方程式。它是一阶常系数微分方程式，式中 T 称时间常数，K 称放大系数。

2) 直接蒸汽加热器

图 3-3 所示为直接蒸汽加热器，它是将温度为 T_c 的冷流体用蒸汽直接加热，以获得温度为 T_a 的热流体的简单换热对象。其中冷流体的流量为 G_c，蒸汽流量为 W。

确定输出变量(被控变量)为 T_a；输入变量为蒸汽流量 W、冷流体的流量 G_c、冷流体温度 T_c、环境温度等，它们的变化都会引起 T_a 的变化。但是从该工艺设备的设计目的和设计思想出发，T_a 的改变是通过 W 的改变来实现的，因此选择 W 作为操纵变量，其余量如 G_c、T_c、环境温度等均作为干扰变量。

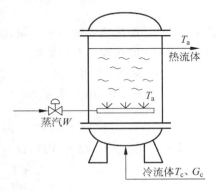

图 3-3 直接蒸汽加热器示意图

为了避免问题复杂化，合理简化一些次要扰动变量，而保留对输出变量影响最大的输入变量，即主要扰动变量。在此例中，环境温度的变化忽略，保留 G_c、T_c，其中 G_c 为该设备的物料处理能力，工艺上称为设备的负荷。

在建模前对问题进行合理简化和假设以避免所建立的数学模型过于复杂。假设加热器内温度是均匀的；加热器的散热量很小，可忽略不计；蒸汽喷管和加热器的热容很小，忽略不计；G_c、T_c 变化不大，近似为常数。

作为一个加热过程，遵循能量守恒定律即

单位时间内进入加热器的能量＝单位时间带出加热器的能量

＋单位时间加热器内能量的变化量

可以分为如下两种情况：

(1) 当加热器内单位时间能量变化为零时，即所谓静态情况下，这时 T_a 保持不变，有下式：

$$Q_c + Q_s = Q_a + Q_1 \tag{3-8}$$

式中：Q_c——单位时间冷流体带入的热量；

$\quad\quad Q_s$——单位时间蒸汽带入的热量；

$\quad\quad Q_a$——单位时间热流体带出的热量；

$\quad\quad Q_1$——单位时间加热器散失的热量。

根据假设，可令 $Q_1 = 0$，于是有

$$Q_c + Q_s = Q_a \tag{3-9}$$

可以得到系统输入输出变量在稳态时的关系式：

$$G_c c_c T_c + WH = G_a c_a T_a \tag{3-10}$$

式中：H——蒸汽热焓，为常数；

c_c、c_a——液体比热容，近似为常数，下面统一用 c 表示。

由于热流体的流量 $G_a = G_c + W$，一般所用 W 较小，可近似为 $G_a = G_c$，由此可得

$$T_a = T_c + \frac{H}{G_a c} W \tag{3-11}$$

该式描述了在静态情况下被控对象加热器的工艺参数 T_a、T_c、W、G_a 之间的关系，它是系统的静态(稳态)数学模型。

(2) 一般从控制角度来说，静态是相对的，我们更多的是要研究系统的动态数学模型，即加热器内单位时间能量变化量不为零，有下式：

$$\frac{\mathrm{d}U}{\mathrm{d}t} = Q_c + Q_s - Q_a \tag{3-12}$$

式中：U——加热器中聚集的热量，$U = V_{\gamma c} T_a$；

V——加热器的有效容积；

γ——流体的密度；

$V_{\gamma c}$ 为一常数，用 C 表示，即

$$\frac{\mathrm{d}U}{\mathrm{d}t} = V_{\gamma c} \frac{\mathrm{d}T_a}{\mathrm{d}t} = C \frac{\mathrm{d}T_a}{\mathrm{d}t} \tag{3-13}$$

因为 $Q_c = G_c c T_c$，$Q_s = WH$，$Q_a = G_a c T_a$，代入式(3-12)有

$$C \frac{\mathrm{d}T_a}{\mathrm{d}t} = G_c c T_c + WH - G_a c T_a \tag{3-14}$$

令 $\frac{1}{G_c c} = R$；$T = RC$；$K = HR$，则有

$$T \frac{\mathrm{d}T_a}{\mathrm{d}t} + T_a = T_c + KW \tag{3-15}$$

令 $T_c = 0$，得控制通道的数学模型；$W = 0$，得干扰通道的数学模型。

2. 积分对象的数学模型

当对象的输出参数与输入参数对时间的积分成比例关系时，称为积分对象。

图 3-4 所示的液体储槽，就具有积分特性。因为储槽中的液体由正位移泵抽出，因而从储槽中流出的液体流量 Q_2 将是常数，它的变化量为零。因此，液位 h 的变化就只与流入量的变化有关，如果以 h、Q_1 分别表示液位和流入量的变化量，那么就有

$$A \frac{\mathrm{d}h}{\mathrm{d}t} = Q_1 \tag{3-16}$$

式中：A——储槽横截面积。

对式(3-16)积分，可得

$$h = \frac{1}{A} \int Q_1 \mathrm{d}t \tag{3-17}$$

这说明图 3-4 所示储槽具有积分特性。

图 3-4　积分对象示意图

3.2.2　实验法建模

前面讨论了应用数学描述方法求取对象(或环节)的特性。虽然这种方法具有较大的普

遍性,然而在化工生产中,许多对象的特性很复杂,往往很难通过内在机理的分析,直接得到描述对象特性的数学表达式,而且这些表达式也较难求解;另一方面,在这些推导的过程中,往往做了许多假定和假设,忽略了很多次要因素。但是在实际工作中,由于条件的变化,可能某些假定与实际不完全相符,或者有些原来次要的因素上升为不能忽略的因素,因此,要直接利用理论推导得到的对象特性作为合理设计自动控制系统的依据,往往是不可靠的。在实际工作中,常常用实验的方法来研究对象的特性,它可以比较可靠地得到对象的特性,也可以对通过机理分析得到的对象特性加以验证或修改。

所谓对象特性的实验测取法,就是在所要研究的对象上,加上一个人为的输入作用(输入量),然后,用仪表测取并记录表征对象特性的物理量(输出量)随时间变化的规律,得到一系列实验数据(或曲线)。

这些数据或曲线就可以用来表示对象的特性。有时,为了进一步分析对象的特性,对这些数据或曲线加以必要的数据处理,使之转化为描述对象特性的数学模型。

这种应用对象的输入输出的实测数据来决定其模型的结构和参数,通常称为系统辨识。它的主要特点就把被研究的对象视为一个黑匣子,完全从外部特性上来测试和描述它的动态特性,因此不需要深入了解其内部机理,特别是对于一些复杂的对象,实验建模比机理建模要简单和省力。

对象特性的实验测取法有很多种,这些方法往往是以所加输入形式的不同来区分的,下面作一简单的介绍。

1. 阶跃响应曲线法

所谓测取对象的阶跃响应曲线,就是用实验的方法测取对象在阶跃输入作用下,输出量 y 随时间的变化规律。

例如要测取图 3-2 所示简单水槽的动态特性,这时,表征水槽工作状况的物理量是液位 h,我们要测取输入流量 Q_1 改变时,输出 h 的反应曲线。假定在时间 t_0 之前,对象处于稳定状况,即输入流量 Q_1 等于输出流量 Q_2,液位 h 维持不变。在 t_0 时,突然开大进水阀,然后保持不变。Q_1 改变的幅度可以用流量仪表测得,假定为 C。这是若用液位仪表测得 h 随时间的变化规律,便是简单水槽的反应曲线,如图 3-5 所示。

这种方法比较简单。如果输入量是流量,只要将阀门的开度作突然的改变,便可认为施加了阶跃干扰。因此不需要特殊的信号发生器,在装置上进行极为容易。输出参数的变化过程可以利用原来的仪表记录下来(若原来的仪表精度不符合要求,可改用具有高灵敏度的快速记录仪),不需要增加特殊仪器设备,测试工作量也不大。总地来说,阶跃响应曲线法是一种比较简单的动态特性测试方法。

这种方法也存在一些缺点。主要是对象在阶跃信号作用下,从不稳定到稳定一般所需时间较长,在这样长的时间内,对象不可避免要受到许多其他干扰因素的影响,因而测试精度受到限制。为了提高精度,就必须加大所施加的输入作用幅值,可是这样做就意味着对正常生产的影响增加,工艺上往往不允许。一般所加输入作用的大小是取额定值的 $5\%\sim$ 10%。因此,阶跃响应曲线法是一种简易但精度较差的对象特性测试方法。

2. 矩形脉冲法

当对象处于稳定工况下,在时间 t_0 突然加一阶跃干扰,幅值为 C,到 t_1 时突然除去阶跃干扰,这时测得的输出量 y 随时间的变化规律,称为对象的矩形脉冲特性,而这种形式的干扰称为矩形脉冲干扰,如图 3-6 所示。

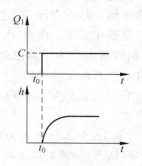
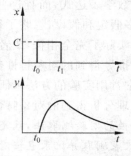

图 3-5　水槽的阶跃响应曲线　　　　图 3-6　矩形脉冲特性曲线

　　用矩形脉冲干扰来测取对象特性时,由于加在对象上的干扰,经过一段时间后即被除去,因此干扰的幅值可取得比较大,以提高实验精度,对象的输出量又不至于长时间地偏离给定值,因而对正常生产影响较小。目前,这种方法也是测取对象动态特性的常用方法之一。

　　除了应用阶跃干扰与矩形脉冲干扰作为实验测取对象动态特性的输入信号形式外,还可以采用矩形脉冲波和正弦信号等来测取对象的动态特性,分别称为矩形脉冲波法与频率特性法。

　　上述各种方法都有一个共同的特点,就是要在对象上人为地外加干扰作用(或称测试信号),这在一般的生产中是允许的,因为一般加的干扰量比较小,时间不太久,只要自动化人员与工艺人员密切配合,互相协作,根据现场的实际情况,合理地选择以上几种方法中的一种,是可以得到对象的动态特性的,从而为正确设计自动化系统创造有利的条件。由于对象动态特性对自动化工作有非常重要的意义,因此只要有可能,就要创造条件,通过实验来获取对象的动态特性。

　　近年来,对于一些不宜施加人为干扰来测取特性的对象,可以根据在正常生产情况下长期积累下来的各种参数的记录数据或曲线,用随机理论进行分析和计算,来获取对象的特性。

3.2.3　混合法建模

　　机理建模与实验建模各有其特点,目前一种比较实用的方法是将两者结合起来,称为混合建模(也称半测试建模)。这种建模的途径是先由机理分析的方法提供数学模型的结构形式,然后对其中某些未知的或不确定的参数利用实测的方法给予确定。这种在已知模型结构的基础上,通过实测数据来确定其中的某些参数,称为参数估计。

3.3　描述对象特性的参数

　　当对象的输入量变化后,输出量究竟是如何变化的呢? 这就是要研究的问题。显然,对象输出量的变化情况与输入量的形式有关。为了使问题比较简单起见,下面假定对象的输入量是具有一定幅值的阶跃作用。

前面已经讲过,对象的特性可以通过其数学模型来描述,但是为了研究问题方便起见,在实际工作中,常用下面三个物理量来表示对象的特性。这些物理量称为对象的特性参数。

3.3.1　放大系数 K

对于如图 3-2 所示的简单水槽对象,当流入流量 Q_1 有一定的阶跃变化后,液位 h 也会有相应的变化,但最后会稳定在某一数值上。如果我们将流量 Q_1 的变化看作对象的输入,而液位 h 的变化看作对象的输出,那么在稳定状态时,对象一定的输入就对应着一定的输出,这种特性称为对象的静态特性。

假定 Q_1 的变化量用 ΔQ_1 表示, h 的变化量用 Δh 表示。在一定的 ΔQ_1 下, h 的变化情况如图 3-7 所示。在重新达到稳定状态后,一定的 ΔQ_1 对应着一定的 Δh 值。令 K 等于 Δh 与 ΔQ_1 之比,用数学关系式表示,即

$$K = \frac{\Delta h}{\Delta Q_1} \tag{3-18}$$

K 在数值上等于对象重新稳定后的输出变化量与输入变化量之比。它的意义也可以这样来理解:如果有一定的输入变化量 ΔQ_1,通过对象就被放大了 K 倍变为输出变化量 Δh,则称 K 为对象的放大系数。

对象的放大系数 K 越大,就表示对象的输入量有一定变化时,对输出量的影响越大。

3.3.2　时间常数 T

从大量的生产实践中发现,有的对象受到干扰后,被控变量变化很快,较迅速地达到了稳定值;有的对象在受到干扰后,惯性很大,被控变量要经过很长时间才能达到新的稳态值。从图 3-7 中可以看到,截面积很大的水槽与截面积很小的水槽相比,当进口流量改变同样一个数值时,截面积小的水槽液位变化很快,并迅速趋向新的稳态值。而截面积大的水槽惰性大,液位变化慢,须经过很长时间才能稳定。

时间常数越大,表示对象受到干扰作用后,被控变量变化得越慢,到达新的稳态值所需的时间越长。

为了进一步理解放大系数 K 与时间常数 T 的物理意义,下面结合图 3-2 所示的水槽例子,来进一步加以说明。水槽对象阶跃响应曲线如图 3-8 所示。

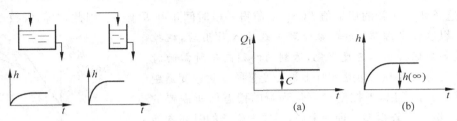

图 3-7　不同时间常数对象的阶跃响应曲线　　　图 3-8　水槽对象阶跃响应曲线

由前面的推导可知,简单水槽的对象特性可由式(3-7)来表示,现重新写出

$$T \frac{\mathrm{d}h}{\mathrm{d}t} + h = KQ_1$$

假定 Q_1 为阶跃作用, $t<0$ 时 $Q_1=0$; $t \geqslant 0$ 时 $Q_1=C$,如图 3-8(a)所示,为了求得在 Q_1 作

用下 h 的变化规律,可以对上述微分方程式求解,得

$$h(t) = KC(1 - e^{-t/T}) \tag{3-19}$$

上式就是对象在受到阶跃作用 $Q_1 = C$ 后,被控变量 h 随时间变化的规律,称为被控变量过渡过程的函数表达式。根据式(3-19)可以画出 $h \sim t$ 曲线,称为阶跃响应曲线,如图 3-8(b)所示。

从图 3-8 响应曲线可以看出,对象受到阶跃作用后,被控变量就发生变化,当 $t \to \infty$ 时,被控变量不再变化而达到了新的稳态值 $h(\infty)$,这时由式(3-19)可得

$$h(\infty) = KC \tag{3-20}$$

这就是说,K 是对象受到阶跃输入作用后,被控变量新的稳定值与所加的输入量之比,故是对象的放大系数,它表示对象受到输入作用后,重新达到平衡状态时的性能,是不随时间而变的,所以表示对象的静态性能。

下面再来讨论时间常数 T 的物理意义。将 $t = T$ 代入式(3-19),就可以求得

$$h(T) = 0.632KC \tag{3-21}$$

将式(3-20)代入式(3-21)得

$$h(T) = 0.632h(\infty) \tag{3-22}$$

这就是说,当对象受到阶跃输入作用后,被控变量达到新的稳态值的 63.2% 所需的时间,就是时间常数 T。

在输入作用加入的瞬间,液位 h 的变化速度是多大呢? 将式(3-19)对时间 t 求导得

$$\frac{dh}{dt} = \frac{KC}{T}e^{-t/T} \tag{3-23}$$

由上式可以看出,在过渡过程中,被控变量变化速度是越来越慢的,当 $t = 0$ 时,有

$$\frac{dh}{dt}\bigg|_{t=0} = \frac{KC}{T} = \frac{h(\infty)}{T} \tag{3-24}$$

当 $t \to \infty$ 时,由式(3-23)可得

$$\frac{dh}{dt}\bigg|_{t=\infty} = 0 \tag{3-25}$$

式(3-24)所表示的是 $t = 0$ 时液位变化的初始速度。从图 3-9 所示的反应曲线来看,$\frac{dh}{dt}\bigg|_{t=0}$ 就等于曲线在起始点时切线的斜率。由于切线的斜率为 $h(\infty)/T$,从图 3-9 可以看出,这条切线在新的稳定值 $h(\infty)$ 上截得一段时间正好等于 T。因此,时间常数 T 的物理意义可以这样来理解:当对象受到阶跃输入作用后,被控变量如果保持初始速度变化,达到新的稳态值所需的时间就是时间常数。可是实际上被控变量的变化速度是越来越小的。所以,被控变量变化到新的稳态值所需要的时间,要比 T 长得多。理论上说,需要无限长的时间才能达到稳态值。从式(3-19)可以看出,只有当 $t = \infty$ 时,才有 $h = KC$。但是当 $t = 3T$ 时,代入式(3-19),便得

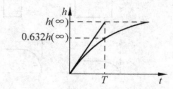

图 3-9 时间常数 T 的求法示意图

$$h(3T) = 0.95h(\infty) \tag{3-26}$$

这就是说,从加入输入作用后,经过 $3T$ 时间,液位已经变化了全部变化范围的 95%,这时,可以近似地认为动态过程基本结束。所以,时间常数 T 是表示在输入作用下,被控变量

完成其变化过程所需要的时间的一个重要参数。

3.3.3 滞后时间 τ

前面介绍的简单水槽对象在受到输入作用后,被控变量立即以较快的速度开始变化,如图 3-8 所示,这是一阶对象在阶跃输入作用下的反应曲线。这种对象用时间常数 T 和放大系数 K 两个参数就可以完全描述了它们的特性。但是有的对象,在受到输入作用后,被控变量却不能立即而迅速的变化,这种现象称为滞后现象。根据滞后性质的不同,可分为两类,即传递滞后和容量滞后。

1. 传递滞后

传递滞后又叫纯滞后,一般用 τ_0 表示。τ_0 的产生一般是由于介质的输送需要一段时间而引起的。例如图 3-10(a)所示的溶解槽,料斗中的固体用皮带输送机送至加料口。在料斗加大送料量后,固体溶质需等输送机将其送到加料口并落入槽中后,才会影响溶液浓度。当以料斗的加料量作为对象的输入,溶液浓度作为输出时,其反应曲线如图 3-10(b)所示。

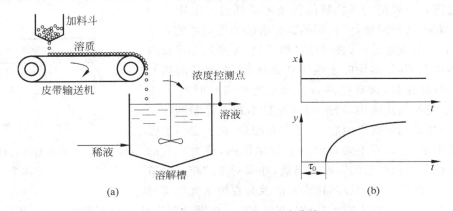

图 3-10 溶解槽及其阶跃响应曲线

图 3-10 所示的 τ_0 为皮带输送机将固体溶质由加料斗输送到溶解槽所需要的时间,称为纯滞后时间。显然,纯滞后时间 τ_0 与皮带输送机的传送速度 v 和传送距离 L 有如下关系:

$$\tau_0 = \frac{L}{v} \tag{3-27}$$

另外,从测量方面来说,由于测量点选择不当、测量元件安装不适合等原因也会造成传递滞后。由于测量元件或测量点选择不当引起纯滞后的现象在成分分析过程中尤为常见。安装成分分析仪器时,取样管线太长,取样点安装离设备太远,都会引起较大的纯滞后时间,这是在实际工作中要尽量避免的。

纯滞后对象的特性是当输入量发生变化时,其输出量不是立即反应输入量的变化,而是要经过一段纯滞后时间 τ 以后,才开始等量地反应原无滞后时的输出量的变化。表示成数学关系式为

$$y_\tau(t) = \begin{cases} y(t-\tau), & t > \tau \\ 0, & t \leqslant \tau \end{cases} \tag{3-28}$$

$$y(t) = \begin{cases} y_\tau(t+\tau), & t > 0 \\ 0, & t \leqslant 0 \end{cases} \tag{3-29}$$

因此对于有、无纯滞后特性的对象其数学模型具有类似的形式。如果上述例子中都是可以用一阶微分方程式来描述的一阶对象,而且它们的时间常数和放大系数亦相等,仅在自变量 t 上相差一个 τ 的时间,那么,若无纯滞后的对象特性可以用下述方程式描述:

$$T\frac{\mathrm{d}y(t)}{\mathrm{d}t} + y(t) = Kx(t) \tag{3-30}$$

则有纯滞后的对象特性可以用下述方程式描述:

$$T\frac{\mathrm{d}y_\tau(t+\tau)}{\mathrm{d}t} + y_\tau(t+\tau) = Kx(t) \tag{3-31}$$

2. 容量滞后

有些对象在受到阶跃输入作用 x 后,被控变量 y 开始变化很慢,后来才逐渐加快,最后又变慢直至逐渐接近稳定值,这种现象叫容量滞后或过渡滞后,其响应曲线如图 3-11 所示。

容量滞后一般是由于物料的传递需要通过一定阻力而引起的。对于这种对象,要想用前面所讲的描述对象的三个参数 K、T、τ 来描述的话,必须作近似处理,纯滞后和容量滞后尽管本质上不同,但实际上很难严格区分,在容量滞后与纯滞后同时存在时,常常把两者合起来统称滞后时间 τ,不难看出,自动控制系统中,滞后的存在是不利于控制的。也就是说,系统受到干扰作用后,由于存在滞后,被控变量不能立即反映出来,于是就不能及时产生控制作用,整个系统的控制质量就会受到严重的影响。当然,如果对象的控制通道存在滞后,那么所产生的控制作用不能及时克服干扰作用对被控变量的影响,也要影响控制质量的。所以,在设计和安装控制系统时,都应当尽量把滞后时间减到最小。

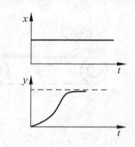

图 3-11　具有容量滞后对象的
阶跃响应曲线

思考题与习题

3-1　什么是对象的数学模型? 什么是对象的静态数学模型和动态数学模型?

3-2　研究对象的数学模型有什么意义?

3-3　建立数学模型有哪些方法?

3-4　反映对象特性的参数有哪些? 各有什么物理意义? 它们对自动控制系统有什么影响?

3-5　为什么说放大系数 K 描述了对象的静态特性? 而时间常数 T 和滞后时间 τ 描述了对象的动态特性?

3-6　已知一个具有纯滞后的一阶对象,其时间常数为 10,放大系数为 15,纯滞后时间为 3,试写出描述该对象的一阶微分方程。

参数检测及仪表

在工业生产过程中,为了正确地指导生产操作、保证生产安全、提高产品质量,任何一个控制系统都需要应用检测仪表来准确及时地检测出生产过程中的各个有关参数,如温度、压力、流量、物位及组分等,以实现自动化控制。它是自动控制系统中的一个基本环节,离开这一基本环节,再好的控制技术也无法用于生产过程。

本篇介绍石油化工行业常见的重要参数及检测这些参数经常使用的检测仪表,共分7章。其中,第4章介绍检测仪表基础知识,讨论测量过程和测量误差,介绍检测仪表基本概念以及常用的评价仪表性能优劣的指标。第5～9章分别介绍温度、压力、流量、物位、成分等参数的检测及仪表。第10章简单介绍了现代检测技术。

第4章

CHAPTER 4

检测仪表基础知识

在自动控制系统中,检测仪表完成对各种过程参数的测量,并实现必要的数据处理。用来将这些参数转换为一定的便于传送的信号的仪表通常称为传感器。而当传感器的输出为规定的标准信号时,通常称为变送器。本章主要讨论测量过程和测量误差,介绍检测仪表基本概念以及常用的评价仪表性能优劣的指标。

4.1 测量过程和测量误差

测量过程就是将被测物理量转换为转角、位移、能量等的过程,而检测仪表就是实现这一过程的工具。

在工程技术和科学研究中,对一个参数进行测量时,总要提出这样一个问题,即所获得的测量结果是否就是被测参数的真实值? 它的可信赖程度究竟如何?

人们对被测参数真实值的认识,虽然随着实践经验的积累和科学技术的发展会越来越接近,但绝不会达到完全相等的地步,这是由于测量过程中始终存在着各种各样的影响因素。例如,没有考虑到某些次要的、影响小的因素,对被测对象本质认识的不够全面,采用的检测工具不十分完善,以及观测者技术熟练程度不同等,均可使获得的测量结果与真实值之间总是存在着一定的差异,这一差异就是误差。可见在测量过程中自始至终存在着误差。

仪表指示的被测值称为示值,它是被测量真值的反应。被测量真值是指被测物理量客观存在的真实数值,严格地说,它是一个无法得到的理论值,因为无论采用何种仪表测到的值都有误差。实际应用中常用精度较高的仪表测出的值,称为约定真值来代替真值。例如使用国家标准计量机构标定过的标准仪表进行测量,其测量值即可作为约定真值。

由仪表读得的被测值和被测量真值之间,总是存在一定的差距,这就是测量误差。

测量误差通常有两种表示方法,即绝对误差和相对误差。

4.1.1 绝对误差

绝对误差是指仪表指示值与公认的约定真值之差,即

$$\Delta = x - x_0 \tag{4-1}$$

式中:Δ——绝对误差;

x——示值,被校表的读数值;

x_0——约定真值,标准表的读数值。

绝对误差又可简称为误差。绝对误差是可正可负的,而不是误差的绝对值,当误差为正时表示仪表的示值偏大,反之偏小。绝对误差还有量纲,它的单位与被测量的单位相同。

仪表在其测量范围内各点读数绝对误差的最大值称为最大绝对误差,即

$$\Delta_{\max} = (x - x_0)_{\max} \tag{4-2}$$

4.1.2　相对误差

为了能够反映测量工作的精细程度,常用测量误差除以被测量的真值,即用相对误差来表示。

相对误差也具有正负号,但无量纲,用百分数表示。由于真值不能确定,实际上是用约定真值。在测量中,由于所引用真值的不同,相对误差有以下两种表示方法:

实际相对误差

$$\delta_{实} = \frac{\Delta}{x_0} \times 100\% = \frac{x - x_0}{x_0} \times 100\% \tag{4-3}$$

示值相对误差

$$\delta_{示} = \frac{\Delta}{x} \times 100\% = \frac{x - x_0}{x} \times 100\% \tag{4-4}$$

示值相对误差也称为标称相对误差。

4.1.3　基本误差与附加误差

任何测量都与环境条件有关。这些环境条件包括环境温度、相对湿度、电源电压和安装方式等。

仪表应用时应严格按规定的环境条件即参比工作条件进行测量,此时获得的误差称为基本误差。在非参比工作条件下测量所得的误差,除基本误差外,还会包含额外的误差,称为附加误差,即

$$误差 = 基本误差 + 附加误差 \tag{4-5}$$

以上讨论都是针对仪表的静态误差,即仪表静止状态时的误差,或变化量十分缓慢时所呈现的误差,此时不考虑仪表的惯性因素。仪表还有动态误差,动态误差是指仪表因惯性延迟所引起的附加误差,或变化过程中的误差。

4.2　检测仪表基本概念及性能指标

下面介绍检测仪表的基本概念以及常用的评价仪表性能优劣的指标。

4.2.1　测量范围、上下限及量程

每台用于测量的仪表都有测量范围,定义如下:

测量范围就是指仪表按规定的精度进行测量的被测量的范围。

测量范围的最大值称为测量上限值,简称上限。

测量范围的最小值称为测量下限值,简称下限。

仪表的量程可以用来表示其测量范围的大小,是其测量上限值与下限值的代数差,即

$$量程 = 测量上限值 - 测量下限值 \qquad (4-6)$$

例 4-1 一台温度检测仪表的测量上限值是 500℃,下限值是 −100℃,则其测量范围和量程各为多少?

解 该仪表的测量范围为 −100～500℃。

$$量程=测量上限值-测量下限值=500℃-(-100℃)=600℃$$

仪表的量程在检测仪表中是一个非常重要的概念,它与仪表的精度、精度等级及仪表的选用都有关。

仪表测量范围的另一种表示方法是给出仪表的零点及量程。仪表的零点即仪表的测量下限值。由前面的分析可知,只要仪表的零点和量程确定了,其测量范围也就确定了。这是一种更为常用的表示方法。

例 4-2 一台温度检测仪表的零点是 −50℃,量程是 300℃,则其测量范围为多少?

解 零点是 −50℃,说明其测量下限值为 −50℃。

由　量程=测量上限值-测量下限值

有　测量上限值=量程+测量下限值=300℃+(−50℃)=250℃

这台温度检测仪表的测量范围为 −50～250℃。

4.2.2 零点迁移和量程迁移

在实际使用中,由于测量要求或测量条件的变化,需要改变仪表的零点或量程,可以对仪表的零点和量程进行调整。

通常将零点的变化称为零点迁移,量程的变化称为量程迁移。

以被测变量相对于量程的百分数为横坐标,记为 X,以仪表指针位移或转角相对于标尺长度的百分数为纵坐标,记为 Y,可得到仪表的输入输出特性曲线 X-Y。假设仪表的特性曲线是线性的,如图 4-1 中线段 1 所示。

单纯零点迁移情况如图 4-1 中线段 2 所示。此时仪表量程不变,其斜率亦保持不变,线段 2 只是线段 1 的平移,理论上零点迁移到了原输入值的 −25%,上限值迁移到了原输入值的 75%,而量程仍为 100%。

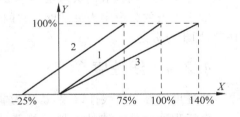

图 4-1　零点迁移和量程迁移示意图

单纯量程迁移情况如图 4-1 中线段 3 所示。此时仪表零点不变,线段仍通过坐标系原点,但斜率发生了变化,上限值迁移到了原输入值的 140%,量程变为 140%。

4.2.3 灵敏度、分辨率及分辨力

用来描述仪表的灵敏程度和分辨能力的性能指标是灵敏度、分辨率和分辨力。

1. 灵敏度

灵敏度 S 是表示仪表对被测量变化的灵敏程度,常以在被测量改变时,经过足够时间仪表指示值达到稳定状态后,仪表输出的变化量 Δy 与引起此变化的输入变化量 Δx 之比,即

$$S = \frac{\Delta y}{\Delta x} \qquad\qquad (4-7)$$

由上面的定义可知,灵敏度实际上是一个有量纲的放大倍数。在量纲相同的情况下,仪表灵敏度的数值越大,说明仪表对被测参数的变化越灵敏。

若为指针式仪表,则灵敏度在数值上等于单位被测参数变化量所引起的仪表指针移动的距离(或转角)。

灵敏度即为图 4-1 中的斜率,零点迁移灵敏度不变,而量程迁移则意味着灵敏度的改变。

2. 分辨率

分辨率又称灵敏限,是仪表输出能响应和分辨的最小输入变化量。

通常仪表的灵敏限不应大于允许绝对误差的一半。从某种意义上讲,灵敏限实际上是死区。

分辨率是灵敏度的一种反映,一般说仪表的灵敏度高,其分辨率也高。在实际应用中,希望提高仪表的灵敏度,从而保证其有较高的分辨率。

上述指标适用于指针式仪表,在数字式仪表中常常用分辨力来描述仪表灵敏度(或分辨率)的高低。

3. 分辨力

对于数字式仪表而言,分辨力是指该表的最末位数字间隔所代表的被测参数变化量。

如数字电压表末位间隔为 $10\mu V$,则其分辨力为 $10\mu V$。对于有多个量程的仪表,不同量程的分辨力是不同的,相应于最低量程的分辨力称为该表的最高分辨力,对数字仪表而言,也称该表的灵敏度。如某表的最低量程是 $0\sim1.00000V$,六位数字显示。末位数字的等效电压为 $10\mu V$,则该表的灵敏度为 $10\mu V$。

数字仪表的分辨率为灵敏度与它的量程的相对值。上述仪表的分辨率为 $10\mu V /1V = 10^{-5}$,即十万分之一。

4.2.4 线性度

线性度又称为非线性误差,也称为非线性度。

对于理论上具有线性特性的检测仪表,往往由于各种因素的影响,使其实际特性偏离线性,如图 4-2 所示。线性度是衡量实际特性偏离线性程度的指标,其定义为:仪表输出—输入校准曲线与理论拟合直线之间的绝对误差的最大值 Δ'_{max} 与仪表的量程之比的百分数,即

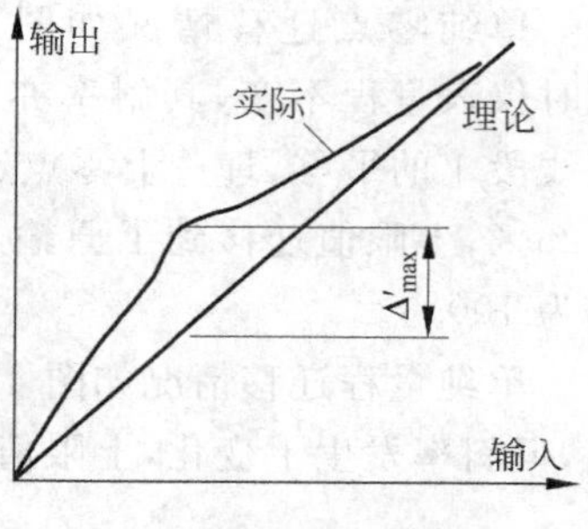

图 4-2 线性度示意图

$$非线性误差 = \frac{\Delta'_{max}}{量程} \times 100\% \qquad\qquad (4-8)$$

4.2.5 精度和精度等级

既然任何测量过程中都存在测量误差,那么在应用测量仪表对工艺参数进行测量时,不仅需要知道仪表的指示值,还应知道该测量仪表的精度,即所测量值接近真实值的准确程度,以便估计测量误差的大小,进而估计测量值的大小。

　　测量仪表在其测量范围内各点读数的绝对误差,一般是标准表和被校表同时对一个参数进行测量时所得到的两个读数之差。由于仪表的精确程度(准确程度)不仅与仪表的绝对误差有关,还与仪表的测量范围有关,因此不能采用绝对误差来衡量仪表的准确度。例如,在温度测量时,绝对误差 $\Delta = 1℃$,对体温测量来说是不允许的,而对测量钢水温度来说却是一个极好的测量结果。又例如,有一台金店用的秤,其测量范围为 $0 \sim 100g$,另一台人体秤,测量范围为 $0 \sim 100kg$,如果它们的最大绝对误差都是 $\pm 10g$,则很明显人体秤更准确。就是说,采用绝对误差表示测量误差,不能很好地说明测量质量的好坏。两台测量范围不同的仪表,如果它们的最大绝对误差相等的话,测量范围大的仪表较测量范围小的精度高。

　　那么是否可以用相对误差来衡量仪表的准确度呢? 相对误差可以用来表示某次测量结果的准确性,但测量仪表是用来测量某一测量范围内的被测量,而不是只测量某一固定大小的被测量的。而且,同一仪表的绝对误差,在整个测量范围内可能变化不大,但测量值变化可能很大,这样相对误差变化也很大。因此,用相对误差来衡量仪表的准确度是不方便的。为方便起见,通常用引用误差来衡量仪表的准确性能。

1. 引用误差

　　引用误差 δ 又称为相对百分误差,用仪表的绝对误差 Δ 与仪表量程之比的百分数来表示,即

$$\delta = \frac{\Delta}{量程} \times 100\% \tag{4-9}$$

2. 最大引用误差

　　仪表在其测量范围内的最大绝对误差 Δ_{max} 与仪表量程之比的百分数来表示,即

$$\delta_{max} = \frac{\Delta_{max}}{量程} \times 100\% \tag{4-10}$$

3. 允许的最大引用误差

　　根据仪表的使用要求,规定一个在正常情况下允许的最大误差,这个允许的最大误差就称为允许误差,$\Delta_{max允}$。允许误差与仪表量程之比的百分数表示就是仪表允许的最大引用误差,是指在规定的正常情况下,允许的相对百分误差的最大值,即

$$\delta_允 = \frac{\Delta_{max允}}{量程} \times 100\% \tag{4-11}$$

4. 精度

　　精度又称为精确度或准确度,是指测量结果和实际值一致的程度,是用仪表误差的大小来说明其指示值与被测量真值之间的符合程度。通常用允许的最大引用误差去掉正负号(±)号和百分号(%)号后,剩下的数字来衡量。其数值越大,表示仪表的精度越低,数值越小,表示仪表的精度越高。

5. 精度等级

　　按照仪表工业的规定,仪表的精度划分为若干等级,称精度等级。

　　我国常用的精度等级有:

　　　0.005,0.01,0.02,0.05,　　0.1,0.2,(0.4),0.5,　　1.0,1.5,2.5,(4.0)
　　　　　Ⅰ级标准表　　　　　　　Ⅱ级标准表　　　　　　工业用表

　　括号内等级必要时采用。所谓 1.0 级仪表,即该仪表允许的最大相对百分误差为 $\pm 1\%$,以此类推。

仪表精度等级是衡量仪表质量优劣的重要指标之一。精度等级的数字越小,仪表的精度等级就越高,也说明该仪表的精度高。

仪表精度等级一般可用不同符号形式标志在仪表面板或铭牌上,如 1.0 级仪表表示为 ⑴₀、◬ 或 ±1.0% 等。

下面两个例题进一步说明了如何确定仪表的精度等级。

例 4-3　有两台测温仪表,测温范围分别为 0~100℃ 和 100~300℃,校验时得到它们的最大绝对误差均为 ±2℃,试确定这两台仪表的精度等级。

解　$\delta_{max1} = \dfrac{\pm 2}{100 - 0} \times 100\% = \pm 2\%$

$$\delta_{max2} = \dfrac{\pm 2}{300 - 100} \times 100\% = \pm 1\%$$

去掉正负号和百分号,分别为 2 和 1。因为精度等级中没有 2 级仪表,而该表的误差又超过了 1 级表所允许的最大误差,取 2 对应低等级数上接近值 2.5 级,所以这台仪表的精度等级是 2.5 级,另一台为 1 级。

从此例中还可看出,最大绝对误差相同时,量程大的仪表精度高。

例 4-4　某台测温仪表的工作范围为 0~500℃,工艺要求测温时的最大绝对误差不允许超过 ±4℃,试问如何选择仪表的精度等级才能满足要求?

解　根据工艺要求

$$\delta_{允} = \frac{\pm 4}{500 - 0} \times 100\% = 0.8\%$$

0.8 介于 0.5~1.0 之间,若选用 1.0 级仪表,则最大误差为 ±5℃,超过工艺允许值。为满足工艺要求,应取 0.8 对应高等级数上接近值 0.5 级。故应选择 0.5 级表才能满足要求。

由以上例子可看出,根据仪表的校验数据来确定仪表的精度等级和根据工艺要求来选择仪表精度等级,要求是不同的。

(1) 根据仪表的校验数据来确定仪表的精度等级时,仪表允许的最大引用误差要大于或等于仪表校验时所得到的最大引用误差。

(2) 根据工艺要求来选择仪表的精度等级时,仪表允许的最大引用误差要小于或等于工艺上所允许的最大引用误差。

4.2.6　死区、滞环和回差

在实际应用中,由于构成仪表的元器件大都具有磁滞、间隙等特性,使得检测仪表出现死区、滞环和回差的现象。

1. 死区

仪表输入在小到一定范围内不足以引起输出的任何变化,这一范围称为死区,在这个范围内,仪表的灵敏度为零。

引起死区的原因主要有电路的偏置不当,机械传动中的摩擦和间隙等。

死区也称不灵敏区,它会导致被测参数的有限变化不易被检测到,要求输入值大于某一限度才能引起输出变化,它使得仪表的上升曲线和下降曲线不重合,如图 4-3 所示。理想情况下死区的宽度是灵敏限的两倍。死区一般以仪表量程的百分数来表示。

2. 滞环

滞环又称为滞环误差。由于仪表内部的某些元件具有储能效应,如弹性元件的变形、磁滞效应等,使得仪表校验所得的实际上升(上行程)曲线和实际下降(下行程)曲线不重合,使仪表的特性曲线成环状,如图4-4所示,这一现象就称为滞环。

在有滞环现象出现时,仪表的同一输入值对应多个输出值,出现误差。

这里所讲的上升曲线和下降曲线是指仪表的输入量从量程的下限开始逐渐升高或从上限开始逐渐降低而得到的输入输出特性曲线。

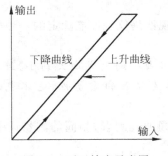

图4-3　死区效应示意图

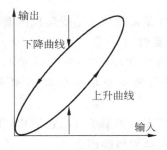

图4-4　滞环效应示意图

滞环误差为对应于同一输入值下上升曲线和下降曲线之间的最大差值,一般用仪表量程的百分数表示。

3. 回差

回差又称变差或来回差,是指在相同条件下,使用同一仪表对某一参数在整个测量范围内进行正、反(上、下)行程测量时,所得到的在同一被测值下正行程和反行程的最大绝对差值,如图4-5所示。回差一般用上升曲线与下降曲线在同一被测值下的最大差值与量程之比的百分数表示,即

$$回差 = \frac{|正行程测量值 - 反行程测量值|_{max}}{量程} \times 100\%$$

$$(4-12)$$

回差是滞环和死区效应的综合效应。造成仪表回差的原因很多,如传动机构的间隙,运动部件的摩擦,弹性元件的弹性滞后等。在仪表设计时,应在选材上,加工精度上给予较多考虑,尽量减小回差。一个仪表的回差越小,其输出的重复性和稳定性越好。一般情况下,仪表的回差不能超出仪表的允许误差。

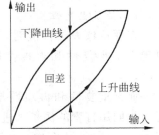

图4-5　死区和滞环综合效应

4.2.7　反应时间

当用仪表对被测量进行测量时,被测量突然变化后,仪表指示值总是要经过一段时间以后才能准确地显示出来。反应时间就是用来衡量仪表能不能尽快反映出被测量变化的指标。

反应时间长,说明仪表需要较长时间才能给出准确的指示值,那就不宜用来测量变化频

繁的参数。在这种情况下,当仪表尚未准确地显示出被测值时,参数本身就已经变化了,使仪表始终不能指示出参数瞬时值的真实情况。因此,仪表反应时间的长短,实际上反映了仪表动态性能的好坏。

仪表的反应时间有不同的表示方法。当输入信号突然变化一个数值后,输出信号将由原始值逐渐变化到新的稳态值。仪表的输出信号(指示值)由开始变化到新稳态值的 63.2% 所用的时间,可用来表示反应时间,也有用变化到新稳态值的 95% 所用时间来表示反应时间的。

4.2.8 重复性和再现性

重复性是衡量仪表不受随机因素影响的能力,再现性是仪表性能稳定的一种标志。

1. 重复性

在相同测量条件下,对同一被测量,按同一方向(由小到大或由大到小)连续多次测量时,所得到的多个输出值之间相互一致的程度称为仪表的重复性,它不包括滞环和死区。

所谓相同的测量条件应包括相同的测量程序,相同的观测者,相同的测量设备,在相同的地点以及在短时间内重复。

仪表的重复性一般用上升和下降曲线的最大离散程度中的最大值与量程之比的百分数来表示,如图 4-6 所示。

2. 再现性

仪表的再现性是指在相同的测量条件下,在规定的相对较长的时间内,对同一被测量从两个方向上重复测量时,仪表实际上升和下降曲线之间离散程度的表示。常用两种曲线之间离散程度的最大值与量程之比的百分数来表示,如图 4-6 所示。它包括了滞环和死区,也包括了重复性。

在评价仪表的性能时,常常同时要求其重复性和再现性。重复性和再现性的数值越小,仪表的质量越高。

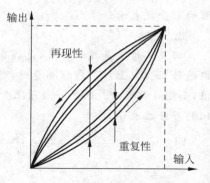

图 4-6　重复性和再现性示意图

那么重复性和再现性与仪表的精度有什么关系呢? 我们用打靶的例子来进行说明。A、B 和 C 三人的打靶结果如图 4-7(a)、图 4-7(b)和图 4-7(c)所示,从图中可以看出,A 的重复性不好,精度也不高;B 的重复性好,但精度不高;C 的重复性好,精度也高。从这个例子可以看出,重复性好精度不一定高。

(a) 重复性不好　　　(b) 重复性好　　　(c) 重复性好
　　精度不高　　　　　精度不高　　　　　精度高

图 4-7　重复性和精度关系示意图

因此,重复性和再现性优良的仪表并不一定精度高,但高精度的优质仪表一定有很好的重复性和再现性。重复性和再现性的优良只是保证仪表准确度的必要条件。

4.2.9 可靠性

可靠性是反映仪表在规定的条件下和规定的时间内完成规定功能的能力的一种综合性质量指标。

现代工业生产中,仪表的故障可能会带来严重的后果,这就需要对可靠性进行研究,并建立一套科学评价的技术指标。仪表的使用可以认为是这样的过程,仪表投入使用→故障→检修→继续投入使用。在这种循环过程中,希望仪表使用的时间越长,故障越少越好;如果产生故障,则应该很容易维修,并能很快地重新投入使用,只有达到这两种要求才能认为可靠性是高的。

可靠性的衡量有多种尺度。定量描述可靠性的度量指标有可靠度、平均无故障工作时间、故障率、平均故障修复时间和有效度。

1. 可靠度

可靠度 $R(t)$ 是指仪表在规定的工作时间内无故障的概率。

如有 100 台同样的仪表,工作 1000 小时后,有 99 台仍能正常工作,就可以说这批仪表在 1000 小时后的可靠度是 99%,即 $R(t) = 99\%$。反之这批仪表的不可靠度 $F(t)$ 就是 1%。显然 $R(t) = 1 - F(t)$。

2. 平均无故障工作时间(MTBF)

平均无故障工作时间是仪表在相邻两次故障间隔内有效工作时的平均时间,用 MTBF(Mean Time Between Failure)来表示。对于不可修复的产品,把从开始工作到发生故障前的平均工作时间用 MTTF(Mean Time To Failure)表示。两者可统称为"平均寿命"。

3. 平均故障修复时间(MTTR)

平均故障修复时间是仪表故障修复所用的平均时间,用 MTTR(Mean Time to Repair)表示。

例如,某种型号的仪表 MTTR=48h,就是说如发生故障,可联系生产厂商,获得备件,经过修理并重新校准后投入使用共需 2 天(48 小时)时间。

4. 有效度

综合评价仪表的可靠性,要求平均无故障工作时间尽可能长的同时,又要求平均故障修复时间尽可能短,引出综合性能指标有效度,也称为可用性,它表示仪表的工作时间在整个时间中所占的份额,即

$$有效度(可用性) = \frac{\text{MTBF}}{\text{MTBF} + \text{MTTR}} \times 100\% \tag{4-13}$$

有效度表示仪表的可靠程度,数值越大,仪表越可靠,或者说可靠度越高。

可靠性目前是一门专门的科学,它涉及三个领域。一是可靠性理论,它又分为可靠性数学和可靠性物理。其中可靠性数学是研究如何用一个数学的特征量来定量地表示仪表设备的可靠程度,这个特征量表示在规定条件下、规定时间内完成规定功能的概率,因此可以用概率统计的方法进行估算,上面简要介绍的内容就是这种方法。二是可靠性技术,它又分为可靠性设计,可靠性试验和可靠性分析等,其中可靠性设计包括系统可靠性设计、可靠性预

测、可靠性分配、元器件散热设计、电磁兼容性设计、参数优化设计等。三是可靠性管理,它包括宏观管理和微观管理两个层面。

4.2.10 稳定性

仪表的稳定性可以从两个方面来描述。一是时间稳定性,它表示在工作条件保持恒定时,仪表输出值(示值)在规定时间内随机变化量的大小,一般以仪表示值变化量和时间之比来表示;二是使用条件变化稳定性,它表示仪表在规定的使用条件内,某个条件的变化对仪表输出值的影响。

以仪表的供电电压影响为例,实际电源电压在220~240V AC范围内时,可用电源电压每变化1V时仪表输出值的变化量来表示仪表对电源电压的稳定性。

思考题与习题

4-1 什么是仪表的测量范围、上下限和量程? 它们之间的关系如何?

4-2 某台温度测量仪表的测量范围是−50~100℃,则该仪表的测量上、下限和量程各为多少?

4-3 一台温度检测仪表的零点是−100℃,量程是200℃,则其测量范围为多少?

4-4 何谓仪表的零点迁移和量程迁移? 其目的是什么?

4-5 什么是仪表的灵敏度和分辨率? 两者之间关系如何?

4-6 在量纲相同的情况下,仪表灵敏度的数值越大,仪表对被测参数的变化越灵敏。这种说法对吗? 为什么?

4-7 什么是真值、约定真值和误差?

4-8 误差的表示方法主要有哪两种? 各是什么意义?

4-9 用一只标准压力表检定甲、乙两台压力表时,标准表的指示值为50kPa,甲、乙表的读数各为50.4kPa和49.4kPa,求它们在该点的绝对误差和示值相对误差。

4-10 什么是仪表的基本误差和附加误差?

4-11 什么是仪表的线性度?

4-12 什么是仪表的引用误差、最大引用误差和允许的最大引用误差?

4-13 某台温度测量仪表的测量范围是0~500℃,在300℃处的检定值为297℃,求在300℃处仪表的引用误差。

4-14 何谓仪表的精度和精度等级? 如何确定? 工业仪表常用的精度等级有哪些?

4-15 某采购员分别在三家商店购买100kg大米、10kg苹果、1kg巧克力,发现均缺少0.5kg,但该采购员对卖巧克力的商店意见最大,是何原因?

4-16 一台精度为0.5级的仪表,下限刻度值为负值,为全量程的25%,该表允许绝对误差为1℃,试求这台仪表的测量范围。

4-17 有两台测温仪表,其测量标尺的范围分别为0~500℃和0~1000℃,已知其最大绝对误差均为5℃,试问哪一台测温更准确? 为什么?

4-18 设有一台精度为0.5级的测温仪表,测量范围为0~1000℃。在正常情况下进行校验,测得的最大绝对误差为+6℃,问该仪表是否合格?

4-19 某反应器压力的最大允许绝对误差为 0.01MPa。现用一台测量范围为 0～1.6MPa，精度为 1.0 级的压力表来进行测量，问能否符合工艺上的误差要求？若采用一台测量范围为 0～1.0MPa，精度为 1.0 级的压力表，能否符合误差要求？试说明理由。

4-20 某台测温范围为 0～1000℃的温度计出厂前经校验，各点测量结果分别为：

标准表读数/℃	0	200	400	600	800	900	1000
被校表读数/℃	0	201	402	604	805	903	1001

试求：（1）该温度计的最大绝对误差。

（2）该温度计的精度等级。

（3）如果工艺上允许的最大绝对误差为 ±8℃，问该温度计是否符合要求？

4-21 何谓仪表的死区、滞环和回差？

4-22 有一台压力表，其测量范围为 0～10MPa，经校验得出下列数据：

标准表读数/MPa		0	2	4	6	8	10
被校表读数	正行程/MPa	0	1.98	3.96	5.94	7.97	9.99
	反行程/MPa	0	2.02	4.03	6.06	8.03	10.01

（1）该表的变差是多少？

（2）该表是否符合 1.0 级精度？

4-23 什么是仪表的反应时间？反应了仪表的什么性能？

4-24 什么是仪表的重复性和再现性？它们与精度的关系如何？

4-25 衡量仪表的可靠性主要有哪些指标？试分别加以说明。

第 5 章

温度检测及仪表

温度是工业生产和科学实验中一个非常重要的参数。物体的许多物理现象和化学性质都与温度有关。许多生产过程都是在一定的温度范围内进行的,需要测量温度和控制温度。在石油化工生产过程中,温度是普遍存在又十分重要的参数。随着科学技术的发展,对温度的测量越来越普遍,而且对温度测量的准确度也有更高的要求。

本章介绍温度检测方法及温标,石油化工工业常用温度检测仪表,温度检测仪表的选用及安装等内容。

5.1 温度检测方法及温标

任何一个石油化工生产过程都伴随着物质的物理或化学性质的改变,都必然有能量的转化和交换,热交换是这些能量转换中最普遍的交换形式。此外,有些化学反应与温度有着直接的关系。因此,温度的测量是保证生产正常进行,确保产品质量和安全生产的关键环节。

5.1.1 温度及温度检测方法

温度是表征物体冷热程度的物理量,是物体分子运动平均动能大小的标志。

温度不能直接加以测量,只能借助于冷热不同的物体之间的热交换,或物体的某些物理性质随着冷热程度不同而变化的特性间接测量。

根据测温元件与被测物体接触与否,温度测量可以分为接触式测温和非接触式测温两大类。

1. 接触式测温

任意两个冷热程度不同的物体相接触,必然要发生热交换现象,热量将由受热程度高的物体传到受热程度低的物体,直到两物体的温度完全一致,即达到热平衡为止。接触式测温就是利用这个原理,选择合适的物体作为温度敏感元件,其某一物理性质随温度而变化的特性为已知,通过温度敏感元件与被测对象的热交换,测量相关的物理量,即可确定被测对象的温度。为了得到温度的精确测量,要求用于测温物体的物理性质必须是连续、单值地随温度变化,并且要复现性好。

以接触式方法测温的仪表主要包括基于物体受热体积膨胀性质的膨胀式温度检测仪表;具有热电效应的热电偶温度检测仪表;基于导体或半导体电阻值随温度变化的热电阻温度检测仪表。

接触式测温必须使温度计的感温部位与被测物体有良好的接触,才能得到被测物体的真实温度,实现精确的测量。一般来说,接触式测温精度高,应用广泛,简单、可靠。但由于测温元件与被测介质需要进行充分的热交换,需要一定的时间才能达到热平衡,会存在一定的测量滞后。由于测温元件与被测介质接触,有可能与被测介质发生化学反应,特别对于热容量较小的被测对象,还会因传热而破坏被测物体原有的温度场,测量上限也受到感温材料耐温性能的限制,不能用于很高温度的测量,对于运动物体测温困难较大。

2. 非接触式测温

应用物体的热辐射能量随温度的变化而变化的原理进行测温。物体辐射能量的大小与温度有关,当选择合适的接收检测装置时,便可测得被测对象发出的热辐射能量并且转换成可测量和显示的各种信号,实现温度的测量。

非接触式测温中测温元件的任何部位均不与被测介质接触,通过被测物体与感温元件之间热辐射作用实现测温,不会破坏被测对象温度场,反应速度较快,可实现遥测和运动物体的测温;测温元件不必达到与被测对象相同的温度,测量上限可以很高,测温范围广。但这种仪表由于物体发射率、测温对象到仪表的距离、烟尘和其他介质的影响,故一般来说测量误差较大。通常仅用于高温测量。

常用测温仪表分类及特性和使用范围如表 5-1 所示。

表 5-1 常用测温仪表及性能

测温方式	类别及测温原理		典型仪表	温度范围/℃	特点及应用场合
接触式测温	膨胀类	固体热膨胀 利用两种金属的热膨胀差测量	双金属温度计	−50～+600	结构简单、使用方便,但精度低,可直接测量气体、液体、蒸汽的温度
		液体热膨胀	玻璃液体温度计	水银 −30～+600 有机液体 −100～+150	结构简单、使用方便、价格便宜、测量准确,但结构脆弱易损坏,不能自动记录和远传,适用于生产过程和实验室中各种介质温度就地测量
		气体热膨胀 利用液体、气体热膨胀及物质的蒸汽压变化	压力式温度计	0～+500 液体型 0～+200 蒸汽型	机械强度高,不怕震动,输出信号可以自动记录和控制,但热惯性大,维修困难,适于测量对铜及铜合金不起腐蚀作用的各种介质的温度
	热电阻	金属热电阻 导体的温度效应	铜电阻、铂电阻	铂电阻 −200～+850 铜电阻−50～+150 镍电阻−60～+180	测温范围宽,物理化学性质稳定,输出信号易于远传和记录,适用于生产过程中测量各种液体、气体和蒸汽介质的温度
		半导体热敏电阻 半导体的温度效应	锗、碳、金属氧化物热敏电阻	−50～+300	变化灵敏、响应时间短、力学性能强,但复现性和互换性差,非线性严重,常用于非工业过程测温
	热电偶	金属热电偶 利用热电效应	铂铑$_{30}$-铂铑$_6$、铂铑-铂、镍铬-镍硅、铜-康铜等热电偶	−200～+1800	测量精度较高,输出信号易于远传和自动记录,结构简单,使用方便,测量范围宽,但输出信号和温度示值呈非线性关系,下限灵敏度较低,需冷端温度补偿,被广泛地应用于化工、冶金、机械等部门的液体、气体、蒸汽等介质的温度测量
		难熔金属热电偶	钨铼,钨-钼,镍铬-金铁热电偶	0～+2200 −270～0	钨铼系及钨-钼系热电偶可用于超高温的测量,镍铬-金铁热电偶可用于超低温的测量,但未进行标准化,因而使用时需特别标定

测温方式	类别及测温原理		典型仪表	温度范围/℃	特点及应用场合
非接触式测温	光纤类	利用光纤的温度特性或作为传光介质	光纤温度传感器 光纤辐射温度计	−50～+400 +200～+4000	可以接触或非接触测量,灵敏度高,电绝缘性好,体积小,重量轻,可弯曲。适用于强电磁干扰、强辐射的恶劣环境
	辐射类	利用普朗克定律	辐射式高温计	+20～+2000	非接触测量,不破坏被测温度场,可实现遥测,测温范围广,应用技术复杂
			光电高温计	+800～+3200	
			比色温度计	+500～+3200	

5.1.2 温标

为保证温度量值的统一和准确而建立的衡量温度的标尺称为温标。温标即为温度的数值表示法,它定量地描述温度的高低,规定了温度的读数起点(零点)和基本单位。

各种温度计的刻度数值均由温标确定,常用的温标有如下几种。

1. 经验温标

借助于某种物质的物理量与温度变化的关系,用实验方法或经验公式所确定的温标,称为经验温标。它主要指摄氏温标和华氏温标,这两种温标都是根据液体(水银)受热后体积膨胀的性质建立起来的。

1) 摄氏温标

摄氏温标是 1742 年,瑞典天文学家安德斯·摄尔修斯(Anders Celsius,1701—1744年)建立的。

规定标准大气压下,纯水的冰点为 0℃,沸点为 100℃,两者之间分成 100 等份,每一份为 1 摄氏度,用 t 表示,符号为℃。它是中国目前工业测量上通用的温度标尺。

2) 华氏温标

华氏温标是 1714 年,德国物理学家丹尼尔·家百列·华兰海特(Daniel Gabriel Fahrenheit,1686—1736 年)建立的。

规定标准大气压下,纯水的冰点为 32℉,沸点为 212℉,两者之间分成 180 等份,每一份为 1℉,符号为 ℉。目前,只有美国、英国等少数国家仍保留华氏温标为法定计量单位。

由摄氏和华氏温标的定义,可得摄氏温度与华氏温度的关系为

$$t_F = 32 + \frac{9}{5}t \tag{5-1}$$

或

$$t = \frac{5}{9}(t_F - 32) \tag{5-2}$$

式中:t_F 为华氏度。

不难看出,摄氏温度为 0℃ 时,华氏温度为 32 ℉,摄氏温度为 100℃ 时,华氏温度为 212 ℉。可见,不同温标所确定的温度数值是不同的。由于上述经验温标都是根据液体(如水银)在玻璃管内受热后体积膨胀这一性质建立起来的,其温度数值会依附于所用测温物质的性质,如水银的纯度和玻璃管材质,因而不能保证世界各国测量值的一致性。

2. 热力学温标

1848年,英国的开尔文(L. Kelvin)根据卡诺热机建立了与测温介质无关的新温标,称为热力学温标,又称开尔文温标。

开尔文温标的单位为开尔文,符号为K,用T表示。规定水的三相点温度为273.16K,1开尔文为1/273.16。有一个绝对0K,低于0K的温度不可能存在。

它是以热力学第二定律为基础的一种理论温标,其特点是不与某一特定的温度计相联系,并与测温物质的性质无关,是由卡诺定理推导出来的,是最理想的温标。但由于卡诺循环是无法实现的,所以热力学温标是一种理想的纯理论温标,无法真正实现。

3. 国际实用温标

国际实用温标又称为国际温标,是一个国际协议性温标。它是一种既符合热力学温标又使用方便、容易实现的温标。它选择了一些纯物质的平衡态温度(可复现)作为基准点,规定了不同温度范围内的标准仪器,建立了标准仪器的示值与国际温标关系的标准内插公式,应用这些公式可以求出任何两个相邻基准点温度之间的温度值。

第一个国际实用温标自1927年开始采用,记为ITS—27。1948年、1968年和1990年进行了几次较大修改。随着科学技术的发展,国际实用温标也在不断地进行改进和修订,使之更符合热力学温标,有更好的复现性和能够更方便地使用。目前国际实用温标定义为1990年的国际温标ITS—90。

4. ITS—90国际温标

ITS—90国际温标中规定,热力学温度用T_{90}表示,单位为开尔文,符号为K。它规定水的三相点热力学温度为273.16K,1K为1/273.16。同时使用的国际摄氏温度用t_{90}表示,单位是摄氏度,符号为℃。每一个摄氏度和每一个开尔文量值相同,它们之间的关系为

$$t_{90} = T_{90} - 273.15 \qquad (5-3)$$

实际应用中,一般直接用T和t代替T_{90}和t_{90}。

5. 温标的传递

为了保证温标复现的精确性和把温度的正确数值传递到实际使用的测量仪器,国际实用温标由各国计量部门按规定分别保持和传递。由定义固定点及一整套标准仪表复现温度标准,再通过基准和标准测温仪表逐级传递,其传递关系如下:

定义基准点 → 基准仪器 → 一等标准温度计 → 二等标准温度计 → 实验室仪表 → 工业现场仪表

各类温度计在使用前均要按传递系统的要求进行检定。一般实用工作温度计的检定装置采用各种恒温槽和管式电炉,用比较法进行检定。比较法是将标准温度计和被校温度计同时放入检定装置中,以标准温度计测定的温度为已知,将被校温度计的测量值与其比较,从而确定被校温度计的精度。

5.2 常用温度检测仪表

石油化工生产过程中的温度检测一般都采用接触式测温。常用的仪表有膨胀式温度计、热电偶温度计、热电阻温度计等,又以后两者最为常用,下面分别加以介绍。

5.2.1 膨胀式温度计

基于物体受热体积膨胀的性质而制成的温度计称为膨胀式温度计。

膨胀式温度计分为液体膨胀、气体膨胀和固体膨胀三大类,下面分别介绍其中常用的三种温度计。

1. 玻璃液体温度计

玻璃液体温度计是应用最广泛的一种温度计。其结构简单,使用方便,精度高,价格低廉。

1)测温原理

图 5-1 所示为典型的玻璃液体温度计,是利用液体受热后体积随温度膨胀的原理制成的。玻璃温包插入被测介质中,被测介质的温度升高或降低,使感温液体膨胀或收缩,进而沿毛细管上升或下降,由刻度标尺显示出温度的数值。

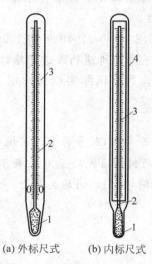

大多数玻璃液体温度计的液体为水银或酒精。其中水银工作液在$-38.9\sim356.7℃$之间呈液体状态,在此范围内,若温度升高,水银会膨胀,其膨胀率是线性的。与其他工作液相比,有不粘玻璃、不易氧化、容易提纯等优点。

2)结构与分类

玻璃液体温度计的结构都是棒状的,按其标尺位置可分为内标尺式和外标尺式。图 5-1(a)的标尺直接刻在玻璃管的外表面上,为外标尺式。外标尺式温度计是将连通玻璃温包的毛细管固定在标尺板上,多用来测量室温。图 5-1(b)为内标尺式温度计,它有乳白色的玻璃片温度标尺,该标尺放置在连通玻璃温包的毛细管后面,将毛细管和标尺一起套在玻璃管内。这种温度计热惯性较大,但观测比较方便。

图 5-1 水银玻璃液体温度计
1—玻璃温包;2—毛细管;
3—刻度标尺;4—玻璃外壳

(a) 外标尺式 (b) 内标尺式

玻璃液体温度计按用途分类又可分为工业、标准和实验室用三种。标准玻璃液体温度计有内标尺式和外标尺式,分为一等和二等,其分度值为 $0.05\sim0.1℃$,可作为标准温度计用于校验其他温度计。工业用温度计一般做成内标尺式,其尾部有直的、弯成 $90°$ 角或 $135°$ 角的,如图 5-2 所示。为了避免工业温度计在使用时被碰伤,在玻璃管外部常罩有金属保护套管,在玻璃温包与金属套管之间填有良好的导热物质,以减少温度计测温的惯性。实验室用温度计形式和标准的相仿,精度也较高。

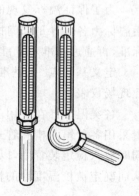

图 5-2 工业用玻璃液体温度计

2. 压力式温度计

压力式温度计是根据密闭容器中的液体、气体和低沸点液体的饱和蒸汽受热后体积膨胀或压力变化的原理工作的,用压力表测量此变化,故又称为压力表式温度计。按所用工作介质不同,分为液体压力式、气体压力式和蒸汽压力式温度计。

压力式温度计的结构如图 5-3 所示。它主要由充有感温介质的温包、传压元件(毛细管)和压力敏感元件(弹簧管)构成的全金属组件。温包内充填的感温介质有气体、液体或蒸发液体等。测温时将温包置于被测介质中,温包内的工作物质因温度变化而产生体积膨胀或收缩,进而导致压力变化。该压力变化经毛细管传递给弹簧管使其产生一定的形变,然后借助齿轮或杠杆等传动机构,带动指针转动,指示出相应的温度值。温包、毛细管和弹簧管这三个主要组成部分对温度计的精度影响极大。

3. 双金属温度计

双金属温度计是一种固体膨胀式温度计,它是利用两种膨胀系数不同的金属薄片来测量温度的。其结构简单,可用于气体、液体及蒸汽的温度测量。

双金属温度计中的感温元件是用两片线膨胀系数不同的金属片叠焊在一起制成的,如图 5-4(a)所示。双金属片受热后,由于两种金属片的膨胀系数不同,膨胀长度就不同,会产生弯曲变形。温度越高产生的线膨胀长度差就越大,引起弯曲的角度也就越大,即弯曲程度与温度高低成正比。双金属温度计就是基于这一原理工作的。

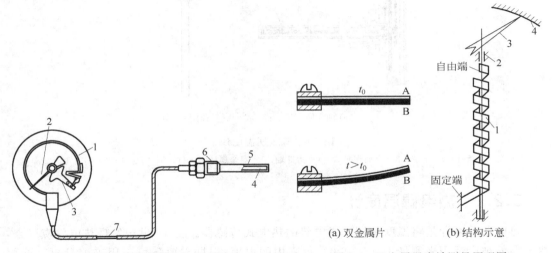

图 5-3 压力式温度计结构示意图

1—弹簧管;2—指针;3—传动机构;4—工作介质;
5—温包;6—螺纹连接件;7—毛细管

图 5-4 双金属温度计测量原理图

1—双金属片;2—指针轴;3—指针;4—刻度盘

为了提高仪表的灵敏度,工业上应用的双金属温度计是将双金属片制成螺旋形,如图 5-4(b)所示。一端固定在测量管的下部,另一端为自由端,与插入螺旋形金属片的中心轴焊接在一起。当被测温度发生变化时,双金属片自由端发生位移,使中心轴转动,经传动放大机构,由指针指示出被测温度值。

图 5-5 是一种双金属温度信号器的示意图。当温度变化时,双金属片 1 产生弯曲,且与调节螺钉相接触,使电路接通,信号灯 4 便发亮。如以继电器代替信号灯便可以用来控制热源(如电热丝)而成为两位式温度控制器。温度的控制范围可通过改变调节螺钉 2 与双金属片 1 之间的距离来调整。若以电

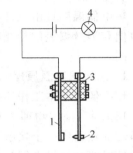

图 5-5 双金属温度信号器

1—双金属片;2—调节螺钉;
3—绝缘子;4—信号灯

铃代替信号灯便可以作为另一种双金属温度信号报警器。

　　双金属温度计的实际结构如图 5-6 所示。它的常用结构有两种,一种是轴向结构,其刻度盘平面与保护管成垂直方向连接;另一种是径向结构,其刻度盘平面与保护管成水平方向连接。可根据生产操作中安装条件和方便观察的要求来选择轴向与径向结构。还可以做成带有上、下限接点的电接点双金属温度计,当温度达到给定值时,可以发出电信号,实现温度的控制和报警功能。

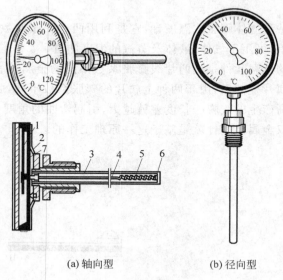

(a) 轴向型　　　　　　　(b) 径向型

图 5-6　双金属温度计

1—指针;2—表壳;3—金属保护管;4—指针轴;5—双金属感温元件;6—固定轴;7—刻度盘

5.2.2　热电偶温度计

　　热电偶温度计是将温度量转换成电势的热电式传感器。自 19 世纪发现热电效应以来,热电偶便被广泛用来测量 100~1300℃ 范围内的温度,根据需要还可以用来测量更高或更低的温度。它具有结构简单、使用方便、精度高、热惯性小,可测量局部温度和便于远距离传送、集中检测、自动记录等优点,是目前工业生产过程中应用的最多的测温仪表,在温度测量中占有重要的地位。

　　热电偶温度计由三部分组成:热电偶(感温元件),测量仪表(毫伏计或电位差计),连接热电偶和测量仪表的导线(补偿导线及铜导线)。图 5-7 是热电偶温度计最简单测温系统的示意图。

1. 热电偶测温原理

　　热电偶的基本工作原理是基于热电效应。

　　1821 年,德国物理学家赛贝克(T. J. Seebeck)用两种不同的金属组成闭合回路,并用酒精灯加热其中一个接触点,发现在回路中的指南针发生偏转,如图 5-8 所示。如果用两盏酒精灯对两个接触点同时加热,指南针的偏转角度反而减小。显然,指南针的偏转说明了回路中有电动势产生并有电流流动,电流的强弱与两个接点的温度有关。据此,赛贝克发现并证明了热电效应,或称热电现象。

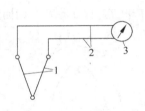

图 5-7 热电偶温度计测温系统
1—热电偶；2—导线；3—显示仪表

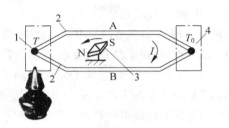

图 5-8 热电偶原理示意图
1—工作端；2—热电极；3—指南针；4—参考端

将两种不同的导体或半导体（A,B）连接在一起构成一个闭合回路,当两接点处温度不同时（$T>T_0$）,回路中将产生电动势,这种现象称为热电效应,亦称赛贝克效应,所产生的电动势称为热电势或赛贝克电势。两种不同材料的导体或半导体所组成的回路称为"热电偶",组成热电偶的导体或半导体称为"热电极"。置于温度为 T 的被测介质中的接点称为测量端,又称工作端或热端。置于参考温度为 T_0 的温度相对固定处的另一接点称为参考端,又称固定端、自由端或冷端。

研究发现,热电偶回路产生的热电势 $E_{AB}(T,T_0)$ 由两部分构成,一是两种不同导体间的接触电势,又称帕尔贴（Peltier）电势；二是单一导体两端温度不同的温差电势,又称汤姆逊（Thomson）电势。

1）接触电势——帕尔贴效应

两种不同导体接触时产生的电势。

当自由电子密度不同的 A、B 两种导体接触时,在两导体接触处会产生自由电子的扩散现象,自由电子由密度大的导体 A 向密度小的导体 B 扩散。在接触处失去电子的一侧（导体 A）带正电,得到电子的一侧（导体 B）带负电,从而在接点处形成一个电场,如图 5-9(a)所示。该电场将使电子反向转移,当电场作用和扩散作用动态平衡时,A、B 两种不同导体的接点处就形成稳定的接触电势,如图 5-9(b)所示,接触电势的数值取决于两种不同导体的性质和接触点的温度。

2）温差电势——汤姆逊效应

在同一导体中,由于两端温度不同而产生的电势。

同一导体的两端温度不同时,高温端的电子能量要比低温端的电子能量大,导体内自由电子从高温端向低温端扩散,并在低温端积聚起来,使导体内建立起一电场。当此电场对电子的作用力与扩散力平衡时,扩散作用停止。结果高温端因失去电子而带正电,低温端因获得多余的电子而带负电,因此,在导体两端便形成温差电势,亦称汤姆逊电势,此现象称为汤姆逊效应,如图 5-9(c)所示。

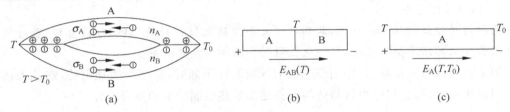

图 5-9 热电效应示意图

3）热电偶回路的总热电势

在两种金属 A、B 组成的热电偶回路中，两接点的温度为 T 和 T_0，且 $T > T_0$。则回路总电动势由四个部分构成，两个温差电动势，即 $E_A(T, T_0)$ 和 $E_B(T, T_0)$，两个接触电动势，即 $E_{AB}(T)$ 和 $E_{AB}(T_0)$，它们的大小和方向如图 5-10 所示。按逆时针方向写出总的回路电动势为

$$E_{AB}(T, T_0) = E_{AB}(T) + E_B(T, T_0)$$
$$- E_{AB}(T_0) - E_A(T, T_0)$$
$$= f(T) - f(T_0) \qquad (5\text{-}4)$$

令

$$e_{AB}(T) = f(T); \quad e_{AB}(T_0) = f(T_0)$$

则有

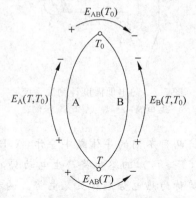

图 5-10　热电偶回路的总热电势示意图

$$E_{AB}(T, T_0) = e_{AB}(T) - e_{AB}(T_0) \quad (5\text{-}5)$$

因此，热电偶回路的总电动势为 $e_{AB}(T)$ 和 $e_{AB}(T_0)$ 两个分电动势的代数和。

由上述的推导结果可知，总电动势由与 T 有关和与 T_0 有关的两部分组成，它由电极材料和接点温度而定。

当材质选定后，将 T_0 固定，即

$$e_{AB}(T_0) = C（常数）$$

则

$$E_{AB}(T, T_0) = e_{AB}(T) - C = \Phi(T) \qquad (5\text{-}6)$$

它只与 $e_{AB}(T)$ 有关，A、B 选定后，回路总电动势就只是温度 T 的单值函数，只要测得 $e_{AB}(T)$，即可得到温度，这就是热电偶测温的基本原理。

4）热电偶工作的基本条件

从上面的分析可知，热电偶工作的两个基本条件：

（1）如果组成热电偶的两电极材料相同，两接点温度不同，热电偶回路不会产生热电势，即回路电动势为零。

（2）如果组成热电偶的两电极材料不同，但两接点温度相同，即 $T = T_0$，热电偶回路也不会产生热电势，即回路电动势也为零。

简而言之，热电偶回路产生热电势的基本条件是：两电极材料不同，两接点温度不同。

2. 热电偶应用定则

热电偶的应用定则主要包括均质导体定则、中间导体定则和中间温度定则。

1）均质导体定则

两种均质导体构成的热电偶，其热电势大小与热电极材料的几何形状、直径、长度及沿热电极长度上的温度分布无关，只与电极材料和两端温度差有关。

如果热电极材质不均匀，则当热电极上各处温度不同时，将产生附加电势，造成无法估计的测量误差。因此，热电极材料的均匀性是衡量热电偶质量的重要指标之一。

2) 中间导体定则

利用热电偶进行测温,必须在回路中引入连接导线和仪表,如图 5-11 所示。这样就在热电偶回路中加入了第三种导体,而第三种导体的引入又构成了新的接点,如图 5-11(a)中的点 2 和 3,图 5-11(b)中的点 3 和 4。接入导线和仪表后会不会影响回路中的热电势呢?下面分别对以上两种情况进行分析。

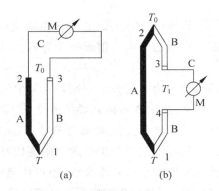

在图 5-11(a)所示情况下(暂不考虑显示仪表),热电偶回路的总热电势为

$$E_1 = e_{AB}(T) + e_{BC}(T_0) + e_{CA}(T_0) \quad (5\text{-}7)$$

设各接点温度相同,都为 T_0,则闭合回路总电动势应为 0,即

$$e_{AB}(T_0) + e_{BC}(T_0) + e_{CA}(T_0) = 0$$

有

$$e_{BC}(T_0) + e_{CA}(T_0) = -e_{AB}(T_0)$$

可以得到

$$E_1 = e_{AB}(T) - e_{AB}(T_0) \quad (5\text{-}8)$$

图 5-11 有中间导体的热电偶回路

式(5-8)与式(5-5)相同,即 $E_1 = E_{AB}(T, T_0)$。

在图 5-11(b)所示情况下(暂不考虑显示仪表),3、4 接点温度相同,均为 T_1,则热电偶回路的总热电势为

$$E_2 = e_{AB}(T) + e_{BC}(T_1) + e_{CB}(T_1) + e_{BA}(T_0) \quad (5\text{-}9)$$

因为

$$e_{BC}(T_1) = -e_{CB}(T_1)$$
$$e_{BA}(T_0) = -e_{AB}(T_0)$$

可以得到

$$E_2 = e_{AB}(T) - e_{AB}(T_0) \quad (5\text{-}10)$$

式(5-10)也和式(5-5)相同,即 $E_2 = E_{AB}(T, T_0)$。可见,总的热电势在中间导体两端温度相同的情况下,与没有接入时一样。

由此可得出结论:

在热电偶测温回路中接入中间导体,只要中间导体两端温度相同,则它的接入对回路的总热电势值没有影响。即回路中总的热电势与引入第三种导体无关,这就是中间导体定则。

根据这一定则,如果需要在回路中引入多种导体,只要保证引入的导体两端温度相同,均不会影响热电偶回路中的电动势,这是热电偶测量中一个非常重要的定则。有了这一定则,就可以在回路中方便地连接各种导线及仪表。

3) 中间温度定则

在热电偶测温回路中,常会遇到热电极的中间连接问题,如图 5-12 所示。如果热电极 A、B 分别与连接导体 A′、B′ 相接,其接点温度分别为 T、T_C 和 T_0,则回路的总电动势等于热电偶的热电势 $E_{AB}(T, T_C)$ 与连接导体的热电势 $E_{A'B'}(T_C, T_0)$ 的代数和,即

$$E_{AB}(T,T_0) = E_{AB}(T,T_C) + E_{A'B'}(T_C,T_0) \tag{5-11}$$

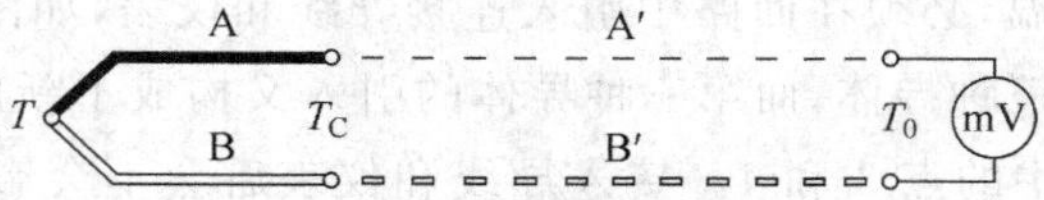

图 5-12 采用连接导体的热电偶回路

当导体 A、B 与 A′、B′在较低温度(100℃或 200℃)下的热电特性相近时,即它们在相同温差下产生的热电势值近似相等,则回路的总电动势为

$$E_{AB}(T,T_0) = E_{AB}(T,T_C) + E_{AB}(T_C,T_0) \tag{5-12}$$

式(5-12)即为中间温度定则,T_C 为中间温度。即

热电偶 A、B 在接点温度为 T、T_0 时的电动势 $E_{AB}(T,T_0)$,等于热电偶 A、B 在接点温度为 T、T_C 和 T_C、T_0 时的电动势 $E_{AB}(T,T_C)$ 和 $E_{AB}(T_C,T_0)$ 的代数和。

中间温度定则为工业测温中使用补偿导线提供了理论基础。只要选配在低温下与热电偶热电特性相近的补偿导线,便可使热电偶的参比端延长,使之远离热源到达一个温度相对稳定的地方,而不会影响测温的准确性。

从这一结论还可以看出,在使用热电偶测温时,如果热电偶各部分所受到的温度不同,则热电偶所产生的热电势只与工作端和参考端温度有关,其他部分温度变化(中间温度变化)并不影响回路热电势的大小。

另外,在热电偶热电势的计算中要使用分度表。热电偶的分度表表达的是在参比端温度为 0℃时,热端温度与热电势之间的对应关系,以表格的形式表示出来。若设参比端温度为 T_C,$T_0 = 0$,则

$$E_{AB}(T,0) = E_{AB}(T,T_C) + E_{AB}(T_C,0) \tag{5-13}$$

根据式(5-13)就可以进行热电势的计算,进而求出被测温度。在实际热电偶测温回路中,利用热电偶的这一性质,可对参考端温度不为 0℃的热电势进行修正。

3. 常用工业热电偶及其分度表

根据热电偶测温原理可知,两种不同的导体或半导体都可以组成热电偶,且每一种热电偶的热电热性是不同的,即对应相同的温度所产生的电势值是不同的。那么在工业应用中的情况又如何呢?

1) 热电极材料的基本要求

理论上任意两种金属材料都可以组成热电偶,但实际情况并非如此。为保证在工程技术中应用的可靠性,并且有足够的准确度,并非所有材料都适合做热电偶,必须进行严格的选择。热电极材料应满足下列要求:

(1) 在测温范围内热电特性稳定,不随时间和被测对象变化;

(2) 在测温范围内物理、化学性质稳定,不易被氧化、腐蚀,耐辐射;

(3) 温度每增加 1℃所产生的热电势要大,即热电势随温度的变化率足够大,灵敏度高;

(4) 热电特性接近单值线性或近似线性,测温范围宽;

(5) 电导率高,电阻温度系数小;

(6) 机械性能好,机械强度高,材质均匀;工艺性好,易加工,复制性好;制造工艺简单;

价格便宜。

热电偶的品种很多,各种分类方法也不尽相同。按照工业标准化的要求,可分为标准化热电偶和非标准化热电偶两大类。

2) 标准化热电偶

(1) 标准化热电偶分类。

标准化热电偶是指工业上比较成熟、能批量生产、性能稳定、应用广泛、具有统一分度表并已列入国际标准和国家标准文件中的热电偶。同一型号的标准化热电偶具有良好的互换性,精度有一定的保证,并有配套的显示、记录仪表可供选用,为应用提供了方便。

目前国际电工委员会向世界各国推荐了 8 种标准化热电偶。在执行了国际温标 ITS—90 后,我国目前完全采用国际标准,还规定了具体热电偶的材质成分。不同材质构成的热电偶用不同的型号,即分度号来表示。表 5-2 列出了 8 种标准化热电偶的名称、性能及主要特点。其中所列各种型号热电偶的电极材料中,前者为热电偶的正极,后者为负极。

表 5-2 标准化热电偶特性表

名　称	分度号	$E(100,0)$	测量范围/℃		适用气氛	主　要　特　点
			长期使用	短期使用		
铂铑$_{30}$—铂铑$_6$	B	0.033mV	0～1600	1800	O、N	测温上限高,稳定性好,精度高;热电势值小;线性较差;价格高;适于高温测量
铂铑$_{13}$—铂	R	0.647mV	0～1300	1600	O、N	测温上限较高,稳定性好,精度高;热电势值较小;线性差;价格高;多用于精密测量
铂铑$_{10}$—铂	S	0.646mV	0～1300	1600	O、N	性能几乎与 R 型相同,只是热电势还要小一些
镍铬—镍硅(铝)	K	4.096mV	−200～1200	1300	O、N	热电势值大,线性好,稳定性好,价格较便宜;广泛应用于中高温工业测量中
镍铬硅—镍硅	N	2.774mV	−200～1200	1300	O、N、R	是一种较新型热电偶,各项性能均比 K 型的好,适于工业测量
镍铬—康铜	E	6.319mV	−200～760	850	O、N	热电势值最大,中低温稳定性好,价格便宜;广泛应用于中低温工业测量中
铁—康铜	J	5.269mV	−40～600	750	O、N、R、V	热电势值较大,价格低廉,多用于工业测量
铜—康铜	T	4.279mV	−200～350	400	O、N、R、V	准确度较高,性能稳定,线性好,价格便宜;广泛用于低温测量

注:表中 O 为氧化气氛,N 为中性气氛,R 为还原气氛,V 为真空。

（2）标准化热电偶的主要性能和特点。

① 贵金属热电偶：贵金属热电偶主要指铂铑合金、铂系列热电偶,由铂铑合金丝及纯铂丝构成。这个系列的热电偶使用温区宽,特性稳定,可以测量较高温度。由于可以得到高纯度材质,所以它们的测量精度较高,一般用于精密温度测量。但是所产生的热电势小,热电特性非线性较大,且价格较贵。铂铑$_{10}$-铂热电偶（S 型）、铂铑$_{13}$-铂热电偶（R 型）在 1300℃以下可长时间使用,短时间可测 1600℃;由于热电势小,300℃以下灵敏度低,300℃以上精确度最高;它在氧化气氛中物理化学稳定性好,但在高温情况下易受还原性气氛及金属蒸汽沾污而降低测量准确度。铂铑$_{30}$-铂铑$_6$热电偶（B 型）是氧化气氛中上限温度最高的热电偶,但是它的热电势最小,600℃以下灵敏度低,当参比端温度在 100℃以下时,可以不必修正。

② 廉价金属热电偶：由价廉的合金或纯金属材料构成。镍基合金系列中有镍铬-镍硅（铝）热电偶（K 型）和镍铬硅-镍硅热电偶（N 型）,这两种热电偶性能稳定,产生的热电势大;热电特性线性好,复现性好;高温下抗氧化能力强;耐辐射;使用范围宽,应用广泛。镍铬-铜镍（康铜）热电偶（E 型）热电势大,灵敏度最高,可以测量微小温度变化,但是重复性较差。铜-康铜热电偶（T 型）稳定性较好,测温精度较高,是在低温区应用广泛的热电偶。铁-康铜热电偶（J 型）有较高灵敏度,在 700℃以下热电特性基本为线性。目前,我国石油化工行业最常用的热电偶有 K、E 和 T 型。

（3）标准化热电偶分度表。

根据国际温标规定,在 $T_0=0℃$（即冷端为 0℃）时,用实验的方法测出各种不同热电极组合的热电偶在不同的工作温度下所产生的热电势值,列成一张张表格,这就是热电偶分度表。

各种热电偶在不同温度下的热电势值都可以从热电偶分度表中查到。显然,当 $T=0℃$时,热电势为零。温度与热电势之间的关系也可以用函数形式表示,称为参考函数。新的ITS-90 的分度表和参考函数是由国际电工委员会和国际计量委员会合作,由国际上有权威的研究机构（包括中国在内）共同参与完成,它是热电偶测温的主要依据。有关标准热电偶K 型和 E 型的分度表参见附录 A 和附录 B。图 5-13 所示为几种常见热电偶的温度与热电势值的特性曲线。

从分度表中可以得出如下结论：

① $T=0℃$ 时,所有型号热电偶的热电势值均为零;温度越高,热电势值越大;$T<0℃$时,热电势为负值。

② 不同型号的热电偶在相同温度下,热电势值有较大的差别;在所有标准化热电偶中,B型热电偶热电势值最小,E 型热电偶为最大。

③ 如果做出温度—热电势曲线,如图 5-13所示,可以看出温度与热电势的关系一般为非线性。由于热电偶的这种非线性特性,当冷端温度 $T_0 \neq 0℃$ 时,不能用测得的电动势

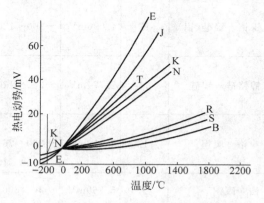

图 5-13　标准化热电偶热电特性曲线

$E(T,T_0)$直接查分度表得出的温度,加上 T_0 来得出被测温度。应该根据下列公式先求出$E(T,0)$,然后再查分度表,得到温度 T。

$$E(T,0) = E(T,T_0) + E(T_0,0)$$

（5-14）

式中：$E(T,0)$——冷端为 0℃，测量端为 T℃时的电势值；

　　　$E(T,T_0)$——冷端为 T_0℃，测量端为 T℃时的电势值，即仪表测出的回路电势值；

　　　$E(T_0,0)$——冷端为 0℃，测量端为 T_0℃时的电势值，即冷端温度不为 0℃时的热电势较正值。

3）非标准化热电偶

非标准化热电偶发展很快，主要目的是进一步扩展高温和低温的测量范围。例如钨铼系列热电偶，这是一类高温难融合金热电偶，用于高温测量，最高测量温度可达 2800℃，但其均匀性和再现性较差，经历高温后会变脆。虽然我国已有产品，也能够使用，并建立了我国的行业标准，但由于对这一类热电偶的研究还不够成熟，还没有建立国际统一的标准和分度表，使用前需个别标定，以确定热电势和温度之间的关系。

4. 工业热电偶的结构形式

将两热电极的一个端点紧密地焊接在一起组成接点就构成了热电偶。工业用热电偶必须长期工作在恶劣环境中，为保证在使用时能够正常工作，热电偶需要良好的电绝缘，并需用保护套管将其与被测介质相隔离。根据其用途、安装位置和被测对象的不同，热电偶的结构形式是多种多样的，下面介绍几种比较典型的结构形式。

1）普通型热电偶

普通型热电偶为装配式结构，又称为装配式热电偶。一般由热电极、绝缘管、保护套管和接线盒等部分组成，如图 5-14 所示。

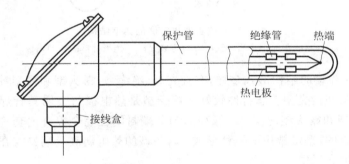

图 5-14　普通型热电偶的典型结构

热电极是组成热电偶的两根热偶丝，热电极的直径由材料的价格、机械强度、电导率以及热电偶的用途和测量范围等决定。贵金属热电极直径不大于 0.5mm，廉金属热电极直径一般为 0.5～3.2mm。

绝缘管（又称绝缘子）用于防止两根热电极短路。材料的选用由使用温度范围而定，其结构形式通常有单孔管、双孔管及四孔管等，套在热电极上。

保护套管套在热电极和绝缘子的外边，其作用是保护热电极不受化学腐蚀和机械损伤。保护套管材料的选择一般根据测温范围、插入深度以及测温的时间常数等因素来决定。对保护套管材料的要求是：耐高温、耐腐蚀、有足够的机械强度、能承受温度的剧变、物理化学特性稳定、有良好的气密性和具有高的热导系数。最常用的材料是铜及铜合金、钢和不锈钢以及陶瓷材料等，其结构一般有螺纹式和法兰式两种。

接线盒是供热电极和补偿导线连接之用的。它通常用铝合金制成，一般分为普通式和密封式两种。为了防止灰尘和有害气体进入热电偶保护套管内,接线盒的出线孔和盖子均用垫片和垫圈加以密封。接线盒内用于连接热电极和补偿导线的螺丝必须固紧,以免产生较大的接触电阻而影响测量的准确度。

整支热电偶长度由安装条件和插入深度决定,一般为 350～2000mm。这种结构的热电偶热容量大,因而热惯性大,对温度变化的响应慢。

2) 铠装型热电偶

铠装型热电偶是将热电偶丝、绝缘材料和金属保护套管三者组合装配后,经拉伸加工而成的一种坚实的组合体。它的结构形式和外表与普通型热电偶相仿,如图 5-15 所示。与普通热电偶不同之处是:热电偶与金属保护套管之间被氧化镁或氧化铝粉末绝缘材料填实,三者合为一体;具有一定的可挠性。一般情况下,最小弯曲半径为其直径的 5 倍,安装使用方便。套管材料一般采用不锈钢或镍基高温合金,绝缘材料采用高纯度脱水氧化镁或氧化铝粉末。

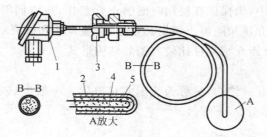

图 5-15　铠装型热电偶的典型结构
1—接线盒;2—金属套管;3—固定装置;4—绝缘材料;5—热电极

铠装热电偶工作端的结构形式多样,有接壳型、绝缘型、露头型和帽型等形式,如图 5-16 所示。其中以露头和接壳型动态特性较好。接壳型是热电极与金属套管焊接在一起,其反应时间介于绝缘型和露头型之间;绝缘型的测量端封闭在完全焊合的套管里,热电偶与套管之间是互相绝缘的,是最常用的一种形式;露头型的热电偶测量端暴露在套管外面,仅适用于干燥的非腐蚀介质中。

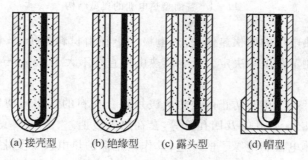

(a) 接壳型　　(b) 绝缘型　　(c) 露头型　　(d) 帽型

图 5-16　铠装热电偶工作端结构

铠装热电偶的外径一般为 0.5～8mm,热电极有单丝、双丝及四丝等,套管壁厚为 0.07～1mm,其长度可以根据需要截取。热电偶冷端可以用接线盒或其他形式的接插件与外部导线连接。由于铠装热电偶的金属套管壁薄,热电极细,因而相同分度号的铠装热电偶较普通热电偶使用温度要低,使用寿命要短。

铠装热电偶的突出优点之一是动态特性好,测量端热容量小,因而热惯性小,对温度变化响应快,更适合温度变化频繁以及热容量较小对象的温度测量。另外,由于结构小型化,易于制成特殊用途的形式,挠性好,可弯曲,可以安装在狭窄或结构复杂的测量场合,因此各种铠装热电偶的应用也比较广泛。

3) 表面型热电偶

表面型热电偶常用的结构形式是利用真空镀膜法将两电极材料蒸镀在绝缘基底上的薄膜热电偶,是专门用来测量物体表面温度的一种特殊热电偶,其特点是反应速度极快、热惯性极小。它作为一种便携式测温计,在纺织、印染、橡胶、塑料等工业领域广泛应用。

热电偶的结构形式可根据它的用途和安装位置来确定。在热电偶选型时,要注意三个方面:热电极的材料;保护套管的结构、材料及耐压强度;保护套管的插入深度。

5. 热电偶冷端的延长

由热电偶的测温原理可知,只有当冷端温度 T_0 是恒定已知时,热电势才是被测温度的单值函数,测量才有可能,否则会带来误差。但通常情况下,冷端温度是不恒定的,原因主要在于如下两方面。一是由于热电偶的测量端和冷端靠得很近,热传导、热辐射都会影响到冷端温度;二是由于热电偶的冷端常常靠近设备和管道,且一般都在室外,冷端会受到周围环境、设备和管道温度的影响,造成冷端温度的不稳定。另外,与热电偶相连的检测仪表一般为了集中监视也不易安装在被测对象附近。所以为了准确测量温度,就应设法把热电偶的冷端延伸至远离被测对象,且温度又比较稳定的地方,如控制室内。

一种方法是将热电偶的偶丝(热电极)延长,但有的热电极属于贵金属,如铂系列热电偶,此时延长偶丝是不经济的。能否用廉价金属组成热电偶与贵金属相连来延伸冷端呢?通过大量实验发现,有些廉价金属热电偶在 0~100℃ 环境温度范围内,与某些贵金属热电偶具有相似的热电特性,即在相同温度下两种热电偶所产生的热电势值近似相等。如铜—康铜与镍铬—镍硅、铜—铜镍与铂铑₁₀—铂热电偶在 0~100℃ 范围内,热电特性相同,而原冷端到控制室两点之间的温度恰恰在 100℃ 以下。所以,可以用廉价金属热电偶将原冷端延伸到远离被测对象,且环境温度又比较稳定的地方。这种廉价金属热电偶即称为补偿导线,这种方法称为补偿导线法,如图 5-17 所示。

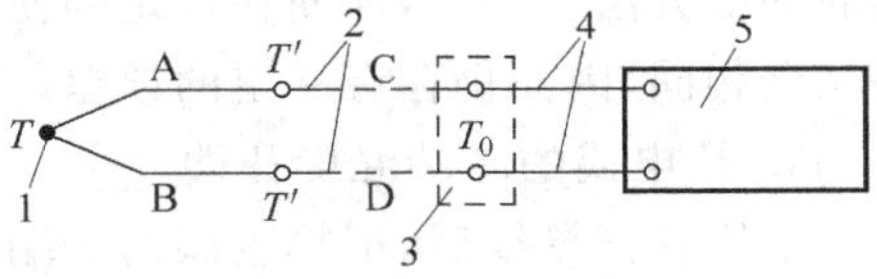

在图 5-17 中,A、B 分别为热电偶的两个电极,A 为正极、B 为负极。C、D 为补偿导线的两个电极,C 为正极、D 为负极。T' 是原冷端温度,T_0 是延伸后新冷端的温度,T'、T_0 均在 100℃ 以下。则根据中间温度定则,此时热电偶回路电动势为

图 5-17 用补偿导线延长热电偶的冷端
1—测量端;2—补偿导线;3—冷端;
4—铜导线;5—显示仪表

$$E = E_{AB}(T, T') + E_{CD}(T', T_0)$$

由于

$$E_{CD}(T', T_0) = E_{AB}(T', T_0)$$

有

$$E = E_{AB}(T, T') + E_{AB}(T', T_0) = E_{AB}(T, T_0) \qquad (5-15)$$

可见,用补偿导线延伸后,其回路电势只与新冷端温度有关,而与原冷端温度变化无关。

通过上面的讨论可以看出,补偿导线也是热电偶,只不过是廉价金属组成的热电偶。不

同的热电偶因其热电特性不同,必须配以不同的补偿导线,见表 5-3 常用热电偶补偿导线。另外,热电偶与补偿导线相接时必须保证延伸前后特性不变,因此,热电偶的正极必须与补偿导线的正极相连,负极与负极相连,且连接点温度相同,并在 0~100℃ 范围内。延伸后新冷端温度应尽量维持恒定。即使用补偿导线应注意如下几点:

(1) 补偿导线与热电偶型号相匹配;

(2) 补偿导线的正负极与热电偶的正负极要相对应,不能接反;

(3) 原冷端和新冷端温度在 0~100℃ 范围内;

(4) 当新冷端温度 $T_0 \neq 0℃$ 时,还需进行其他补偿和修正。

表 5-3　常用热电偶补偿导线

配用热电偶类型	补偿导线型号	色标		允差/℃			
		正	负	100℃		200℃	
				B 级	A 级	B 级	A 级
S,R	SC	红	绿	5	3	5	5
K	KC		蓝	2.5	1.5	—	—
	KX		黑	2.5	1.5	2.5	2.5
N	NC		浅灰	2.5	1.5	—	—
	NX		深灰	2.5	1.5	2.5	1.5
E	EX		棕	2.5	1.5	2.5	1.5
J	JX		紫	2.5	1.5	2.5	1.5
T	TX		白	2.5	0.5	1.0	0.5

注:补偿导线第二个字母含义,C—补偿型,X—延长型。

根据所用材料,补偿导线分为补偿型补偿导线(C)和延长型补偿导线(X)两类,见表 5-3。补偿型补偿导线材料与热电极材料不同,常用于贵金属热电偶,它只能在一定的温度范围内与热电偶的热电特性一致;延长型补偿导线是采用与热电极相同的材料制成,适用于廉价金属热电偶。应该注意到,无论是补偿型还是延长型的,补偿导线本身并不能补偿热电偶冷端温度的变化,只是起到将热电偶冷端延伸的作用,改变热电偶冷端的位置,以便于采用其他的补偿方法。另外,即使在规定的使用温度范围内,补偿导线的热电特性也不可能与热电偶完全相同,因而仍存有一定的误差。

6. 热电偶的冷端温度补偿

采用补偿导线后,把热电偶的冷端从温度较高和不稳定的地方,延伸到温度较低和比较稳定的控制室内,但冷端温度还不是 0℃。而工业上常用的各种热电偶的分度表或温度—热电势关系曲线都是在冷端温度保持为 0℃ 的情况下得到的,与它配套使用的仪表也是根据冷端温度为 0℃ 这一条件进行刻度的。由于控制室的温度往往高于 0℃,而且是不恒定的,因此,热电偶所产生的热电势必然比冷端为 0℃ 情况下所产生的热电势要偏小,且测量值也会随着冷端温度变化而变化,给测量结果带来误差。因此,在应用热电偶测温时,只有将冷端温度保持为 0℃,或者是进行一定的修正才能得到准确的测量结果。这样做,就称为热电偶的冷端温度补偿。一般采用下述几种方法。

1) 冷端温度保持 0℃ 法

保持冷端温度为 0℃ 的方法,又称冰浴法或冰点槽法,如图 5-18 所示。把热电偶的两个冷端分别插入盛有绝缘油的试管中,然后放入装有冰水混合物的保温容器中,用铜导线引出接入显示仪表,此时显示仪表的读数就是对应冷端为 0℃ 时的毫伏值。这种方法要经常检查,并补充适量的冰,始终保持保温容器中为冰水混合状态,因此使用起来比较麻烦,多用于实验室精密测量中,工业测量中一般不采用。

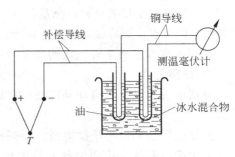

图 5-18　热电偶冷端温度保持 0℃ 法

2) 冷端温度计算校正法

在实际生产中,采用补偿导线将热电偶冷端移到温度 T_0 处,T_0 通常为环境温度而不是 0℃。此时若用仪器测得的回路电势直接去查热电偶分度表,得出的温度就会偏低,引起测量误差,因此,必须对冷端温度进行修正。因为热电偶的分度表是在冷端温度是 0℃ 时做出的,所以必须用仪器测得的回路电势加上环境温度 T_0 与冰点 0℃ 之间温差所产生的热电势后,去查分度表,才能得到正确的测量温度,这样才能符合热电偶分度表的要求。一般情况下,先用温度计测出冷端的实际温度 T_0,在分度表上查得对应于 T_0 的 $E(T_0,0)$,即校正值。依公式(5-14)

$$E(T,0) = E(T,T_0) + E(T_0,0)$$

将仪表测出的回路电势值 $E(T,T_0)$ 与此校正值相加,求得 $E(T,0)$ 后,再反查分度表求出 T,就得到了实际被测温度。

例 5-1　采用 E 分度号热电偶测量某加热炉的温度,测得的热电势 $E(T,T_0)=66\,982\mu V$,冷端温度 $T_0=30℃$。求被测的实际温度。

解　由 E 型热电偶分度表查得 $E(30,0)=1801\mu V$
则
$$E(T,0) = E(T,30) + E(30,0) = 66\,982 + 1801 = 68\,783\mu V$$
再反查 E 型热电偶分度表,得实际温度为 900℃。

例 5-2　计算 $E_K(650,20)$。

解　$E_K(650,20)=E_K(650,0)-E_K(20,0)=27.025-0.798=26.227mV$

由于热电偶所产生的电动势与温度之间的关系都是非线性的(当然各种热电偶的非线性程度不同),因此在冷端温度不为零时,将所测得的电动势对应的温度加上冷端温度,并不等于实际温度。如例 5-1 中,测得的热电势为 $66\,982\mu V$,由分度表可查得对应的温度为 876.6℃,如果加上冷端温度 30℃,则为 906.6℃,这与实际温度 900℃ 有一定的误差。实际热电势与温度之间的非线性程度越严重,误差就越大。

可以看出,用计算校正法来补偿冷端温度的变化需要计算、查表,仅适用于实验室测温,不能应用于生产过程的连续测量。

3) 校正仪表零点法

如果热电偶的冷端温度比较稳定,与之配用的显示仪表零点调整比较方便,测量准确度要求又不太高时,可对仪表的机械零点进行调整。若冷端温度 T_0 已知,可将显示仪表机械

零点直接调至 T_0 处,这相当于在输入热电偶回路热电势之前,就给显示仪表输入了一个电势 $E(T_0,0)$。这样,接入热电偶回路后,输入显示仪表的电势相当于 $E(T,T_0)+E(T_0,0)=E(T,0)$,因此显示仪表可显示测量值 T。在应用这种方法时应注意,冷端温度变化时要重新调整仪表的零点。如冷端温度变化频繁,不宜采用此法。调整零点时,应断开热电偶回路。

校正仪表零点法虽有一定的误差,但非常简便,在工业上经常采用。

4) 补偿电桥法

补偿电桥法又称为自动补偿法,可以对冷端温度进行自动的修正,保证连续准确地进行测量。

补偿电桥法利用不平衡电桥(又称补偿电桥或冷端补偿器)产生相应的电势,以补偿热电偶由于冷端温度变化而引起的热电势变化。如图 5-19 所示,补偿电桥由四个桥臂电阻 R_1、R_2、R_3、R_t 和桥路稳压电源组成。其中的三个桥臂电阻 R_1、R_2、R_3 是由电阻温度系数很小的锰铜丝绕制的,其电阻值基本不随温度而变化。另一个桥臂电阻 R_t 由电阻温度系数很大的铜丝绕制,其阻值随温度而变化。

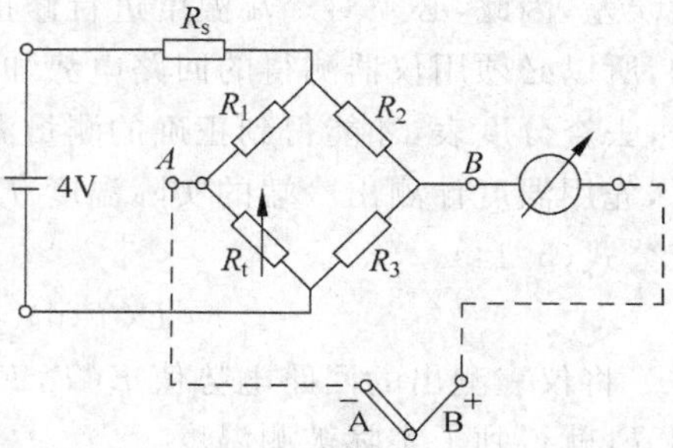

将补偿电桥串接在热电偶回路中,热电偶用补偿导线将其冷端连接到补偿器,使冷端与 R_t 电阻所处的温度一致。因为一般显示仪表都是工作在常温下,通常不平衡电桥取在 20℃ 时平衡。即冷端为 20℃ 时,$R_t=R_{t_0}=R_{20}$,电桥平衡。设计 $R_1=R_2=R_3=R_{20}$,桥路平衡无信号输出,即 $V_{AB}=0$。此时测温回路电势

图 5-19 补偿电桥法示意图

$$E=E_{AB}(t,t_0)+V_{AB}=E_{AB}(t,20)$$

当冷端温度变化时,电桥将输出不平衡电压。设冷端温度升高(大于 20℃)至 t_1,此时 $R_{t_1}\neq R_{t_0}$,电桥不平衡,$V_{AB}\neq 0$,回路中电动势为

$$E=E_{AB}(t,t_1)+V_{AB}=E_{AB}(t,t_0)-E_{AB}(t_1,t_0)+V_{AB}$$
$$=E_{AB}(t,20)-E_{AB}(t_1,20)+V_{AB}$$

选择适当的电阻 R_t,使电桥的输出电压 V_{AB} 可以补偿因冷端变化而引起的回路热电势变化量。即用 R_t 的变化引入的不平衡电压 V_{AB} 来抵消 t_0 变化引入的热电势 $E_{AB}(t_1,t_0)$,即 $E_{AB}(t_1,20)$ 的值。使

$$-E_{AB}(t_1,20)+V_{AB}=0, \quad V_{AB}=E_{AB}(t_1,20)$$

此时,回路电势 $E=E_{AB}(t,20)$,与 t_0 没有变化时相等,保持显示仪表接收的电势不变,即所指示的测量温度没有因为冷端温度的变化而变化,达到了自动补偿冷端温度变化的目的。请读者推证,如果冷端温度降低,即 t_1 低于 20℃,补偿电桥是如何工作的。

使用补偿电桥时应注意:

(1) 由于电桥是在 20℃ 时平衡,需将显示仪表机械零点预先调至 20℃,如果补偿电桥是按 0℃ 时平衡设计的,则零点应调至 0℃;

(2) 补偿电桥、热电偶、补偿导线和显示仪表型号必须匹配;

(3) 补偿电桥、热电偶、补偿导线和显示仪表的极性不能接反,否则将带来测量误差。

5）补偿热电偶法

在实际应用中，为了节省补偿导线和投资费用，常用多只热电偶配用一台测温仪表。通过切换开关实现多点间歇测量，其接线如图 5-20 所示。补偿热电偶 C、D 的材料可以与测量热电偶材料相同，也可以是测量热电偶的补偿导线。设置补偿热电偶是为了使多只热电偶的冷端温度保持恒定，为了达到此目的，将补偿热电偶的工作端插入 2～3m 的地下或放在一个恒温器中，使其温度恒定为 t_0。补偿热电偶的与多支热电偶的冷端都接在温度为 t_1 的同一个接线盒中。于是，根据热电偶测温的中间温度定则不难证明，这时测温仪表的指示值则为 $E(t, t_0)$ 所对应的温度，而不受接线盒处温度 t_1 变化的影响，同时实现了多只热电偶的冷端温度补偿。

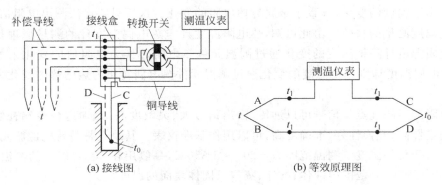

(a) 接线图 　　　　　　　　(b) 等效原理图

图 5-20　补偿热电偶连接线路

6）软件修正法

在计算机控制系统中，有专门设计的热电偶信号采集卡(I/O 卡中的一种)，一般有 8 路或 16 路信号通道，并带有隔离、放大、滤波等处理电路。使用时要求把热电偶通过补偿导线与采集卡上的输入端子连接起来，在每一块卡上的接线端子附近安装有热敏电阻。在采集卡驱动程序的支持下，计算机每次都采集各路热电势信号和热敏电阻信号。根据热敏电阻信号可得到 $E(t_0, 0)$，再按照前面介绍的计算校正法自动计算出每一路的 $E(t, 0)$ 值，就可以得到准确的温度了。这种方法是在热电偶信号采集卡硬件的支持下，依靠软件自动计算来完成热电偶冷端处理和补偿功能的。

7）一体化温度变送器

所谓一体化温度变送器，就是将变送器模块安装在测温元件接线盒内的一种温度变送器，使变送器模块与测温元件形成一个整体。这种温度变送器具有参比端温度补偿功能，不需要补偿导线，输出信号为 4～20mA 或 0～10mA 标准信号，适用于 −20～100℃ 的环境温度，精确度可达 ±0.2%，配用这种装置可简化测温电路设计。这种变送器具有体积小、重量轻，现场安装方便等优点，因而在工业生产中得到广泛应用。

5.2.3　热电阻温度计

物质的电阻率随温度的变化而变化的特性称为热电阻效应，利用热电阻效应制成的检测元件称为热电阻(RTDs)。

热电阻式温度检测元件分为两大类，由金属或合金导体制作的金属热电阻和由金属氧化物或半导体制作的半导体热敏电阻。一般把金属热电阻称为热电阻,而把半导体热电阻称为热敏电阻。

大多数金属电阻具有正的电阻温度系数,温度越高电阻值越大。一般温度每升高 1℃,电阻值约增加 0.4%～0.6%。半导体热敏电阻大多具有负温度系数,温度每升高 1℃,电阻值约减少 2%～6%。利用上述特性,可实现温度的检测。

1. 金属热电阻

由金属导体制成的热电阻称为金属热电阻。

1) 测温原理及特点

金属热电阻测温基于导体的电阻值随温度而变化的特性。由导体制成的感温器件称为热电阻。由于温度的变化,导致了金属导体电阻的变化。这样只要设法测出电阻值的变化,就可达到温度测量的目的。由此可知,热电阻温度计与热电偶温度计的测量原理是不相同的。热电阻温度计是把温度的变化通过测温元件热电阻转换为电阻值的变化来测量温度的;而热电偶温度计则是把温度的变化通过测温元件热电偶转化为热电势的变化来测量温度的。

热电阻测温的优点是信号可以远传、输出信号大、灵敏度高、无须进行冷端补偿。金属热电阻稳定性高、互换性好、准确度高,可以用作基准仪表。其缺点是需要电源激励、不能测高温和瞬时变化的温度。测温范围为 -200～+850℃,一般用在 500℃ 以下的测温,适用于测量 -200～+500℃ 范围内液体、气体、蒸汽及固体表面的温度。

2) 热电阻材料

虽然大多数金属导体的电阻值随温度的变化而变化,但是它们并不都能作为测温用的热电阻,对热电阻的材料选择有如下要求。

(1) 选择电阻随温度变化成单值连续关系的材料,最好是呈线性或平滑特性,这一特性可以用分度公式和分度表描述。

(2) 有尽可能大的电阻温度系数。

通常取 0～100℃ 之间的平均电阻温度系数 $\alpha = \dfrac{R_{100}}{R_0} \times \dfrac{1}{100}$。电阻温度系数 α 与金属的纯度有关,金属越纯,α 值越大。α 值的大小表示热电阻的灵敏度,它是由电阻比 $W_{100} = \dfrac{R_{100}}{R_0}$ 所决定的,热电阻材料纯度越高,W_{100} 值越大,热电阻的精度和稳定性就越好。W_{100} 是热电阻的重要技术指标。

(3) 有较大的电阻率,以便制成小尺寸元件,减小测温热惯性。0℃ 时的电阻值 R_0 很重要,要选择合适的大小,并有允许误差要求。

(4) 在测温范围内物理化学性能稳定。

(5) 复现性好,复制性强,易于得到高纯物质,价格较便宜。

目前使用的金属热电阻材料有铜、铂、镍、铁等,实际应用最多的是铜、铂两种材料,并已实行标准化生产。

3) 常用工业热电阻

目前工业上应用最多的热电阻有铂热电阻和铜热电阻。

(1) 铂电阻:铂电阻金属铂易于提纯,在氧化性介质中,甚至在高温下其物理、化学性质都非常稳定。但在还原性介质中,特别是在高温下很容易被沾污,使铂丝变脆,并改变了其电阻与温度间的关系,导致电阻值迅速漂移。因此,要特别注意保护。铂热电阻的使用范围为$-200 \sim 850℃$,体积小,精度高,测温范围宽,稳定性好,再现性好,但是价格较贵。

根据国际实用温标的规定,在不同温度范围内,电阻与温度之间的关系也不同。其电阻与温度的关系为:

在$-200 \sim 0℃$范围内时

$$R(t) = R_0[1 + At + Bt^2 + C(t - 100)t^3] \tag{5-16}$$

在$0 \sim 850℃$范围内时

$$R(t) = R_0(1 + At + Bt^2) \tag{5-17}$$

式中:$R(t)$——$t℃$时铂电阻值;

R_0——$0℃$时铂电阻值;

A、B、C——常数,其中,$A = 3.90803 \times 10^{-3}(1/℃)$,$B = -5.775 \times 10^{-7}(1/℃^2)$,$C = -4.183 \times 10^{-12}(1/℃^3)$。

一般工业上使用的铂热电阻,国标规定的分度号有 Pt10 和 Pt100 两种,即相应的$0℃$时的电阻值分别为$R_0 = 10\Omega$和$R_0 = 100\Omega$。

铂电阻的W_{100}值越大,铂电阻丝纯度越高,测温精度也越高。国际实用温标规定:作为基准器的铂热电阻,其$W_{100} \geqslant 1.39256$,与之相应的铂纯度为 99.9995%,测温精度可达$\pm 0.001℃$,最高可达$\pm 0.0001℃$;作为工业用标准铂电阻,$W_{100} \geqslant 1.391$,其测温精度在$-200 \sim 0℃$之间为$\pm 1℃$,在$0 \sim 100℃$之间为$\pm 0.5℃$,在$100 \sim 850℃$之间为$\pm(0.5\%)t℃$。

不同分度号的铂电阻因为R_0不同,在相同温度下的电阻值是不同的,因此电阻与温度的对应关系,即分度表也是不同的。Pt100 分度表可见附录 C。

(2)铜电阻:铜热电阻一般用于$-50 \sim 150℃$范围内的温度测量。其特点是电阻与温度之间的关系接近线性,电阻温度系数大,灵敏度高,材料易提纯,复制性好,价格便宜。但其电阻率低,体积较大,易氧化,一般只适用于$150℃$以下的低温和没有水分及无腐蚀性介质的温度测量。

铜电阻与温度的关系为

$$R(t) = R_0(1 + At + Bt^2 + Ct^3) \tag{5-18}$$

式中:$R(t)$——$t℃$时铜电阻值;

R_0——$0℃$时铜电阻值;

A、B、C——分别为常数,其中,$A = 4.28899 \times 10^{-3}(1/℃)$,$B = -2.133 \times 10^{-7}(1/℃^2)$,$C = 1.233 \times 10^{-9}(1/℃^3)$。

由于B和C很小,某些场合可以近似表示为

$$R(t) = R_0(1 + \alpha t) \tag{5-19}$$

式中:α——电阻温度系数,取$\alpha = 4.28 \times 10^{-3}(1/℃)$。

国内工业用铜热电阻的分度号为 Cu50 和 Cu100,即相应的$0℃$时的电阻值分别为$R_0 = 50\Omega$和$R_0 = 100\Omega$。Cu100 分度表可见附录 D。

铜电阻的$W_{100} \geqslant 1.425$时,其测温精度在$-50 \sim 50℃$范围内为$\pm 5℃$,在$50 \sim 100℃$之间为$\pm(1\%)t℃$。

另外,铁和镍两种金属也有较高的电阻率和电阻温度系数,亦可制成体积小,灵敏度高

的热电阻温度计。但由于铁容易氧化,性能不太稳定,故尚未使用。镍的稳定性较好,已定型生产,可测温范围为$-60\sim180℃$,R_0值有100Ω、300Ω和500Ω三种。

工业热电阻分类及特性见表5-4。

表 5-4 工业热电阻分类及特性

项　　目	铂热电阻		铜热电阻	
分 度 号	Pt100	Pt10	Cu100	Cu50
R_0/Ω	100	10	100	50
$\alpha/℃$	0.003 85		0.004 28	
测温范围/℃	$-200\sim850$		$-50\sim150$	
允差/℃	A 级:$\pm(0.15+0.002\,\lvert t\rvert)$ B 级:$\pm(0.30+0.005\lvert t\rvert)$		$\pm(0.30+0.006\lvert t\rvert)$	

4) 工业热电阻的结构

工业热电阻主要有普通型、铠装型和薄膜型三种结构形式。

(1) 普通型热电阻:普通型热电阻其结构如图 5-21(a)所示,主要由电阻体、内引线、绝缘套管、保护套管和接线盒等部分组成。

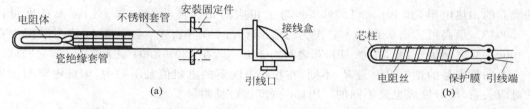

图 5-21 普通热电阻结构图

电阻体是由细的铂丝或铜丝绕在绝缘支架上构成的,为了使电阻体不产生电感,电阻丝要用无感绕法绕制,如图 5-21(b)所示,将电阻丝对折后双绕,使电阻丝的两端均由支架的同一侧引出。电阻丝的直径一般为 $0.01\sim0.1$mm,由所用材料及测温范围决定。一般铂丝为 0.05mm 以下,铜丝为 0.1mm。

连接电阻体引出端和接线盒之间的引线为内引线。其材料最好是采用与电阻丝相同,或者与电阻丝的接触电势较小的材料,以免产生感应电动势。工业热电阻中,铂电阻高温用镍丝,中低温用银丝做引出线,这样既可降低成本,又能提高感温元件的引线强度。铜电阻和镍电阻的内引线,一般均采用本身的材料,即铜丝和镍丝。为了减小引线电阻的影响,其直径往往比电阻丝的直径大得多。工业用热电阻的内引线直径一般为 1mm 左右,标准或实验室用直径为 $0.3\sim0.5$mm。内引线之间也采用绝缘子将其绝缘隔离。

保护套管和接线盒的要求与热电偶相同。

(2) 铠装型热电阻:铠装热电阻用铠装电缆作为保护管-绝缘物-内引线组件,前端与感温元件连接,外部焊接短保护管,组成铠装热电阻。铠装热电阻外径一般为 $2\sim8$mm,其特点是体积小,热响应快,耐振动和冲击性能好,除感温元件部分外,其他部分可以弯曲,适合在复杂条件下安装。

(3) 薄膜型热电阻:将热电阻材料通过真空镀膜法,直接蒸镀到绝缘基底上。这种热电阻的体积小、热惯性小、灵敏度高,可紧贴物体表面测量,多用于特殊用途。

5) 热电阻的测量线路

采用热电阻作为测温元件时,温度的变化转换为电阻值的变化,这样对温度的测量就转化为对电阻值的测量。怎样将热电阻值的变化检测出来呢? 最常用的测量线路是采用电桥。热电阻的输入电桥又分为不平衡电桥和平衡电桥。

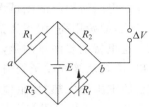

图 5-22　不平衡电桥原理图

(1) 不平衡电桥:图 5-22 为不平衡电桥的原理图。热电阻 R_t 作为电桥的一个桥臂,R_1、R_2 和 R_3 为固定锰铜电阻,分别为电桥的另三个桥臂。当温度变化时,电桥就失去平衡,输出不平衡电压 ΔV。输出变化越大时,电桥不平衡越厉害,输出不平衡电压越大。这样,就将温度的变化转换成了不平衡电压的输出。

电桥的一个对角接稳压电源 E,另一个对角接显示仪表。设 $R_t = R_{t_0}$ 时电桥平衡。设计时,一般取 $R_1 = R_{t_0}$,$R_2 = R_3$,此时 $R_2 R_3 = R_1 R_{t_0}$,$\Delta V = 0$。现将 R_t 置于某一温度 t,当测温点温度 t 变化时,R_t 就变化,$R_2 R_3 \neq R_1 R_{t_0}$,使 $\Delta V \neq 0$。t 变化越大,ΔV 变化就越大,这样就可以根据不平衡电压的大小来测量温度。

(2) 热电阻的引线方式:热电阻的引线方式有二线制、三线制和四线制三种,如图 5-23 所示。

① 二线制方式:二线制方式是在热电阻两端各连一根导线,如图 5-23(a)所示。这种引线方式简单、费用低。但是工业热电阻安装在测量现场,而与其配套的温度指示仪表或数据采集卡要安装在控制室,其间引线很长。如果用两根导线把热电阻和仪表相连,则相当于把引线电阻也串接加入到测温电阻中,而引线有长短和粗细之分,也有材质的不同。由于热电阻的阻值较小,所以连接导线的电阻值不能忽视,对于 50Ω 的测量电桥,1Ω 的导线电阻就会产生约 5℃ 的误差。另外,引线在不同的环境温度下电阻值也会发生变化,会带来附加误差。

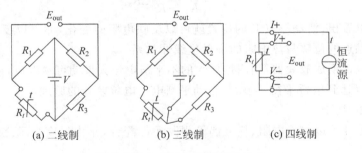

(a) 二线制　　　　　(b) 三线制　　　　　(c) 四线制

图 5-23　热电阻的三种引线方式

② 三线制方式:为了避免或减少导线电阻对测量的影响,工业热电阻大都采用三线制连接方式。三线制方式是在热电阻的一端连接两根导线(其中一根作为电源线),另一端连接一根导线,如图 5-23(b)所示。当热电阻与测量电桥配用时,分别将两端引线接入两个桥臂,就可以较好地消除引线电阻影响,提高测量精度。

③ 四线制方式:四线制方式是在热电阻两端各连两根导线,其中两根引线为热电阻提供恒流源,在热电阻上产生的压降通过另外两根导线接入电势测量仪表进行测量,如图 5-23(c)所示。当电势测量端的电流很小时,可以完全消除引线电阻对测量的影响,这种引线方式主要用于高精度的温度检测。

综上所述,热电阻内部引线方式有两线制、三线制和四线制三种。二线制中引线电阻对测量影响大,用于测量温度精度不高的场合。三线制可以减小热电阻与测量仪表之间连接导线的电阻所引起的测量误差,广泛用于工业测量。四线制可以完全消除引线电阻对测量的影响,但费用高,用于高精度温度检测。

这里特别要注意的是,无论是三线制还是四线制,导线都必须从热电阻感温部位的根部引出,不能从接线端子处引出,否则仍会有影响。热电阻在实际使用时都会有电流通过,电流会使电阻体发热,使阻值增大。为了避免这一因素引起的误差,一般流过热电阻的电流应小于 6mA,在热电阻与电桥或电位差计配合使用时,应注意共模电压给测量带来的影响。

(3)平衡电桥:平衡电桥是利用电桥的平衡来测量热电阻值变化的。图 5-24 是平衡电桥的原理图。图中 R_t 为热电阻,它与 R_2、R_3、R_4 和 R_p 组成电桥;电源电压为 E_0;对角线 A、B 接入一检流计 G;R_p 为一带刻度的滑线电阻。

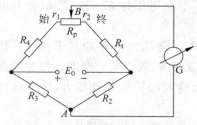

图 5-24 平衡电桥原理图

当被测温度为下限时,R_t 有最小值 R_{t_0},滑动触点应在 R_p 的左端,此时电桥的平衡条件为

$$R_2 R_4 = R_3 (R_{t_0} + R_p) \tag{5-20}$$

当被测温度升高后,R_t 增加了 ΔR_t,使得电桥不平衡。调节滑动触点至 B 处,电桥再次平衡的条件是

$$R_2 (R_4 + r_1) = R_3 (R_{t_0} + \Delta R_t + R_p - r_1) \tag{5-21}$$

用式(3-21)减式(3-20),有

$$R_2 r_1 = R_3 \Delta R_t - R_3 r_1$$

即

$$r_1 = \frac{R_3}{R_2 + R_3} \Delta R_t \tag{5-22}$$

从上式可以看出,滑动触点 B 的位置就可以反映电阻的变化,亦可以反映温度的变化,并且可以看到触点的位移与热电阻的增量呈线性关系。

如果将检流计换成放大器,利用被放大的不平衡电压去推动可逆电机,使可逆电机再带动滑动触点 B 以达到电桥平衡,这就是自动平衡电子电位差计的原理。

6)电子电位差计

电子电位差计可以与热电阻、热电偶等测温元件配合,作为温度显示之用,具有测量精度高的特点。

用天平称量物体的重量时,增减砝码使天平的指针指零,砝码与被称量物体达到平衡,此时被称量物体的质量就等于砝码的质量。电子电位差计的工作原理与天平称量原理相同,是根据电压平衡法(也称补偿法、零值法)工作的。即将被测电势与已知的标准电压相比较,当两者的差值为零时,被测电势就等于已知的标准电压。

图 5-25 为电压平衡法原理图。其中 R 为线性度很高的锰铜线绕电阻,由稳压电源供电,这样就可以认为通过它的电流 I 是恒定的。G 为检流计,是灵敏度很高的电流计,E_t 为被测电动势。测量时,可调节滑动触点 C 的位置,使检流计中电流为零。此时,$V_{CB} = E_t$,而 $V_{CB} = IR_{CB}$,为已知的标准电压,即 $E_t = IR_{CB}$。根据滑动触点的位置,可以读出 V_{CB},达到了对未知电势测量的目的。

由上面的论述可以看出,为了要在线绕电阻 R 上直接刻出 V_{CB} 的数值,就得是工作电流 I 保持恒定值。实际工作中用电池代替稳压电源,则需要对工作电流 I 进行校准,如图 5-26 所示。

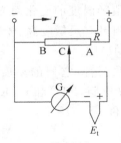

图 5-25　电压平衡法原理图

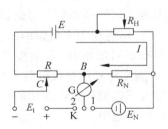

图 5-26　用标准电池校准工作电流

① 校准工作电流:将开关 K 合在"1"位置上,调节 R_H,使流过检流计的电流为零,即检流计的指示为零,此时工作电流 I 在标准电阻 R_N 上的电压降与标准电池 E_N 电势相等,即 $E_N = IR_N$,$I = E_N / R_N$。因为 E_N 为标准电动势,R_N 为标准电阻,都是已知标准值,所以此时的电流 I 为仪表刻度时的规定值。

② 测量未知电势 E_t:工作电流校准后,就可以将开关 K 合在"2"位置上,这时校准回路断开,测量回路接通。滑动触点 C 的位置,直至检流计指示为零,此时有

$$V_{BC} = IR_{BC} = \frac{E_N}{R_N} R_{BC} = E_t \qquad (5-23)$$

R_{BC} 可由变阻器刻度读出,在 R_{BC} 上刻度出 $(E_N / R_N) R_{BC}$,就可直接读出 E_t 的值。

③ 自动电子电位差计:自动电子电位差计工作原理示意如图 5-27 所示,与手动电子电位差计的区别是,用放大器代替检流计,用可逆电机和机械传动机构代替人手操作。图中 E 表示直流电源,I 表示回路中产生的直流电流,U_K 表示在滑线电阻 R_H 上滑点 K 左侧的电压降,E_X 表示被测电动势。回路中可变电阻 R 用于调整回路电流 I 以达到额定工作电流,滑线电阻 R_H 用于被测电动势 E_X 的平衡比较。

由图 5-27 可知,放大器的输入是滑线电阻 R_H 上的电压降 U_K 与被测电动势 E_X 的代数差,即 $\Delta U = U_K - E_X$。该电势差经放大器放大后驱动可逆电机转动,并带动滑动触点 K 在滑线电阻 R_H 上左右移动。滑动触点 K 的移动产生新的电压降 U_K,并馈入放大器输入端,从而形成常规的反馈控制回路。为保证电子电位差计的自动平衡,设计时要求该反馈回路具有负反馈效应,即当 $\Delta U \neq 0$ 时,放大器和可逆电机驱动滑点 K 的移动总能保证电势差 ΔU 向逐渐减小的方向变化。当电势差 $\Delta U = 0$ 时,放大器输出为零,可逆电机停止转动,此时电位差计达到平衡状态,滑点 K 所对应的标尺刻度反映了被测电动势 E_X 的大小。

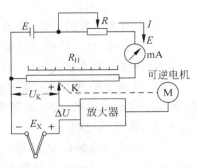

图 5-27　自动电子电位差计原理图

显然,由于电位差计是工作在负反馈闭环模式下的,其对被测电动势的测量和显示可自动完成。同时能够自动跟踪测量过程中平衡状态的变化,从而可以保证仪表自动显示和记录功能的实现。

2. 半导体热敏电阻

半导体热敏电阻又称为热敏电阻,它是用金属氧化物或半导体材料作为电阻体的温敏元件。其工作原理也是基于热电阻效应,即热敏电阻的阻值随温度的变化而变化。热敏电阻的测温范围为－100～300℃。与金属热电阻比,热敏电阻具有灵敏度高、体积小(热容量小),反应快等优点,它作为中低温的测量元件已得到广泛的应用。

热敏电阻有正温度系数、负温度系数和临界温度系数三种,它们的温度特性曲线如图 5-28 所示。温度检测用热敏电阻主要是负温度系数热敏电阻,PTC 和 CTR 热敏电阻则利用在特定温度下电阻值急剧变化的特性构成温度开关器件。

1) NTC 热敏电阻

负温度系数热敏电阻的阻值与温度的关系近似表示为

$$R_T = Ae^{\frac{B}{T}} \qquad (5-24)$$

式中:T——绝对温度,K;

R_T——温度为 T 时的阻值,Ω;

A,B——取决于材料和结构的常数,Ω 和 K。

用曲线表示上述关系如图 5-28 中 NTC 曲线所示。由曲线可以看出,温度越高,其电阻值越小,且其阻值与温度为非线性关系。

热敏电阻可以制成不同的结构形式,有珠状、片状、杆状、薄膜状等。负温度系数热敏电阻主要

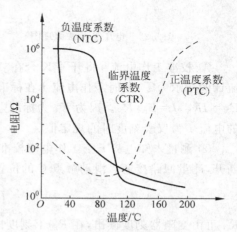

图 5-28 热敏电阻温度特性曲线

由单晶以及锰、镍、钴等金属氧化物制成,如有用于低温的锗电阻、碳电阻和渗碳玻璃电阻;用于中高温的混合氧化物电阻。在－50～300℃范围,珠状和柱状的金属氧化物热敏电阻的稳定性较好。

2) PTC 热敏电阻

具有正温度系数的 PTC 热敏电阻的特性曲线如图 5-28 中 PTC 曲线所示,它是随着温度升高而阻值增大的,曲线呈开关(突变)型。从曲线上可以看出,这种热敏电阻在某一温度点其电阻值将产生阶跃式增加,因而适于作为控制元件。

PTC 热敏电阻是用 $BaTiO_3$ 掺入稀土元素使之半导体化而制成的。它的工作范围较窄,在温度较低时灵敏度低,而温度高时灵敏度迅速增加。

3) CTR 热敏电阻

CTR 临界温度热敏电阻是一种具有负的温度系数的开关型热敏电阻,如图 5-28 中 CTR 曲线所示。它在某一温度点附近电阻值发生突变,且在极度小温区内随温度的增加,电阻值降低 3、4 个数量级,具有很好的开关特性,常作为温度控制元件。

热敏电阻的优点是电阻温度系数大,为金属电阻的十几倍,故灵敏度高;电阻值高,引线电阻对测温没有影响,使用方便;体积小,热响应快;结构简单可靠,价格低廉;化学稳定性好,使用寿命长。缺点是非线性严重,互换性差,每一品种的测温范围较窄,部分品种的稳定性差。由于这些特点,热敏电阻作为工业用测温元件,在汽车和家电领域得到大量的应用。

5.3　温度检测仪表的选用及安装

温度检测仪表的选用及安装应遵循下列原则。

5.3.1　温度检测仪表的选用

温度检测仪表有就地温度检测仪表和远传式温度检测仪表,后者一般称为温度检测元件。

1. 就地温度仪表的选用

就地温度仪表的选用要从精度等级、测量范围等方面来考虑。

1) 精度等级

(1) 一般工业用温度计,选用 2.5、1.5 或 1.0 级。

(2) 精密测量用温度计,选用 0.5 级或以上仪表。

2) 测量范围

(1) 最高测量值不大于仪表测量范围上限值的 90%,正常测量值在仪表测量范围上限值的 1/2 左右。

(2) 压力式温度计测量值应在仪表测量范围上限值的 1/2～3/4 之间。

3) 双金属温度计

在满足测量范围、工作压力和精度等级的要求时,应被优先选用于就地显示。

4) 压力式温度计

适用于 -80℃ 以下低温、无法近距离观察、有振动及精度要求不高的就地或就地盘显示。

5) 玻璃温度计

仅用于测量精确度较高、振动较小、无机械损伤、观察方便的特殊场合。不得使用玻璃水银温度计。

2. 温度检测元件的选用

温度检测元件的选用包括热电偶、热电阻和热敏电阻的选用。

(1) 根据温度测量范围,参照表 5-5 选用相应分度号的热电偶、热电阻或热敏电阻。

表 5-5　常用温度检测元件

检测元件名称	分度号	测温范围/℃	R_{100}/R_0
铜热电阻 $R_0 = 50\Omega$	Cu50	-50～+150	1.248
$R_0 = 100\Omega$	Cu100		
铂热电阻 $R_0 = 10\Omega$	Pt10	-200～+650	1.385
铂热电阻 $R_0 = 100\Omega$	Pt100		
镍铬—镍硅热电偶	K	-200～+1300	
镍铬硅—镍硅热电偶	N	-200～+900	
镍铬—康铜热电偶	E	-200～+900	
铁—康铜热电偶	J	-200～+800	
铜—康铜热电偶	T	-200～+400	

续表

检测元件名称	分度号	测温范围/℃	R_{100}/R_0
铂铑$_{10}$—铂热电偶	S	0～+1600	
铂铑$_{13}$—铂热电偶	R	0～+1600	
铂铑$_{30}$—铂铑$_6$热电偶	B	0～+1800	
钨铼$_5$—钨铼$_{26}$热电偶	WRe$_5$-WRe$_{26}$	0～+2300	
钨铼$_3$—钨铼$_{25}$热电偶	WRe$_3$-WRe$_{25}$	0～+2300	

（2）铠装式热电偶适用于一般场合；铠装式热电阻适用于无振动场合；热敏电阻适用于测量反应速度快的场合。

3．特殊场合适用的热电偶、热电阻

特殊场合应考虑选择如下热电偶、热电阻。

（1）温度高于870℃、氢含量大于5%的还原性气体、惰性气体及真空场合，选用钨铼热电偶或吹气热电偶。

（2）设备、管道外壁和转体表面温度，选用端（表面）式、压簧固定式或铠装热电偶、热电阻。

（3）含坚硬固体颗粒介质，选用耐磨热电偶。

（4）在同一检出（测）元件保护管中，要求多点测量时，选用多点（支）热电偶。

（5）为了节省特殊保护管材料，提高响应速度或要求检出元件弯曲安装时可选用铠装热电偶、热电阻。

（6）高炉、热风炉温度测量，可选用高炉、热风炉专用热电偶。

5.3.2　温度检测仪表的安装

在石油化工生产过程中，温度检测仪表一般安装在工艺管道上或烟道中。下面针对这两种情况进行讨论。

1．管道内流体温度的测量

通常采用接触式测温方法测量管道内流体的温度，测温元件直接插入流体中。接触式测温仪表所测得的温度都是由测温（感温）元件来决定的。在正确选择测温元件和二次仪表之后，如不注意测温元件的正确安装，那么，测量精度仍得不到保证。

为了正确地反映流体温度和减少测量误差，要注意合理地选择测点位置，并使测温元件与流体充分接触。工业上，一般是按下列要求进行安装的。

（1）测点位置要选在有代表性的地点，不能在温度的死角区域，尽量避免电磁干扰。

（2）在测量管道温度时，应保证测温元件与流体充分接触，以减少测量误差。因此，要求安装时测温元件应迎着被测介质流向插入，至少须与被测介质流向垂直（成90°），切勿与被测介质形成顺流，如图5-29所示。

（3）测温元件的感温点应处于管道中流速最大处。一般来说，热电偶、铂电阻、铜电阻保护套管的末端应分别越过流束中心线5～10mm、50～70mm、25～30mm。

（4）测温元件应有足够的插入深度，以减小测量误差。为此，测温元件应斜插安装或在弯头处安装，如图5-30所示。

（5）若工艺管道过小（直径小于80mm），安装测温元件处应接装扩大管，如图5-31所示。

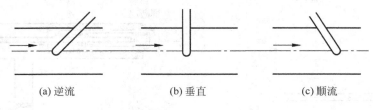

图 5-29 测温元件安装示意图(1)

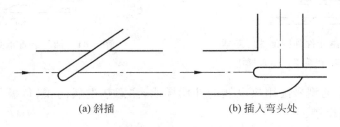

图 5-30 测温元件安装示意图(2)

(6) 热电偶、热电阻的接线盒面盖应该在上面,以避免雨水或其他液体、脏物进入接线盒中影响测量,如图 5-32 所示。

图 5-31 扩大管安装示意图　　　图 5-32 热电偶或热电阻安装示意图

(7) 为了防止热量散失,在测点引出处要有保温材料隔热,以减少热损失带来的测量误差。

(8) 测温元件安装在负压管道中时,必须保证其密封性,以防外界冷空气进入,使读数降低。

2. 烟道中烟气温度的测量

烟道的管径很大,测温元件插入深度有时可达 2m,应注意减低套管的导热误差和向周围环境的辐射误差。可以在测温元件外围加热屏蔽罩,如图 5-33 所示。也可以采用抽气的办法加大流速,增强对流换热,减少辐射误差。图 5-34 给出一种抽气装置的示意图,热电偶装于有多层屏蔽的管中,屏蔽管的后部与抽气器连接。当蒸汽或压缩空气通过抽气器时,会夹带着烟气以很高的流速流过热电偶测量端。在抽气管路上加装的孔板是为了测量抽气流量,以计算测量处的流速来估计误差。

3. 测温元件的布线要求

测温元件安装在现场,而显示仪表或计算机控制装置都在控制室内,所以要将测温元件测到的信号引入控制室内,就需要布线。工业上,一般是按下列要求进行布线的。

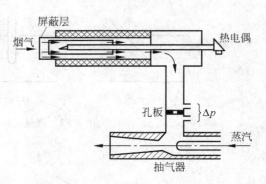

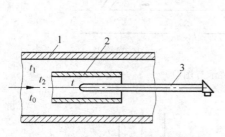

图 5-33　测温元件外围加热屏蔽罩　　　　　　图 5-34　抽气装置示意图
1—外壁；2—屏蔽罩；3—温度计

（1）按照规定的型号配用热电偶的补偿导线，注意热电偶的正、负极与补偿导线的正、负极相连接，不要接错。

（2）热电阻的线路电阻一定要符合所配二次仪表的要求。

（3）为了保护连接导线与补偿导线不受外来的机械损伤，应把连接导线或补偿导线穿入钢管内或走槽板。

（4）导线应有良好的绝缘。禁止与交流输电线合用一根穿线管，以免引起感应。

（5）导线应尽量避开交流动力电线。

（6）补偿导线不应有中间接头，否则应加装接线盒。另外，最好与其他导线分开敷设。

思考题与习题

5-1　什么是温标？常用的温标有哪几种？它们之间的关系如何？

5-2　按测温方式分，测温仪表分成哪几类？常用温度检测仪表有哪些？

5-3　热电偶的测温原理和热电偶测温的基本条件是什么？

5-4　工业常用热电偶有哪几种？试简要说明各自的特点。

5-5　现有 K、S、T 三种分度号的热电偶，试问在下列三种情况下，应分别选用哪种？

（1）测温范围在 600～1100℃，要求测量精度高；

（2）测温范围在 200～400℃，要求在还原性介质中测量；

（3）测温范围在 600～800℃，要求线性度较好，且价格便宜。

5-6　用分度号为 K 的热电偶测温，其冷端温度为 20℃，测得热电势 $E(t,20)=11.30\mathrm{mV}$，试求被测温度 t。

5-7　用 K 型热电偶测量某设备的温度，测得的热电势为 20mV，冷端温度（室温）为 25℃，求设备的温度。如果选用 E 型热电偶来测量，在相同的条件下，E 型热电偶测得的热电势是多少？

5-8　用热电偶测温时，为什么要使用补偿导线？使用时应注意哪些问题？

5-9　用热电偶测温时，为什么要进行冷端温度补偿？补偿的方法有哪几种？

5-10　试述热电阻测温原理。常用热电阻的种类有哪些？R_0 各为多少？

5-11　热电阻的引线方式有哪几种？以电桥法测定热电阻的电阻值时，为什么常采用三线制接线方法？

5-12 用分度号 Pt100 铂电阻测温，在计算时错用了 Cu100 的分度表，查得的温度为 140℃，问实际温度为多少？

5-13 热敏电阻有哪些种类？各有什么特点？各适用于什么场合？

5-14 试述接触式测温中，测温元件的安装和布线要求。

5-15 测量管道内流体的温度时，测温元件的安装如图 5-35 所示。试判断其中哪些是错的，哪些是对的(直接在图上标明)，并简要说明理由。

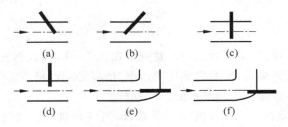

图 5-35　习题 5-15 测温元件安装图

第 6 章

压力检测及仪表

压力是工业生产中的重要参数之一。特别是在化工、炼油、天然气的处理与加工生产过程中,压力既影响物料平衡,也影响化学反应速率,所以必须严格遵守工艺操作规程,这就需要检查或控制其压力,以保证工艺过程的正常进行。

例如高压聚乙烯要在 150MPa 的高压下聚合,氢气和氮气合成氨气时,要在 15MPa 的高压下进行反应,而炼油厂的减压蒸馏,则要求在比大气压力低很多的真空下进行。如果压力不符合要求,不仅会影响生产效率,降低产品质量,有时还会造成严重的生产事故,此外,测出压力或差压,也可以确定物位或流量。

6.1 压力及压力检测方法

本节介绍压力的定义、压力的单位及压力的检测方法。

6.1.1 压力的定义及单位

1. 压力的定义

压力是指垂直、均匀地作用于单位面积上的力。

压力通常用 P 表示,单位力作用在单位面积上,为一个压力单位。

$$P = \frac{F}{A} \tag{6-1}$$

式中:P——压力;

    F——垂直作用力;

    A——受力面积。

2. 压力的单位

在工程上衡量压力的单位有如下几种。

1)工程大气压

1 千克力垂直而均匀地作用在 1 平方厘米的面积上所产生的压力,以千克力/厘米^2 表示,记作 kgf/cm^2,是工业上使用过的单位。

2)毫米汞柱(mmHg),毫米水柱(mmH$_2$O)

1 平方厘米的面积上分别由 1 毫米汞柱或 1 毫米水柱的重量所产生的压力。

3)标准大气压

由于大气压随地点不同,变化很大,所以国际上规定水银密度为 13.5951g/cm^3、重力加速度为 980.665cm/s² 时,高度为 760mm 的汞柱,作用在 1cm² 的面积上所产生的压力为标准大气压。

4）国际单位(SI)制压力单位帕(Pa)

1 牛顿力垂直均匀地作用在 1 平方米面积上所形成的压力为 1"帕斯卡",简称"帕",符号为 Pa。加上词头又有千帕(kPa)、兆帕(MPa)等,为我国自 1986 年 7 月 1 日开始执行的计量法规定采用的压力单位。表 6-1 给出了各压力单位之间的换算关系。

表 6-1 压力单位换算表

单位	帕(Pa)	巴(bar)	工程大气压 (kgf/cm²)	标准大气压 (atm)	毫米水柱 (mmH₂O)	毫米汞柱 (mmHg)	磅力/平方英寸 (lbf/in²)
帕(Pa)	1	1×10^{-5}	1.019716×10^{-5}	0.9869236×10^{-5}	1.019716×10^{-1}	0.75006×10^{-2}	1.450442×10^{-4}
巴(bar)	1×10^5	1	1.019716	0.9869236	1.019716×10^4	0.75006×10^3	1.450442×10
工程大气压 (kgf/cm²)	0.980665×10^5	0.980665	1	0.96784	1×10^4	0.73556×10^3	1.4224×10
标准大气压 (atm)	1.01325×10^5	1.01325	1.03323	1	1.03323×10^4	0.76×10^3	1.4696×10
毫米水柱 (mmH₂O)	0.980665×10	0.980665×10^{-4}	1×10^{-4}	0.96784×10^{-4}	1	0.73556×10^{-1}	1.4224×10^{-3}
毫米汞柱 (mmHg)	1.333224×10^2	1.333224×10^{-3}	1.35951×10^{-3}	1.3158×10^{-3}	1.35951×10	1	1.9338×10^{-2}
磅力/平方英寸(lbf/in²)	0.68949×10^4	0.68949×10^{-1}	0.70307×10^{-1}	0.6805×10^{-1}	0.70307×10^3	0.51715×10^2	1

6.1.2 压力的表示方法

在工程上,压力有几种不同的表示方法,并且有相应的测量仪表。

1）绝对压力

被测介质作用在容器表面积上的全部压力称为绝对压力,用符号 $p_{绝}$ 表示。

2）大气压力

由地球表面空气柱重量形成的压力,称为大气压力。

它随地理纬度、海拔高度及气象条件而变化,其值用气压计测定,用符号 $p_{大气压}$ 表示。

3）表压力

通常压力测量仪器是处于大气之中,其测量的压力值等于绝对压力和大气压力之差,称为表压力,用符号 $p_{表}$ 表示。

$$p_{表} = p_{绝} - p_{大气压} \tag{6-2}$$

一般地,常用压力测量仪表测得的压力值均是表压力。

4）真空度

当绝对压力小于大气压力时,表压力为负值(负压力),其绝对值称为真空度,用符号 $p_{真}$ 表示。

$$p_{真} = p_{大气压} - p_{绝} \tag{6-3}$$

用来测量真空度的仪器称为真空表。

5）差压

设备中两处的压力之差称为差压。

生产过程中有时直接以差压作为工艺参数。差压的测量还可作为流量和物位测量的间接手段。

这几种表示方法的关系如图 6-1 所示。

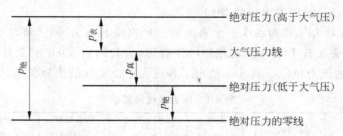

图 6-1　各种压力表示法之间的关系

6.1.3　压力检测的主要方法及分类

根据不同工作原理,压力检测方法及分类主要有如下几种。

1. 重力平衡方法

基于重力平衡方法的压力计分为以下几种。

1)液柱式压力计

基于液体静力学原理。被测压力与一定高度的工作液体产生的重力相平衡,将被测压力转换为液柱高度来测量,其典型仪表是 U 形管压力计。

2)负荷式压力计

基于重力平衡原理。其主要形式为活塞式压力计。

2. 弹性力平衡方法

这种方法利用弹性元件的弹性变形特性进行测量,被测压力使弹性元件产生变形,因弹性变形而产生的弹性力与被测压力相平衡,测量弹性元件的变形大小可知被测压力。

3. 机械力平衡方法

这种方法是将被测压力经变换单元转换成一个集中力,用外力与之平衡,通过测量平衡时的外力可以测知被测压力。

4. 物性测量方法

基于在压力的作用下,测压元件的某些物理特性发生变化的原理。

1)电测式压力计

利用测压元件的压阻、压电等特性或其他物理特性,将被测压力直接转换为各种电量来测量。多种电测式类型的压力传感器,可以适用于不同的测量场合。

2)其他新型压力计

如集成式压力计、光纤压力计

6.2　常用压力检测仪表

压力检测仪表有很多,这里仅介绍液柱式压力计、活塞式压力计、弹性式压力计及常用的压力传感器。

6.2.1 液柱式压力计

这种压力计一般采用水银或水为工作液,用 U 形管、单管或斜管进行压力测量,常用于低压、负压或压力差的检测。

1. U 形管压力计

如图 6-2 是用 U 形玻璃管检测的原理图。它的两个管口分别接压力 P_1 和 P_2。当 $P_1=P_2$ 时,左右两管的液体的高度相等,如图 6-2(a)所示。当 $P_2>P_1$ 时,U 形管的两管内的液面便会产生高度差,如图 6-2(b)所示。根据液体静力学原理,有

$$p_2 = p_1 + \rho h g \qquad (6\text{-}4)$$

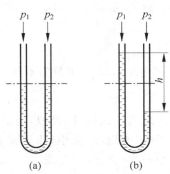

式中:ρ——U 形管内所充工作液的密度;

g——U 形管所在地的重力加速度;

h——U 形管左右两管的液面高度差。

式(6-4)可改写为

$$h = \frac{1}{\rho g}(p_2 - p_1) \qquad (6\text{-}5)$$

这说明 U 形管内两边液面的高度差 h 与两管口的被测压力之差成正比。如果将 p_1 管通大气,即 $p_1 = p_{大气压}$,则

$$h = \frac{p}{\rho g} \qquad (6\text{-}6)$$

图 6-2 U 形管压力计示意图

式中 $p = p_2 - p_{大气压}$,为 P_2 的表压。

由此可见,用 U 形管可以检测两被测压力之间的差值(称差压),或检测某个表压。

由式(6-6)可知,若提高 U 形管工作液的密度 ρ。则在相同的压力作用下,h 值将下降。因此,提高工作液密度将增加压力的测量范围,但灵敏度下降。

用 U 形管进行压力检测具有结构简单、读数直观、准确度较高、价格低廉等优点,它不仅能测表压、差压,还能测负压,是科学实验研究中常用的压力检测工具。但是,用 U 形管只能测量较低的压力或差压(不可能将 U 形管做得很长),测量上限不超过 0.1~0.2MPa,为了便于读数,U 形管一般是用玻璃做成,因此易破损,同时也不能用于静压较高的差压检测,另外它只能进行现场指示。

2. 单管压力计

U 形管压力计的标尺分格值是 1mm,每次读数的最大误差为分格值的一半,而在测量时需要对左、右两边的玻璃管分别读数,所以可能产生的读数误差为 ±1mm。为了减小读数误差和进行 1 次读数,可以采用单管压力计。

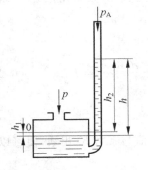

单管压力计如图 6-3 所示,它相当于将 U 形管的一端换成一个大直径的容器,测压原理仍与 U 形管相同。当大容器一侧通入被测压力 p,管一侧通入大气压 p_A 时,满足下列关系

$$p = (h_1 + h_2)\rho g \qquad (6\text{-}7)$$

图 6-3 单管压力计示意图

式中:h_1——大容器中工作液下降的高度;

h_2——玻璃管中工作液上升的高度。

在压力 p 的作用下,大容器内工作液下降的体积等于管内工作液上升的体积,即

$$h_1 A_1 = h_2 A_2 \tag{6-8}$$

$$h_1 = \frac{A_2}{A_1}h_2 = \frac{d^2}{D^2}h_2 \tag{6-9}$$

式中：A_1——大容器截面；

A_2——玻璃管截面；

d——玻璃管直径；

D——大容器直径。

将式(6-9)代入式(6-8)得

$$p = \left(1 + \frac{d^2}{D^2}\right)h_2 \rho g \tag{6-10}$$

由于 $D \gg d$,故 $\dfrac{d^2}{D^2}$ 可忽略不计,则式(6-10)可写成

$$p = h_2 \rho g \tag{6-11}$$

此式与式(6-6)类似,当工作液密度 ρ 一定时,则管内工作液上升的高度 h_2 即可表示被测压力(表压)的大小,即只需 1 次读数便可以得到测量结果。因而读数误差比 U 形管压力计小一半,即 $\pm 0.5 \mathrm{mm}$。

3. 斜管压力计

用 U 形管或单管压力计来测量微小的压力时,因为液柱高度变化很小,读数困难,为了提高灵敏度,减小误差,可将单管压力计的玻璃管制成斜管,如图 6-4 所示。

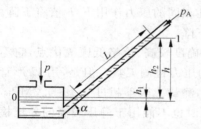

图 6-4　倾斜式压力计示意图

大容器通入被测压力 p,斜管通入大气压力 p_A,则 p 与液柱之间的关系仍然与式(6-7)相同,即

$$p = (h_1 + h_2)\rho g$$

因为大容器的直径 D 远大于玻璃管的直径 d,则 $h_1 + h_2 \approx h_2 = L\sin\alpha$,代入上式后可得

$$p = L\rho g \sin\alpha \tag{6-12}$$

式中：L——斜管内液柱的长度；

α——斜管倾斜角。

由于 $L > h_2$,所以说斜管压力计比单管压力计更灵敏。改变斜管的倾斜角度 α,可以改变斜管压力计的测量范围。斜管压力计的测量范围一般为 $0 \sim 2000 \mathrm{Pa}$。

要求精确测量时,要考虑容器内液面下降的高度 h_1,这时

$$p = (h_1 + h_2)\rho g = \left(L\sin\alpha + L\frac{A_2}{A_1}\right)\rho g = L\left(\sin\alpha + \frac{d^2}{D^2}\right)\rho g = KL \tag{6-13}$$

式中：K——系数,$K = \left(\sin\alpha + \dfrac{d^2}{D^2}\right)\rho g$。

当工作液密度及斜管结构尺寸一定时,K 为常数,读出 L 数值与系数 K 相乘,便可以得到要测量的压力 p。

在使用液柱式测压法进行压力测量时,由于毛细管和液体表面张力的作用,会引起玻璃

管内的液面呈弯月状,见图 6-5 所示。如果工作液对
管壁是浸润的(水),则在管内成下凹的曲面,读数时要
读凹面的最低点;如果工作液对管壁是非浸润的(水
银),则在管内成上凸的曲面,读数时要读凸面的最
高点。

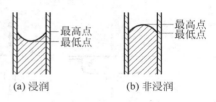

图 6-5 液面的弯月现象

6.2.2 活塞式压力计

活塞式压力计是一种精度很高的标准器,常用于校验标准压力表及普通压力表。其结
构如图 6-6 所示,它由压力发生部分和压力测量部分组成。

1. 压力发生部分

螺旋压力发生器 4,通过手轮 7 旋转丝杠 8,推动工作活塞 9 挤压工作液,经工作液传压
给测量活塞 1。工作液一般采用洁净的变压器油或蓖麻油等。

2. 压力测量部分

测量活塞 1 上端的托盘上放有砝码 2,活塞 1
插入在活塞柱 3 内,下端承受螺旋压力发生器 4
向左挤压工作液 5 所产生的压力 p 的作用。当
活塞 1 下端面因压力 p 作用所产生向上顶的力
与活塞 1 本身和托盘以及砝码 2 的重量相等时,
活塞 1 将被顶起而稳定在活塞柱 3 内的任一平衡
位置上,这时的力平衡关系为

$$pA = W + W_0 \qquad (6\text{-}14)$$

$$p = \frac{1}{A}(W + W_0) \qquad (6\text{-}15)$$

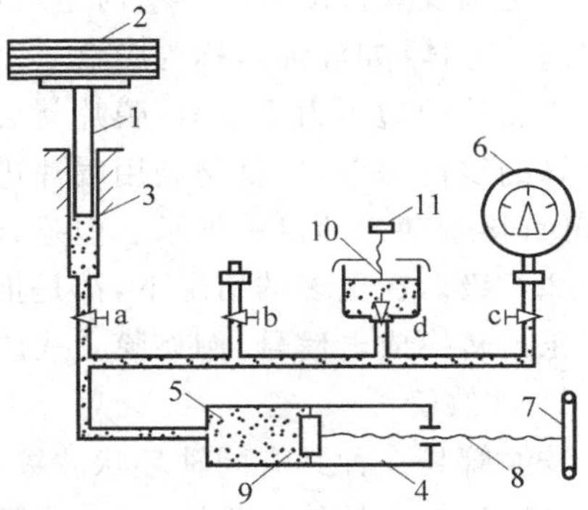

图 6-6 活塞式压力计示意图

a,b,c,d—切断阀;1—测量活塞;2—砝码;
3—活塞柱;4—螺旋压力发生器;5—工作液;
6—压力表;7—手轮;8—丝杠;
9—工作活塞;10—油杯;11—进油阀

式中:A——测量活塞 1 的截面积;

$\quad\quad W$——砝码的重量;

$\quad\quad W_0$——测量活塞(包括托盘)的重量;

$\quad\quad p$——被测压力。

一般取 $A = 1\text{cm}^2$ 或 0.1cm^2。因此可以方便而准确地由平衡时所加的砝码和活塞本身
的质量得到被测压力 p 的数值。如果把被校压力表 6 上的示值 p' 与这一准确的压力 p 相
比较,便可知道被校压力表的误差大小;也可以在 b 阀上部接入标准压力表,由压力发生器
改变工作液压力,比较被校表和标准表上的示值进行校验,此时,a 阀应关闭。

6.2.3 弹性式压力计

弹性式压力检测是用弹性元件作为压力敏感元件把压力转换成弹性元件位移的一种检
测方法。

1. 测压弹性元件

弹性元件在弹性限度内受压后会产生形变,变形的大小与被测压力成正比关系。如
图 6-7 所示,目前工业上常用的测压用弹性元件主要是弹性膜片、波纹管和弹簧管等。

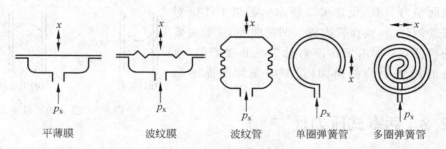

平薄膜　　　波纹膜　　　波纹管　　单圈弹簧管　　多圈弹簧管

图 6-7　弹性元件示意图

1) 弹性膜片

膜片是一种沿外缘固定的片状圆形薄板或薄膜,按剖面形状分为平薄膜片和波纹膜片。波纹膜片是一种压有环状同心波纹的圆形薄膜,其波纹数量、形状、尺寸和分布情况与压力的测量范围及线性度有关。有时也可以将两块膜片沿周边对焊起来,成一薄膜盒子,两膜片之间内充液体(如硅油),称为膜盒。

当膜片两边压力不等时,膜片就会发生形变,产生位移,当膜片位移很小时,它们之间具有良好的线性关系,这就是利用膜片进行压力检测的基本原理。膜片受压力作用产生的位移,可直接带动传动机构指示。但是,由于膜片的位移较小,灵敏度低,指示精度也不高,一般为 2.5 级。在更多的情况下,都是把膜片和其他转换环节合起来使用,通过膜片和转换环节把压力转换成电信号,例如膜盒式压力变送器、电容式压力变送器等。

2) 波纹管

波纹管是一种具有同轴环状波纹,能沿轴向伸缩的测压弹性元件。当它受到轴向力作用时能产生较大的伸长收缩位移,通常在其顶端安装传动机构,带动指针直接读数。波纹管的特点是灵敏度高(特别是在低区),适合检测低压信号(不大于 1MPa),但波纹管时滞较大,测量精度一般只能达到 1.5 级。

3) 弹簧管

弹簧管是弯成圆弧形的空心管子(中心角 θ 通常为 270°)。其横截面积呈非圆形(椭圆或扁圆形)。弹簧管一端是开口的,另一端是封闭的,如图 6-8 所示。开口端作为固定端,被测压力从开口端接入到弹簧管内腔;封闭端作为自由端,可以自由移动。

当被测压力从弹簧管的固定端输入时,由于弹簧管的非圆横截面,使它有变成圆形并伴有伸直的趋势,使自由端产生位移并改变中心角 $\Delta\theta$。由于输入压力 p 与弹簧管自由端的位移成正比,所以只要测得自由端的位移量就能够反映压力 p 的大小,这就是弹簧管的测压原理。

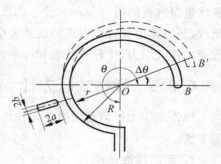

图 6-8　单圈弹簧管结构示意图

弹簧管有单圈和多圈之分。单圈弹簧管的中心角变化量较小,而多圈弹簧管的中心角变化量较大,二者的测压原理是相同的。弹簧管常用的材料有锡青铜、磷青铜、合金钢、不锈钢等,适用于不同的压力测量范围和测量介质。

2. 弹簧管压力表

弹簧管压力可以通过传动机构直接指示被测压力,也可以用适当的转换元件把弹簧管自由端的位移变换成电信号输出。

弹簧管压力表是一种指示型仪表,如图 6-9 所示。被测压力由接头 9 输入,使弹簧管 1 的自由端产生位移,通过拉杆 2 使扇形齿轮 3 作逆时针偏转,于是指针 5 通过同轴的中心齿轮 4 的带动而作顺时针偏转,在面板 6 的刻度标尺上显示出被测压力的数值。游丝 7 是用来克服因扇形齿轮和中心齿轮的间隙所产生的仪表变差。改变调节螺钉 8 的位置(即改变机械传动的放大系数),可以实现压力表的量程调节。

弹簧管压力表结构简单、使用方便、价格低廉、测量范围宽,因此应用十分广泛,一般的工业用弹簧管压力表的精度等级为 1.5 级或 2.5 级。

在化工生产过程中,常常需要把压力控制在某一范围内,即当压力低于或高于给定范围时,就会破坏正常工艺条件,甚至可能发生危险。这时就应采用带有报警或控制触点的压力表。将普通弹簧管压力表稍加变化,便可成为电接点信号压力表,它能在压力偏离给定范围时,及时发出信号,以提醒操作人员注意或通过中间继电器实现压力的自动控制。

图 6-10 是电接点信号压力表的结构和工作原理示意图。压力表指针上有动触点 2,表盘上另有两根可调节的指针,上面分别有静触点 1 和 4。当压力超过上限给定数值(此数值由静触点 4 的指针位置确定)时,动触点 2 和静触点 4 接触,红色信号灯 5 的电路被接通,使红色灯发亮。当压力超过下限给定数值时,动触点 2 和静触点 1 接触,绿色信号灯 3 的电路被接通,使绿色灯发亮。静触点 1、4 的位置可根据需要灵活调节。

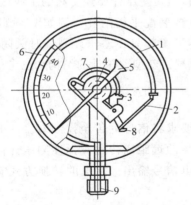
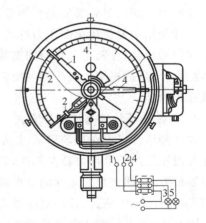

图 6-9　弹簧管压力表示意图

1—弹簧管;2—拉杆;3—扇形齿轮;4—中心齿轮;
5—指针;6—面板;7—游丝;8—调节螺钉;9—接头

图 6-10　电接点信号压力表示意图

1,4—静触点;2—动触点;
3—绿色信号灯;5—红色信号灯

3. 波纹管差压计

采用膜片、膜盒、波纹管等弹性元件可以制成差压计。图 6-11 给出双波纹管差压计结构示意图,双波纹管差压计是一种应用较多的直读式仪表,其测量机构包括波纹管、量程弹簧组和扭力管组件等。仪表两侧的高压波纹管和低压波纹管为测量主体,感受引入的差压信号,两个波纹管由连杆连接,内部填充液体用以传递压力。差压信号引入后,低压波纹管自由端带动连杆位移,连杆上的挡板推动摆杆使扭力管机构偏转,扭力管芯轴的扭转角度变化,扭转角变化传送给仪表的显示机构,可以给出相对应的被测差压值。量程弹簧的弹性力和波纹管的弹性变形力与被测差压的作用力相平衡,改变量程弹簧的弹性力大小可以调整仪表的量程。高压波纹管与补偿波纹管相连,用来补偿填充液因温度变化而产生的体积膨胀。

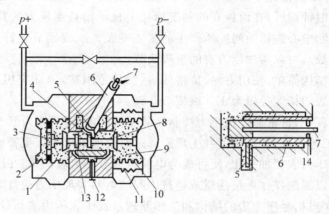

图 6-11 双波纹管差压计结构示意图

1—高压波纹管;2—补偿波纹管;3—连杆;4—挡板;5—摆杆;6—扭力管;7—芯轴;
8—保护阀;9—填充液;10—低压波纹管;11—量程弹簧;12—阻尼阀;13—阻尼环;14—轴承

差压计使用时要注意的问题是,仪表所引入的差压信号中包含有测点处的工作压力,又称背景压力。所以尽管需要测量的差压值并不很高,但是差压计要经受高的工作压力,因此在差压计使用中要避免单侧压力过载。一般差压计要装配平衡附件。例如图 6-11 所示的三个阀门的组合,在两个截止阀间安装一个平衡阀,平衡阀只在差压计测量时关闭,不工作期间则打开,用以平衡正负压侧的压力,避免单向过载。新型差压计的结构均已考虑到单向过载保护功能。

4. 弹性测压计信号的远传方式

弹性测压计可以在现场指示,但是更多情况下要求将信号远传至控制室。一般在已有的弹性测压计结构上增加转换部件,就可以实现信号的远距离传送。弹性测压计信号多采用电远传方式,即把弹性元件的变形或位移转换为电信号输出。常见的转换方式有电位器式、霍尔元件式、电感式、差动变压器式等。

图 6-12 为电位器式电远传弹性压力计结构原理。在弹性元件的自由端处安装滑线电位器,滑线电位器的滑动触点与自由端连接并随之移动,自由端的位移就转换为电位器的电信号输出。这种远传方法比较简单,可以有很好的线性输出,但是滑线电位器的结构可靠性较差。

图 6-13 为霍尔元件式电远传弹性压力计结构原理,霍尔片式压力传感器是根据霍尔效应制成的,即利用霍尔元件将由压力所引起的弹性元件的位移转换成霍尔电势,从而实现压力的测量。

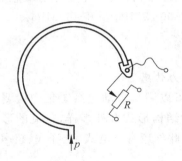

图 6-12 电位器式电远传压力计结构原理图

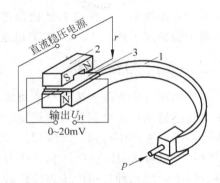

图 6-13 霍尔片式电远传压力计结构原理图
1—弹簧管；2—磁钢；3—霍尔片

霍尔片为一半导体(如锗)材料制成的薄片。如图 6-14 所示,在霍尔片的 Z 轴方向加一磁感应强度为 B 的恒定磁场,在 Y 轴方向加一外电场(接入直流稳压电源),便有恒定电流沿 Y 轴方向通过。电子在霍尔片中运动(电子逆 Y 轴方向运动)时,由于受电磁力的作用,而使电子的运动轨道发生偏移,造成霍尔片的一个端面上正电荷过剩,于是在霍尔片的 X 轴方向上出现电位差,这一电位差称为霍尔电势,这样一种物理现象就称为"霍尔效应"。

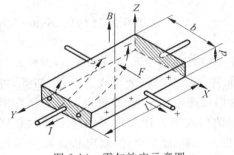

图 6-14 霍尔效应示意图

霍尔电势的大小与半导体材料、所通过的电流(一般称为控制电流)、磁感应强度以及霍尔片的几何尺寸等因素有关,可用下式表示

$$U_H = R_H B I \qquad (6\text{-}16)$$

式中：U_H——霍尔电势；

R_H——霍尔常数,与霍尔片材料、几何形状有关；

B——磁感应强度；

I——控制电流的大小。

由式(6-16)可知,霍尔电势与磁感应强度和电流成正比。提高 B 和 I 值可增大霍尔电势 U_H,但两者都有一定限度,一般 I 为 3～30mA,B 约为几千高斯,所得的霍尔电势 U_H 约为几十毫伏数量级。必须指出,导体也有霍尔效应,不过它们的霍尔电势远比半导体的霍尔电势小得多。

如果选定了霍尔元件,并使电流保持恒定,则在非均匀磁场中,霍尔元件所处的位置不同,所受到的磁感应强度也将不同,这样就可得到与位移成比例的霍尔电势,实现位移-电势的线性转换。

将霍尔元件与弹簧管配合,就组成了霍尔片式电远传弹性压力计,如图 6-13 所示。

被测压力由弹簧管 1 的固定端引入,弹簧管的自由端与霍尔片 3 相连接,在霍尔片的上、下方垂直安放两对磁极,使霍尔片处于两对磁极形成的非均匀磁场中。霍尔片的四个端面引出四根导线,其中与磁钢 2 相平行的两根导线和直流稳压电源相连接,另两根导线用来输出信号。

当被测压力引入后,在被测压力作用下,弹簧管自由端产生位移,因而改变了霍尔片在非均匀磁场中的位置,使所产生的霍尔电势与被测压力成比例。利用这一电势即可实现远距离显示和自动控制。这种仪表结构简单,灵敏度高,寿命长,但对外部磁场敏感,耐振性差。其测量精确度可达 0.5%,仪表测量范围为 $0\sim0.00025\text{MPa}$ 至 $0\sim60\text{MPa}$。

6.2.4 压力传感器

能够检测压力值并提供远传信号的装置统称为压力传感器。

压力传感器是压力检测仪表的重要组成部分,它可以满足自动化系统集中检测与控制的要求。在工业生产中得到广泛应用。压力传感器的结构形式多种多样,常见的形式有应变式、压阻式、电容式、压电式、振频式压力传感器等。此外还有光电式、光纤式、超声式压力传感器。以下介绍几种常用的压力传感器。

1. 应变式压力传感器

各种应变元件与弹性元件配用,组成应变式压力传感器。应变元件的工作原理是基于导体和半导体的"应变效应",即由金属导体或者半导体材料制成的电阻体。当它受到外力作用产生形变(伸长或者缩短)时,应变片的阻值也将发生相应的变化。在应变片的测量范围内,其阻值的相对变化量与应变有以下关系:

$$\frac{\Delta R}{R} = K\varepsilon \tag{6-17}$$

式中:ε——材料的应变系数;

K——材料的电阻应变系数,金属材料的 K 值约为 $2\sim6$,半导体材料的 K 值约为 $60\sim180$。

为了使应变元件能在受压时产生变形,应变元件一般要和弹性元件一起使用,弹性元件可以是金属膜片、膜盒、弹簧管及其他弹性体;敏感元件(应变片)有金属或合金丝、箔等,可做成丝状、片状或体状。它们可以以粘贴或非粘贴的形式连接在一起,在弹性元件受压变形的同时带动应变片也发生形变,其阻值也发生变化。粘贴式压力计通常采用 4 个特性相同的应变元件,粘贴在弹性元件的适当位置上,并分别接入电桥的 4 个臂,则电桥输出信号可以反映被测压力的大小。为了提高测量灵敏度,通常使相对桥臂的两对应变元件分别位于接受拉应力或压应力的位置上。

应变式压力传感器的测量电路采用电桥电路,如图 6-15 所示。

$$U_0 = \left(\frac{R_1}{R_1 + R_2} - \frac{R_3}{R_3 + R_4}\right)U_i$$

$$= U_i \frac{R_1 R_4 - R_2 R_3}{(R_1 + R_2)(R_3 + R_4)} \tag{6-18}$$

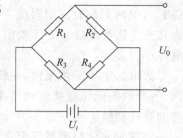

图 6-15 直流电桥

当不受压力时

$$R_1 = R_2 = R_3 = R_4 = R, \quad U_0 = 0$$

当受压时,相应电阻变化 ΔR_i 时

$$U_0 = U_i \frac{R(\Delta R_1 - \Delta R_2 - \Delta R_3 + \Delta R_4) + \Delta R_1 \Delta R_4 - \Delta R_2 \Delta R_3}{(2R + \Delta R_1 + \Delta R_2)(2R + \Delta R_3 + \Delta R_4)} \tag{6-19}$$

当 $R \gg \Delta R_i$ 时

$$U_0 = \frac{U_i}{4}\left(\frac{\Delta R_1}{R} - \frac{\Delta R_2}{R} - \frac{\Delta R_3}{R} + \frac{\Delta R_4}{R}\right) = \frac{U_i}{4}K(\varepsilon_1 - \varepsilon_2 - \varepsilon_3 + \varepsilon_4) \tag{6-20}$$

如图 6-16 所示,被测压力 p 作用在膜片的下方,应变片贴在膜片的上表面。当膜片受压力作用变形向上凸起时,膜片上的应变为

$$\varepsilon_r = \frac{3p}{8h^2 E}(1 - \mu^2)(R^2 - 3r^2) \qquad (径向) \qquad (6\text{-}21)$$

$$\varepsilon_t = \frac{3p}{8h^2 E}(1 - \mu^2)(R^2 - r^2) \qquad (轴向) \qquad (6\text{-}22)$$

式中: p——待测压力;

h——膜片厚度;

R——膜片半径;

E——膜片材料弹性模量;

μ——膜片材料泊松比。

$r = 0$ 时, ε_r 和 ε_t 达到正最大值,即

$$\varepsilon_{rmax} = \varepsilon_{tmax} = \frac{3pR^2}{8h^2 E}(1 - \mu^2) \qquad (6\text{-}23)$$

$r = r_c = R/\sqrt{3} \approx 0.58R$ 时

$$\varepsilon_r = 0$$

$r > 0.58R$ 时

$$\varepsilon_r < 0$$

$r = R$ 时, $\varepsilon_t = 0$, ε_r 达到负的最大值,即

$$\varepsilon_r = -\frac{3pR^2}{4h^2 E}(1 - \mu^2) \qquad (6\text{-}24)$$

如图 6-16 所示,使粘贴在 $r > r_c$ 区域的径向应变片 R_1、R_4 感受的应变与粘贴在 $r < r_c$ 内的切向应变片 R_2、R_3 感受的应变大小相等,它们的极性相反。则电桥输出信号反映了被测压力的大小。

应变式压力检测仪表具有较大的测量范围,被测压力可达几百兆帕,并具有良好的动态性能,适用于快速变化的压力测量。但是,尽管测量电桥具有一定的温度补偿作用,应变片压力检测仪表仍有比较明显的温漂和时漂,因此,这种压力检测仪表较多地用于一般要求的动态压力检测,测量精度一般在 $0.5\% \sim 1.0\%$。

2. 压阻式压力传感器

压阻式压力传感器是根据压阻效应原理制造的,其压力敏感元件就是在半导体材料的基片上利用集成电路工艺制成的扩散电阻,当它受到外力作用时,扩散电阻的阻值由于电阻率的变化而改变,扩散电阻一般也要依附于弹性元件才能正常工作。

用作压阻式传感器的基片材料主要为硅片和锗片,由于单晶硅材料纯、功耗小、滞后和蠕变极小、机械稳定性好,而且传感器的制造工艺和硅集成电路工艺有很好的兼容性,以扩散硅压阻传感器作为检测元件的压力检测仪表得

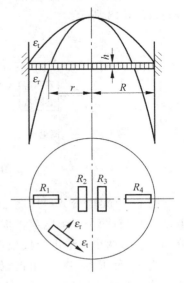

图 6-16　应变式压力传感器示意图

到了广泛的使用。

图 6-17 所示为压阻式压力传感器的结构示意图。它的核心部分是一块圆形的单晶硅膜片,膜片上用离子注入和激光修正方法布置有 4 个阻值相等的扩散电阻,如图 6-17(b)所示,组成一个全桥测量电路。单晶硅膜片用一个圆形硅杯固定,并将两个气腔隔开,一端接被测压力,另一端接参考压力(如接入低压或者直接通大气)。

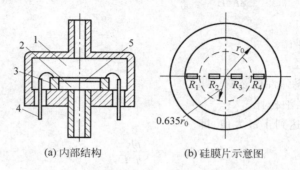

(a) 内部结构　　　　(b) 硅膜片示意图

图 6-17　压阻式压力传感器的结构示意图

1—低压腔;2—高压腔;3—硅杯;4—引线;5—硅膜片

当外界压力作用于膜片上产生压差时,膜片产生变形,使两对扩散电阻的阻值发生变化,电桥失去平衡,其输出电压与膜片承受的压差成比例。

压阻式压力传感器的主要优点是体积小,结构简单,其核心部分就是一个既是弹性元件又是压敏元件的单晶硅膜片。扩散电阻的灵敏系数是金属应变片的几十倍,能直接测量出微小的压力变化。此外,压阻式压力传感器还具有良好的动态响应、迟滞小、频率响应高、结构比较简单、可以小型化等特点,因此,这是一种发展比较迅速,应用十分广泛的压力传感器。

3. 电容式差压变送器

电容式差压变送器采用差动电容作为检测元件,主要包括测量部件和转换放大器两部分,如图 6-18 所示。

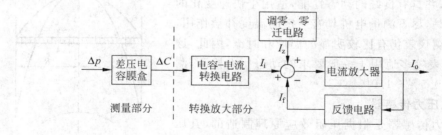

图 6-18　电容式差压变送器构成框图

图 6-19 是电容式差压变送器测量部件的原理,它主要是利用通过中心感压膜片(可动电极)和左右两个弧形电容极板(固定电极)把差压信号转换为差动电容信号,中心感压膜片分别与左右两个弧形电容极板形成电容 C_{i1} 和 C_{i2}。

当正、负压力(差压)由正、负压室导压口加到膜盒两边的隔离膜片上时,通过腔内硅油液压传递到中心感压膜片,中心感压膜片产生位移,使可动电极和左右两个固定电极之间的间距不再相等,形成差动电容。

如图 6-20 所示,当 $\Delta p=0$ 时,极板之间的间距满足 $S_1=S_2=S_0$;当 $\Delta p \neq 0$ 时,中心膜片会产生位移 δ,则

$$S_1 = S_0 + \delta, \quad S_2 = S_0 - \delta \tag{6-25}$$

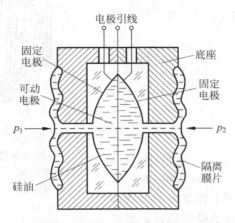

图 6-19　电容式差压变送器测量部件
原理图

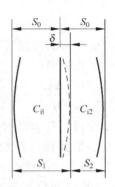

图 6-20　差动电容原理
示意图

由于中心感压膜片是在施加预张力条件下焊接的,其厚度很薄,因此中心感压膜片的位移 δ 与输入差压 Δp 之间可以近似为线性关系 $\delta \propto \Delta p$。

若不考虑边缘电场影响,中心感压膜片与两边电极构成的电容 C_{i1}、C_{i2} 可作平板电容处理,即

$$C_{i1} = \frac{\varepsilon A}{S_1} = \frac{\varepsilon A}{S_0 + \delta}, \quad C_{i2} = \frac{\varepsilon A}{S_2} = \frac{\varepsilon A}{S_0 - \delta} \tag{6-26}$$

式中：ε——介电常数;

A—电极面积(各电极面积是相等的)。

由于

$$C_{i1} + C_{i2} = \frac{2\varepsilon A S_0}{S_0^2 - \delta^2}, \quad C_{i1} - C_{i2} = \frac{2\varepsilon A \delta}{S_0^2 - \delta^2} \tag{6-27}$$

若取两电容量之差与两电容量之和的比值,即取差动电容的相对变化值,则有

$$\frac{C_{i1} - C_{i2}}{C_{i1} + C_{i2}} = \frac{\delta}{S_0} \propto \Delta p \tag{6-28}$$

由此可见,差动电容的相对变化值与差压 Δp 呈线性对应关系,并与腔内硅油的介电常数无关,从原理上消除了介电常数的变化给测量带来的误差。

以上就是电容式差压变送器的差压测量原理。差动电容的相对变化值将通过电容-电流转换、放大的输出限幅等电路,最终输出一个 4~20mA 的标准电流信号。

由于整个电容式差压变送器内部没有杠杆的机械传动机构,因而具有高精度、高稳定性和高可靠性的特点,其精度等级可达 0.2 级,是目前工业上普遍使用的一类变送器。

4. 振频式压力传感器

振频式压力传感器利用感压元件本身的谐振频率与压力的关系,通过测量频率信号的变化来检测压力。这类传感器有振筒、振弦、振膜、石英谐振等多种形式,以下以振筒式压力

传感器为例。

振筒式压力传感器的感压元件是一个薄壁金属圆筒,圆柱筒本身具有一定的固有频率,当筒壁受压张紧后,其刚度发生变化,固有频率相应改变。在一定的压力作用下,变化后的振筒频率可以近似表示为

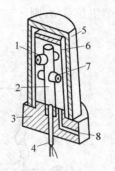

$$f_p = f_0 \sqrt{1 + \alpha p} \qquad (6\text{-}29)$$

式中:f_p——受压后的谐振频率;

$\qquad$ f_0——固有频率;

$\qquad$ α——结构系数;

$\qquad$ p——待测压力。

图 6-21 振频式压力传感器
结构示意图

1—激振线圈;2—支柱;
3—底座;4—引线;
5—外壳;6—振动筒;
7—检测线圈;8—压力入口

传感器由振筒组件和激振电路组成,如图 6-21 所示,振筒用低温度系数的恒弹性材料制成,一端封闭为自由端,开口端固定在基座上,压力由内线引入。绝缘支架上固定着激振线圈和检测线圈,二者空间位置互相垂直,以减小电磁耦合。激振线圈使振筒按固有的频率振动,受压前后的频率变化可由检测线圈检出。

此种仪表体积小,输出频率信号重复性好,耐振;精确度高,其精确度为±0.1%和±0.01%;测量范围为 0～0.014MPa 至 0～50MPa;适用于气体测量。

5. 压电式压力传感器

压电式压力传感器是利用压电材料的压电效应将被测压力转换成电信号的。它是动态压力检测中常用的传感器,不适宜测量缓慢变化的压力和静态压力。

由压电材料制成的压电元件受到压力作用时将产生电荷,当外力去除后电荷将消失。在弹性范围内,压电元件产生的电荷量与作用力之间呈线性关系。电荷输出为

$$q = kSp \qquad (6\text{-}30)$$

式中:q——电荷量;

$\qquad$ k——压电常数;

$\qquad$ S——作用面积;

$\qquad$ p——压力。

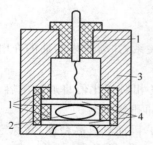

图 6-22 压电式压力传感器的
结构示意图

1—绝缘体;2—压电元件;
3—壳体;4—膜片

测知电荷量可知被测压力的大小。

图 6-22 为一种压电式压力传感器的结构示意图。压电元件夹于两个弹性膜片之间,压电元件的一个侧面与膜片接触并接地,另一个侧面通过金属箔和引线将电量引出。

被测压力均匀地作用在膜片上,使压电元件受力而产生电荷。电荷量经放大可以转换为电压或电流输出,输出信号给出相应的被测压力值,压电式压力传感器的压电元件材料多为压电陶瓷,也有高分子材料或复合材料的合成膜,各适用于不同的传感器形式。电荷量的测量一般配有电荷放大器。可以更换压电元件以改变压力的测量范围,还可以用多个压电元件叠加的方式提高仪表的灵敏度。

压电式压力传感器体积小,结构简单,工作可靠;频率响应高,不需外加电源;测量范围为 0~0.0007MPa 至 0~70MPa;测量精确度为±1%,±0.2%,±0.06%。但是其输出阻抗高,需要特殊信号传输导线;温度效应较大。

6.2.5　力平衡式差压(压力)变送器

力平衡式差压(压力)变送器采用反馈力平衡的原理,其基本结构如图 6-23 所示。由测量部分(膜盒)、杠杆系统、放大器和反馈机构等部分组成,被测差压信号 Δp 经测量部分转换成相应的输入力 F_i,F_i 与反馈机构输出的反馈力 F_f 一起作用于杠杆系统,使杠杆产生微小的位移,再经放大器转换成标准统一信号输出。当输入力与反馈力对杠杆系统所产生的力矩 M_i、M_f 达到平衡时,杠杆系统便达到稳定状态,此时变送器的输出信号 y 反映了被测压力 Δp 的大小。下面以 DDZ-Ⅲ型膜盒式差压变送器为例进行讨论。DDZ-Ⅲ型变送器是两线制变送器,其结构示意图如图 6-24 所示。

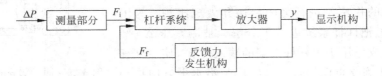

图 6-23　力平衡式压力计的基本框图

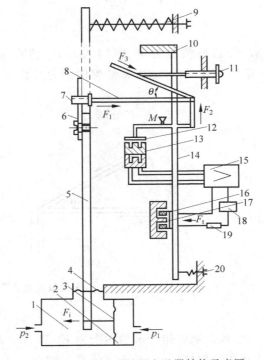

图 6-24　DDZ-Ⅲ型差压变送器结构示意图

1—低压室;2—高压室;3—测量元件(膜盒);4—轴封膜片;5—主杠杆;6—过载保护簧片;7—静压调整螺钉;
8—矢量机构;9—零点迁移弹簧;10—平衡锤;11—量程调整螺钉;12—位移检测片(衔铁);13—差动变压器;
14—副杠杆;15—放大器;16—反馈动圈;17—永久磁钢;18—电源;19—负载;20—调零弹簧

1. 测量部分

测量部分的作用,是把被测差压 Δp($\Delta p = p_1 - p_2$)转换成作用于主杠杆下端的输入力 F_i。如果把 p_2 接大气,则 Δp 相当于 p_1 的表压。测量部分的结构如图 6-25 所示,输入力 F_i 与 Δp 之间的关系可用下式表示,即

$$F_i = p_1 A_1 - p_2 A_2 = \Delta p A_d \qquad (6-31)$$

式中:A_1,A_2——膜盒正、负压室膜片的有效面积(制造时经严格选配使 $A_1 = A_2 = A_d$)。

因膜片工作位移只有几十微米,可以认为膜片的有效面积在测量范围内保持不变,即保证了 F_i 与 Δp 之间的线性关系。轴封膜片为主杠杆的支点,同时它又起密封作用。

2. 主杠杆

杠杆系统的作用是进行力的传递和力矩比较。为了便于分析,这里把杠杆系统进行了分解。被测差压 Δp 经膜盒将其转换成作用于主杠杆下端的输入力 F_i,使主杠杆以轴封膜片 H 为支点而偏转,并以力 F_1 沿水平方向推动矢量机构。由图 6-26 可知 F_1 与 F_i 之间的关系为

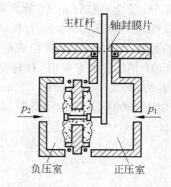

图 6-25 测量部分的结构原理图

$$F_1 = \frac{l_1}{l_2} F_i \qquad (6-32)$$

3. 矢量机构

矢量机构的作用是对 F_1 进行矢量分解,将输入力 F_1 转换为作用于副杠杆上的力 F_2,其结构如图 6-27(a)所示。图 6-27(b)为矢量机构的力分析矢量图,由此可得出如下关系:

$$F_2 = F_1 \tan\theta \qquad (6-33)$$

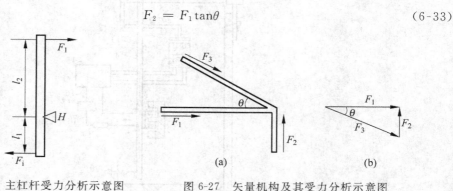

图 6-26 主杠杆受力分析示意图   图 6-27 矢量机构及其受力分析示意图

4. 副杠杆

由主杠杆传来的推力 F_1 被矢量机构分解为两个力 F_2 和 F_3。F_3 顺着矢量板方向,不起任何作用;F_2 垂直向上作用于副杠杆上,并使其以支点 M 为中心逆时针偏转,带动副杠杆上的衔铁(位移检测片)靠近差压变送器,两者之间的距离的变化量通过位移检测放大器转换为 $4 \sim 20 \text{mA}$ 的直流电流 I_o,作为变送器的输出信号;同时,该电流又流过电磁反馈装置,产生电磁反馈力 F_f,使副杠杆顺时针偏转。当 F_i 与 F_f 对杠杆系统产生的力矩 M_i、M_f

达到平衡时,变送器便达到一个新的稳定状态。反馈力 F_f 与变送器输出电流 I_0 之间的关系可以简单地记为

$$F_f = K_f I_0 \qquad (6\text{-}34)$$

式中: K_f——反馈系数。

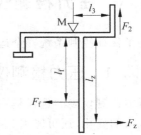

需要注意的是,调零弹簧的张力 F_z 也作用于副杠杆,并与 F_f 和 F_2 一起构成一个力矩平衡系统,如图 6-28 所示。

输入力矩 M_i、反馈力矩 M_f 和调零力矩 M_z 分别为

$$M_i = l_3 F_2, \qquad M_f = l_f F_f, \qquad M_z = l_z F_z \qquad (6\text{-}35)$$

图 6-28　副杠杆受力分析示意图

5. 整机特性

综合以上分析可得出该变送器的整机方块图,如图 6-29 所示,图中 K 为差压变压器、低频位移检测放大器等的等效放大系数,其余符号意义如前所述。

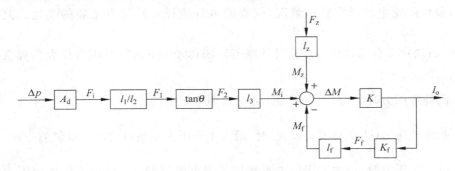

图 6-29　DDZ-Ⅲ型差压变送器的整机方框图

由图 6-29 可以求得

$$I_0 = \frac{K}{1 + KK_f l_f}\left(\Delta p A_d \frac{l_1 l_3}{l_2}\tan\theta + F_z l_z\right) \qquad (6\text{-}36)$$

在满足深度负反馈 $KK_f l_f \geqslant 1$ 条件时,DDZ-Ⅲ型差压变送器的输出输入关系如下:

$$I_0 = A_d \frac{l_1 l_3}{l_2 K_f l_f}\tan\theta \Delta p + \frac{l_z}{K_f l_f}F_z = K_i \Delta p + K_z F_z \qquad (6\text{-}37)$$

式中: K_i——变送器的比例系数。

由式(6-37)可以看出:

(1)在满足深度负反馈条件下,在量程一定时,变送器的比例系数 K_i 为常数,即变送器的输出电流 I_0 和输入信号 Δp 之间呈线性关系,其基本误差一般为 $\pm 0.5\%$,变差为 0.25%;

(2)式中 $K_z F_z$ 为调零项,调零弹簧可以调整 F_z 的大小,从而使 I_0 在 $\Delta p = \Delta p_{\min}$ 时为 4mA;

(3)改变 θ 和 K_f 可以改变变送器的比例系数 K_i 的大小,θ 的改变量是通过调节量程调整螺钉实现的,θ 增大,量程变小,K_f 的改变是通过改变反馈线圈的匝数实现的。另外,调整零点迁移弹簧可以进行零点迁移。

6.3 压力检测仪表的选择及校验

为了保证控制系统安全运行,必须选择使用适合的压力检测仪表,并定期进行校验。

6.3.1 压力检测仪表的选择

压力检测仪表的选择是一项重要工作,如果选择不当,不仅不能正确、及时地反映被测对象压力的变化,还可能引起事故。选择时应根据生产工艺对压力检测的要求、被测介质的特性、现场使用的环境等条件,本着经济的原则合理地考虑仪表的量程、精度和类型等。

1. 仪表量程的选择

仪表的量程是指该仪表可按规定的精确度对被测量进行测量的范围,它根据操作中需要测量的参数的大小来确定。为了保证敏感元件能在其安全的范围内可靠地工作,也考虑到被测对象可能发生的异常超压情况,仪表的量程选择必须留有足够的余地。但过大也不好。

根据《石油化工自动化仪表选型设计规范》(SH3005—1999)对压力仪表量程选择要求如下:

(1) 测稳定压力时,最大工作压力不超过仪表上限值的 $\frac{2}{3}$;

(2) 测脉动压力(或压力波动较大)时,最大工作压力不超过仪表上限值的 $\frac{1}{2}$;

(3) 测高压压力时,最大工作压力不超过仪表上限值的 $\frac{3}{5}$;最小工作压力不应低于仪表上限值的 $\frac{1}{3}$。

压力检测仪表量程选择示意图如图 6-30 所示。

当被测压力变化范围大,最大和最小工作压力可能不能同时满足上述要求时,选择仪表量程应首先满足最大工作压力条件。

根据被测压力计算得到仪表上、下限后,还不能以此直接作为仪表的量程,目前我国生产的压力(包括差压)检测仪表有统一的量程系列,它们是 1kPa、1.6kPa、2.5kPa、4.0kPa、6.0kPa 以及它们的 10^n 倍数(n 为整数)。因此,在选用仪表量程时,应采用相应规程或者标准中的数值。

图 6-30 压力表量程选择示意图

2. 仪表精度的选择

压力检测仪表的精度主要根据生产允许的最大误差来确定,即要求实际被测压力允许的最大绝对误差应大于仪表的基本误差。另外,精度的选择要以经济、实用为原则,只要测量精度能满足生产的要求,就不必追求用过高精度的仪表。压力表的精度等级略有不同,主要有:0.1,0.16,0.25,0.4;0.5,1.0,1.5,2.5,4.0 等。一般工业用 1.5、2.5 级已足够,在科研、精密测量和校验压力表时,则需用 0.25 级以上的精密压力表、标准压力表或标准活塞式压力计。

例 6-1 有一压力容器在正常工作时压力范围为 $0.4\sim0.6\text{MPa}$,要求使用弹簧管压力表进行检测,并使测量误差不大于被测压力的 4%,试确定该表的量程和精度等级。

解 由题意可知,被测对象的压力比较稳定,设弹簧管压力表的量程为 A,则根据最大、最小工作压力与量程关系,有

$$A \geqslant 0.6 \times \frac{3}{2} = 0.9\text{MPa}$$

根据仪表的量程系列,可选用量程范围为 $0\sim1.0\text{MPa}$ 的弹簧管压力表。此时下限为 $\frac{0.4}{1.0} \geqslant \frac{1}{3}$,也符合要求。

根据题意,被测压力的允许最大绝对误差为: $\Delta_{max} = 0.4 \times 4\% = 0.016\text{MPa}$。这就要求所选仪表的相对百分误差为

$$\delta_{max} = \frac{0.016}{1.0 - 0} \times 100\% = 1.6\%$$

按照仪表的精度等级,可选择 1.5 级的压力表。

3. 仪表类型的选择

根据工艺要求正确选用仪表类型是保证仪表正常工作及安全生产的主要前提。压力检测仪表类型的选择主要应考虑以下几个方面。

1) 仪表的材料

压力检测的特点是压力敏感元件往往要与被测介质直接接触,因此在选择仪表材料的时候要综合考虑仪表的工作条件。例如,对腐蚀性较强的介质应使用像不锈钢之类的弹性元件或敏感元件;氨用压力表则要求仪表的材料不允许采用铜或铜合金,因为氨气对铜的腐蚀性极强;又如氧用压力表在结构和材质上可以与普通压力表完全相同,但要禁油,因为油进入氧气系统极易引起爆炸。

2) 仪表的输出信号

对于只需要观察压力变化的情况,应选用如弹簧管压力表,甚至液柱式压力计那样的直接指示型的仪表;如需将压力信号远传到控制室或其他电动仪表,则可选用电气式压力检测仪表或其他具有电信号输出的仪表;如果控制系统要求能进行数字量通信,则可选用智能式压力检测仪表。

3) 仪表的使用环境

对爆炸性较强的环境,应选择防爆型压力仪表;对于温度特别高或特别低的环境,应选择温度系数小的敏感元件以及其他变换元件。

事实上,上述压力表选型的原则也适用于差压、流量、液位等其他检测仪表的选型。

6.3.2 压力检测仪表的校验

压力检测仪表在出厂前均需进行检定,使之符合精度等级要求。使用中的仪表则应定期进行校验,以保证测量结果有足够的准确度。常用的压力校验仪表有液柱式压力计、活塞式压力计或配有高精度标准表的压力校验泵。标准仪表的选择原则是,其允许绝对误差要小于被校仪表允许绝对误差的 $\frac{1}{3} \sim \frac{1}{5}$,这样可以认为标准仪表的读数就是真实值。如果被

校表的读数误差小于规定误差,则认为它是合格的。

活塞式压力校验系统的结构原理如图 6-6 所示。

6.4 压力检测系统

到目前为止,几乎所有的压力检测都是接触式的,即测量时需要将被测压力传递到压力检测仪表的引压入口,进入测量室。一个完整的压力检测系统至少包括:

(1) 取压口:在被测对象上开设的专门引出介质压力的孔或设备。

(2) 引压管路:连接取压口与压力仪表入口的管路,使被测压力传递到测量仪表。

(3) 压力检测仪表:检测压力。

压力检测系统如图 6-31 所示。

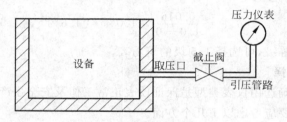

图 6-31 压力检测系统示意图

根据被测介质的不同和测量要求的不同,压力测量系统有的非常简单,有的比较复杂,为保证准确测量,系统还需加许多辅件,正确选用压力测量仪表十分重要,合理的测压系统也是准确测量的重要保证。

6.4.1 取压点位置和取压口形式

为真实反映被测压力的大小,要合理选择取压点,注意取压口形式。工业系统中取压点的选取原则遵循以下几条。

(1) 取压点位置避免处于管路弯曲、分叉、死角或流动形成涡流的区域。不要靠近有局部阻力或其他干扰的地点,当管路中有突出物体时(如测温元件),取压点应在其前方。需要在阀门前后取压时,应与阀门有必要的距离。图 6-32 为取压口选择原则示意图。

(2) 取压口开孔轴线应垂直设备的壁面,其内端面与设备内壁平齐,不应有毛刺或突出物。

(3) 被测介质为液体时,取压口应位于管道下半部与管道水平线成 0°~45° 内,如图 6-33(a)所示。取压口位于管道下半部的目的是保证引压管内没有气泡,以免造成测量误差;取压口不宜从底部引出,是为了防止液体介质中可能夹带的固体杂质会沉积在引压管中引起堵塞。

被测介质为气体时,取压口应位于管道上半部与管道垂直中心线成 0°~45° 内,如图 6-33(b)所示。其目的是为了保证引压管中不积聚和滞留液体。

被测介质为蒸汽时,取压口应位于管道上半部与管道水平线成 0°~45° 内,如图 6-33(c)所示。这样可以使引压管内部充满冷凝液,且没有不凝气,保证测量精度。

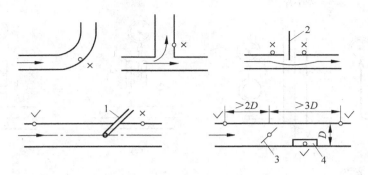

图 6-32　取压口选择原则示意图
1—温度计；2—挡板；3—阀；4—导流板
×—不适合做取压口的地点；√—可用于做取压口的地点

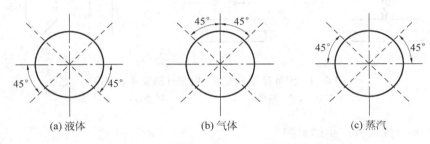

(a) 液体　　　　　　　(b) 气体　　　　　　(c) 蒸汽

图 6-33　测量不同介质时取压口方位规定示意图

6.4.2　引压管路的铺设

　　引压管路应保证压力传递的实时、可靠和准确。实时即不能因引压管路影响压力传递速度，与引压管的内径和长度有关；可靠即必须有防止杂质进入引压管或被测介质本身凝固造成的堵塞的措施；准确指管路中介质的静压力会对仪表产生附加力，可通过零点调整或计算进行修正，这要求引压管路中介质的特性（密度）必须稳定，否则会造成较大测量误差。

　　引压管铺设应遵循以下原则：

　　(1) 导压管粗细要合适，一般内径为 6～10mm，长度尽可能短，不得超过 50m，否则会引起压力测量的迟缓，如超过 50m，应选用能远距离传送的压力计。引压管路越长，介质的黏度越大（或含杂质越多），引压管的内径要求越大。

　　(2) 导压管水平铺设时要有一定的(1∶10)～(1∶20)倾斜度，以利于积存于其中之液体（或气体）的排出。

　　(3) 被测介质为易冷凝、结晶、凝固流体时，引压管路要有保温伴热措施。

　　(4) 取压口与仪表之间要装切断阀，以备仪表检修时使用。

　　(5) 测量特殊介质时，引压管上应加装附件。

　　测量下面特殊介质时，应注意：

　　(1) 测量高温（60℃以上）流体介质的压力时，为防止热介质与弹性元件直接接触，压力仪表之前应加装 U 形管或盘旋管等形式的冷凝器，如图 6-34(a)、(b)所示，避免因温度变化

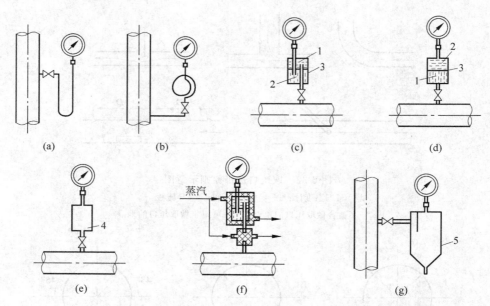

图 6-34　测量特殊介质压力时附件的安装示意图
1—被测介质；2—隔离液；3—隔离罐；4—缓冲器；5—除尘器

对测量精度和弹性元件产生的影响。

（2）测量腐蚀性介质的压力时，除选择具有防腐能力的压力仪表之外，还可加装隔离装置，利用隔离罐中的隔离液将被测介质和弹性元件隔离开来，如图 6-34（c）所示为隔离液的密度大于被测介质的密度时的安装方式，如图 6-34（d）所示为隔离液的密度小于被测介质的密度时的安装方式。

（3）测量波动剧烈（如泵、压缩机的出口压力）的压力时，应在压力仪表之前加装针形阀和缓冲器，必要时还应加装阻尼器，如图 6-34（e）所示。

（4）测量黏性大或易结晶的介质压力时，应在取压装置上安装隔离罐，使罐内和导压管内充满隔离液，必要时可采取保温措施，如图 6-34（f）所示。

（5）测量含尘介质压力时，最好在取压装置后安装一个除尘器，如图 6-34（g）所示；总之，针对被测介质的不同性质，要采取相应的防热、防腐、防冻、防堵和防尘等措施。

（6）当被测介质分别是液体、气体、蒸汽时，引压管上应加装附件。

在测量液体介质时，在引压管的管路中应有排气装置，如果差压变送器只能安装在取样口之上时，应加装储气罐和放空阀。

6.4.3　压力检测仪表的安装

无论选用何种压力检测仪表和采用何种安装方式，在安装过程中都应注意以下几点。

（1）压力计应安装在易于观测和检修的地方。

（2）对于特殊介质应采取必要的防护措施。

（3）压力计与引压管的连接处，应根据被测压力的高低和被测介质性质，选择适当的材料作为密封垫圈，以防泄漏。

(4) 压力检测仪表尽可能安装在室温,相对湿度小于80%,振动小,灰尘少,没有腐蚀性物质的地方,对于电气式压力仪表应尽可能避免受到电磁干扰。

(5) 当被测压力较小时,而压力计与取压口又不在同一高度时,对由此高度而引起的测量误差应按式(6-38)进行修正,即

$$\Delta p = \pm H\rho g \tag{6-38}$$

式中:H——压力计与取压口的高度差;

ρ——导压管中介质的密度;

g——重力加速度。

(6) 为安全起见,测量高压的压力计除选用有通气孔的外,安装时表壳应向墙壁或无人通过之处,以防止发生意外。

思考题与习题

6-1 简述压力的定义、单位及各种表示方法,表压力、绝对压力、真空度之间有何关系。

6-2 某容器的顶部压力和底部压力分别为−20kPa和200kPa,若当地的大气压力为标准大气压,试求容器顶部和底部处的绝对压力及底部和顶部间的差压。

6-3 压力检测仪表有哪几类? 各基于什么原理?

6-4 作为感受压力的弹性元件有哪几种? 各有什么特点?

6-5 简述弹簧管压力表的基本组成和测压原理。

6-6 应变式压力传感器和压阻式压力传感器的原理是什么?

6-7 简述电容式压力传感器的测压原理及特点。

6-8 振频式压力传感器、压电式压力传感器的测压原理及特点是什么?

6-9 要实现准确的压力测量要实现哪些环节? 了解从取压口到测压仪表的整个压力测量系统中各组成部分的作用及要求。

6-10 简述压力检测仪表的选择原则。

6-11 用U形玻璃管压力计测量某管段上的差压,已知工作介质为水银,水银柱在U形管上的高度差为25mm,当地重力加速度$g=9.8065m/s^2$,工作温度为30℃,水银的密度为13 500kg/m³,试用国际单位制表示被测压差大小。

6-12 用弹簧管压力表测某容器内的压力,已知压力表的读数为0.85MPa,当地大气压为759.2mmHg,求容器内的绝对压力。

6-13 有一工作压力均为6.3MPa的容器,现采用弹簧管压力表进行测量,要求测量误差不大于压力示值的1%,试选择压力表的量程和准确度等级。

6-14 在测量快速变化的压力时,选择何种压力传感器比较合适?

6-15 用弹簧管压力计测量蒸汽管道内压力,仪表低于管道安装,二者所处标高为1.6m和6m,若仪表指示值为0.7MPa。已知蒸汽冷凝水的密度为$\rho=966kg/m^2$,重力加速度$g=9.8m/s^2$,试求蒸汽管道内的实际压力值。

6-16 某台空压机的缓冲器,其工作压力范围为1.1~1.6MPa,工艺要求就地观察罐内压力,并要求测量结果的误差不得大于罐内压力的±5%,试选择一台测量范围及精度等级合适的压力计,并说明其理由。

6-17 现有一台测量范围为 0~1.6MPa,精度为 1.5 级的普通弹簧管压力表,校验后,其结果如下表所示,试问这台表是否合格? 它能否用于某空气储罐的压力测量?(该储罐工作压力为 0.8~1.0MPa,测量的绝对误差不允许超过±0.05MPa)

MPa	上 行 程					下 行 程				
标准表读数	0.0	0.4	0.8	1.2	1.6	1.6	1.2	0.8	0.4	0.0
被校表读数	0.000	0.385	0.790	1.210	1.595	1.595	1.215	0.810	0.405	0.000

6-18 被测量压力变化范围为 0.9~1.4MPa 之间,要求测量误差不大于压力示值的±5%,可供选用的压力表量程规格为 0~1.6MPa,0~2.5MPa,0~4.0MPa,精度等级有 1.0,1.5,2.5 三种。试选择合适量程和精度的仪表。

6-19 如果某反应器最大压力为 1.4MPa(平稳压力),允许最大绝对误差为±0.02MPa,现有一台测量范围为 0~1.6MPa,精度为 1 级的压力表,问能否用于该反应器的测量?

6-20 某台往复式压缩机的出口压力范围为 25~28MPa,测量误差不得大于 1MPa,工艺上要求就地观察,并能高低限报警,试正确选用一台压力表,指出精度与测量范围。

第7章

CHAPTER 7

流量检测及仪表

在工业生产过程中,为了有效地指导生产操作、监视和控制生产过程,经常需要检测生产过程中各种流动介质(如液体、气体或蒸汽、固体粉末)的流量,以便为管理和控制生产提供依据。同时,厂与厂、车间与车间之间经常有物料的输送,需要对它们进行精确的计量,作为经济核算的重要依据。所以流量检测在现代化生产中显得十分重要。

7.1 流量的概念及单位

流体的流量是指单位时间内流过管道某一截面的流体数量的大小,此流量又称瞬时流量。流体数量以体积表示称为体积流量,流体数量以质量表示称为质量流量。

流量的表达式为

$$q_v = \frac{\mathrm{d}V}{\mathrm{d}t} = vA \tag{7-1}$$

$$q_m = \frac{\mathrm{d}M}{\mathrm{d}t} = \rho vA \tag{7-2}$$

式中:q_v——体积流量,$\mathrm{m^3/s}$;

q_m——质量流量,$\mathrm{kg/s}$;

V——流体体积,$\mathrm{m^3}$;

M——流体质量,kg;

t——时间,s;

ρ——流体密度,$\mathrm{kg/m^3}$;

v——流体平均流速,$\mathrm{m/s}$;

A——流通截面积,$\mathrm{m^2}$。

体积流量和质量流量的关系为 $q_m = \rho q_v$。

常用的流量单位还有吨每小时(t/h)、千克每小时(kg/h)、立方米每小时($\mathrm{m^3/h}$)、升每小时(L/h)、升每分(L/min)等。

在某一段时间内流过管道的流体流量的总和,即瞬时流量在某一段时间内的累计值,称为总量或累积流量。

总量是体积流量或质量流量在该段时间中的积分,表示为

$$V = \int_0^t q_v \mathrm{d}t \tag{7-3}$$

$$M = \int_0^t q_m \, \mathrm{d}t \qquad\qquad (7\text{-}4)$$

式中：V——体积总量；

$\quad\quad M$——质量流量；

$\quad\quad t$——测量时间。

总量的单位就是体积或质量的单位。

7.2 流量检测方法及流量计分类

流量检测方法很多，是常见参数检测中最多的，全世界至少已有上百种，常用的有几十种，其测量原理和所应用的仪表结构形式各不相同。目前有许多流量测量的分类方法，本节仅介绍一种大致的分类方法。

流量检测方法可以分为体积流量检测和质量流量检测两种方式，前者测得流体的体积流量值，后者可以直接测得流体的质量流量值。

测量流量的仪表称为流量计，测量流体总量的仪表称为计量表或总量计。流量计通常由一次仪表（或装置）和二次仪表组成，一次仪表安装于管道的内部或外部，根据流体与之相互作用关系的物理定律产生一个与流量有确定关系的信号，这种一次仪表也称流量传感器。二次仪表则给出相应的流量值大小(是在仪表盘上安装的仪表)。

流量计的种类繁多，各适合不同的工作场合，按检测原理分类的典型流量计列在表7-1中，本章将对其分别进行介绍。

表 7-1 流量计的分类

类 别		仪 表 名 称
体积流量计	容积式流量计	椭圆齿轮流量计、腰轮流量计、皮膜式流量计等
	差压式流量计	节式流量计、弯管流量计、靶式流量计、浮子流量计等
	速度式流量计	涡轮流量计、电磁流量计、超声波流量计等
质量流量计	推导式质量流量计	体积流量经密度补偿或温度、压力补偿求得质量流量等
	直接式质量流量计	科里奥利质量流量计、热式流量计、冲量式流量计等

7.3 体积流量检测方法

体积流量检测仪表分为容积式流量计、差压式流量计、速度式流量计。

7.3.1 容积式流量计

容积式流量计又称定(正)排量流量计，是直接根据排出的体积进行流量累计的仪表，它利用运动元件的往复次数或转速与流体的连续排出量成比例对被测流体进行连续的检测。

容积式流量计可以计量各种液体和气体的累积流量，由于这种流量计可以精密测量体积量，所以其类型包括从小型的家用煤气表到大容积的石油和天然气计量仪表，应用非常广泛。

1. 容积式流量计的测量机构与流量公式

容积式流量计由测量室（计量空间）、运动部件、传动和显示部件组成。它的测量主体为具有固定容积的测量室，测量室由流量计内部的运动部件与壳体构成。在流体进、出口压力差的作用下，运动部件不断地将充满在测量室中的流体从入口排向出口。假定测量室的固定容积为 V，某一时间间隔内经过流量计排出流体的固定容积数为 n，则被测流体的体积总量 Q 可知。容积式流量计的流量方程式可以表示为

$$Q = nV \tag{7-5}$$

计数器通过传动机构测出运动部件的转数 n 即可知，从而给出通过流量计的流体总量。在测量较小流量时，要考虑泄漏量的影响，通常仪表有最小流量的测量限度。

容积式流量计的运动部件有往复运动和旋转运动两种形式。往复运动式有家用煤气表、活塞式油量表等。旋转运动式有旋转活塞式流量计、椭圆齿轮流量计、腰轮流量计等。各种流量计形式适用于不同的场合和条件。

2. 容积式流量计实例

下面介绍三种容积式流量计，即椭圆齿轮流量计、腰轮流量计、皮膜式家用煤气表。

1）椭圆齿轮流量计

椭圆齿轮流量计的测量部分是由两个互相啮合的椭圆形齿轮 A 和 B、轴及壳体组成。椭圆齿轮与壳体之间形成测量室，如图 7-1 所示。

当流体流过椭圆齿轮流量计时，由于要克服阻力，将会引起阻力损失，从而使进口侧压力 p_1 大于出口侧压力 p_2，在此压力差的作用下，产生作用力矩使椭圆齿轮连续转动。在图 7-1(a)所示的位置时，由于 $p_1 > p_2$，在 p_1 和 p_2 的作用下所产生的合力矩使 A 顺时针方向转动。这时 A 为主动轮，B 为从动轮。在图 7-1(b)上所示为中间位置，根据力的分析可知，此时 A 与 B 均为主动轮。当继续转至图 7-1(c)所示位置时，p_1 和 p_2 作用在 A 轮上的合力矩为零，作用在 B 上的合力矩使 B 作逆时针方向转动，并把已吸入的半月形容积内的介质排出出口，这时 B 为主动轮，A 为从动轮，与图 7-1(a)所示情况刚好相反。如此往复循环，A 和 B 互相交替地由一个带动另一个转动，并把被测介质以半月形容积为单位一次一次地由进口排至出口。显然，图 7-1(a)、(b)、(c)所示，仅仅表示椭圆齿轮转动了 1/4 周的情况，而其所排出的被测介质为一个半月形容积。所以，椭圆齿轮每转一周所排出的被测介质量为半月形容积的 4 倍，故通过椭圆齿轮流量计的体积流量 Q 为

$$Q = 4nV_0 \tag{7-6}$$

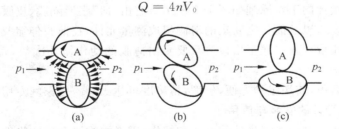

图 7-1 椭圆齿轮流量计工作原理示意图

式中：n——椭圆齿轮的旋转速度；

V_0——半月形测量室容积。

由式(7-6)可知,在椭圆齿轮流量计的半月形容积 V_0 已定的条件下,只要测出椭圆齿轮的转速 n,便可知道被测介质的流量。

椭圆齿轮流量计的流量信号(即转速 n)的显示,有就地显示和远传显示两种。配以一定的传动机构及计算机构,就可记录或指示被测介质的总量。

由于椭圆齿轮流量计是基于容积式测量原理的,与流体的黏度等性质无关,因此,特别适用于高黏度介质的流量测量。测量精度较高,压力损失较小,安装使用也较方便,但是,在使用时要特别注意被测介质中不能含有固体颗粒,更不能夹杂机械物,否则会引起齿轮磨损以致损坏。为此,椭圆齿轮流量计的入口端必须加装过滤器。另外,椭圆齿轮流量计的使用温度有一定范围,工作温度在 120℃ 以下,以防止齿轮发生卡死。

2)腰轮流量计

腰轮流量计又称罗茨流量计,它的工作原理与椭圆齿轮流量计相同,只是一对测量转子是两个不带齿的腰形轮。腰形轮保证在转动过程中两轮外缘保持良好的面接触,以依次排出定量流体,而两个腰轮的驱动是由套在壳体外的与腰轮同轴上的啮合齿轮来完成。因此它较椭圆齿轮流量计的明显优点是能保持长期稳定性,其工作原理如图 7-2 所示。

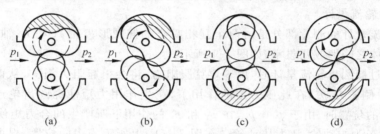

图 7-2　腰轮流量计工作原理示意图

腰轮流量计可以测量液体和气体,也可以测高黏度流体。其基本误差为 $\pm 0.2\%$ ～ $\pm 0.5\%$,范围度为 10:1,工作温度在 120℃ 以下,压力损失小于 0.02MPa。

3)皮膜式家用煤气表

膜式气体流量计因广泛应用于城市家用煤气、天然气、液化石油气等燃气消耗量的计量,故习惯上又称家用煤气表。但实际上家用煤气表只是膜式气体流量计系列中的一部分,系列中用于厂矿企业中计量工业用煤气的大规格仪表称为工业煤气表。

膜式气体流量计的工作原理如图 7-3 所示。它由"皿"字形隔膜(皮膜)制成的能自由伸缩的计量室 1、2、3、4 以及能与之联动的滑阀组成测量元件,在薄膜伸缩及滑阀的作用下,可连续地将气体从流量计入口送至出口。只要测出薄膜的动作循环次数,就可获得通过流量计的气体体积总量。

此仪表结构简单,使用维护方便,价廉,精确度可达 $\pm 2\%$,是家庭专用仪表。

3. 容积式流量计的安装与使用

如何正确地选择容积式流量计的型号和规格,需考虑被测介质的物性参数和工作状态,如黏度、密度、压力、温度、流量范围等因素。流量计的安装地点应满足技术性能规定的条件,仪表在安装前必须进行检定。多数容积式流量计可以水平安装,也可以垂直安装。在流量计上游要加装过滤器,调节流量的阀门应位于流量计下游。为维护方便需设置旁路管路。安装时要注意流量计外壳上的流向标志应与被测流体的流向一致。

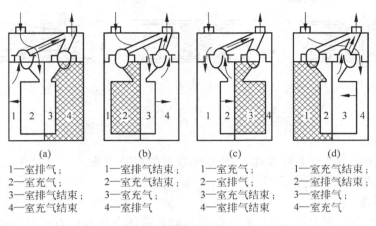

(a)	(b)	(c)	(d)
1一室排气； 2一室充气； 3一室排气结束； 4一室充气结束	1一室排气结束； 2一室充气结束； 3一室充气； 4一室充气	1一室充气； 2一室排气； 3一室充气结束； 4一室排气结束	1一室充气结束； 2一室排气结束； 3一室排气； 4一室充气

图 7-3　家用煤气表结构示意图

仪表在使用过程中被测流体应充满管道,并工作在仪表规定的流量范围内;当黏度、温度等参数超过规定范围时应对流量值进行修正;仪表要定期清洗和检定。

7.3.2　差压式流量计

差压式流量计基于在流通管道上设置流动阻力件,流体流过阻力件时将产生压力差,此压力差与流体流量之间有确定的数值关系,通过测量差压值可以求得流体流量。最常用的差压式流量计是由产生差压的装置和差压计组成。流体流过差压产生装置形成静压差,由差压计测得差压值,并转换成流量信号输出。产生差压的装置有多种形式,包括节流装置:如孔板、喷嘴、文丘里管等,以及动压管、匀速管、弯管等。其他形式的差压式流量计还有靶式流量计、浮子流量计等。

1. 节流式流量计

节流式流量计可以用于测量液体、气体或蒸汽的流量。它是目前工业生产过程中流量测量最成熟、最常用的方法之一。

节流式流量计中产生差压的装置称为节流装置,其主体是一个局部收缩阻力件,如果在管道中安置一个固定的阻力件,它的中间开一个比管道截面小的孔,当流体流过该阻力件时,由于流体流束的收缩而使流速加快、静压力降低,其结果是在阻力件前后产生一个较大的压差。压差的大小与流体流速的大小有关,流速越大,压差也越大,因此,只要测出压差就可以推算出流速,进而可以计算出流体的流量。

把流体流过阻力件使流束收缩造成压力变化的过程称节流过程,其中的阻力件称为节流元件(节流件)。作为流量检测用的节流件有标准的和非标准的两种。标准节流件包括标准孔板、标准喷嘴和标准文丘里管,如图 7-4 所示。对于标准节流件,在设计计算时都有统一标准的规定、要求和计算所需的有关数据及程序,安装和使用时不必进行标定。非标准节流件主要用于特殊介质或特殊工况条件的流量检测,它必须用实验方法单独标定。

节流式流量计的特点是结构简单,无可移动部件;可靠性高;复现性能好;适应性较广,是历史应用最长和最成熟的差压式流量计,至今仍占重要地位。其主要缺点是安装要求严格;压力损失较大;精度不够高($\pm 1\%\sim\pm 2\%$);范围度窄(3:1);对较小直径的管道

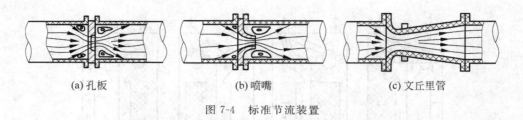

(a) 孔板　　　　　　　　　(b) 喷嘴　　　　　　　　　(c) 文丘里管

图 7-4　标准节流装置

测量比较困难($D<50$mm)。

目前最常用的节流件是标准孔板,所以在以下的讨论中将主要以标准孔板为例介绍节流式流量检测的原理、设计以及实现方法。

1) 节流原理

流体流动的能量有两种形式:静压能和动能。流体由于有压力而具有静压能,又由于有流动速度而具有动能,这两种形式的能量在一定条件下是可以互相转化的。

设稳定流动的流体沿水平管流经节流件,在节流件前后将产生压力和速度的变化,如

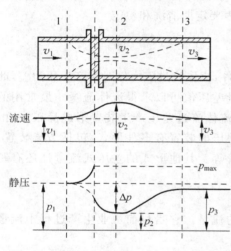

图 7-5　标准孔板的压力、流速分布示意图

图 7-5 所示。在截面 1 处流体未受节流件影响,流束充满管道,流体的平均流速为 v_1,静压力为 p_1;流体接近节流装置时,由于遇到节流装置的阻挡,使一部分动能转化为静压能,出现节流装置入口端面靠近管壁处流体的静压力升高至最大 p_{max};流体流经节流件时,导致流束截面的收缩,流体流速增大,由于惯性的作用,流束流经节流孔以后继续收缩,到截面 2 处达到最小,此时流速最大为 v_2,静压力 p_2 最小;随后,流体的流束逐渐扩大,到截面 3 以后完全复原,流速回复到原来的数值,即 $v_3=v_1$,静压力逐渐增大到 p_3。由于流体流动产生的涡流和流体流经节流孔时需要克服的摩擦力,导致流体能量的损失,所以在截面 3 处的静压力 p_3 不能回复到原来的数值 p_1,而产生永久的压力损失。

2) 流量方程

假设流体为不可压缩的理想流体,截面 1 处流体密度为 ρ_1,截面 2 处流体密度 ρ_2,可以列出水平管道的能量方程和连续方程式:

$$\frac{p_1}{\rho_1}+\frac{v_1^2}{2}=\frac{p_2}{\rho_2}+\frac{v_2^2}{2} \tag{7-7}$$

$$A_1 v_1 \rho_1 = A_2 v_2 \rho_2 \tag{7-8}$$

式中:A_1——管道截面积;

A_2——流束最小收缩截面积。

由于节流件很短,可以假定流体的密度在流经节流件时没有变化,即 $\rho_1=\rho_2=\rho$;用节流件开孔面积 $A_0=\frac{\pi}{4}d^2$ 代替最小收缩截面积 A_2;并引入节流装置的直径比——β 值,$\beta=$

$\dfrac{d}{D} = \sqrt{\dfrac{A_0}{A_1}}$，其中 d 为节流件的开孔直径，D 为管道内径。由式(7-7)和式(7-8)可以求出流体流经孔板时的平均流速 v_2：

$$v_2 = \frac{1}{\sqrt{1-\beta^4}}\sqrt{\frac{2}{\rho}(p_1 - p_2)} \tag{7-9}$$

根据流量的定义，流量与差压 $\Delta p = p_1 - p_2$ 之间的关系式如下：
体积流量

$$q_v = A_0 v_2 = \frac{A_0}{\sqrt{1-\beta^4}}\sqrt{\frac{2}{\rho}\Delta p} \tag{7-10}$$

质量流量

$$q_m = A_0 v_2 \rho = \frac{A_0}{\sqrt{1-\beta^4}}\sqrt{2\rho\Delta p} \tag{7-11}$$

在以上关系式中，由于用节流件的开孔面积代替了最小收缩截面，以及 Δp 有不同的取压位置等因素的影响，在实际应用时必然造成测量偏差。为此引入流量系数 α 以进行修正。则最后推导出的流量方程式表示为

$$q_v = \alpha\,\frac{\pi}{4}d^2\sqrt{\frac{2}{\rho}\Delta p} \tag{7-12}$$

$$q_m = \alpha\,\frac{\pi}{4}d^2\sqrt{2\rho\Delta p} \tag{7-13}$$

流量系数 α 是节流装置中最重要的一个系数，它与节流件形式、直径比、取压方式、流动雷诺数 Re 及管道粗糙度等多种因素有关。由于影响因素复杂，通常流量系数 α 要由实验来确定。实验表明，在管道直径、节流件形式、开孔尺寸和取压位置确定的情况下，α 只与流动雷诺数 Re 有关，当 Re 大于某一数值(称为界限雷诺数)时，α 可以认为是一个常数，因此节流式流量计应该工作在界限雷诺数以上。α 与 Re 及 β 的关系对于不同的节流件形式各有相应的经验公式计算，并列有图表可查。

对于可压缩流体，考虑流体通过节流件时的膨胀效应，再引入可膨胀性系数 ε 作为因流体密度改变引起流量系数变化的修正。可压缩流体的流量方程式表示为

$$q_v = \alpha\varepsilon\,\frac{\pi}{4}d^2\sqrt{\frac{2}{\rho}\Delta p} \tag{7-14}$$

$$q_m = \alpha\varepsilon\,\frac{\pi}{4}d^2\sqrt{2\rho\Delta p} \tag{7-15}$$

可膨胀性系数 $\varepsilon \leqslant 1$，它与节流件形式、β 值、$\Delta p/p_1$ 及气体熵指数 κ 有关，对于不同的节流件形式亦有相应的经验公式计算，并列有图表可查。需要注意，在查表时 Δp 应取对应于常用流量时的差压值。

3) 节流式流量计的组成和标准节流装置

下面介绍节流式流量计的组成和标准节流装置。

(1) 节流式流量计的组成：图 7-6 为节流式流量

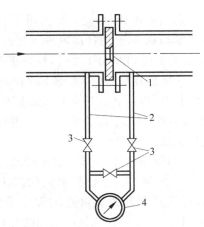

图 7-6　节流式流量计的组成示意图
1—节流元件；2—引压管路；
3—三阀组；4—差压计

计的组成示意图。节流式流量计由节流装置、引压管路、差压计或差压变送器构成。

① 节流装置：由节流件、取压装置和测量所要求的直管段组成，如图 7-7 所示。作用是产生差压信号。

② 引压管路：由隔离罐(冷凝器等)、管路、三阀组组成。作用是将产生的差压信号，通过压力传输管道引至差压计。

③ 差压计或差压变送器：作用是将差压信号转换成电信号或气信号显示或远传。

差压计有 U 形管差压计、双波纹管差压计、膜盒差压计等，都是就地指示，工业生产中常用差压变送器，即将差压信号转换为标准信号进行远传，其结构及工作原理与压力变送器类似(可参考第 6 章)。

节流装置前流体压力较高，称为正压，常以"＋"标志；节流装置后流体压力较低，称为负压(注意不要与真空度混淆)，常以"－"标志。

差压计(差压变送器)安装时必须安装三阀组，以防单侧受压(背景压力)过大(过载)，损坏弹性元件。三阀组的安装如图 7-8 所示。

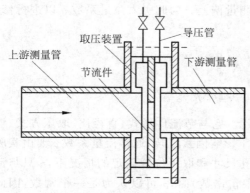

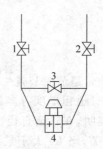

图 7-7　节流装置组成示意图　　　　图 7-8　三阀组示意图

1、2—切断阀；3—平衡阀；4—差压变送器

启用差压计时，先开平衡阀 3，使正负压室连通，受压相同，然后再开切断阀 1、2，最后再关闭平衡阀 3，差压计即可投入运行；差压计停用时，应先打开平衡阀 3，然后再关闭切断阀 1、2；当关闭切断阀 1、2 时，打开平衡阀 3，进行零点校验。

实际使用时，还应考虑不能让隔离罐中的隔离液或冷凝水流失造成误差，不能让三个阀同时打开，以防止高压侧将低压侧的隔离液或冷凝水顶出。所以，启用差压计时，先开平衡阀 3，再开切断阀 1，关平衡阀 3，再开切断阀 2；差压计停用时，应先关切断阀 2，开平衡阀 3，然后关闭切断阀 1。

(2) 标准节流装置：引压管路与差压计在第 6 章已经论述，这里只介绍标准节流装置。

① 三种标准节流件形式如图 7-4 所示。它们的结构、尺寸和技术条件均有统一的标准，计算数据和图表可查阅有关手册或资料(GB/T 2624.1—2006、GB/T 2624.2—2006、GB/T 2624.3—2006、GB/T 2624.4—2006)。

标准孔板是一块中心开有圆孔的金属薄圆平板，圆孔的入口朝着流动方向，并有尖锐的直角边缘。圆孔直径 d 由所选取的差压计量程而定，在大多数使用场合，β 值为 0.2～0.75。标准孔板的结构最简单，体积小，加工方便，成本低，因而在工业上应用最多。但其测量精度较低,压力损失较大,而且只能用于清洁的流体。

标准喷嘴是由两个圆弧曲面构成的入口收缩部分和与之相接的圆筒形喉部组成,β 值为 $0.32 \sim 0.8$。标准喷嘴的形状适应流体收缩的流型,所以压力损失较小,测量精度较高。但它的结构比较复杂,体积大,加工困难,成本较高。然而由于喷嘴的坚固性,一般选择喷嘴用于高速的蒸汽流量测量。

文丘里管具有圆锥形的入口收缩段和喇叭形的出口扩散段。它能使压力损失显著地减少,并有较高的测量精度。但加工困难,成本最高,一般用在有特殊要求如低压损、高精度测量的场合。它的流道连续变化,所以可以用于脏污流体的流量测量,并在大管径流量测量方面应用较多。

② 取压装置:标准节流装置规定了由节流件前后引出差压信号的几种取压方式,不同的节流件取压方式不同,有理论取压法、D-D/2 取压法(也称径距取压法)、角接取压法、法兰取压法等,如图 7-9 所示。图中 1-1、2-2 所示为角接取压的两种结构,适用于孔板和喷嘴。1-1 为环室取压,上、下游静压通过环缝传至环室,由前、后环室引出差压信号;2-2 表示钻孔取压,取压孔开在节流件前后的夹紧环上,这种方式在大管径($D>500\text{mm}$)时应用较多。3-3 为径距取压,取压孔开在前、后测量管段上,适用于标准孔板。4-4 为法兰取压,上、下游侧取压孔开在固定节流件的法兰上,适用于标准孔板。取压孔大小及各部件尺寸均有相应规定,可以查阅有关手册。

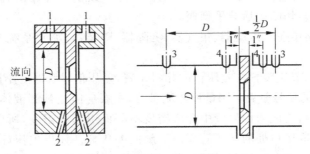

图 7-9　节流装置取压方式

③ 测量管段:为了确保流体流动在节流件前达到充分发展的湍流速度分布,要求在节流件前后有一段足够长的直管段。最小直管段长度与节流件前的局部阻力件形式及直径比有关,可以查阅手册。节流装置的测量管段通常取节流件前 10D,节流件后 5D 的长度,以保证节流件的正确安装和使用条件,整套装置事先装配好后整体安装在管道上。

4) 节流装置的设计和计算

在实际的工作中,通常有两类计算命题,它们都以节流装置的流量方程式为依据。

(1) 已知管道内径和现场布置情况,以及流体的性质和工作参数,给出流量测量范围,要求设计标准节流装置。为此要进行以下几个方面的工作:选择节流件形式,选择差压计形式及量程范围;计算确定节流件开孔尺寸,提出加工要求;建议节流件在管道上的安装位置;估算流量测量误差。制造厂家多已将这个设计计算过程编制成软件,用户只需提供原始数据即可。由于节流式流量计经过长期的研究和使用,手册数据资料齐全,根据规定的条件和计算方法设计的节流装置可以直接投产使用,不必经过标定。

(2) 已知管道内径及节流件开孔尺寸、取压方式、被测流体参数等必要条件,要求根据所测得的差压值计算流量。这一般是实验工作需要,为准确地求得流量,需同时准确地测出流体的温度、压力参数。

5) 节流式流量计的安装与使用条件

标准节流装置的流量系数,都是在一定的条件下通过严格的实验取得的,因此对管道选择、流量计的安装和使用条件均有严格的规定。在设计、制造与使用时应满足基本规定条件,否则难于保证测量准确性。

(1) 标准节流装置的使用条件:节流装置仅适用于圆形测量管道,在节流装置前后直管段上,内壁表面应无可见坑凹、毛刺和沉积物,对相对粗糙度和管道圆度均有规定。管径大小也有一定限制($D_{最小} \geqslant 50\text{mm}$)。

(2) 节流式流量计的安装:节流式流量计应按照手册要求进行安装,以保证测量精度。节流装置安装时要注意节流件开孔必须与管道同轴,节流件方向不能装反。管道内部不得有突入物。在节流件装置附近,不得安装测温元件或开设其他测压口。

(3) 取压口位置和引压管路的安装:与测压仪表的要求类似。应保证差压计能够正确、迅速地反映节流装置产生的差压值。引压导管应按被测流体的性质和参数要求使用耐压、耐腐蚀的管材,引压管内径不得小于 6mm,长度最好在 16m 以内。引压管应垂直或倾斜敷设,其倾斜度不得小于 1:12,倾斜方向视流体而定。

(4) 差压计用于测量差压信号,其差压值远小于系统的工作压力,因此,导压管与差压计连接处应装切断阀,切断阀后装平衡阀。

在差压信号管路中还有冷凝器、集气器、沉降器、隔离器、喷吹系统等附件,可查阅相关手册。

根据被测流体和节流装置与差压计的相对位置,差压信号管路有不同的敷设方式。

① 测量液体时的信号管路:测量液体流量时,主要应防止被测液体中存在的气体进入并沉积在信号管路内,造成两信号管中介质密度不等而引起的误差,所以,为了能及时排走信号管路内的气体,取压口处的导压管应向下斜向差压计。如果差压计的位置比节流装置高,则在取压口处也应有向下倾斜的导压管,或设置 U 形水封。信号管路最高点要设置集气器,并装有阀门以定期排出气体,如图 7-10 所示。

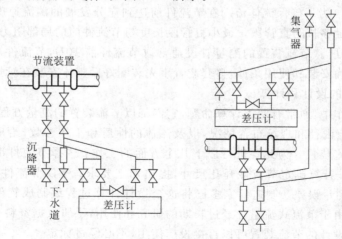

图 7-10　测量液体时信号管路安装示意图

② 测量气体流量时的信号管路：测量气体流量时，主要应防止被测气体中存在的凝结水进入并沉积在信号管路中，造成两信号管中介质密度不等而引起的误差，所以，为了能及时排走信号管路中的气体，取压口处的导压管应向上倾向差压计，如果差压计的位置比节流装置低，则在取压口处也应有向上倾斜的导压管，并在信号管路最低点要设置集水箱，并装有阀门以定期排水，如图 7-11 所示。

③ 测量蒸汽流量时的信号管路：测量蒸汽流量时，应防止高温蒸汽直接进入差压计。一般在取压口都应设置冷凝器，冷凝器的作用是使被测蒸汽冷凝后再进入导压管，其容积应大于全量程内差压计工作空间的最大容积变化的三倍。为了准确地测量差压，应严格保持两信号管中的凝结液位在同一高度，如图 7-12 所示。

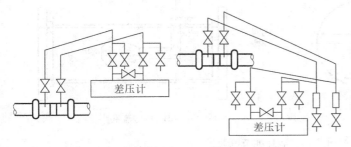

图 7-11　测量气体时信号管路安装示意图

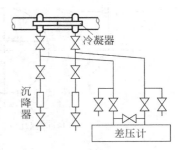

图 7-12　测量蒸汽时信号管路
安装示意图

6）非标准节流装置

非标准节流装置通常只在特殊情况下使用，它们的估算方法与标准节流装置基本相同，只是所用数据不同，这些数据可以在有关手册中查到。但非标准节流装置在使用前要进行实际标定。图 7-13 所示为几种典型的非标准节流装置，解释如下。

（1）1/4 圆喷嘴：如图 7-13（a）所示，1/4 圆喷嘴的开孔入口形状是半径为 r 的 1/4 圆弧，它主要用于低雷诺数下的流量测量，雷诺数范围为 $500 \sim 2.5 \times 10^5$。

（2）锥形入口孔板：如图 7-13（b）所示，锥形入口孔板与标准孔板形状相似，只是入口为 45°锥角，相当于一只倒装孔板，主要用于低雷诺数测量，雷诺数范围为 $250 \sim 2 \times 10^5$。

（3）圆缺孔板：如图 7-13（c）所示，圆缺孔板主要用于脏污、有气泡析出或有固体微粒的液体流量测量，其开孔在管道截面的一侧，为弓形开孔。测量含气液体时，其开孔位于上部；测量含固体物料的液体时，其开孔位于下部，测量管段一般要水平安装。

（4）V 内锥流量计：V 内锥流量计是 20 世纪 80 年代提出的一种新型流量计，它是利用内置 V 形锥体在流体中引起的节流效应来测量流量，其结构原理如图 7-13（d）所示。V 内锥节流装置包括一个在测量管中同轴安装的尖圆锥体和相应的取压口。流体在测量管中流经尖圆锥体，逐渐节流收缩到管道内壁附件，在锥体两端产生差压，差压的正压 p_1 是在上游流体收缩前的管壁取压口处测得的静压力，差压的负压 p_2 是在圆锥体朝向下游的端面，由在锥端面中心所开取压孔处取得的压力。V 内锥节流装置的流量方程式与标准节流装置的形式相同，只是在公式中采用了等效的开孔直径和等效的 β 值—β_v，即

$$\beta_v = \frac{\sqrt{D^2 - d_v^2}}{D} \qquad (7\text{-}16)$$

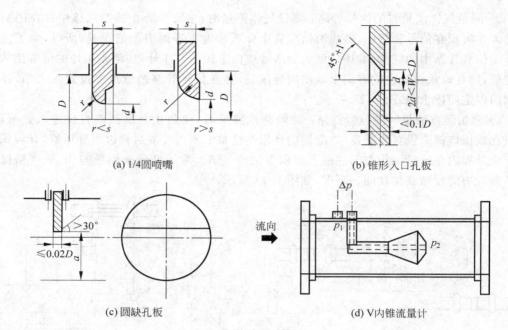

(a) 1/4圆喷嘴　　　　　　　　(b) 锥形入口孔板

(c) 圆缺孔板　　　　　　　　(d) V内锥流量计

图 7-13　非标准节流装置

式中：D——测量管内径；

　　　d_v——尖圆锥体最大横截面圆的直径。

这种节流式流量计改变了传统的节流布局,从中心节流改为外环节流,与传统流量计相比具有明显的优点；结构设计合理,不截留流体中的夹带物,耐磨损；信号噪声低,可以达到较高量程比(10∶1~14∶1)；安装直管段要求较短,一般上游只需 0~2D,下游只需 3~5D；压力损失小,仅为孔板的 1/2~1/3,与文丘里管相近。目前这种流量计尚未达到标准化程度,还没有相应的国际标准和国家标准,其流量系数需要通过实验标定得到。

2. 弯管流量计

当流体通过管道弯头时,受到角加速的作用而产生的离心力会在弯头的外半径侧与内半径侧之间形成差压,此差压的平方根与流体流量成正比。弯管流量计如图 7-14 所示。取压口开在 45°角处,两个取压口要对准。弯头的内壁应保证基本光滑,在弯头入口和出口平面各测两次直径,取其平均值作为弯头内径 D。弯头曲率 R 取其外半径与内半径的平均值。

弯管流量计的流量方程式为

$$q_v = \frac{\pi}{4} D^2 k \sqrt{\frac{2}{\rho} \Delta p} \qquad (7\text{-}17)$$

式中：D——弯头内径；

　　　ρ——流体密度；

　　　Δp——差压值；

　　　k——弯管流量系数。

流量系数 k 与弯管的结构参数有关,也与流体流速有关,需由实验确定。

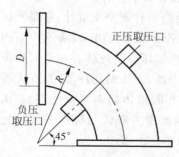

图 7-14　弯管流量计示意图

弯管流量计的特点是结构简单,安装维修方便;在弯管内流动无障碍,没有附加压力损失;对介质条件要求低。其主要缺点是产生的差压非常小。它是一种尚未标准化的仪表。由于许多装置上都有不少的弯头,所以弯管流量计是一种便宜的流量计,特别在工艺管道条件限制情况下,可用弯管流量计测量流量,但是其前直管段至少要有10D。弯头之间的差异限制了测量精度的提高,其精确度约在±5%～±10%,但其重复性可达±1%。有些制造厂家提供专门加工的弯管流量计,经单独标定,能使精确度提高到±0.5%。

3. 靶式流量计

在石油、化工、轻工等生产过程中,常常会遇到某些黏度较高的介质或含有悬浮物及颗粒介质的流量测量,如原油、渣油、沥青等。靶式流量计就是20世纪70年代随着工业生产迫切需要解决高黏度、低雷诺数流体的流量测量而发展起来的一种流量计。

1) 工作原理

在管路中垂直于流动方向安装一圆盘形阻挡件,称为"靶"。流体经过时,由于受阻将对靶产生作用力,此作用力与流速之间存在着一定关系。通过测量靶所受作用力,可以求出流体流量。靶式流量计构成如图7-15所示。

圆盘靶所受作用力,主要是由靶对流体的节流作用和流体对靶的冲击作用造成的。若管道直径为 D,靶的直径为 d,环隙通道面积 $A_0=\frac{\pi}{4}(D^2-d^2)$,则可求出体积流量与靶上受力 F 的关系为:

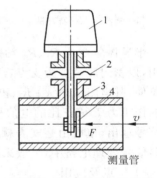

图7-15　靶式流量计示意图
1—转换指示部分;2—密封膜片;
3—杠杆;4—靶

$$q_v = A_0 v = k_a \frac{D^2-d^2}{d}\sqrt{\frac{\pi}{2}}\sqrt{\frac{F}{\rho}} \qquad (7\text{-}18)$$

式中:v——流体通过环隙截面的流速;

k_a——流量系数;

F——作用力;

ρ——流体的密度。

以直径比 $\beta = d/D$ 表示流量公式可写成如下形式:

$$q_v = A_0 v = k_a D\left(\frac{1}{\beta}-\beta\right)\sqrt{\frac{\pi}{2}}\sqrt{\frac{F}{\rho}} \qquad (7\text{-}19)$$

流量系数 k_a 的数值由实验确定。实验结果表明,在管道条件与靶的形状确定的情况下,当雷诺数 Re 超过某一限值后,k_a 趋于平稳,由于此限值较低,所以这种方法对于高黏度、低雷诺数的流体更为合适。使用时要保证在测量范围内,使 k_a 值基本保持恒定。

2) 结构形式

靶式流量计通常由检测部分和转换部分组成。检测部分包括测量管、靶板、主杠杆和轴封膜片,其作用是将被测流量转换成作用于主杠杆上的测量力矩。转换部分由力转换器、信号处理电路和显示仪表组成。靶一般由不锈钢材料制成,靶的入口侧边缘必须锐利、无钝口。靶直径比 β 一般为 0.35～0.8。靶式流量计的结构形式有夹装式、法兰式和插入式三种。

靶式流量计的力转换器可分为两种结构:一种是力矩平衡杠杆式力转换器,它直接采用电动差压变送器的力矩平衡式转换机构,只是用靶取代了膜盒;另一种是应变片式力转换器,如图 7-16 所示。

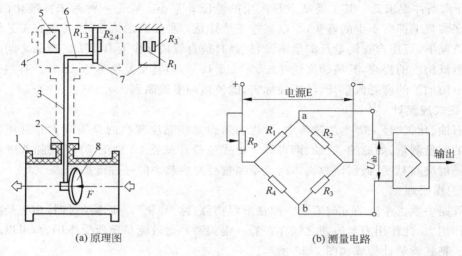

(a) 原理图　　　　　　　　　　(b) 测量电路

图 7-16　应变片式靶式流量计

1—测量管；2—密封膜片；3—杠杆；4—转换指示部分；5—信号处理电路；6—推杆；7—悬臂片；8—靶

　　半导体应变片 R_1、R_3 粘贴在悬臂片 7 的正面，R_2、R_4 粘贴在悬臂片的反面。靶 8 受力作用，以密封膜片 2 为支点，经杠杆 3、推杆 6 使悬臂片产生微弯弹性变形。应变片 R_1 和 R_3 受拉伸，其电阻值增大；R_2 和 R_4 受压缩而电阻值减小。于是电桥失去平衡，输出与流体对靶的作用力 F 成正比的电信号 U_{ab}，可以反映被测流体流量的大小。U_{ab} 经放大、转换为标准信号输出，也可由毫安表就地显示流量。但因 U_{ab} 与被测流量的平方成正比关系，所以变送器信号处理电路中，一般采取开方器运算，能使输出信号与被测流量成正比例关系。

　　3) 特点及应用

　　靶式流量计的特点以及安装应用注意事项总结如下。

　　(1) 特点：结构简单，安装方便，仪表的安装维护工作量小；不易堵塞；抗振动、抗干扰能力强；能测高黏度、低流速流体的流量，也可测带有悬浮颗粒的流体流量；压力损失较小，在相同流量范围的条件下，其压力损失约为标准孔板的 1/2。

　　(2) 安装与应用。靶式流量计安装及应用时应注意：

　　① 流量计前后应有一定长度的直管段，一般为前面 8D、后面 5D。流量计前后不应有垫片等凸入管道中。

　　② 流量计前后应加装截止阀和旁路阀，如图 7-17 所示，以便于校对流量计的零点和方便检修。流量计可水平或垂直安装，但当流体中含有颗粒状物质时，流量计必须水平安装。垂直安装时，流体的流动方向应由下而上。

　　③ 因靶的输出力 F 受到被测介质密度的影响，所以在工作条件(温度、压力)变化时，要进行适当的修正。

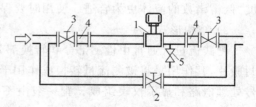

图 7-17　靶式流量计安装示意图

1—流量计；2—旁路阀；3—截止阀；

4—缩径阀；5—放空阀

④ 靶式流量计可以采用砝码挂重的方法代替靶上所受作用力,用来校验靶上受力与仪表输出信号之间的对应关系,并可调整仪表的零点和量程。这种挂重的校验称为干校。

4. 浮子流量计

浮子流量计也是利用节流原理测量流体的流量,但它的差压值基本保持不变,是通过节流面积的变化反映流量的大小,故又称恒压降变截面流量计,也称作转子流量计。

浮子流量计可以测量多种介质的流量,更适用于中小管径、中小流量和较低雷诺数的流量测量。其特点是结构简单,使用维护方便,对仪表前后直管段长度要求不高,压力损失小而且恒定,测量范围比较宽,刻度为线性。浮子流量计测量精确度为±2%左右。但仪表测量受被测介质的密度、黏度、温度、压力、纯净度影响,还受安装位置的影响。

1) 测量原理及结构

浮子流量计测量主体由一根自下向上扩大的垂直锥形管和一只可以沿锥形管轴向上下自由移动的浮子组成,如图 7-18 所示。流体由锥形管的下端进入,经过浮子与锥形管间的环隙,从上端流出。当流体流过环隙面时,因节流作用而在浮子上下端面产生差压形成作用于浮子的上升力。当此上升力与浮子在流体中的重量相等时,浮子就稳定在一个平衡位置上,平衡位置的高度与所通过的流量有对应的关系,这个高度就代表流量值的大小。

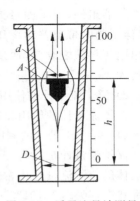

图 7-18 浮子流量计测量
原理示意图

根据浮子在锥形管中的受力平衡条件,可以写出力平衡公式:

$$\Delta p \cdot A_f = V_f(\rho_f - \rho)g \qquad (7\text{-}20)$$

式中：Δp——差压;

A_f——浮子的截面积;

V_f——浮子的体积;

ρ_f——浮子密度;

ρ——流体密度;

g——重力加速度。

将此恒压降公式代入节流流量方程式,则有

$$q_v = \alpha A \sqrt{\frac{2gV_f(\rho_f - \rho)}{\rho A_f}} \qquad (7\text{-}21)$$

式中：A——环隙面积,它与浮子高度 h 相对应;

α——流量系数。

对于小锥度锥形管,近似有 $A = ch$,系数 c 与浮子和锥形管的几何形状及尺寸有关,则流量方程式写为

$$q_v = \alpha ch \sqrt{\frac{2gV_f(\rho_f - \rho)}{\rho A_f}} \qquad (7\text{-}22)$$

式(7-22)给出了流量与浮子高度之间的关系,这个关系近似线性。

流量系数 α 与流体黏度、浮子形式、锥形管与浮子的直径比以及流速分布等因素有关,每种流量计有相应的界限雷诺数,在低于此值情况下 α 不再是常数。流量计应工作在 α 为常数的范围,即大于一定的雷诺数范围。

浮子流量计有两大类型:采用玻璃锥形管的直读式浮子流量计和采用金属锥形管的远传式浮子流量计。

直读式浮子流量计主要由玻璃锥形管、浮子和支撑结构组成。流量标尺直接刻在锥形管上,由浮子位置高度读出流量值。玻璃管浮子流量计的锥形管刻度有流量刻度和百分刻度两种。对于百分刻度流量计要配有制造厂提供的流量刻度曲线。这种流量计结构简单,工作可靠,价格低廉,使用方便,可制成防腐蚀仪表,用于现场测量。

远传式浮子流量计可采用金属锥形管,它的信号远传方式有电动和气动两种类型,测量转换机构将浮子的移动转换为电信号或气信号进行远传及显示。

图 7-19 所示为电远传浮子流量计工作原理。其转换机构为差动变压器组件,用于测量浮子的位移。流体流量变化引起浮子的移动,浮子同时带动差动变压器中的铁芯作上、下运动,差动变压器的输出电压将随之改变,通过信号放大后输出的电信号表示出相应流量的大小。

2) 浮子流量计的使用和安装

浮子流量计的使用和安装时应注意:

(1) 浮子流量计的刻度换算。

浮子流量计是一种非通用性仪表,出厂时需单个标定刻度。测量液体的浮子流量计用常温水标定,测量气体的浮子流量计用工业基准状态(20℃,0.10133MPa)的空气标定。在实际测量时,如果被测介质不是水或空气,则流量计的指示值与实际流量值之间存在差别,因此要对其进行刻度换算修正。

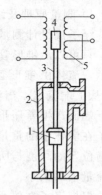

图 7-19 电远传浮子流量计工作原理示意图
1—浮子;2—锥形管;
3—连动杆;4—铁芯;
5—差动线圈

对于一般液体介质,当温度和压力变化时,流体的黏度变化不会超过 10mPa·s,只需进行密度校正。根据前述流量方程式,可以得到修正式为:

$$q'_v = q_{v_0} \sqrt{\frac{(\rho_f - \rho')\rho_0}{(\rho_f - \rho_0)\rho'}} \qquad (7\text{-}23)$$

式中:q'_v——被测介质的实际流量;

$\quad$ q_{v_0}——流量计标定刻度流量;

$\quad$ ρ'——被测介质密度;

$\quad$ ρ_0——标定介质密度;

$\quad$ ρ_f——浮子密度。

对于气体介质,由于 $\rho_f \gg \rho'$ 或 ρ_0,上式可以简化为

$$q'_v = q_{v_0} \sqrt{\frac{\rho_0}{\rho'}} \qquad (7\text{-}24)$$

式中:ρ'——被测气体介质密度;

$\quad$ ρ_0——标定状态下空气密度。

当已知被测介质的密度和流量测量范围等参数后,可以根据以上公式选择合适量程的浮子流量计。

（2）浮子流量计的安装使用。

在安装使用前必须核对所需测量范围、工作压力和介质温度是否与选用流量计规格相符。如图 7-20 所示，仪表应垂直安装，流体必须自下而上通过流量计，不应有明显的倾斜。流量计前后应有截断阀，并安装旁通管道。仪表投入时前后阀门要缓慢开启，投入运行后，关闭旁路阀。流量计的最佳测量范围为测量上限的 1/3～2/3 刻度内。

当被测介质的物性参数（密度、黏度）和状态参数（温度、压力）与流量计标定介质不同时，必须对流量计指示值进行修正。

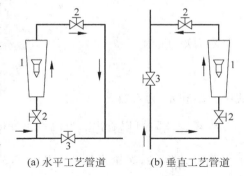

(a) 水平工艺管道　　(b) 垂直工艺管道

图 7-20　浮子流量计的安装示意图
1—浮子流量计；2—截止阀；3—旁通阀

7.3.3　速度式流量计

速度式流量计的测量原理均基于与流体流速有关的各种物理现象，仪表的输出与流速有确定的关系，即可知流体的体积流量。工业生产中使用的速度式流量计种类很多，新的品种也不断开发，它们各有特点和适用范围。本节介绍几种应用较普遍的、有代表性的流量计。

1. 涡轮流量计

涡轮流量计是利用安装在管道中可以自由转动的叶轮感受流体的速度变化，从而测定管道内的流体流量。

1）涡轮流量计的构成和流量方程式

涡轮式流量检测方法是以动量矩守恒原理为基础，如图 7-21 所示，流体冲击涡轮叶片，使涡轮旋转，涡轮的旋转速度随流量的变化而变化，通过涡轮外的磁电转换装置可将涡轮的旋转转换成电脉冲。

由动量矩守恒定理可知，涡轮运动方程的一般形式为

$$J \frac{\mathrm{d}\omega}{\mathrm{d}t} = T - T_1 - T_2 - T_3 \tag{7-25}$$

式中：J——涡轮的转动惯量；

$\dfrac{\mathrm{d}\omega}{\mathrm{d}t}$——涡轮旋转的角加速度；

T——流体作用在涡轮上的旋转力矩；

T_1——由流体黏滞摩擦力引起的阻力矩；

T_2——由轴承引起的机械摩擦阻力矩；

T_3——由于叶片切割磁力线而引起的电磁阻力矩。

从理论上可以推得，推动涡轮转动的力矩为

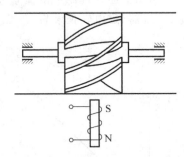

图 7-21　涡轮式流量检测方法
原理图

$$T = \frac{K_1 \mathrm{tg}\theta}{A} r\rho q_v^2 - \omega r^2 \rho q_v \tag{7-26}$$

式中：K_1——与涡轮结构、流体性质和流动状态有关的系数；

θ——与轴线相平行的流束与叶片的夹角；

A——叶栅的流通截面积；

r——叶轮的平均半径。

理论计算和实验表明,对于给定的流体和涡轮,摩擦阻力矩 $T_1 + T_2$ 为

$$T_1 + T_2 \propto \frac{a_1 q_v}{q_v + a_2} \tag{7-27}$$

电磁阻力矩 T_3 为

$$T_3 \propto \frac{a_1 q_v}{1 + a_1/q_v} \tag{7-28}$$

式中:a_1 和 a_2 为系数。

从式(7-25)可以看出:当流量不变时 $\dfrac{\mathrm{d}\omega}{\mathrm{d}t} = 0$,涡轮以角速度 ω 作匀速转动;当流量发生变化时,$\dfrac{\mathrm{d}\omega}{\mathrm{d}t} \neq 0$,涡轮作加速度旋转运动,经过短暂时间后,涡轮运动又会适应新的流量到达新的稳定状态,以另一匀速旋转。因此,在稳定流动情况下,$\dfrac{\mathrm{d}\omega}{\mathrm{d}t} = 0$,则涡轮的稳态方程为

$$T - T_1 - T_2 - T_3 = 0 \tag{7-29}$$

把式(7-26)、式(7-27)和式(7-28)代入式(7-29),简化后可得

$$\omega = \xi q_v - \xi \frac{a_1}{1 + a_1/q_v} - \frac{a_2}{q_v + a_2} \tag{7-30}$$

式中:ξ——仪表的转换系数。

上式表明,当流量较小时,主要受摩擦阻力矩的影响,涡轮转速随流量 q_v 增加较慢;当 q_v 大于某一数值后,因为系数 a_1 和 a_2 很小,则式(7-30)可近似为

$$\omega = \xi q_v - \xi a_1 \tag{7-31}$$

这说明 ω 随 q_v 线性增加;当 q_v 很大时,阻力矩将显著上升,使 ω 随 q_v 的增加变慢,如图 7-22 所示的特性曲线。

利用上述原理制成的流量检测仪表和涡轮流量计的结构如图 7-23 所示,它主要由叶轮、导流器、磁电转换装置、外壳以及前置放大电路等部分组成。

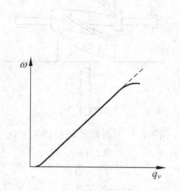

图 7-22 涡轮流量计的静特性曲线

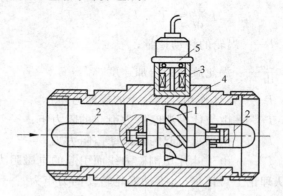

图 7-23 涡轮流量计结构示意图

1—叶轮;2—导流器;3—磁电感应转换器;4—外壳;5—前置放大器

(1)叶轮:是用高磁导率的不锈钢材料制成的,叶轮芯上装有螺旋形叶片,流体作用于叶片上使之转动。

(2) 导流器：用以稳定流体的流向和支撑叶轮。

(3) 磁电感应转换器：由线圈和磁钢组成，叶轮转动时，使线圈上感应出脉动电信号。

(4) 外壳：一般由非导磁材料制成，用以固定和保护内部各部件，并与流体管道相连。

(5) 前置放大器：用以放大由磁电转换装置输出的微弱信号。

经放大电路后输出的电脉冲信号需进一步放大整形以获得方波信号，对其进行脉冲计数和单位换算可得到累积流量；通过频率-电流转换单元后可得到瞬时流量。

2) 涡轮流量计的特点和使用

涡轮流量计可以测量气体、液体流量，但要求被测介质洁净，并且不适用于黏度大的液体测量。它的测量精度较高，一般为 0.5 级，在小范围内误差可以在±0.1%以内；由于仪表刻度为线性，范围度可达(10~20)∶1；输出频率信号便于远传及与计算机相连；仪表有较宽的工作温度范围(-200~400℃)，可耐较高工作压力(小于 10MPa)。

涡轮流量计一般应水平安装，并保证其前后有一定的直管段。为保证被测介质洁净，表前应装过滤装置。如果被测液体易气化或含有气体时，要在仪表前装消气器。

涡轮流量计的缺点是制造困难，成本高。由于涡轮高速转动，轴承易磨损，降低了长期运行的稳定性，影响使用寿命。通常涡轮流量计主要用于测量精度要求高、流量变化快的场合，还用作标定其他流量的标准仪表。

2. 涡街流量计

涡街流量计又称旋涡流量计。它可以用来测量各种管道中的液体、气体和蒸汽的流量，是目前工业控制、能源计量及节能管理中常用的新型流量仪表。

1) 测量原理

涡街流量计是利用有规则的旋涡剥离现象来测量流体流量的仪表。在流体中垂直插入一个非流线形的柱状物(圆柱或三角柱)作为旋涡发生体，如图 7-24 所示。当雷诺数达到一定的数值时，会在柱状物的下游处产生如图所示的两列平行状，并且上下交替出现的旋涡，因为这些旋涡有如街道旁的路灯，故有"涡街"之称，又因此现象首先被卡曼(Karman)发现，也称作"卡曼涡街"。由于旋涡之间相互影响，旋涡列一般是不稳定的。实验证明，对于圆柱体当两列旋涡之间的距离 h 和同列的两旋涡之间的距离 l 之比能满足，$h/l=0.281$ 时，所产生的旋涡是稳定的。

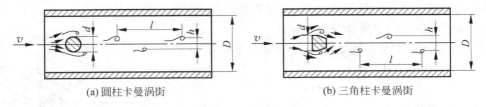

(a) 圆柱卡曼涡街　　　　　　　　　(b) 三角柱卡曼涡街

图 7-24　卡曼涡街示意图

由圆柱体形成的稳定卡曼旋涡，其单侧旋涡产生的频率为

$$f = S_t \cdot \frac{v}{d} \tag{7-32}$$

式中：f——单侧旋涡产生的频率，单位 Hz；

v——流体平均流速，单位 m/s；

d——柱体直径,单位 m;

S_t——斯特劳哈尔数(当雷诺数 $Re = 5 \times 10^2 \sim 15 \times 10^4$ 时,$S_t = 0.2$)。

由上式可知,当 S_t 近似为常数时,旋涡产生的频率 f 与流体的平均流速 v 成正比,测得 f 即可求得体积流量 Q。

2)测量方法

旋涡频率的检测方法有许多种,例如热敏检测法、电容检测法、应力检测法、超声检测法等,这些方法无非是利用旋涡的局部压力、密度、流速等的变化作用于敏感元件,产生周期性电信号,再经放大整形,得到方波脉冲。图 7-25 所示的是一种热敏检测法。它采用铂电阻丝作为旋涡频率的转换元件。在圆柱形发生体上有一段空腔(检测器),被隔墙分成两部分。在隔墙中央有一小孔,小孔上装有一根被加热了的细铂丝。在产生旋涡的一侧,流速降低,静压升高,于是在有旋涡的一侧和无旋涡的一侧之间产生静压差。流体从空腔上的导压孔进入,向未产生旋涡的一侧流出。流体在空腔内流动时将铂丝上的热量带走,铂丝温度下降,导致其电阻值减小。由于旋涡是交替地出现在柱状物的两侧,所以铂热电阻丝阻值的变化也是交替的,且阻值变化的频率与旋涡产生的频率相对应,故可通过测量铂丝阻值变化的频率来推算流量。

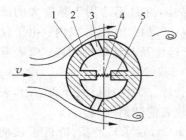

图 7-25 圆柱检出器原理图
1—空腔;2—圆柱体;3—导压孔;
4—铂电阻丝;5—隔墙

铂丝阻值的变化频率,采用一个不平衡电桥进行转换、放大和整形,再变换成 4～20mA(或 0～10mA)直流电流信号输出,供显示,累计流量或进行自动控制。

旋涡流量计的特点是精度高、测量范围宽、没有运动部件、无机械磨损、维护方便、压力损失小、节能效果明显。但是,旋涡流量计不适用于低雷诺数的情况,对于高黏度、低流速、小口径的使用有限制,流量计安装时要有足够的直管段长度,上下游的直管段长度不小于 $20D$ 和 $5D$,而且,应尽量杜绝振动。

3. 电磁流量计

对于具有导电性的液体介质,可以用电磁流量计测量流量。电磁流量计基于电磁感应原理,导电流体在磁场中垂直于磁力线方向流过,在流通管道两侧的电极上将产生感应电势,感应电势的大小与流体速度有关,通过测量此电势可求得流体流量。

1)电磁流量计的组成及流量方程式

电磁流量计的测量原理如图 7-26 所示。感应电势 E_x 与流速的关系由下式表示:

$$E_x = CBDv \qquad (7\text{-}33)$$

式中:C——常数;

B——磁感应强度;

D——管道内径;

v——流体平均流速。

当仪表结构参数确定之后,感应电势与流速 v 成对应关系,则流体体积流量可以求得。其流量方程式可写为

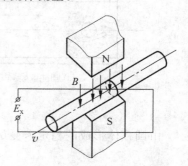

图 7-26 电磁式流量检测原理示意图

$$q_v = \frac{\pi D^2}{4}v = \frac{\pi D}{4CB}E_x = \frac{E_x}{K} \tag{7-34}$$

式中：K——仪表常数，对于固定的电磁流量计，K 为定值。

电磁流量计的测量主体由磁路系统、测量导管、电极和调整转换装置等组成。流量计结构如图 7-27 所示，由非导磁性的材料制成导管，测量电极嵌在管壁上，若导管为导电材料，其内壁和电极之间必须绝缘，通常在整个测量导管内壁装有绝缘衬里。导管外围的激磁线圈用来产生交变磁场。在导管和线圈外还装有磁轭，以便形成均匀磁势和具有较大磁通量。

电磁流量计转换部分的输出电流 I_0 与平均流速成正比。

2）电磁流量计的特点及应用

电磁流量计的测量导管中无阻力件，压力损失极小；其流速测量范围宽，为 $0.5\sim10\mathrm{m/s}$；范围度可达 10:1；流量计的口径可从几毫米到几米以上；流量计的精度 $0.5\sim1.5$ 级；仪表反应快，流动状态对示值影响小，可以测量脉动流和两相流，如泥浆和纸浆的流量。电磁流量计测量导电流体的电导率一般要求 $\gamma > 10^{-4}\mathrm{S/cm}$，因此不能测量气体、蒸汽和电导率低的石油流量。

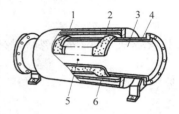

图 7-27　电磁式流量计结构图
1—外壳；2—激磁线圈；3—衬里；
4—测量管；5—电极；6—铁芯

电磁流量计对直管段要求不高，前直管段长度为 $5D\sim10D$。安装地点应尽量避免剧烈振动和交直流强磁场。在垂直安装时，流体要自下而上流过仪表，水平安装时两个电极要在同一平面上。要确保流体、外壳、管道间的良好接地。

电磁流量计的选择要根据被测流体情况确定合适的内衬和电极材料。其测量准确度受导管的内壁，特别是电极附近结垢的影响，应注意维护清洗。

近年来，电磁流量计有了更新的发展和更广泛的应用。

4. 超声波流量计

超声波在流体中传播速度与流体的流动速度有关，据此可以实现流量的测量。这种方法不会造成压力损失，并且适合大管径、非导电性、强腐蚀性流体的流量测量。

20 世纪 90 年代气体超声流量计在天然气工业中的成功应用取得了突破性的进展，一些在天然气计量中的疑难问题得到了解决，特别是多声道气体超声流量计已被气体界接受，多声道气体超声流量计是继气体涡轮流量计后被气体工业界接受的最重要的流量计量器具。目前国外已有"用超声流量计测量气体流量"的标准，我国也制定有"用气体超声流量计测量天然气流量"的国家标准 GB/T 18604—2001。气体超声流量计在国外天然气工业中的贸易计量方面已得到了广泛的采用。

超声波流量计有以下几种测量方法。

1）时差法

在管道的两侧斜向安装两个超声换能器，使其轴线重合在一条斜线上，如图 7-28 所示，

当换能器 A 发射、B 接收时，声波基本上顺流传播，速度快、时间短，可表示为

$$t_1 = \frac{L}{c + v\cos\theta} \tag{7-35}$$

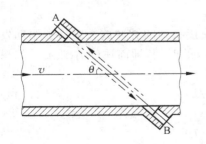

图 7-28　超声流量计结构示意图

B 发射而 A 接收时,逆流传播,速度慢、时间长,即

$$t_2 = \frac{L}{c - v\cos\theta} \tag{7-36}$$

式中:L——两换能器间传播距离;

c——超声波在静止流体中的速度;

v——被测流体的平均流速。

两种方向传播的时间差 Δt 为

$$\Delta t = t_2 - t_1 = \frac{2Lv\cos\theta}{c^2 - v^2\cos^2\theta} \tag{7-37}$$

因 $v \ll c$,故 $v^2\cos^2\theta$ 可忽略,故得

$$\Delta t = 2Lv\cos\theta/c^2 \tag{7-38}$$

或

$$v = c^2\Delta t/2L\cos\theta \tag{7-39}$$

当流体中的声速 c 为常数时,流体的流速 v 与 Δt 成正比,测出时间差即可求出流速 v,进而得到流量。

值得注意的是,一般液体中的声速往往在 1500m/s 左右,而流体流速只有每秒几米,如要求流速测量的精度达到 1%,则对声速测量的精度需为 $10^{-5} \sim 10^{-6}$ 数量级,这是难以做到的。更何况声速受温度的影响不容易忽略,所以直接利用式(7-39)不易实现流量的精确测量。

2)速差法

式(7-35)、式(7-36)可改为

$$c + v\cos\theta = L/t_1 \tag{7-40}$$
$$c - v\cos\theta = L/t_2 \tag{7-41}$$

以上两式相减,得

$$2v\cos\theta = L/t_1 - L/t_2 = L(t_2 - t_1)/t_1 t_2 \tag{7-42}$$

将顺流与逆流的传播时间差 Δt 代入上式得

$$v = \frac{L\Delta t}{2\cos\theta t_1 t_2} = \frac{L\Delta t}{2\cos\theta t_1(t_2 - t_1 + t_1)} = \frac{L\Delta t}{2\cos\theta t_1(\Delta t + t_1)} \tag{7-43}$$

式中,$L/2$—常数。

只要测出顺流传播时间 t_1 和时间差 Δt,就能求出 v,进而求得流量,这就避免了测声速 c 的困难。这种方法还不受温度的影响,容易得到可靠的数据。因为式(7-40)和式(7-41)相减即得双向声速之差,故称此法为速差法。

3)频差法

超声发射探头和接受探头可以经放大器接成闭环,使接收到的脉冲放大之后去驱动发射探头,这就构成了振荡器,振荡频率取决于从发射到接收的时间,即前述的 t_1 或 t_2。如果 A 发射、B 接收,则频率为

$$f_1 = 1/t_1 = (c + v\cos\theta)/L \tag{7-44}$$

反之,B 发射而 A 接收时,其频率为

$$f_2 = 1/t_2 = (c - v\cos\theta)/L \tag{7-45}$$

以上两频率之差为

$$\Delta f = f_1 - f_2 = 2v\cos\theta/L \tag{7-46}$$

可见,频差与速度成正比,式中也不含声速 c,测量结果不受温度影响,这种方法更为简单实用。不过,一般频差 Δf 很小,直接测量不精确,往往采用倍频电路。

因为两个探头是轮流担任发射和接收的,所以要有控制其转换的电路,两个方向闭环振荡的倍频利用可逆计数器求差。如果配上 D/A 转换并放大成 0~10mA 或 4~20mA 信号,便构成超声流量变送器。

超声换能器通常由压电材料制成,通过电致伸缩效应和压电效应,发射和接收超声波。流量计的电子线路包括发射、接收电路和控制测量电路,可显示瞬时流量和累积流量。

超声流量计可夹装在管道外表面,仪表阻力损失极小,还可以做成便携式仪表,探头安装方便,通用性好。这种仪表可以测量各种液体的流量,包括腐蚀性、高黏度、非导电性流体。超声流量计尤其适于大口径管道测量,多探头设置时最大口径可达几米。超声流量计的范围度一般为 20:1,误差为 $\pm2\%\sim\pm3\%$。但由于测量电路复杂,价格较贵。

7.4　质量流量检测方法

由于流体的体积是流体温度、压力和密度的函数,在流体状态参数变化的情况下,采用体积流量测量方式会产生较大误差。因此,在生产过程和科学实验的很多场合,以及作为工业管理和经济核算等方面的重要参数,要求检测流体的质量流量。

质量流量测量仪表通常可分为两大类:间接式质量流量计和直接式质量流量计。间接式质量流量计采用密度或温度、压力补偿的办法,在测量体积流量的同时,测量流体的密度或流体的温度、压力值,再通过运算求得质量流量。现在带有微处理器的流量传感器均可实现这一功能,这种仪表又称为推导式质量流量计。直接式质量流量计则直接输出与质量流量相对应的信号,反映质量流量的大小。

7.4.1　间接式质量流量测量方法

根据质量流量与体积流量的关系,可以有多种仪表的组合以实现质量流量测量。常见的组合方式有如下几种。

1. 体积流量计与密度计的组合方式

体积流量计与密度计的组合方式有如下几种。

1) 差压式流量计与密度计的组合

差压计输出信号正比于 ρq_v^2,密度计测量流体密度 ρ,仪表输出为统一标准的电信号,可以进行运算处理求出质量流量。其计算式为

$$q_m = \sqrt{\rho q_v^2 \cdot \rho} = \rho \cdot q_v \tag{7-47}$$

2) 其他体积流量计与密度计组合

其他流量计可以用速度式流量计,如涡轮流量计、电磁流量计,或容积式流量计。这类流量计输出信号与密度计输出信号组合运算,即可求出质量流量为

$$q_m = \rho \cdot q_v \tag{7-48}$$

2. 体积流量计与体积流量计的组合方式

差压式流量计(或靶式流量计)与涡轮流量计(或电磁流量计、涡街流量计等)组合,通过

运算得到质量流量。其计算式为

$$q_m = \frac{\rho q_v^2}{q_v} = \rho q_v \qquad (7\text{-}49)$$

3. 温度、压力补偿式质量流量计

流体密度是温度、压力的函数,通过测量流体温度和压力,与体积流量测量组合可求出流体质量流量。

图 7-29 给出几种推导式质量流量计组合示意图。

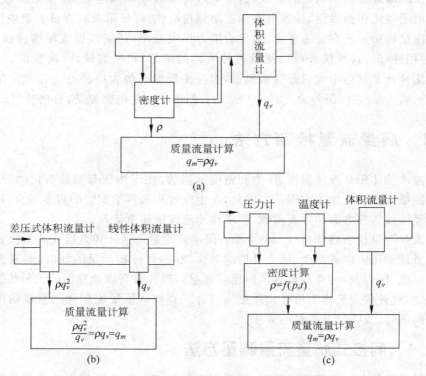

图 7-29　几种推导式质量流量计组合示意图

间接式质量流量计构成复杂,由于包括了其他参数仪表误差和函数误差等,其系统误差通常低于体积流量计。但在目前,已有多种形式的微机化仪表可以实现有关计算功能,应用仍较普遍。

7.4.2　直接式质量流量计

直接式质量流量计的输出信号直接反映质量流量,其测量不受流体的温度、压力、密度变化的影响。目前得到较多应用的直接式质量流量计是科里奥利质量流量计,此外还有热式质量流量计和冲量式质量流量计等。

1. 科里奥利质量流量计

科里奥利质量流量计的工作原理是基于科里奥利力。

1) 科里奥利力

如图 7-30(a)和图 7-30(b)所示,当一根管子绕着原点旋转时,让一个质点以一定的直

线速度 v 从原点通过管子向外端流动,由于管子的旋转运动(角速度 ω),质点做切向加速运动,质点的切向线速度由零逐渐加大,也就是说质点被赋予能量,随之产生的反作用力 F_c (即惯性力)将使管子的旋转速度减缓,即管子运动发生滞后。

相反,让一个质点从外端通过管子向原点流动,即质点的线速度由大逐渐减小趋向于零,也就是说质点的能量被释放出来,随之而产生的反作用力 F_c 将使管子的旋转速度加快,即管子运动发生超前。

这种能使旋转着的管子运动速度发生超前或滞后的力,就称为科里奥利力,简称科氏力。

$$dF_c = -2dm\omega \cdot v \tag{7-50}$$

式中：dm——质点的质量；dF_c、ω 和 v 均为矢量。

当流体在旋转管道中以恒定速度 v 流动时,管道内流体的科氏力为

$$F_c = 2\omega LM \tag{7-51}$$

式中：L——管道长度；

M——质量流量。

若将绕一轴线以同相位和角速度旋转的两根相同的管子外端用同样的管子连接起来,如图 7-30(c)所示。当管子内没有流体或有流体但不流动时,连接管与轴线平行；当管子内有流体流动时,由于科氏力的作用,两根旋转管产生相位差 φ,出口侧相位超前于进口侧相位,而且连接管被扭转(扭转角 θ)而不再与轴线平行。相位差 φ 或扭转角 θ 反映管子内流体的质量流量。

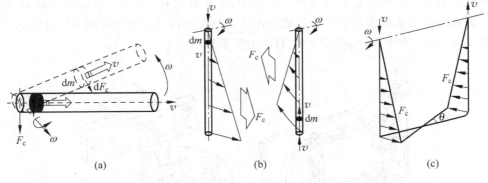

图 7-30　科里奥利力作用原理图

2) 科里奥利质量流量计

科里奥利质量流量计简称科氏力流量计(Coriolis Mass Flowmeter,CMF),它是利用流体在振动管中流动时,将产生与质量流量成正比的科里奥利力的测量原理。科氏力流量计由检测科里奥利力的传感器与转换器组成。图 7-31 所示为一种 U 形管式科氏力流量计的示意图,其工作原理如下。

测量管在外力驱动下,以固有振动频率做周期性上、下振动,频率约为 80Hz,振幅接近 1mm。当流体流过振动管时,管内流体一方面沿管子轴向流动,一方面随管绕固定梁正反交替"转动",对管子产生科里奥利力。进、出口管内流体的流向相反,将分别产生大小相等、方向相反的科氏力的作用。在管子向上振动的半个周期内,流入侧管路的流体对管子施加

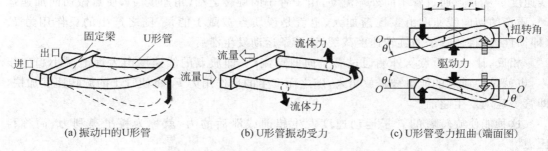

(a) 振动中的U形管　　(b) U形管振动受力　　(c) U形管受力扭曲(端面图)

图 7-31　U形管式科里奥利力作用原理图

一个向下的力；而流出侧管路的流体对管子施加一个向上的力，导致 U 形测量管产生扭曲。在振动的另外半个周期，测量管向下振动，扭曲方向则相反。如图 7-31(c)所示，U 形测量管受到一方向和大小都随时间变化的扭矩 M_c，使测量管绕 O-O 轴作周期性扭曲变形。扭转角 θ 与扭矩 M_c 及刚度 k 有关。其关系为

$$M_c = 2F_c r = 4\omega L r \cdot M = k\theta \tag{7-52}$$

$$M = \frac{k}{4\omega L r}\theta \tag{7-53}$$

所以被测流体的质量流量 M 与扭转角 θ 成正比。如果 U 形管振动频率一定，则 ω 恒定不变。所以只要在振动中心位置 O-O 上安装两个光电检测器，测出 U 形管在振动过程中测量管通过两侧的光电探头的时间差，就能间接确定 θ，即质量流量 M。

科氏力流量计的振动管形状还有平行直管、Ω 形管或环形管等，也有用两根 U 形管等方式。采用何种形式的流量计要根据被测流体情况及允许阻力损失等因素综合考虑进行选择。图 7-32 所示为两种振动管形式的科氏力流量计结构示意图。

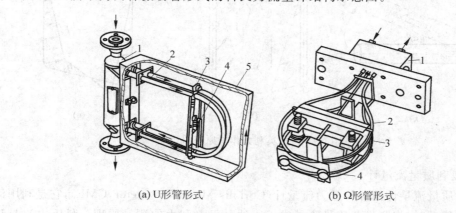

(a) U形管形式　　(b) Ω形管形式

图 7-32　两种科氏力流量计结构示意图

1—支承管；2—检测管；3—电磁检测器；4—电磁激励器；5—壳体

这种类型的流量计的特点是可直接测得质量流量信号，不受被测介质物理参数的影响，精度较高；可以测量多种液体和浆液，也可以用于多相流测量；不受管内流态影响，因此对流量计前后直管段要求不高；其范围度可达 100∶1。但是它的阻力损失较大，存在零点漂移，管路的振动会影响其测量精度。

2. 热式质量流量计

热式质量流量计的测量原理基于流体中热传递和热转移与流体质量流量的关系。其工作机理是利用外热源对被测流体加热,测量因流体流动造成的温度场变化,从而测得流体的质量流量。热式流量计中被测流体的质量流量可表示为

$$q_m = \frac{P}{c_P \Delta T} \tag{7-54}$$

式中:P——加热功率;

$\qquad c_P$——比定压热容;

$\qquad \Delta T$——加热器前后温差。

若采用恒定功率法,测量温差 ΔT 可以求得质量流量。若采用恒定温差法,则测出热量的输入功率 P 就可以求得质量流量。

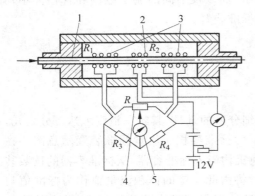

图 7-33 非接触式对称结构的热式
流量计示意图
1—镍管;2—加热线圈;3—测温线圈;
4—调零电阻;5—电表

图 7-33 为一种非接触式对称结构的热式流量计示意图。加热器和两只测温铂电阻安装在小口径的金属薄壁圆管外,测温铂电阻 R_1、R_2 接于测量电桥的两臂。在管内流体静止时,电桥处于平衡状态。当流体流动时则形成变化的温度场,两只测温铂电阻阻值的变化使电桥产生不平衡电压,测得此信号可知温差 ΔT,即可求得流体的质量流量。

热式流量计适用于微小流量测量。当需要测量较大流量时,要采用分流方法,仅测一小部分流量,再求得全流量。热式流量计结构简单,压力损失小。非接触式流量计使用寿命长;其缺点是灵敏度低,测量时还要进行温度补偿。

3. 冲量式流量计

冲量式流量计用于测量自由落下的固体粉料的质量流量。冲量式流量计由冲量传感器及显示仪表组成。冲量传感器感受被测介质的冲力,经转换放大输出与质量流量成比例的标准信号,其工作原理如图 7-34 所示。自由下落的固体粉料对检测板——冲板产生冲击力,其垂直分力由机械结构克服而不起作用。其水平分力则作用在冲板轴上,并通过机械结构的作用与反馈测量弹簧产生的力相平衡,水平分力大小可表示为

$$F_m = q_m \sqrt{2gh \sin\alpha \sin\gamma} \tag{7-55}$$

式中:q_m——物料流量,kg/s;

$\qquad h$——物料自由下落至冲板的高度,m;

$\qquad \gamma$——物料与冲板之间的夹角;

$\qquad \alpha$——冲板安装角度。

转换装置检测冲板轴的位移量,经转换放大后

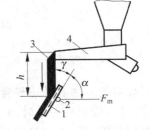

图 7-34 冲量式流量计工作原理图
1—冲板;2—冲板轴;3—物料;4—输送机

输出与流量相对应的信号。

冲量式流量计结构简单；安装维修方便；使用寿命长,可靠性高；由于检测的是水平力,所以检测板上有物料附着时也不会发生零点漂移。冲量式流量计适用于各种固体粉料介质的流量测量,从粉末到块状物以及浆状物料。流量计的选择要根据被测介质的大小、重量和正常工作流量等条件。正常流量应在流量计最大流量的30%～80%之间。改变流量计的量程弹簧可以调整流量测量范围。

7.5 流量标准装置

流量计的标定随流体的不同有很大的差异,需要建立各种类型的流量标准装置。流量标准装置的建立是比较复杂的,不同的介质如气、水、油以及不同的流量范围和管径大小均要有与之相应的装置。以下介绍几种典型的流量标准装置。

7.5.1 液体流量标准装置

液体流量标定方法和装置主要有以下几种。

1. 标准容积法

标准容积法所使用的标准计量容器是经过精细分度的量具,其容积精度可达万分之几,根据需要可以制成不同的容积大小。图7-35所示为标准容积法流量标准装置示意图。在校验时,高位水槽中的液体通过被校流量计经切换机构流入标准容器,从标准容器的读数装置上读出在一定时间内进入标准容器的液体体积,将由此决定的体积流量值作为标准值与被校流量计的标准值相比较。高位水槽内有溢流装置以保持槽内液位的恒定,补充的液体由泵从下面的水池中抽送。切换机构的作用是当流动达到稳定后再将流体引入标准容器。

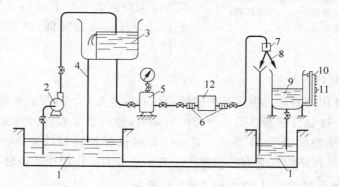

图7-35 标准容积法流量标准装置

1—水池；2—水泵；3—高位水槽；4—溢流管；5—稳压容器；6—活动管接头；7—切换机构；
8—切换挡板；9—标准容积计量槽；10—液位标尺；11—游标；12—被校流量计

进行校验的方法有动态校验法和停止校验法两种。动态校验法是让液体以一定的流量流入标准容器,读出在一定时间间隔内标准容器内液面上升量,或者读出液面上升一定高度所需的时间。停止校验法是控制停止阀或切换机构让一定体积的液体进入标准容器,测定开始流入到停止流入的时间间隔。

用容积法进行校验时,要注意温度的影响。因为热膨胀会引起标准容器容积的变化影响测定精度。

标准容积法有较高精度,但在标定大流量时制造精密的大型标准容器比较困难。

2. 标准质量法

这种方式是以秤代替标准容器作为标准器,用秤量一定时间内流入容器内的流体总量的方法来求出被测液体的流量。秤的精度较高,这种方法可以达到±0.1%的精度。其实验方法也有停止法和动态法两种。

3. 标准流量计法

这种方式是采用高精度流量计作为标准仪表对其他工作用流量计进行校正。用作高精度流量计的有容积式、涡轮式、电磁式和差压式等形式,可以达到±0.1%左右的测量精确度。这种校验方法简单,但是介质性质及流量大小要受到标准仪表的限制。

4. 标准体积管的校正法

采用标准体积管流量装置可以对较大流量进行实流标定,并且有较高精度,广泛用于石油工业标定液体总量仪表。

标准体积管流量装置在结构上有多种类型。图 7-36 为单球式标准体积管的原理示意图。合成橡胶球经交换器进入体积管,在流过被校验仪表的液流推动下,按箭头所示方向前进。橡胶球经过入口探头时发出信号启动计数器,橡胶球经过出口探头时停止计数器工作。橡胶球受导向杆阻挡,落入交换器,再为下一次实验做准备。被校表的体积流量总量与标准体积段的容积相等,脉冲计数器的累计数相应于被校表给出的体积流量总量。这样,根据检测球走完标准体积段的时间求出的体积流量作为标准,把它与被校表指示值进行比较,即可得知被校表的精度。

应注意,在标定中要对标准体积管的温度、压力及流过被校表的液体的温度、压力进行修正。

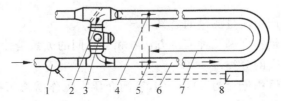

图 7-36 单球式标准体积管原理示意图

1—被校验流量计;2—交换器;3—球;4—终止检测器;
5—起始检测器;6—体积管;7—校验容积;8—计数器

7.5.2 气体流量标准装置

对于气体流量计,常用的校正方法有:用标准气体流量计的校正方法,用标准气体容积的校正方法,使用液体标准流量计的置换法等。

标准气体容积校正的方法采用钟罩式气体流量校正装置,其系统示意图如图 7-37 所示。作为气体标准容器的是钟罩,钟罩的下部是一个水封容器。由于下部液体的隔离作用,使钟罩下形成储存气体的标准容积。工作气体由底部的管道送入或引出。为了保证钟罩下的压力恒

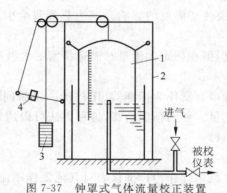

图 7-37　钟罩式气体流量校正装置

1—钟罩；2—导轨和支架；3—平衡锤；4—补偿锤

定,以及消除由于钟罩浸入深度变化引起罩内压力的变化,钟罩上部经过滑轮悬以相应的平衡重物。钟罩侧面有经过分度的标尺,以计量钟罩内气体体积。在对流量计进行校正时,由送风机把气体送入系统,使钟罩浮起,当流过的气体量达到预定要求时,把三通阀转向放空位置停止进气。放气使罩内气体经被校表流出,由钟罩的刻度值变化换算为气体体积,被校表的累积流过总量应与此相符。采用该方法也要对温度、压力进行修正。这种方法比较常用,可达到较高精度。目前常用钟罩容积有 50L、500L、2000L 几种。

此外,还有用音速喷嘴产生恒定流量值对气体流量计进行校正的方法。

由以上简要介绍可见,流量试验装置是多样的,而且一般比较复杂。还应该指出的是,在流量计校验过程中应保持流量值的稳定。因此,产生恒定流量的装置应是流量实验装置的一个部分。

思考题与习题

7-1　试述石油化工生产中流量测量的意义。

7-2　什么是流量和总量? 有哪几种表示方法? 相互之间的关系是什么?

7-3　简述流量检测仪表的分类。

7-4　已知工作状态下体积流量为 $293\mathrm{m^3/h}$,被测介质在工作状态下的密度为 $19.7\mathrm{kg/m^3}$,求流体的质量流量。

7-5　椭圆齿轮流量计的基本工作原理及特点是什么?

7-6　什么叫节流现象? 流体经节流装置时为什么会产生静压差?

7-7　节流式流量计的工作原理及特点是什么?

7-8　节流式流量计的流量系数与哪些因素有关?

7-9　标准节流装置有哪些,它们分别有哪些取压方式?

7-10　简述标准节流式流量计的组成环节及其作用。对流量测量系统的安装有哪些要求?

7-11　靶式流量计的工作原理及特点是什么?

7-12　浮子流量计的工作原理及特点是什么?

7-13　浮子流量计与节流式流量计测量原理有何异同?

7-14　玻璃浮子流量计在使用时出现下列情况时,则流量的指示值会发生什么变化?

(1)浮子上沉淀一定量的杂质;(2)流量计安装时不垂直;(3)被测介质密度小于标定值。

7-15 现用一只水标定的浮子流量计来测定苯的流量,已知浮子材料为不锈钢,$\rho_t = 7.9\text{g/cm}^3$,苯的密度为 $\rho_i = 0.83\text{ g/cm}^3$,试问流量计读数为 3.6L/s 时,苯的实际流量是多少?

7-16 某厂用浮子流量计来测量温度为 27℃,表压为 0.16GPa 的空气流量,问浮子流量计读数为 38Nm³/h 时,空气的实际流量是多少?

7-17 简述涡轮流量计组成及测量原理。

7-18 某一涡轮流量计的仪表常数为 $K = 150.4$ 次/L,当它在测量流量时的输出频率 $f = 400\text{Hz}$,其相应的瞬时流量是多少?

7-19 超声流量计的工作原理及特点是什么?其测速方法有几种?

7-20 在你学习到的各种流量检测方法中,请指出哪些测量结果受被测流体的密度影响,为什么?

7-21 电磁流量计的工作原理是什么?在使用时需要注意哪些问题?

7-22 简述涡街流量计的工作原理及特点,常见的旋涡发生体有哪几种?

7-23 质量流量测量有哪些方法?

7-24 科氏流量计的工作原理及特点是什么?

7-25 说明流量标准装置的作用,有哪几种主要类型?

7-26 已知某流量计的最大可测流量(标尺上限)为 40m³/h,流量计的量程比为 10∶1,则该流量计的最小可测流量是多少?

第8章

CHAPTER 8

物位检测及仪表

在工业生产中,常需要对一些设备和容器中的物位进行检测和控制。人们对物位检测的目的有两个:一个是通过物位检测来确定容器内物料的数量,以保证能够连续供应生产中各环节所需的物料或进行经济核算;另一个是通过物位检测,了解物位是否在规定的范围内,以便正常生产,从而保证产品的质量、产量和安全生产。例如,蒸汽锅炉中汽包的液位高度的稳定是保证生产和设备安全的重要参数。如果水位过低,则由于汽包内的水量较少,而负荷却很大,水的汽化速度又快,因而汽包内的水量变化速度很快,如不及时控制,就会使汽包内的水全部汽化,导致锅炉烧坏和爆炸;水位过高会影响汽包的汽水分离,产生蒸汽带液现象,会使过热气管壁结垢导致破坏,同时过热蒸汽温度急剧下降,该蒸汽作为汽轮机动力的话,还会损坏汽轮机叶片,影响运行的安全与经济性。汽包水位过高过低的后果极为严重,所以必须严格加以控制。由此可见,物位的测量在生产中具有十分重要的意义。

8.1 物位的定义及物位检测仪表的分类

本节介绍物位的定义及物位检测仪表的分类。

8.1.1 物位的定义

物位通指设备和容器中液体或固体物料的表面位置。

对应不同性质的物料又有以下定义。

(1) 液位:指设备和容器中液体介质表面的高低。

(2) 料位:指设备和容器中所储存的块状、颗粒或粉末状固体物料的堆积高度。

(3) 界位:指相界面位置。容器中两种互不相容的液体,因其重度不同而形成分界面,为液-液相界面;容器中互不相溶的液体和固体之间的分界面,为液-固相界面;液-液、液-固相界面的位置简称界位。

物位是液位、料位、界位的总称。对物位进行测量、指示和控制的仪表,称物位检测仪表。

8.1.2 物位检测仪表的分类

由于被测对象种类繁多,检测的条件和环境也有很大差别,所以物位检测的方法有多种多样,以满足不同生产过程的测量要求。

物位检测仪表按测量方式可分为连续测量和定点测量两大类。连续测量方式能持续测量物位的变化。定点测量方式则只检测物位是否达到上限、下限或某个特定位置,定点测量仪表一般称为物位开关。

按工作原理分类,物位检测仪表有直读式、静压式、浮力式、机械接触式、电气式等。

(1)直读式物位检测仪表:采用侧壁开窗口或旁通管方式,直接显示容器中物位的高度。方法可靠、准确,但是只能就地指示。主要用于液位检测和压力较低的场合。

(2)静压式物位检测仪表:基于流体静力学原理,适用于液位检测。容器内的液面高度与液柱重量所形成的静压力成比例关系,当被测介质密度不变时,通过测量参考点的压力可测知液位。这类仪表有压力式、吹气式和差压式等形式。

(3)浮力式物位检测仪表:其工作原理基于阿基米德定律,适用于液位检测。漂浮于液面上的浮子或浸没在液体中的浮筒,在液面变动时其浮力会产生相应的变化,从而可以检测液位。这类仪表有各种浮子式液位计、浮筒式液位计等。

(4)机械接触式物位检测仪表:通过测量物位探头与物料面接触时的机械力实现物位的测量。这类仪表有重锤式、旋翼式和音叉式等。

(5)电气式物位检测仪表:将电气式物位敏感元件置于被测介质中,当物位变化时其电气参数如电阻、电容等也将改变,通过检测这些电量的变化可知物位。

(6)其他物位检测方法如声学式、射线式、光纤式仪表等。

各类物位检测仪表的主要特性如表 8-1 所示。

表 8-1 物位检测仪表的分类和主要特性

类　别		适用对象	测量范围/m	允许温度/℃	允许压力/MPa	测量方式	安装方式
直读式	玻璃管式	液位	<1.5	100～150	常压	连续	侧面、旁通管
	玻璃板式	液位	<3	100～150	6、4	连续	侧面
静压式	压力式	液位	50	200	常压	连续	侧面
	吹气式	液位	16	200	常压	连续	顶置
	差压式	液位、界位	25	200	40	连续	侧面
浮力式	浮子式	液位	2.5	<150	6、4	连续、定点	侧面、顶置
	浮筒式	液位、界位	2.5	<200	32	连续、定点	侧面、顶置
	翻板式	液位	<2.4	−20～120	6、4	连续	侧面、旁通管
机械接触式	重锤式	料位、界位	50	<500	常压	连续、断续	顶置
	旋翼式	液位	由安装位置定	80	常压	定点	顶置
	音叉式	液位、料位	由安装位置定	150	4	定点	侧面、顶置
电气式	电阻式	液位、料位	由安装位置定	200	1	连续、定点	侧面、顶置
	电容式	液位、料位、界位	50	400	32	连续、定点	顶置
其他	超声式	液位、料位	60	150	0.8	连续、定点	顶置
	微波式	液位、料位	60	150	1	连续	顶置
	称重式	液位、料位	20	常温	常压	连续	在容器钢支架上安装传感器
	核辐射式	液位、料位	20	无要求	随容器定	连续、定点	侧面

8.2 常用物位检测仪表

下面介绍几种常用的物位检测仪表。

8.2.1 静压式物位检测仪表

静压式检测方法的测量原理如图 8-1 所示,将液位的检测转换为静压力测量。设容器上部空间的气体压力为 p_a,选定的零液位处压力为 p_b,则自零液位至液面的液柱高 H 所产生的静压差 Δp 可表示为

$$\Delta p = p_b - p_a = H\rho g \qquad (8\text{-}1)$$

式中:ρ——被测介质密度;

g——重力加速度。

当被测介质密度不变时,测量差压值 Δp 或液位零点位置的压力 p_b,即可以得知液位。

图 8-1 静压式液位计原理图

静压式检测仪表有多种形式,应用较普遍。

1. 压力和差压式液位计

凡是可以测压力和差压的仪表,选择合适的量程,均可用于检测液位。这种仪表的特点是测量范围大,无可动部件,安装方便,工作可靠。

对于敞口容器,式(8-1)中的 p_a 为大气压力,只需将差压变送器的负压室通大气即可。若不需要远传信号,也可以在容器底部或侧面液位零点处引出压力信号,仪表指示的表压力即反映相应的液柱静压,如图 8-2 所示。对于密闭容器,可用差压计测量液位。其设置见图 8-3,差压计的正压侧与容器底部相通,负压侧连接容器上部的气空间。由式(8-1)可求出液位高度。

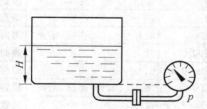

图 8-2 压力计式液位计示意图

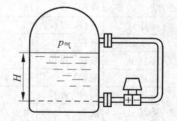

图 8-3 差压式液位计示意图

1) 零点迁移问题

在使用差压变送器测液位时,一般来说,其压差 Δp 与液位高度 H 之间有式(8-1)的关系。这就属于一般的零点"无迁移"情况,当 $H=0$ 时,作用在正、负压室的压力相等。

(1) 负迁移。

在实际液位测量时,液位 H 与压差 Δp 的关系不那么简单。如图 8-4 所示,为防止容器内液体或气体进入变送器而造成管线堵塞或腐蚀,并保持负压室的液柱高度恒定,在差压变送器正、负压室与取压点之间安装有隔离罐,并充有隔离液。若被测介质密度为 ρ_1,隔离液密度为 ρ_2(通常 $\rho_2 > \rho_1$),由图 8-4 知

$$p_+ = \rho_2 g h_1 + \rho_1 g H + p_0 \tag{8-2}$$

$$p_- = \rho_2 g h_2 + p_0 \tag{8-3}$$

由此可得正、负压室的压差为

$$\Delta p = p_+ - p_- = \rho_1 g H - (h_2 - h_1)\rho_2 g = \rho_1 g H - B \tag{8-4}$$

当 $H=0$ 时, $\Delta p = -(h_2-h_1)\rho_2 g \neq 0$, 有零点迁移, 且属于"负迁移"。

将式(8-4)与式(8-1)相比较, 就知道这时压差减少了 $-(h_2-h_1)\rho_2 g$ 一项, 也就是说, 当 $H=0$ 时, $\Delta p = -(h_2-h_1)\rho_2 g$, 对比无迁移情况, 相当于在负压室多了一项压力, 其固定数值为 $-(h_2-h_1)\rho_2 g$。假定采用的是 DDZ-Ⅲ差压变送器, 其输出范围为 4～20mA 的电流信号, 在无迁移时, $H=0$, $\Delta p=0$, 这时变送器的输出 $I_0=4\text{mA}$; $H=H_{max}$, $\Delta p=\Delta p_{max}$, 这时变送器的输出 $I_0=20\text{mA}$。差压变送器的输出电流 I 与液位 H 成线性关系, 如图 8-5 表示了液位 H 与差压 Δp 以及差压 Δp 与输出电流 ΔI 之间的关系。

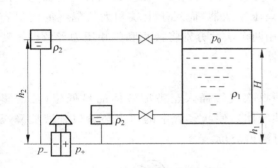

图 8-4　负迁移测量液位原理图

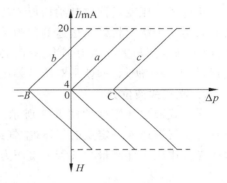

图 8-5　差压变送器的正负迁移示意图

但是有迁移时, 根据式(8-4)可知, 由于有固定差压的存在, 当 $H=0$ 时, 变送器的输入小于 0, 其输出必定小于 4mA; 当 $H=H_{max}$ 时, 变送器的输入小于 Δp_{max}, 其输出必定小于 20mA。为了使仪表的输出能正确反映出液位的数值, 也就是使液位的零值和满量程能与变送器输出的上、下限值相对应, 必须设法抵消固定压差 $(h_2-h_1)\rho_2 g$ 的作用, 使得当 $H=0$ 时, 变送器的输出仍回到 4mA, 而当 $H=H_{max}$ 时, 变送器的输出能为 20mA。采用零点迁移的办法就能够达到此目的。即调节仪表上的迁移弹簧, 以抵消固定压差 $(h_2-h_1)\rho_2 g$ 的作用。因为要迁移的量为负值, 因此称为负迁移, 迁移量为 $-B$。从而实现了差变输出与液位之间的线性关系, 见图 8-5 曲线 b 所示。

这里迁移弹簧的作用, 其实质就是改变变送器的零点, 迁移和调零都是使变送器输出的起始值与被测量起始点相对应, 只不过零点调整量通常较小, 而零点迁移量则比较大。

迁移的同时改变了量程范围的上、下限, 相当于测量范围的平移, 它不改变量程的大小。

(2) 正迁移。

由于工作条件不同, 有时会出现正迁移的情况, 如图 8-6 所示。由图可知

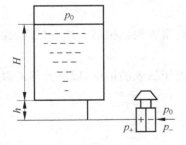

图 8-6　正迁移测量液位原理图

$$p_+ = \rho g h + \rho g H + p_0 \tag{8-5}$$

$$p_- = p_0 \tag{8-6}$$

由此可得正、负压室的压差为

$$\Delta p = p_+ - p_- = \rho g H + \rho g h = \rho g H + C \tag{8-7}$$

当 $H=0$ 时，$\Delta p=+C$，即正压室多了一项附加压力 C，这时变送器输出应为 4mA。画出此时变送器输出和输入压差之间的关系，就如同图 8-5 曲线 c 所示。

2）用法兰取压式差压变送器测量液位

为了解决测量具有腐蚀性或含有结晶颗粒以及黏度大、易凝固等液体液位时引压管线被腐蚀、被堵塞的问题，应使用在导压管入口处加隔离膜盒的法兰式差压变送器，如图 8-7 所示。作为敏感元件的测压头 1（金属膜盒），经毛细管 2 与变送器 3 的测量室相通。在膜盒、毛细管和测量室所组成的封闭系统内充有硅油，作为传压介质，并使被测介质不进入毛细管与变送器，以免堵塞。

法兰式差压变送器按其结构形式的不同又分为单法兰式及双法兰式两种。容器与变送器间只需一个法兰将管路接通的称为单法兰差压变送器，而对于上端和大气隔绝的闭口容器，因上部空间与大气压力多半不等，必须采用两个法兰分别将液相和气相压力导致差压变送器，如图 8-7 所示，这就是双法兰差压变送器。

2. 吹气式液位计

吹气式液位计原理如图 8-8 所示。将一根吹气管插入至被测液体的最低位（液面零位），使吹气管通入一定量的气体（空气或惰性气体），使吹气管中的压力与管口处液柱静压力相等。用压力计测量吹气管上端压力，就可测得液位。

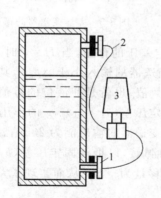
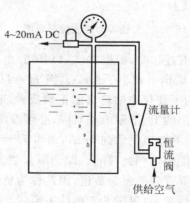

图 8-7　法兰式液位计示意图　　　　　图 8-8　吹气式液位计
1—法兰测压头；2—毛细管；3—变送器

由于吹气式液位计将压力检测点移至顶部，其使用维修均很方便。很适合地下储罐、深井等场合。

用压力计或差压计检测液位时，液位的测量精度取决于测压仪表的精度，以及液体的温度对其密度的影响。

8.2.2　浮力式物位检测仪表

浮力式物位检测仪表主要有如下几种。

1. 浮子式液位计

浮子式液位计是一种恒浮力式液位计。作为检测元件的浮子漂浮在液面上,浮子随着液面的变化而上下移动,其所受浮力的大小保持一定,检测浮子所在位置可知液面高低。浮子的形状常见有圆盘形、圆柱形和球形等,其结构要根据使用条件和使用要求来设计。

以图8-9所示的重锤式直读浮子液位计为例。浮子通过滑轮和绳带与平衡重锤连接,绳带的拉力与浮子的重量及浮力相平衡,以维持浮子处于平衡状态而漂在液面上,平衡重锤位置即反映浮子的位置,从而测知液位。若圆柱形浮子的外直径为 D、浮子浸入液体的高度为 h、液体密度为 ρ。则其所受浮力 F 为

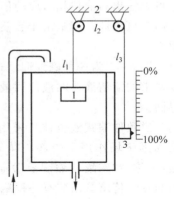

图8-9　浮子重锤液位计
1—浮子;2—滑轮;3—平衡重锤

$$F = \frac{\pi D^2}{4} h \rho g \qquad (8\text{-}8)$$

此浮力与浮子的重量减去绳带向上的拉力相平衡。当液位发生变化时,浮子浸入液体的深度将改变,所受浮力也变化。浮力变化 ΔF 与液位变化 ΔH 的关系可表示为

$$\frac{\Delta F}{\Delta H} = \rho g \frac{\pi D^2}{4} \qquad (8\text{-}9)$$

由于液体的黏性及传动系统存在摩擦等阻力,液位变化只有达到一定值时浮子才能动作。按式(8-9),若 ΔF 等于系统的摩擦力,则式(8-9)给出了液位计的不灵敏区,此时的 ΔF 为浮子开始移动时的浮力。选择合适的浮子直径及减少摩擦阻力,可以改善液位计的灵敏度。

浮子位置的检测方式有很多,可以直接指示也可以将信号远传。图8-10给出用磁性转换方式构成的舌簧管式液位计结构原理图。仪表的安装方式见图8-10(c),在容器内垂直插入下端封闭的不锈钢导管,浮子套在导管外可以上下浮动。图8-10(a)中导管内的条形绝缘板上紧密排列着舌簧管和电阻,浮子里面装有环形永磁体,环形永磁体的两面为 N、S 极,

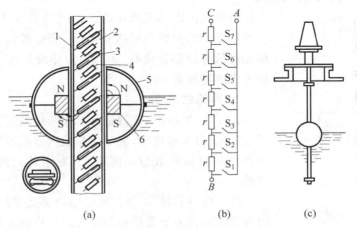

(a) (b) (c)

图8-10　舌簧管式液位计
1—导管;2—条形绝缘板;3—舌簧管;4—电阻;5—浮子;6—磁环

其磁力线将沿管内的舌簧管闭合,即处于浮子中央位置的舌簧管将吸合导通,而其他舌簧管则为断开状态。舌簧管和电阻按图 8-10(b)接线,随着液位的变化,不同舌簧管的导通使电路可以输出与液位相对应的信号。这种液位计结构简单,通常采用两个舌簧管同时吸合以提高其可靠性。但是由于舌簧管尺寸及排列的限制,液位信号的连续性较差,且量程不能很大。

图 8-11 为一种磁致伸缩式液位计。磁致伸缩式液位计属于浮子式液位计。适合高精度要求的清洁液体的液位测量。双浮子型磁致伸缩式液位计可以测量两种不同液体之间的界面。

磁致伸缩式液位计是采用磁致伸缩原理(某些磁性材料,在周围磁场作用下内部磁畴的取向改变,因而引起尺寸的伸缩,被称为"磁致伸缩现象")而设计的。其工作原理是:在一根非磁性传感管内装有一根磁致伸缩线,在磁致伸缩线一端装有一个压磁传感器,该压磁传感器每秒发出 10 个电流脉冲信号给磁致伸缩线,并开始计时,该电流脉冲同磁性浮子的磁场产生相互作用,在磁致伸缩线上产生一个扭应力波,这个扭应力波以已知的速度从浮子的位置沿磁致伸缩线向两端传送,直到压磁传感器收到这个扭应力信号为止。压磁传感器可测量出起始脉冲和返回扭应力波间的时间间隔,根据时间间隔大小来判断浮子的位置,由于浮子总是悬浮在液面上,且磁浮子位置(即时间间隔大小也就是液面的高低)随液面的变化而变化,然后通过智能化电子装置将时间间隔大小信号转换成与被测液位成比例的 4~20mA 信号输出。

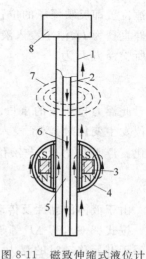

图 8-11 磁致伸缩式液位计
1—外管;2—波导管;
3、5—永久磁铁及磁场;4—浮子;
6、7—电脉冲及磁场;
8—感应装置

磁致伸缩式液位计比磁浮子舌簧管液位计技术上要先进,没有电触点,可靠性好;结构简单,小巧,连续反映液位的变化。但由于磁致伸缩信号微弱,需用特种材料及工艺灵敏的电路,所以制造难度较大,价格昂贵。

目前国内市场商品化磁致伸缩式液位计测量范围大(最大可达 20m),分辨力可达 0.5mm,精度等级 0.2~1.0 级,价格相对低廉。是非黏稠、非高温液体液位测量的一种较好和较为先进的测量方法。

2. 浮筒式液位计

这是一种变浮力式液位计。作为检测元件的浮筒为圆柱形,部分沉浸于液体中,利用浮筒被液体浸没高度不同引起的浮力变化而检测液位。图 8-12 为浮筒式液位计的原理示意图。

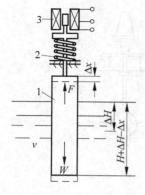

图 8-12 浮筒式液位计
1—浮筒;2—弹簧;
3—差动变压器

浮筒由弹簧悬挂,下端固定的弹簧受浮筒重力而被压缩,由弹簧的弹性力平衡浮筒的重力。在检测液位的过程中浮筒只有很小的位移。设浮筒质量为 m,截面积为 A,弹簧的刚度

和压缩位移为 c 和 x_0,被测液体密度为 ρ,浮筒没入液体高度为 H,对应于起始液位有以下关系:

$$cx_0 = mg - AH\rho g \tag{8-10}$$

当液位变化时,浮筒所受浮力改变,弹簧的变形也有变化。达到新的力平衡时则有以下关系:

$$c(x_0 - \Delta x) = mg - A(H + \Delta H - \Delta x)\rho g \tag{8-11}$$

由式(8-10)和式(8-11)可求得

$$\Delta H = \left(1 + \frac{c}{A\rho g}\right)\Delta x \tag{8-12}$$

上式表明,弹簧的变形与液位变化成比例关系。容器中的液位高度则为

$$H' = H + \Delta H \tag{8-13}$$

通过检测弹簧的变形即浮筒的位移,即可求出相应的液位高度。

检测弹簧变形有各种转换方法,常用的有差动变压器式、扭力管力平衡式等。图 8-12 中的位移转换部分就是一种差动变压器方式。在浮筒顶部的连杆上装一个铁芯,铁芯随浮筒而上下移动,其位移经差动变压器转换为与位移成比例的电压输出,从而给出相应的液位指示。

8.2.3　其他物位检测仪表

本节介绍基于其他特性的物位检测仪表。

1. 电容式物位计

电容式物位计的工作原理基于圆筒形电容器的电容值随物位而变化。这种物位计的检测元件是两个同轴圆筒电极组成的电容器,见图 8-13(a),其电容量为

$$C_0 = \frac{2\pi\varepsilon_1 L}{\ln(D/d)} \tag{8-14}$$

式中: L——极板长度;

D——外电极内径;

d——内电极外径;

ε_1——极板间介质的介电常数。

若将物位变化转换为 L 或 ε_1 的变化均可引起电容量的变化,从而构成电容式物位计。

当圆筒形电极的一部分被物料浸没时,极板间存在的两种介质的介电常数将引起电容量的变化。设原有中间介质的介电常数为 ε_1,被测物料的介电常数为 ε_2,电极被浸没深度为 H,如图 8-13(b)所示,则电容变化为

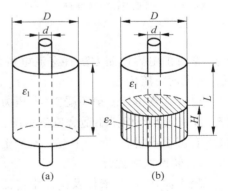

图 8-13　电容式物位计的测量原理图

$$C = \frac{2\pi\varepsilon_2 H}{\ln(D/d)} + \frac{2\pi\varepsilon_1(L - H)}{\ln(D/d)} \tag{8-15}$$

则电容量的变化 ΔC 为

$$\Delta C = C - C_0 = \frac{2\pi(\varepsilon_2 - \varepsilon_1)}{\ln(D/d)}H = KH \tag{8-16}$$

在一定条件下，$\dfrac{2\pi(\varepsilon_2-\varepsilon_1)}{\ln(D/d)}$ 为常数，则 ΔC 与 H 成正比，测量电容变化量即可得知物位。

电容式物位计可以测量液位、料位和界位，主要由测量电极和测量电路组成。根据被测介质情况，电容测量电极的形式可以有多种。当测量不导电介质的液位时，可用同心套筒电极，如图 8-14 所示；当测量料位时，由于固体间磨损较大，容易"滞留"，所以一般不用双电极式电极。可以在容器中心设内电极而由金属容器壁作为外电极，构成同心电容器来测量非导电固体料位，如图 8-15 所示。

$$C_x=\frac{2\pi(\varepsilon-\varepsilon_0)}{\ln(D/d)}H=KH \tag{8-17}$$

式中：ε_0——空气介电常数；

ε——物料介电常数。

当测量导电液体时，可以用包有一定厚度绝缘外套的金属棒做内电极，而外电极即液体介质本身，这时液位的变化引起极板长度的改变，如图 8-16 所示。

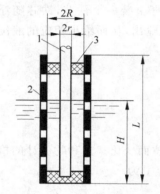

图 8-14　非导电液体液位测量
1—内电极；2—外电极；3—绝缘套

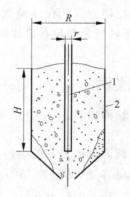

图 8-15　非导电固体料位测量
1—金属棒内电极；
2—金属容器外电极

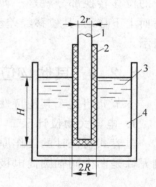

图 8-16　导电液体液位测量
1—内电极；2—绝缘套管；
3—外电极；4—导电液体

常见的电容检测方法有交流电桥法、充放电法、谐振电路法等。可以输出标准电流信号，实现远距离传送。

电容式物位计一般不受真空、压力、温度等环境条件的影响；安装方便，结构牢固，易维修；价格较低。但是不适合以下情况：如介质的介电常数随温度等影响而变化、介质在电极上有沉积或附着、介质中有气泡产生等。

2. 超声式物位计

超声波在气体、液体及固体中传播，具有一定的传播速度。超声波在介质中传播时会被吸收而衰减，在气体中传播的衰减最大，在固体中传播的衰减最小。超声波在穿过两种不同介质的分界面时会产生反射和折射，对于声阻抗（声速与介质密度的乘积）差别较大的相界面，几乎为全反射。从发射超声波至收到反射回波的时间间隔与分界面位置有关，利用这一比例关系可以进行物位测量。

回波反射式超声波物位计的工作原理，就是利用发射的超声波脉冲将由被测物料的表面反射，测量从发射超声波到接收回波所需的时间，可以求出从探头到分界面的距离，进而

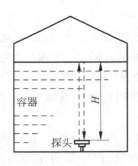

图 8-17　超声液位
检测原理

测得物位。根据超声波传播介质的不同,超声式物位计可以分为固介式、液介式和气介式。它的组成主要有超声换能器和电子装置,超声换能器由压电材料制成,它完成电能和超声能的可逆转换,超声换能器可以采用接、收分开的双探头方式,也可以只用一个自发自收的单探头。电子装置用于产生电信号激励超声换能器发射超声波,并接收和处理经超声换能器转换的电信号。

图 8-17 所示为一种液介式超声波物位计的测量原理。置于容器底部的超声波换能器向液面发射短促的超声波脉冲,经时间 t 后,液面处产生的反射回波又被超声波换能器接收。则由超声波换能器到液面的距离 H 可用下式求出

$$H = \frac{1}{2}ct \qquad (8-18)$$

式中: c ——超声波在被测介质中的传播速度。

只要声速已知,可以精确测量时间 t ,求得液位。

超声波在介质中的传播速度易受介质的温度、成分等变化的影响,是影响物位测量的主要因素,需要进行补偿。通常可在超声换能器附近安装温度传感器,自动补偿声速因温度变化对物位测量的影响。还可使用校正器,定期校正声速。

超声式物位计的构成形式多样,还可以实现物位的定点测量。这类仪表无机械可动部件,安装维修方便;超声换能器寿命长;可以实现非接触测量,适合有毒、高黏度及密封容器的物位测量;能实现防爆。由于其对环境的适应性较强,应用广泛。

3. 核辐射式物位计

核辐射式物位计是利用放射源产生的核辐射线(通常为 γ 射线)穿过一定厚度的被测介质时,射线的投射强度将随介质厚度的增加而呈指数规律衰减的原理来测量物位的。射线强度的变化规律为

$$I = I_0 e^{-\mu H} \qquad (8-19)$$

式中: I_0 ——进入物料之前的射线强度;

　　　μ ——物料对射线的吸收系数;

　　　H ——物料的厚度;

　　　I ——穿过介质后的射线强度。

图 8-18 是辐射式物位计的测量原理示意图,在辐射源射出的射线强度 I_0 和介质的吸收系数 μ 已知的情况下,只要通过射线接收器检测出透过介质以后的射线强度 I ,就可以检测出物位的厚度 H 。

核辐射式物位计属于非接触式物位测量仪表,适用于高温、高压、强腐蚀、剧毒等条件苛刻的场合。核射线还能够直接穿透钢板等介质,可用于高温熔融金属的液位测量,使用时几乎不受温度、压力、电磁场的影响。但由于射线对人体有害,因此对射线的剂量应严加控制,且须切实加强安全防护措施。

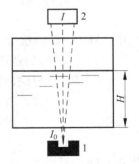

图 8-18　核辐射物位计
测量示意图

1—射线源;2—接收器

4. 称重式液罐计量仪

石油、化工行业大型储罐很多,如油田的原油计量罐,由于高度与直径都很大,液位变化 1~2mm,就会有几百千克到几吨的差别,所以液位的测量要求很准确。同时,液体(如油品)的密度会随温度发生较大的变化,而大型容器由于体积很大,各处温度很不均匀,因此即使液位(即体积)测得很准确,也反映不了储罐中真实的质量储量。利用称重式液罐计量仪基本上就能解决上述问题。

称重仪根据天平原理设计,如图8-19所示。罐顶压力 p_1 与罐底压力 p_2 分别引至下波纹管1和上波纹管2。两波纹管的有效面积 A_1 相等,差压引入两波纹管,产生总的作用力,作用于杠杆系统,使杠杆失去平衡,于是通过发信器、控制器、接通电机线路,使可逆电机旋转,并通过丝杠6带动砝码5移动,直至由砝码作用于杠杆的力矩与测量力(由压差引起)作用于杠杆的力矩平衡时,电机才停止转动。下面推导在杠杆系统平衡时砝码离支点的距离 L_2 与液灌中总的质量储量之间的关系。

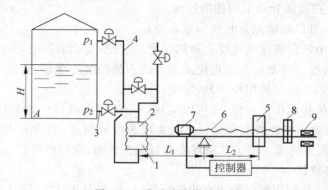

图 8-19 称重式液罐计量仪
1—下波纹管;2—上波纹管;3—液相引压管;4—气相引压管;
5—砝码;6—丝杠;7—可逆电机;8—编码盘;9—发讯器

杠杆平衡时,有

$$(p_2 - p_1)A_1 L_1 = MgL_2 \tag{8-20}$$

式中:M——砝码质量;

g——重力加速度;

L_1、L_2——杠杆臂长;

A_1——两波纹管有效面积。

由于

$$p_2 - p_1 = H\rho g \tag{8-21}$$

代入式(8-20)得

$$L_2 = \frac{A_1 L_1}{M}\rho H = K\rho H \tag{8-22}$$

式中:K——仪表常数;

ρ——被测介质密度;

H——被测介质高度。

如果液罐截面均匀,设截面积为 A,于是储液罐内总的液体储量 M_0 为

$$M_0 = \rho H A \qquad (8\text{-}23)$$

即

$$\rho H = \frac{M_0}{A} \qquad (8\text{-}24)$$

将式(8-24)代入式(8-22)得

$$L_2 = \frac{K}{A} M_0 \qquad (8\text{-}25)$$

因此,砝码离支点的距离 L_2 与液罐单位面积储量成正比。如果液罐的横截面积 A 为常数,则可得

$$L_2 = K_i M_0 \qquad (8\text{-}26)$$

式中:$K_i = \dfrac{K}{A} = \dfrac{A_1 L_1}{AM}$ 为仪表常数。可见 L_2 与储液罐内介质的总质量储量 M_0 成正比,而与介质密度无关。

如果储罐横截面积随高度而变化,一般是预先制好表格,根据砝码位移量 L_2 就可以查得储存液体的重量。

由于砝码移动距离与丝杠转动圈数成比例,丝杠转动时,经减速带动编码盘 8 转动,因此编码盘的位置与砝码位置是对应的,编码盘发出编码信号到显示仪表,经译码和逻辑运算后用数字显示出来。

由于称重仪是按天平平衡原理工作的,因此具有很高的精度和灵敏度。当罐内液体受组分、温度等影响密度变化时,并不影响仪表的测量精度。该仪表可以用数字直接显示,非常醒目,并便于与计算机联用,进行数据处理或进行控制。

5. 光纤式液位计

随着光纤传感技术的不断发展,其应用范围日益广泛。在液位测量中,光纤传感技术的有效应用,一方面缘于其高灵敏度,另一方面是由于它具有优异的电磁绝缘性能和防爆性能,从而为易燃易爆介质的液位测量提供了安全的检测手段。

全反射型光纤液位计由液位敏感元件、传输光信号的光纤、光源和光检测元件等组成。图 8-20 所示为光纤液位传感器部分的结构原理图。棱镜作为液位的敏感元件,它被烧结或粘接在两根大芯径石英光纤的端部。这两根光纤中的一根光纤与光源耦合,称为发射光纤;另一根光纤与光电元件耦合,称为接收光纤。棱镜的角度设计必须满足以下条件:当棱镜位于气体(如空气)中时,由光源经发射光纤传到棱镜与气体介面上的光线满足全反射条件,即入射光线被全部反射到接收光纤上,并经接收光纤传送到光电检测单元中;而当棱镜位于液体中时,由于液体折射率比空气大,入射光线在棱镜中全反射条件被破坏,其中一部分光线将透过界面而泄漏到液

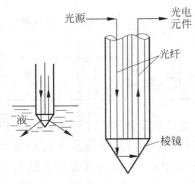

图 8-20 全反射型光纤液位传感器
结构图

体中,致使光电检测单元收到的光强减弱。

设光纤折射率为 n_1,空气折射率为 n_2,液体折射率为 n_3,光入射角为 ϕ_1,入射光功率为

P_i,则单根光纤对端面分别裸露在空气中时和淹没在液体中时的输出光功率 P_{o1} 和 P_{o2} 分别为

$$P_{o1} = P_i \frac{(n_1 \cos \phi_1 - \sqrt{n_2^2 - n_1^2 \sin^2 \phi_1})^2}{(n_1 \cos \phi_1 + \sqrt{n_2^2 - n_1^2 \sin^2 \phi_1})^2} = P_i E_{o1} \tag{8-27}$$

$$P_{o2} = P_i \frac{(n_1 \cos \phi_1 - \sqrt{n_3^2 - n_1^2 \sin^2 \phi_1})^2}{(n_1 \cos \phi_1 + \sqrt{n_3^2 - n_1^2 \sin^2 \phi_1})^2} = P_i E_{o2} \tag{8-28}$$

二者差值为

$$\Delta P_o = P_{o1} - P_{o2} = P_i(E_{o1} - E_{o2}) \tag{8-29}$$

由式(8-29)可知,只要检测出有差值 ΔP_o,便可确定光纤是否接触液面。

由上述工作原理可以看出,这是一种定点式的光纤液位传感器,适用于液位的测量与报警,也可用于不同折射率介质(如水和油)的分界面的测定。另外,根据溶液折射率随浓度变化的性质,还可以用来测量溶液的浓度和液体中小气泡含量等。

6. 物位开关

进行定点测量的物位开关是用于检测物位是否达到预定高度,并发出相应的开关量信号。针对不同的被测对象,物位开关有多种形式,可以测量液位、料位、固—液分界面、液—液分界面,以及判断物料的有无等。物位开关的特点是简单、可靠、使用方便,适用范围广。

物位开关的工作原理与相应的连续测量仪表相同,表 8-2 列出几种物位开关的特点及示意图。

表 8-2 物位开关

分 类	示 意 图	与被测介质接触部	分 类	示 意 图	与被测介质接触部
浮球式		浮球	微波穿透式		非接触
电导式		电极	核辐射式		非接触
振动叉式		振动叉或杆	运动阻尼式		运动板

利用全反射原理亦可以制成开关式光纤液位探测器。光纤液位探头由 LED 光源、光电二极管和多模光纤等组成。一般在光纤探头的顶端装有圆锥体反射器,当探头未接触液面时,光线在圆锥体内发生全反射而返回光电二极管;在探头接触液面后,将有部分光线透入液体内,而使返回光电二极管的光强变弱。因此,当返回光强发生突变时,表明测头已接触液面,从而给出液位信号。图 8-21 给出光纤液位探测器的几种结构形式。图 8-21 (a)所示为 Y 形光纤结构,由 Y 形光纤和全反射锥体以及光源和光电二极管等组成。图 8-21 (b)所示为 U 形结构,在探头端部除去光纤的包层,当探头浸入液体时,液体起到包层的作用,由于包层折射率的变化使接收光强改变,其强度变化与液体的折射率和测头弯曲形状有关。图 8-21 (c)所示探头端部是两根多模光纤用棱镜耦合在一起,这种结构的光调制深度最强,

而且对光源和光探测器件要求不高。

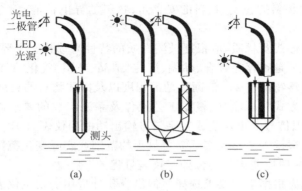

图 8-21　光纤液位探测器

8.3　影响物位测量的因素

在实际生产过程中,被测对象很少有静止不动的情况,因此会影响物位测量的准确性。各种影响物位测量的因素对于不同介质各有不同,这些影响因素表现在如下方面。

8.3.1　液位测量的特点

液位测量的特点如下:

(1) 稳定的液面是一个规则的表面,但是当物料有流进流出时,会有波浪使液面波动,在生产过程中还可能出现沸腾或起泡沫的现象,使液面变得模糊;

(2) 大型容器中常会有各处液体的温度、密度和黏度等物理量不均匀的现象;

(3) 容器中的液体呈高温、高压或高黏度,或含有大量杂质、悬浮物等。

8.3.2　料位测量的特点

料位测量的特点如下:

(1) 料面不规则,存在自然堆积的角度;

(2) 物料排出后存在滞留区;

(3) 物料间的空隙不稳定,会影响对容器中实际储料量的计量。

8.3.3　界位测量的特点

界位测量的特点则是在界面处可能存在浑浊段。

以上这些问题,在物位计的选择和使用时应予以考虑,并要采取相应的措施。

8.4　物位检测仪表的选型

物位测量仪表的选型原则如下:

(1) 液面和界面测量应选用差压式仪表、浮筒式仪表和浮子式仪表。当不满足要求时,可选用电容式、射频导纳式、电阻式(电接触式)、声波式、磁致伸缩式等仪表。

料面测量应根据物料的粒度、物料的安息角、物料的导电性能、料仓的结构形式及测量要求进行选择。

（2）仪表的结构形式及材质，应根据被测介质的特性来选择。主要的考虑因素为压力、温度、腐蚀性、导电性；是否存在聚合、黏稠、沉淀、结晶、结膜、气化、冒泡等现象；密度和密度变化；液体中含悬浮物的多少；液面扰动的程度以及固体物料的粒度。

（3）仪表的显示方式和功能，应根据工艺操作及系统组成的要求确定。当要求信号传输时，可选择具有模拟信号输出功能或数字信号输出功能的仪表。

（4）仪表量程应根据工艺对象实际需要显示的范围或实际变化范围确定。除供容积计量用的物位仪表外，一般应使正常物位处于仪表量程的50%左右。

（5）仪表精确度应根据工艺要求选择。但供容积计量用的物位仪表的精确度应不劣于$\pm 1\mathrm{mm}$。

（6）用于可燃性气体、蒸汽及可燃性粉尘等爆炸危险场所的电子式物位仪表，应根据所确定的危险场所类别以及被测介质的危险程度，选择合适的防爆结构形式或采取其他的防爆措施。

思考题与习题

8-1 试述物位测量的意义及目的。

8-2 根据工作原理不同，物位测量仪表有哪些主要类型？它们的工作原理各是什么？

8-3 当测量有压容器的液位时，差压变送器的负压室为什么一定要与容器的气相相连接？

8-4 什么是液位测量时的零点迁移问题？如何实现迁移？其实质是什么？

8-5 在液位测量中，如何判断"正迁移"和"负迁移"？

8-6 如图8-22所示，用差压变送器测量液位，是否考虑零点迁移？迁移量是多少？如果液位在$0 \sim H_{\max}$之间变化，求变送器的量程。

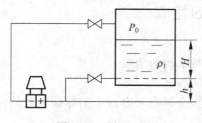

图 8-22　题 8-6 图

8-7 如图8-23所示，测量高温液体(指它的蒸汽在常温下要冷凝的情况)时，经常在负压管上装有冷凝罐，问这时用差压变送器来测量液位时，要不要零点迁移？迁移量是多少？如果液位在$0 \sim H_{\max}$之间变化，求变送器的量程。

8-8 如图8-4所示，用差压变送器测量液位，$\rho_1 = 1200\mathrm{kg/m^3}$，$\rho_2 = 950\mathrm{kg/m^3}$，$h_1 = 1.0\mathrm{m}$，$h_2 = 5.0\mathrm{m}$。如果液位在$0 \sim 3\mathrm{m}$之间变化，当地重力加速度$g = 9.8\mathrm{m/s^2}$，求变送器的量程和迁移量。

8-9 为什么要用法兰式差压变送器？

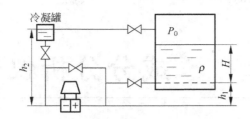

图 8-23 题 8-7 图

8-10 恒浮力式液位计与变浮力式液位计的测量原理有什么异同点?

8-11 简述电容式物位计、超声式物位计、核辐射式物位计的工作原理及特点。

8-12 简述电容式物位计测导电及非导电介质物位时,其测量原理有何不同?

8-13 试述称重式液灌计量仪的工作原理及特点。

8-14 在下述检测液位的仪表中,受被测液位密度影响的有哪几种?并说明原因。

(1) 玻璃液位计;(2) 浮力液位计;(3) 差压式液位计;(4) 电容式液位计;

(5) 超声波液位计;(6) 射线式液位计;(7) 磁致伸缩式液位计;(8) 雷达式液位计。

8-15 物料的料位测量与液位测量有什么不同的特点?

第 9 章

成分分析仪表

成分分析仪表是对物质的成分及性质进行分析的仪表。使用成分分析仪表可以了解生产过程中的原料、中间产品及最终产品的性质及其含量,配合其他有关参数的测量,更易于使生产过程达到提高产品质量、降低材料和能源消耗的目的。成分分析仪表在保证安全生产和防止环境污染方面更有其重要的作用。

9.1 成分分析方法及分类

工业化生产过程中,产品的质量和数量都直接或间接地受温度、压力、流量、物位等四大参数的影响。所以,这四个参数的提取、检测就成了自动化生产的关键。但是,这些参数并不能直接给出生产过程中原料、中间产品及最终产品的质量情况,用人工分析又会需要一定的时间,分析结果不够及时。自动分析仪表就可以对物质的性质及成分连续地、自动地进行在线测量,分析速度快,可以直接地反映各个环节的产品质量情况,给出控制指标,从而使生产处于最优状态。本节主要针对自动分析仪表进行讨论。

9.1.1 成分分析方法

成分分析方法分为两种类型,一种是定期取样,通过实验室测定的实验室人工分析方法;另一种是利用可以连续测定被测物质的含量或性质的自动分析仪表进行自动分析的方法。

自动分析仪表又称为在线分析仪表或过程分析仪表。这种类型更适合生产过程的监测与控制,是工业生产过程中所不可缺少的工业自动化仪表之一。

9.1.2 成分分析仪表分类

成分分析所用的仪器和仪表基于多种测量原理,在进行分析测量时,需要根据被测物质的物理和化学性质,来选择适当的手段和仪表。

目前,按测量原理分类,成分分析仪表有以下几种类型。

(1) 电化学式:电导式、电量式、电位式、电解式、氧化锆、酸度计、离子浓度计等。

(2) 热学式:热导式、热谱式、热化学式等。

(3) 磁学式:磁式氧分析器、核磁共振分析仪等。

(4) 射线式:X 射线分析仪、γ 射线分析仪、同位素分析仪、微波分析仪等。

（5）光学式：红外、紫外等吸收式光学分析仪，光散射、光干涉式光学分析仪等。

（6）电子光学式和离子光学式：电子探针、离子探针、质谱仪等。

（7）色谱式：气相色谱仪、液相色谱仪等。

（8）物性测量仪表：水分计、黏度计、密度计、湿度计、尘量计等。

（9）其他：晶体振荡式分析仪、半导体气敏传感器等。

本章将介绍几种常用的自动分析仪表。

9.2　自动分析仪表的基本组成

工业自动分析仪表的基本组成如图 9-1 所示。其主要组成环节及其作用如下所述。

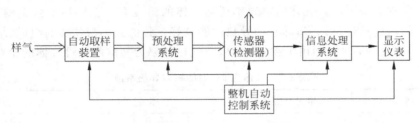

图 9-1　工业自动分析仪表的基本组成

自动取样装置的作用是从生产设备中自动、连续、快速地提取待分析样品。

预处理系统可以采用诸如冷却、加热、汽化、减压、过滤等方式对所采集的分析样品进行适当的处理，为分析仪器提供符合技术要求的试样。取样和试样的制备必须注意避免液体试样的分馏作用和气体试样中某些组分被吸附的情况，以保证测量的可靠性。

检测器（又称传感器）是分析仪表的核心，不同原理的检测器可以把被分析物质的组分或性质转换成电信号输出。分析仪表的技术性能主要取决于检测器。

信息处理系统的作用是对检测器输出的微弱电信号做进一步处理，如放大、转换、线性化、运算、补偿等，最终变换为统一的标准信号，将其输出到显示仪表。

显示仪表可以用模拟、数字或屏幕图文显示方式给出测量分析结果。

整机自动控制系统用于控制各个部分的协调工作，使取样、处理和分析的全过程可以自动连续地进行。如每个分析周期进行自动调零、校准、采样分析、显示等循环过程。

有些分析仪表不需要采样和预处理环节，而是将探头直接放入被测试样中，如氧化锆氧分析器。

9.3　工业常用自动分析仪表

工业用自动分析仪表种类很多，这里仅介绍其中较常用的热导式气体分析器、红外线气体分析器、氧化锆氧分析器、气相色谱分析仪、酸度检测仪表和湿度检测仪表。

9.3.1　热导式气体分析器

热导式气体分析器是一种使用最早的、应用较广的物理式气体分析器，它是利用不同气体导热特性不同的原理进行分析的。常用于分析混合气体中某个组分(又称待测组分)的含量,如 H_2、CO_2、NH_3、SO_2 等组分的百分含量。这类仪表具有结构简单、工作稳定、体积小等优点,是生产过程中使用较多的仪表之一。

热导式气体分析器的原理简单,既可作为单纯分析器,又可根据需要构成一个组分分析的变送器,实现生产过程的自动调节,对提高产品质量,安全生产和节能等起了一定的作用。热导式检测器也被广泛应用于色谱分析仪中。

由传热学可知,同一物体或不同物体相接触存在温度差时,会产生热量的传递,热量由高温物体向低温物体传导。不同物体(固体、液体、气体)都有导热能力,但导热能力有差异,一般而言,固体导热能力最强,液体次之,气体最弱。气体中,氢和氦的导热能力最强,而二氧化碳和二氧化硫的导热能力较弱。物体的导热能力即反映其热传导速率大小,通常用导热系数或热导率 λ 来表示。气体的热导率还与气体的温度有关。导热系数 λ 越大,表示物质在单位时间内传递热量越多,即它的导热性能越好。其值大小与物质的组成、结构、密度、温度、压力等有关。表 9-1 列出了在 0℃ 时以空气热导率为基准的几种气体的相对热导率。

表 9-1 气体在 0℃ 时的相对导热系数

气 体 名 称	相对导热系数	气 体 名 称	相对导热系数
空气	1.000	一氧化碳	0.964
氢	7.130	二氧化碳	0.614
氧	1.015	二氧化硫	0.344
氮	0.998	氨	0.897
氦	5.91	甲烷	1.318
氧化氢	0.538	乙烷	0.807

对于彼此之间无相互作用的多种组分的混合气体,它的导热系数可以近似地认为是各组分导热系数的加权平均值,即

$$\lambda = \lambda_1 C_1 + \lambda_2 C_2 + \cdots + \lambda_n C_n = \sum_{i=1}^{n} \lambda_n C_n \qquad (9\text{-}1)$$

式中:λ——混合气体的导热系数;

λ_i——混合气体中第 i 种组分的导热系数;

C_i——混合气体中第 i 种组分的体积百分含量。

式(9-1)说明混合气体的导热系数与各组分的体积百分含量和相应的导热系数有关,若某一组分的含量发生变化,必然会引起混合气体的导热系数的变化,热导式分析仪器就是基于这种物理特性进行分析的。

如果被测组分的导热系数为 λ_1,其余组分为背景组分,并假定它们的导热系数近似等于 λ_2。又由于 $C_1 + C_2 + \cdots + C_n = 1$,将它们代入式(9-1)后可得

$$\lambda \approx \lambda_1 C_1 + \lambda_2 (C_2 + C_3 + \cdots + C_n) = \lambda_1 C_1 + \lambda_2 (1 - C_1)$$

即有

$$\lambda = \lambda_2 + (\lambda_1 - \lambda_2) C_1 \qquad (9\text{-}2)$$

或

$$C_1 = \frac{\lambda - \lambda_2}{\lambda_1 - \lambda_2} \qquad (9\text{-}3)$$

在 λ_1、λ_2 已知的情况下,测定混合气体的总导热系数 λ,就可以确定被测组分的体积百分含量。

从上面的讨论中可以看出,用热导法进行测量时,应满足以下两个条件:

(1) 混合气体中除待测组分 C_1 外,其余各组分(背景组分)的导热系数必须相同或十分接近;

(2) 待测组分的导热系数与其余组分的导热系数要有明显差异,差异愈大,愈有利于测量。

在实际测量中,若不能满足上述两个条件时,应采取相应措施对气样进行预处理(又称净化),使其满足上述两个条件,再进入分析仪器分析。如分析烟道气体中的 CO_2 含量,已知烟道气体的组分有 CO_2、N_2、CO、SO_2、H_2、O_2 及水蒸气等。其中 SO_2、H_2 的导热系数相差太大,应在预处理时除去。剩余的背景气体导热系数相近,并与被测气体 CO_2 的导热系数有显著差别,所以可用热导法进行测量。

利用热导原理工作的分析仪器,除应尽量满足上述两个条件外,还要求取样气体的温度变化要小,或者对取样气体采取恒温措施,以提高测量结果的可靠性。

热导式分析仪表最常用于锅炉烟气分析和氢纯度分析,也常用作色谱分析仪的检测器,在线使用这种仪表时,要有采样及预处理装置。

9.3.2　红外线气体分析器

红外线气体分析器属于光学分析仪表中的一种。它是利用不同气体对不同波长的红外线具有选择性吸收的特性来进行分析的。这类仪表的特点是测量范围宽;灵敏度高,能分析的气体体积分数可到 10^{-6}(ppm 级);反应速度快、选择性好。红外线气体分析器常用于连续分析混合气体中 CO、CO_2、CH_4、NH_3 等气体的浓度。

1. 红外线气体分析器测量原理

大部分有机和无机气体在红外波段内有其特征的吸收峰,图 9-2 所示为一些气体的吸收光谱,红外线气体分析器主要利用 $2\sim25\mu m$ 之间的一段红外光谱。

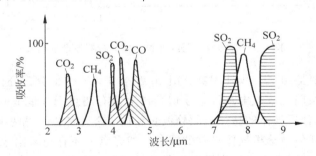

图 9-2　几种气体的吸收光谱

红外线气体分析器一般由红外辐射源、测量气样室、红外探测装置等组成。从红外光源发出强度为 I_0 的平行红外线,被测组分选择吸收其特征波长的辐射能,红外线强度将减弱为 I。红外线通过吸收物质前后强度的变化与被测组分浓度的关系服从朗伯-贝尔定律:

$$I = I_0 e^{-KCL} \tag{9-4}$$

式中:K——被测组分吸收系数;

　　C——被测组分浓度；

　　L——光线通过被测组分的吸收层厚度。

　　当入射红外线强度和气室结构等参数确定后,测量红外线的透过强度就可以确定被测组分浓度的大小。

2. 工业用红外线气体分析器

　　工业用红外线气体分析器有非色散(非分光)型和色散(分光)型两种形式。非色散型仪表中,由红外辐射源发出连续红外线光谱,包括被测气体特征吸收峰波长的红外线在内。被分析气体连续通过测量气样室,被测组分将选择性地吸收其特征波长红外线的辐射能,使从气样室透过的红外线强度减弱。

　　色散型仪表则采用单色光的测量方式。图 9-3 所示为一种时间双光路红外线气体分析器的组成框图。其测量原理是利用两个固定波长的红外线通过气样室,被测组分选择性地吸收其中一个波长的辐射,而不吸收另一波长的辐射。对两个波长辐射能的透过比进行连续测量,就可以得知被测组分的浓度。这类仪表使用的波长可在规定的范围内选择,可以定量地测量具有红外吸收作用的各种气体。

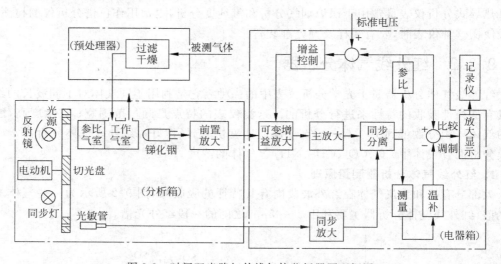

图 9-3　时间双光路红外线气体分析器原理框图

　　图 9-3 中的分析器组成有预处理器、分析箱和电器箱三个部分。分析箱内有光源、切光盘、气室、光检测器及前置放大电路等。在切光盘上装有四组干涉滤光片,两组为测量滤光片,其透射波长与被分析气体的特征吸收峰波长相同;交叉安装的另两组为参比滤光片,其透射波长则是不被任何被分析气体吸收的波长。切光盘上还有与参比滤光片位置相对应的同步窗口,同步灯通过同步窗口使光敏管接收信号,以区别是哪一个窗口对准气室。气室有两个,红外光先射入一个参比室,它是作为滤波气室,室内密封着与被测气体有重叠吸收峰的干扰成分;工作气室即测量气室则有被测气体连续地流过。由光源发出的红外辐射光在切光盘转动时被调制,形成了交替变化的双光路,使两种波长的红外光线轮流地通过参比气室和测量气室,半导体锑化铟光检测器接收红外辐射并转换出与两种红外光强度相对应的参比信号与测量信号。当测量气室中不存在被测组分时,光检测器接收到的是未被吸收的红外线。

9.3.3 氧化锆氧分析器

氧化锆氧分析器是 20 世纪 60 年代初期出现的一种新型分析仪器。这种分析器能插入烟道中,直接与烟气接触,连续地分析烟气中的氧含量。这样就不需要复杂的采样和处理系统,减少了仪表的维护工作量。与磁式氧分析器相比较,具有结构简单、稳定性好、灵敏度高、响应快、测量范围宽等特点,广泛用于燃烧过程热效率控制系统。

1. 工作原理

氧化锆氧分析器基于电化学分析方法,利用氧化锆固体电解质原理工作。由氧化锆固体电解质做成氧化锆探测器(简称探头),直接安装在烟道中,其输出为电压信号,便于信号传输与处理。

电解质溶液导电是靠离子导电,某些固体也具有离子导电的性质,具有某种离子导电性质的固体物质称为固体电解质。凡能传导氧离子的固体电解质称为氧离子固体电解质。固体电解质是离子晶体结构,也是靠离子导电。现以氧化锆(ZrO_2)固体电解质为例,来说明其导电机理。纯氧化锆基本上是不导电的,但掺杂一些氧化钙或氧化钇等稀土氧化物后,它就具有高温导电性。如在氧化锆中掺杂一些氧化钙(CaO),Ca 置换了 Zr 原子的位置,由于 Ca^{2+} 和 Zr^{4+} 离子价不同,因此在晶体中形成许多氧空穴。在高温(750℃以上)下,如有外加电场,就会形成氧离子(O^{2-})占据空穴的定向运动而导电。带负电荷的氧离子占据空穴的运动,也就相当于带正电荷的空穴做反向运动,因此,也可以说固体电解质是靠空穴导电,这和 P 型半导体靠空穴导电机理相似。

固体电解质的导电性能与温度有关,温度愈高,其导电性能愈强。

氧化锆对氧的检测是通过氧化锆组成的氧浓差电池。图 9-4 为氧化锆探头的工作原理图。在纯氧化锆中掺入低价氧化物如氧化钙(CaO)及氧化钇(Y_2O_3)等,在高温焙烧后形成稳定的固熔体。在氧化锆固体电解质片的两侧,用烧结方法制成几微米到几十微米厚的多孔铂层,并焊上铂丝作为引线,构成了两个多孔性铂电极,形成一个氧浓差电池。设左侧通以待测气体,其氧分压为 p_1,且小于空气中氧分压。右侧为参比气体,一般为空气,空气中氧分压为 p_2。

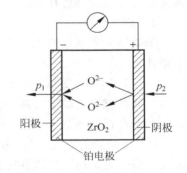

图 9-4 氧浓差电池原理示意图

在高温下,氧化锆、铂和气体 3 种物质交界面处的氧分子有一部分从铂电极获得电子形成氧离子 O^{2-}。由于参比气室侧和待测气室侧含氧浓度不同,使其两侧氧离子的浓度不相等,形成氧离子浓度差,氧离子 O^{2-} 就从高浓度侧向低浓度侧扩散,一部分 O^{2-} 跑到阳极(电池负极),释放两个电子变成氧分子析出。这时空气侧的参比电极出现正电荷,而待测气体侧的测量电极出现负电荷,这些电荷形成的电场阻碍氧离子进一步扩散。最终,扩散作用与电场作用达到平衡,两个电极间出现电位差。此电位差在数值上等于浓度电势 E,称为氧浓差电势,可由能斯特公式确定

$$E = \frac{RT}{nF} \ln \frac{p_2}{p_1} \tag{9-5}$$

式中:E——氧浓差电势,V;

R——理想气体常数，$R=8.3143\text{J}/(\text{mol}\cdot\text{K})$；

F——法拉第常数，$F=9.6487\times10^4\text{C/mol}$；

T——绝对温度，K；

n——参加反应的每一个氧分子从正极带到负极的电子数，$n=4$；

p_1——待测气体中的氧分压，Pa；

p_2——参比空气中的氧分压，$p_2=21\ 227.6\text{Pa}$(在标准大气压下)。

由输出电动势 E 值，可以算出待测氧分压。

假定参比侧与被测气体的总压力均为 p(实际上被测气体压力略低于大气压力)，可以用体积百分比代替氧分压。按气体状态方程式，容积成分表示为

被测气体氧浓度 $\qquad\phi_1=p_1/p=V_1/V$

空气中氧含量 $\qquad\phi_2=p_2/p=V_2/V$

则有

$$E=\frac{RT}{nF}\ln\frac{p_2/p}{p_1/p}=\frac{RT}{nF}\ln\frac{\Phi_2}{\Phi_1} \qquad (9\text{-}6)$$

空气中氧含量一般为 20.8%，在总压力为一个大气压情况下，可以得到 E 与 ϕ_1 的关系式

$$E=4.9615\times10^{-5}T\lg\frac{20.8}{\Phi_1} \qquad (9\text{-}7)$$

按上式计算，仪表的输出显示就可以按氧浓度来指示。从式 9-7 可以看出，E 与 Φ_1 的关系是非线性的。E 的大小除了受 Φ_1 影响外，还会受温度的影响，所以氧化锆氧分析器一般需要带有温度补偿环节。

2. 工作条件

根据以上对氧化锆氧分析器工作原理的分析，可以归纳出保证仪器正常工作的三个必要条件：

(1) 工作温度要恒定，分析器要有温度调节控制的环节，一般工作温度保持在 $t=850℃$，此时仪表灵敏度最高。工作温度 t 的变化直接影响氧浓差电动势 E 的大小，传感器还应有温度补偿环节。

(2) 必须要有参比气体，参比气体的氧含量要稳定不变。二者氧含量差别越大，仪表灵敏度越高。例如用氧化锆分析器分析烟气的氧含量时，以空气为参比气体时，被测气体氧含量为 $3\%\sim4\%$，传感器可以有几十毫伏的输出。

(3) 参比气体与被测气体压力应该相等，这样可以用氧气的体积百分数代替分压，仪表可以直接以氧浓度刻度。

3. 分析器的结构及安装

图 9-5 所示为带有温控的管状结构氧化锆氧分析器。在氧化锆管的内外侧烧结铂电极，空气进入一侧封闭的氧化锆管的内部(参比侧)作为参比气体。被测气体通过陶瓷过滤装置流入氧化锆管的外部(测量侧)。为了稳定氧化锆管的温度，在氧化锆管的外围装有加热电阻丝，并由热电偶来监测管子的温度，通过控制器控制加热丝的电流大小，使氧化锆管的工作温度恒定，保持在 $850℃$ 左右。

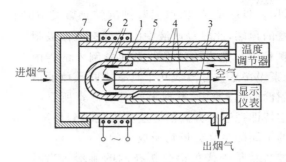

图 9-5　管状结构的氧化锆氧分析器原理结构图

1—氧化锆管；2—内外铂电极；3—铂电极引线；4—Al₂O₃ 管；5—热电偶；6—加热丝；7—陶瓷过滤装置

　　氧化锆氧分析器的现场安装方式有直插式和抽吸式两种结构，如图 9-6 所示。图 9-6(a) 为直插式结构，多用于锅炉、窑炉烟气的含氧量测量，它的使用温度在 $600 \sim 850$℃ 之间。图 9-6(b) 为抽吸式结构，多用于石油化工生产中，最高可测 1400℃ 气体的含氧量。

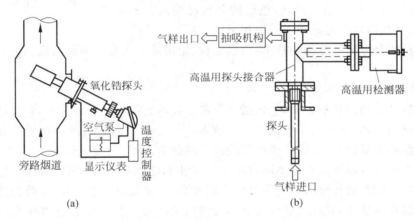

图 9-6　氧化锆氧分析器的现场安装方式示意图

　　氧化锆分析器的内阻很大，而且其信号与温度有关，为保证测量精度，其前置放大器的输入阻抗要足够高。现在的仪表中多由微处理器来完成温度补偿和非线性变换等运算，在测量精度、可靠性和功能上都有很大提高。

9.3.4　气相色谱分析仪

　　气相色谱分析仪属于色谱分析仪器中的一种，是重要的现代分析手段之一，是一种高效、快速、灵敏的物理式分析仪表。它对被分析的多组分混合物采取先分离，后检测的方法进行定性、定量分析，可以一次完成对混合试样中几十种组分的定性或定量的分析。具有取样量少、效能高、分析速度快、定量结果准确等特点，广泛地应用于石油、化工、冶金、环境科学等各个领域。

1. 色谱分析法

　　色谱分析法是 20 世纪初俄国植物学家茨维特(M. Tswett)创立的。那时，他在研究植物叶绿素组成的时候,用一只玻璃试管,里面装满碳酸钙颗粒,如图9-7所示。他把植物叶绿素的浸取液加到试管的顶端,此时浸取液中的叶绿素就被吸附在试管顶端的碳酸钙颗粒上。然后用纯净的石油醚倒入试管内加以冲洗,试管内叶绿素慢慢地被分离成几个具有不同颜色的谱带,按谱带的颜色对混合物进行鉴定,发现果然是叶绿素所含的不同的成分。当时茨维特即把这种分离的方法称为色谱分析法,这种方法是根据谱带的不同颜色来分析物质成分的。

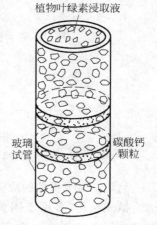

图 9-7　早期色谱分离

这种最早的分析方法就是现代色谱分析技术的雏形。当时使用的试管,现在称为色谱柱,有管状和毛细管状两种,还发展了平面纸色谱和薄层色谱技术。碳酸钙颗粒称为固定相(吸附剂),即为色谱柱的填料,最初只有少数几种,现在已经发展到几千种。石油醚称为流动相(冲洗剂),它与固定相配合,可组成气固、气液、液固和液液色谱技术。而植物叶绿素称为分析样品。一百多年来,色谱分析技术有了很大发展,色谱的分析已经远远不限于有色物质了,但色谱这个名称却一直沿用下来。

色谱分析法是分离和分析的技术,可以定性、定量地一次分析多种物质。但它不能发现新的物质。

2. 色谱分析原理

色谱分析法是物理分析方法,它包括两个核心技术。第一是分离技术,它要把复杂的多组分混合物分离开来,这取决于现代色谱柱技术;第二是检测技术,经过色谱柱分离开的组分要进行定性和定量分析,这取决于现代检测器的技术。

色谱分析的基本原理是根据不同物质在固定相和流动相所构成的体系,即色谱柱中具有不同的分配系数而进行分离的。色谱柱有两大类,一类是填充色谱柱,是将固体吸附剂或带有固定液的固体柱体,装在玻璃管或金属管内构成。另一类是空心色谱柱或空心毛细管色谱柱,都是将固定液附着在管壁上形成。毛细管色谱柱的内径只有 $0.1\sim0.5\mathrm{mm}$。被分析的试样由载气带入色谱柱,载气在固定相上的吸附或溶解能力要比样品组分弱得多,由于样品中各组分在固定相上吸附或溶解能力的不同,被载气带出的先后次序也就不同,从而实现了各组分的分离。图9-8所示为两种组分的混合物在色谱柱中的分离过程。

两个组分 A 和 B 的混合物经过一定长度的色谱柱后,被逐渐分离,A、B 组分在不同的时间流出色谱柱,并先后进入检测器,检测器输出测量结果,由记录仪绘出色谱图,在色谱图中两组分各对应一个色谱峰。图中随时间变化的曲线表示各个组分及其浓度,称为色谱流出曲线。

各组分从色谱柱流出的顺序与色谱柱固定相成分有关。从进样到某组分流出的时间与色谱柱长度、温度、载气流速等有关。在保持相同条件的情况下,对各组分流出时间标定以后,可以根据色谱峰出现的不同时间进行定性分析。色谱峰的高度或面积可以代表相应组分在样品中的含量,用已知浓度试样进行标定后,可以做定量分析。

3. 气相色谱仪结构和流程

气相色谱仪结构及流程如图9-9所示,经预处理后的载气(流动相)由高压气瓶供给,经减压阀、流量计提供恒定的载气流量,载气流经气化室将已进入气化室的被分析组分样品带

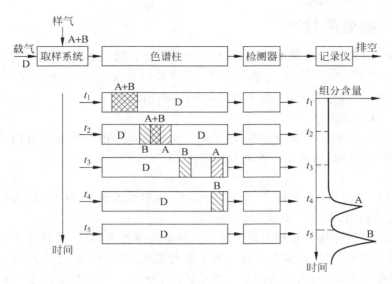

图 9-8 混合物在色谱柱中的分离过程

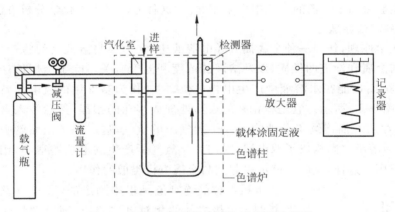

图 9-9 气相色谱仪基本结构及流程示意图

入色谱柱进行分离。色谱柱是一根金属或玻璃管子,管内装有 60~80 目多孔性颗粒,它具有较大的表面积,作为固定相,在固定相的表面积上涂以固定液,起到分离各组分的作用,构成气-液色谱。经预处理后的待分析气样在载气带动下流进色谱柱,与固定液多次接触,交换,最终将待分析混合气中的各组分按时间顺序分别流经检测器而排放大气,检测器将分离出的组分转换为电信号,由记录仪记录峰形(色谱峰),每个峰形的面积大小即反映相应组分的含量多少。

气相色谱仪常用的检测器有三种,即热导式检测器、氢焰离子化检测器以及电子捕获式检测器。热导式检测器的检测极限约为几个 10^{-6} 的样品浓度,使用较广。氢焰离子化检测器是基于物质的电离特性,只能检测有机碳氢化合物等在火焰中可电离的组分,其检测极限对碳原子可达 10^{-12} 的量级。热导式检测器和电子捕获式检测器属于浓度型检测器,其响应值正比于组分浓度。氢焰电离检测器属于质量型检测器,其响应值正比于单位时间内进入检测器组分的质量。

9.3.5　酸度的检测

许多工业生产都涉及酸碱度的测定,酸碱度对氧化、还原、结晶、生化等过程都有重要的影响。在化工、纺织、冶金、食品、制药等工业,以及水产养殖、水质监测过程中要求能连续、自动地测出酸碱度,以便监督、控制生产过程的正常进行。

1. 酸度及其检测方法

溶液的酸碱性可以用氢离子浓度[H⁺]的大小来表示。由于溶液中氢离子浓度的绝对值很小,一般采用pH值来表示溶液的酸碱度,定义为

$$pH = -lg[H^+] \tag{9-8}$$

当溶液的pH＝7时,为中性溶液;pH＞7时,为碱性溶液;pH＜7时为酸性溶液。所以对溶液酸度的检测,即为对其pH值的检测。

氢离子浓度的测定通常采用两种方法:一种是酸碱指示剂法,它利用某些指示剂颜色随离子浓度而改变的特性,以颜色来确定离子浓度范围。颜色可以用比色或分光比色法确定。另一种是电位测定法,它利用测定某种对氢离子浓度有敏感性的离子选择性电极所产生的电极电位来测定pH值。这种方法的优点是使用简便、迅速,并能取得较高的精度。在工业过程和实验室对pH值的检测中多采用此法,这种方法属于电化学分析方法。

2. 电位测定法原理

根据电化学原理,任何一种金属插入导电溶液中,在金属与溶液之间将产生电极电位,此电极电位与金属和溶液的性质,以及溶液的浓度和温度有关。除了金属能产生电极电位外,气体和非金属也能在水溶液中产生电极电位,例如作为基准用的氢电极就是非金属电极,其结构如图9-10所示。它是将铂片的表面处理成多孔的铂黑,然后浸入含有氢离子的溶液中,在铂片的表面连续不断地吹入一个大气压的氢气,这时铂黑表面就吸附了一层氢气,这层氢气与溶液之间构成了双电层,因铂片与氢气所产生的电位差很小,铂片在这里只是起导电的作用。这样,氢电极就可以起到与金属电极类似的作用。

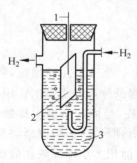

图9-10　氢电极
1—引线;2—铂片;3—盐酸溶液

电极电位的绝对值是很难测定的,通常所说的电极电位均指两个电极之间的相对电位差值,即电动势的数值。一般规定氢电极的标准电位为零,作为比较标准。所谓氢电极标准电位是这样定义的,当溶液的[H⁺]＝1,压力为1.01×10^5Pa(1个大气压)时,氢电极所具有的电位称氢电极的标准电位,规定为"零",其他电极的标准电位都为以氢电极标准电位为基准的相对值。

测量pH值一般使用参比电极和测量电极以及被测溶液共同组成的pH测量电池。参比电极的电极电位是一个固定的常数,测量电极的电极电位则随溶液氢离子浓度而变化。电池的电动势为参比电极与测量电极间电极电位的差值,其大小代表溶液中的氢离子浓度。将参比电极和工作电极插入被测溶液中,根据能斯特公式,可推导出pH测量电池的电动势E与被测溶液的pH值之间的关系为

$$E = 2.303 \frac{RT}{F} lg[H^+] = -2.303 \frac{RT}{F} pH_x \tag{9-9}$$

式中：E——电极电势，V；

$\quad\quad R$——理想气体常数，$R=8.3143$J/(mol·K)；

$\quad\quad F$——法拉第常数，$F=9.6487\times10^4$C/mol；

$\quad\quad T$——绝对温度，K；

$\quad\quad pH_X$——被测溶液的 pH 值。

3. 工业酸度计

工业酸度计是以电位法为原理的 pH 测量仪。工业 pH 值测量中，以玻璃电极作为测量电极，以甘汞电极作为参比电极的测量系统应用最多。

工业酸度计由电极组成的变换器和电子部件组成的检测器所构成，如图 9-11 所示。变换器又由参比电极、工作电极和外面的壳体所组成，当被测溶液流经变换器时，电极和被测溶液就形成一个化学原电池，两电极间产生一个原电势，该电势的大小与被测溶液的 pH 值成对数关系，它将被测溶液的 pH 值转换为电信号，这种转换工作完全由电极完成。

由于电极的内阻相当高，可达 $10^9\Omega$，所以要求信号的检测电路的输入阻抗至少要达到 $10^{11}\Omega$ 以上。电路采用两方面的措施：一是选用具有高输入阻抗的放大元件，例如场效应管、变容二极管或静电计管；二是电路设计有深度负反馈，它既增加了整机的输入阻抗，又增加了整机的稳定性能。测量结果的显示可以用电流，也可将电流信号转换成电压信号。

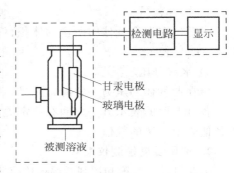

图 9-11　工业酸度计组成示意图

应用于工业过程的酸度计，其变换器与检测器分成两个独立的部件，变换器安装于分析现场，而检测器则安装于就地仪表盘或中央控制室内。输出信号可以远距离传送，其传输线为特殊的高阻高频电缆，如用普通电缆，则会造成灵敏度下降，误差增加。

由于仪表的高阻特性，要求接线端子严格地保持清洁，一旦污染后绝缘性能可能下降几个数量级，降低了整机的灵敏度和精度。实际使用中出现灵敏度和精度下降的一个主要原因是传输线两端的绝缘性能下降所致，所以保持接线端子清洁是仪器能正常工作的一个不可忽略的因素。

9.3.6　湿度的检测

物质的湿度就是物质中水分的含量，这种水分可能是液体状态，也可能是蒸汽状态。一般习惯上称空气或气体中的水分含量为湿度，而液体及固体中的水分含量称为水分或含水量，但在气体中有时也称为水分，所以并不太严格。一般情况下，在大气中总含有水蒸气，当空气或其他气体与水汽混合时，可认为它们是潮湿的，水汽含量越高，气体越潮湿，其湿度越大。

湿度与科研、生产、生活、生态环境都有着密切的关系，近年来，湿度检测已成为电子器件、精密仪表、食品工业等工程监测和控制及各种环境监测中广泛使用的重要手段之一。

本节仅重点叙述用在自动测量气体中的湿度或水分的一些基本测量方法。

1. 湿度的表示方法

空气或其他气体中湿度的表示方法如下。

1) 绝对湿度

在一定温度及压力条件下,每单位体积的混合气体中所含的水汽质量,单位以 g/m^3 表示。

2) 相对湿度

指单位体积湿气体中所含的水汽质量与在相同条件(同温度同压力)下饱和水汽质量之比。相对湿度还可以用湿气体中水汽分压与同温度下饱和水汽分压之比来表示。均以%表示。

3) 露点温度

在一定压力下,气体中的水汽含量达到饱和结露时的温度,以℃为单位。露点温度与空气中的饱和水汽量有固定关系,所以亦可以用露点来表示绝对湿度。

4) 百分含量

水蒸气在混合气体中所占的体积百分数,以%表示。在微量情况下用百万分之几表示,就用 $\mu L/L$ 表示。

5) 水汽分压

指在湿气体的压力一定时,湿气体中水蒸气的分压力,单位以毫米汞柱表示。

各种湿度的表示方法之间有一定关系,知道某种表示方法的湿度数值后,就可以换算成用其他表示方法的数值。

2. 常用湿度检测仪表

工业过程的监测和控制对湿敏传感器提出如下要求:工作可靠,使用寿命长;满足要求的湿度测量范围,有较快的响应速度;在各种气体环境中特性稳定,不受尘埃、油污附着的影响;能在 $-30 \sim 100℃$ 的环境温度下使用,受温度影响小;互换性好、制造简单、价格便宜。

湿度的检测方法很多,传统的方法是露点法、毛发膨胀法和干湿球温度测量法。随着科学技术的发展,利用潮解性盐类、高分子材料、多孔陶瓷等材料的吸湿特性可以制成湿敏元件,构成各种类型的湿敏传感器,目前已有多种湿敏传感器得到开发和应用。传统的干湿球湿度计和露点计采用了新技术,也可以实现自动检测。下面介绍几种湿度检测仪表。

1) 毛发湿度计

从 18 世纪开始,人们就利用脱脂处理后的毛发构成湿度计,空气相对湿度增大时毛发伸长,带动指针得到读数。现已改用竹膜、蛋壳膜、乌鱼皮膜、尼龙带等材料。这种原理本身只能构成就地指示仪表,而且精度不高,滞后时间长,但在室内湿度测量、无人气象站和探空气球上仍有用它构成自动记录仪表的实例。

2) 干湿球湿度计

干湿球湿度计的使用十分广泛,常用于测量空气的相对湿度。这种湿度计由两支温度计组成,一只温度计用来直接测量空气的温度,称为干球温度计,另一只温度计在感温部位包有被水浸湿的棉纱吸水套,并经常保持湿润,称为湿球温度计,如图 9-12 所示。

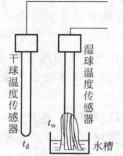

图 9-12 干湿球测温示意图

当液体挥发时需要吸收一部分热量,若没有外界热源供给,这些热量就从周围介质中吸取,于是使周围介质的温度降低。液体挥发越快,则温度降低得越厉害。对水来说,挥发的速度与环境气体的水蒸气量有关;水蒸气量越大,则水分挥发越少;在饱和水蒸气情况下,水分不再挥发。显然,当不饱和的空气或其他气体流经一定量的水的表面时,水就要汽化。当水汽从水面汽化时,势必使水的温度降低,此时,空气或其他气体又会以对流方式把热量传到水中,最后,当空气或其他气体传到水中的热量恰好等于水分汽化时所需要的热量时,两者达到平衡,于是水的温度就维持不变,这个温度就称湿球温度。同时,可以看出,水温的降低程度,即湿球温度的高低,与空气或其他气体的湿度有定量的关系。这就是干湿球湿度计的物理基础。

对于干湿球湿度计,当湿球棉套上的水分蒸发时,会吸收湿球温度计感温部位的热量,使湿球温度计的温度下降。水的蒸发速度与空气的湿度有关,相对湿度越高,蒸发越慢;反之,相对湿度越低,蒸发越快。所以,在一定的环境温度下,干球温度计和湿球温度计之间的温度差与空气湿度有关。当空气为静止的或具有一定流速时,这种关系是单值的。测得干球温度(空气或其他气体的温度)t_d 和湿球温度(被吸热而降低了的温度)t_w 后,就可计算求出相对湿度 φ。

一般情况下空气中的水蒸气不饱和,所以 $t_w < t_d$。根据热平衡原理,可以推导出干、湿球温度与空气或其他气体中水蒸气的分压 p_w 之间的关系,即

$$p_w = p_{ws} - A(t_d - t_w) \tag{9-10}$$

相对湿度为

$$\varphi = \frac{p_w}{p_{ds}} = \frac{p_{ws} - A(t_d - t_w)}{p_{ds}} \tag{9-11}$$

式中：p_{ds}——干球温度下的饱和水汽压;

　　　p_{ws}——湿球温度下的饱和水汽压;

　　　p——湿空气或其他湿气体的总压;

　　　A——仪表常数,它与风速和温度传感器的结构因素有关。

3）露点式湿度计

空气的相对湿度越高越容易结露,其露点温度就越高,所以测出空气开始结露的温度(即露点温度),就能反映空气的相对湿度。

实验室测量露点温度的办法是,利用光亮的金属盒,内装乙醚并插入温度计,强迫空气吹入使之形成气泡,乙醚迅速气化时吸收热量而降温,待光亮的盒面出现凝露层时读出温度即可。

将此原理改进成自动检测仪表,如图 9-13 所示。图中 1 为半导体制冷器,在其端部有带热电偶 2 的金属膜 3,其外表面镀铬抛光形成镜面。光源 4 被镜面反射至光敏元件 5,未结露时反射强烈,结露后反射急剧减小。放大电路 6 在反光减小后使控制电路 7 所接的电加热丝 8 升温。露滴蒸发之后反光增强,又会引起降温,于是重新结露。如此循环反复,在热电偶 2 所接

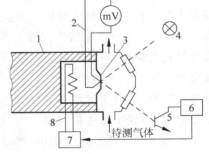

图 9-13　自动露点仪原理图

1—半导体制冷器；2—热电偶；3—金属膜；
4—光源；5—光敏元件；6—放大电路；
7—控制电路；8—电加热丝

的仪表上便可观察到膜片结露的平均温度,这就是露点温度。

如已知当时的空气温度,可根据露点温度查湿空气曲线或表格得知相对湿度。对于自动测量,只需再引入空气温度信号,经过计算后可使指示值直接反映相对湿度。

测量过程中,若被测气体中有露点与水蒸气露点接近的组分(大多是碳氢化合物),则它的露点可能会被误认是水汽的露点,给测量带来干扰。被测气体应该完全除去机械杂质及油气等。常用的露点测量范围为 $-80\sim+50℃$,误差约 $\pm0.25℃$,反应速度为 $1\sim10s$。

4)氯化锂湿敏传感器

氯化锂湿敏元件是电解质系湿敏传感器的代表。氯化锂是潮解性盐类,吸潮后电阻变小,在干燥环境中又会脱潮而电阻增大,图 9-14(a)所示为一种氯化锂湿敏传感器。玻璃带浸渍氯化锂溶液构成湿敏元件,铂箔片在基片两侧形成电极。元件的电阻值随湿气的吸附与脱附过程而变化。通过测定电阻,即可知相对湿度。图 9-14(b)是传感器的感湿特性曲线。

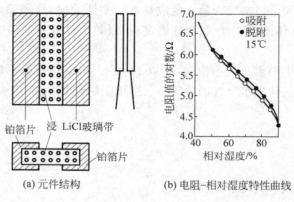

(a) 元件结构　　　(b) 电阻-相对湿度特性曲线

图 9-14　氯化锂湿敏传感器

5)陶瓷湿敏传感器

陶瓷湿敏传感器感湿原理是利用陶瓷烧结体微结晶表面对水分子吸湿或脱湿,使电极间的电阻值随相对湿度而变化。

陶瓷材料化学稳定性好,耐高温,便于用加热法去除油污。多孔陶瓷表面积大,易于吸湿和去湿,可以缩短响应时间。这类传感器的制作形式可以为烧结式、膜式及 MOS 型等。图 9-15(a)给出一种烧结式湿敏元件结构示意,图 9-15(b)为该元件的湿敏电阻特性。所用陶瓷材料为铬酸镁-二氧化钛($MgCr_2O_4-TiO_2$),在陶瓷片两面,设置多孔金电极,引线与电极烧结在一起。元件的外围安装一个用镍铬丝绕制的加热线圈,用于对陶瓷元件进行加热清洗,以便排除有害气氛对元件的污染。整个元件固定在质密的陶瓷底片上,引线 2、3 连接测量电极,引线 1、4 连接加热线圈,金短路环用于消除漏电。

这类元件的特点是体积小,测湿范围宽(0~100%RH);可用于高温(150℃),最高可承受 600℃;能用电加热反复清洗,除去吸附在陶瓷上的油污、灰尘或其他污染物,以保持测量精度;响应速度快,一般不超过 20s;长期稳定性好。

6)高分子聚合物湿敏传感器

作为感湿材料的高分子聚合物能随所在环境的相对湿度的大小成比例地吸附和释放水

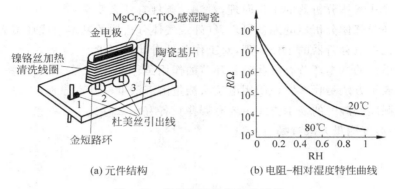

(a) 元件结构　　　　(b) 电阻-相对湿度特性曲线

图 9-15　烧结式陶瓷湿敏传感器

分子。这类高分子聚合物多是具有较小介电常数的电介质($\varepsilon_r=2\sim7$)，由于水分子的存在，可以很大地提高聚合物的介电常数($\varepsilon_r=83$)，用这种材料可制成电容式湿敏传感器，测定其电容量的变化，即可得知对应的环境相对湿度。

图 9-16(a)为高分子聚合膜电容式湿敏元件的结构。在玻璃基片上蒸镀叉指状金电极作为下电极；在其上面均匀涂以高分子聚合物材料(如醋酸纤维)薄膜，膜厚约 $0.5\mu m$；在感湿膜表面再蒸镀一层多孔金薄膜作为上电极。由上、下电极和夹在其间的感湿膜构成一个对湿度敏感的平板电容器。当环境气氛中的水分子沿上电极的毛细微孔进入感湿膜而被吸附时，湿敏元件的介电系数变化，电容值将发生变化。图 9-16(b)给出高分子膜的湿敏电容特性。

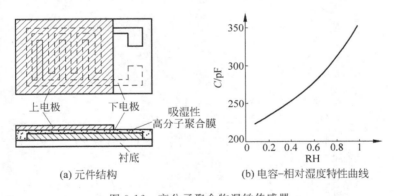

(a) 元件结构　　　　(b) 电容-相对湿度特性曲线

图 9-16　高分子聚合物湿敏传感器

这种湿敏传感器由于感湿膜极薄，所以响应快；特性稳定，重复性好；但是它的使用环境温度不能高于 80℃。

思考题与习题

9-1　成分分析的方法有哪些？

9-2　自动分析仪表主要由哪些环节组成？

9-3　在线成分分析系统中采样和试样预处理装置的作用是什么？

9-4 简述热导式气体分析器的工作原理,对测量条件有什么要求?

9-5 简述红外线气体分析器的测量机理,红外线气体分析器的基本组成环节有哪些?

9-6 简述氧化锆氧分析器的工作原理,对工作条件有什么要求?

9-7 气相色谱仪的基本环节有哪些? 各环节的作用是什么?

9-8 酸度的表示方法是什么? 说明用电位法测量溶液酸度的基本原理。

9-9 什么是湿度? 湿度的表示方法主要有哪些? 各有什么意义?

9-10 常用的湿度测量方法有哪些?

第 10 章

现代检测技术

随着现代工业过程对控制、计量、节能增效和运行可靠性等要求的不断提高,单纯依据流量、温度、压力和液位等常规过程参数的测量信息往往不能完全满足工艺操作和控制的要求,很多控制系统需要获取诸如成分、物性,甚至多维时空分布信息等,才能实现更为有效的过程控制、优化控制、故障诊断、状态监测等功能。

10.1 现代传感器技术的发展

现代传感器技术发展的显著特征是:研究新材料,开发利用新功能,使传感器多功能化、微型化、集成化、数字化、智能化。

1. 新材料、新功能的开发,新加工技术的使用

传感器材料是传感技术的重要基础。因此,开发新型功能材料是发展传感技术的关键。半导体材料和半导体技术使传感器技术跃上了一个新台阶。半导体材料与工艺不仅使经典传感器焕然一新,而且发展了许多基于半导体材料的热电、光电特性及种类众多的化学传感器等新型传感器。如各种红外、光电器件(探测器)、热电器件(如热电偶)、热释电器件、气体传感器、离子传感器、生物传感器等。半导体光、热探测器具有高灵敏度、高精度、非接触的特点,由此发展了红外传感器、激光传感器、光纤传感器等现代传感器。以硅为基体的许多半导体材料易于微型化、集成化、多功能化和智能化,工艺技术成熟,因此应用最广,也最具开拓性,是今后一个相当长的时间内研究和开发的重要材料之一。

被称为"最有希望的敏感材料"的是陶瓷材料和有机材料。近年来功能陶瓷材料发展很快,在气敏、热敏、光敏传感器中得到广泛的应用。目前已经能够按照人为设计的配方,制造出所要求性能的功能材料。陶瓷敏感材料种类繁多,应用广泛,极有发展潜力,常用的有半导体陶瓷、压电陶瓷、热释电陶瓷、离子导电陶瓷、超导陶瓷和铁氧体等。半导体陶瓷是传感器应用的主要材料,其中尤以热敏、湿敏和气敏最为突出。高分子有机敏感材料是近几年人们极为关注的具有应用潜力的新型敏感材料,可制成热敏、光敏、气敏、湿敏、力敏、离子敏和生物敏等元件。高分子有机敏感材料及其复合材料将以其独特的性能在各类敏感材料中占有重要的地位。生物活性物质(如酶、抗体、激素)和生物敏感材料(如微生物、组织切片)对生物体内化学成分具有敏感功能,且噪声低、选择性好,灵敏度高。

检测元件的性能除由其材料决定外,还与其加工技术有关,采用新的加工技术,如集成技术、薄膜技术、硅微机械加工技术、离子注入技术、静电封接技术等,能制作出质地均匀、性能稳定、可靠性高、体积小、重量轻、成本低、易集成化的检测元件。

2. 多维、多功能化的传感器

目前的传感器主要是用来测量一个点的参数,但应用时往往需要测量一条线上或一个面上的参数,因此需要相应地研究二维乃至三维的传感器。将检测元件和放大电路、运算电路等利用 IC 技术制作在同一芯片或制成混合式的传感器。实现从点到一维、二维、三维空间图像的检出。在某些场合,希望能在某一点同时测得两个参数,甚至更多的参数,因此要求能有测量多参数的传感器。气体传感器在多功能方面的进步最具有代表性。例如,一种能够同时测量四种气体的多功能传感器,共有六个不同材料制成的敏感部分,它们对被测的四种气体虽均有响应,但其响应的灵敏度却有很大差别,根据其从不同敏感部分的输出差异即可测出被测气体的浓度。

3. 微型化、集成化、数字化和智能化

微电子技术的迅速发展使得传感器的微型化和集成化成为可能,而与微处理器的结合,形成新一代的智能传感器,是传感器发展的一种新的趋势。智能传感器是一种带有微处理器兼有检测信息和信息处理功能的传感器。智能传感器通常具有自校零、自标定、自校正、自补偿功能;能够自动采集数据,并对数据进行预处理;能够自动进行检验。自选量程、自寻故障;具有数据存储、记忆与信息处理功能;具有双向通信、标准化数字输出或者符号输出功能;具有判断、决策处理功能。其主要特点是:高精度,高可靠性和高稳定性,高信噪比与高分辨力,强自适应性以及低的价格性能比。可见,智能化是现代化新型传感器的一个必然发展趋势。

4. 新型网络传感器的发展

作为现代信息技术三大核心技术之一的传感器技术,从诞生到现在,已经经历了从"聋哑传感器"、"智能传感器"到"网路传感器"的历程。传统的传感器是模拟仪器仪表时代的产物。它的设计指导思想是把被测物理量变化成模拟电压或电流信号,它输出幅值小、灵敏度低,而且功能单一,因而被称为是"聋哑传感器"。随着时代的进步,传统的传感器已经不能满足现代工农业生产的需求。20 世纪 70 年代以来,计算机技术、微电子技术、光电子技术获得迅猛发展,加工工艺逐步成熟,新型的敏感材料不断被开发,特别是单片机的广泛使用使得传感器的性能越来越好,功能越来越强,智能化程度也越来越高,实现了数字化的通信,具有数字存储和处理、自检、自校准以及一定的通信功能。工业控制系统中的某些功能已逐渐被集成入传感器中,形成了所谓"智能传感器"。

近几年来,工业控制系统继模拟仪表控制系统、集中数字控制系统、分布式控制系统之后,基于各种现场总线标准的分布式测量和控制系统(Distributed Measurement and Control System,DMCS)得到了广泛的应用。目前,在 DMCS 中所采用的控制总线网络多种多样,千差万别,内部结构、通信接口、通信协议各不相同。许多新型传感器已经不再需要数据采集和变送系统的转换,而直接具有符合上述总线的接口,可以直接连接在工业控制系统的总线上使用,这样就极大地提高了整个系统的性能、简化了系统的结构、降低了成本。可以说这类传感器已经具有相当强的网络通信功能,可以将其称为"具有网络功能的智能传感器"。但由于每种总线都有自己规定的协议格式,只适合各自的领域应用,相互之间不兼容,从而给系统的扩展及维护带来不利的影响。对于传感器生产商而言,由于市场上存在大量的控制网络和通信协议,要开发出所有控制网络都支持的传感器是不现实的。

图 10-1 是一种网络传感器的连接图。它是采用 RCM2200 模块,配合 Dynamic C 集成开发环境,利用其内嵌的 TCP/IP 协议栈开发出的一种简单实用的网络传感器。

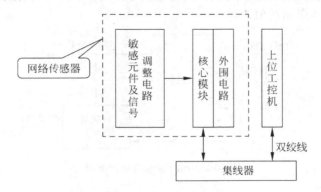

图 10-1 网络传感器连接示意图

测量所用的敏感元件通过信号调整电路将所测数据输送到 RCM2200 的 I/O 口,模块在读取数据并经过一定的判断和处理后一方面可以通过外围电路直接输出报警和控制信号,另一方面也可以通过以太网口将数据发布到网络中。该传感器可以直接与集线器相连接,并通过集线器与上位工控机连接构成一个完整的测控以太网络。

10.2 软测量技术

虽然过程检测技术发展至今已有长足的进步,但实际工业过程中仍存在许多无法或难以用传感器或过程检测仪表进行直接测量的重要过程参数。一般解决工业过程测量要求有两条途径:一是沿袭传统的检测技术发展思路,通过研制新型的过程测量仪表,以硬件形式实现过程参数的直接在线测量;另一种就是采用间接测量的思路,利用易于获取的其他测量信息,通过计算来实现被检测量的估计。软测量技术正是第二种思想的集中体现。

10.2.1 软测量技术概念

软测量技术指的是依据某种最优化准则,利用由辅助变量构成的可测信息,通过软件计算,实现对主导变量的测量方法。

软测量技术也称为软仪表技术。简单地说,就是利用易测得的过程变量(常称为辅助变量或二次变量,例如工业过程中容易获取的压力、温度等过程参数)与难以直接测量的待测过程变量(常称为主导变量,例如精馏塔中的各种组分浓度等)之间的数学关系(称为软测量模型),通过各种数学计算和估计方法,实现对待测过程变量的测量。

软测量技术以信息技术作为基础,涉及计算机软件、数据库理论、机器学习、数据挖掘和信号处理等多门学科理论,是一门有着广阔发展前景的新兴工业技术。随着现代控制理论和信息技术的发展,该技术经历了从线性到非线性、从静态到动态、从无校正功能到有校正功能的过程。

软测量技术的核心是表征辅助变量和主导变量之间关系的软测量模型,因此构造软仪表的本质就是如何建立软测量模型。由于软测量模型注重的是通过辅助变量来获得对主导变量的最佳估计,而不是强调过程各输入输出变量彼此间的关系,因此它不同于一般意义下的数学模型。软测量模型的结构框图如图 10-2 所示,其中,y 为主导变量,y^* 为主导变量离线分析值或大采样间隔测量值。

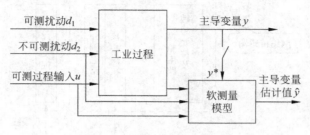

图 10-2　软测量模型结构框图

10.2.2　软测量技术分类

软测量技术主要依据采用的软测量建模方法进行分类。根据模型建立方法的不同,可将软测量建模方法大致分成如下几类。

1. 基于传统方法的软测量模型

基于传统方法的软测量模型可分为基于工艺机理的软测量模型和基于状态估计的软测量模型两种。

1) 基于工艺机理的软测量模型

机理建模方法建立在对工艺机理深刻认识的基础上,通过列写宏观或微观的质量平衡方程、能量平衡方程、动量平衡方程、相平衡方程以及反应动力学方程等,来确定难测的主导变量和易测的辅助变量之间的数学关系。机理模型的可解释性强、工程背景清晰、便于实际应用,是最理想的软测量模型。但是,建立机理模型必须对工业过程的工艺机理认识得非常清楚,由于工业过程中普遍存在的非线性、复杂性和不确定性的影响,很多过程难以进行完全的机理建模。此外由于机理模型一般是由代数方程组、微分方程组甚至偏微分方程组所组成,当模型复杂时,其求解过程计算量很大,收敛慢,难以满足在线实时估计的要求。

2) 基于状态估计的软测量模型

基于状态估计的软测量模型以状态空间模型为基础,如果系统的主导变量关于辅助变量是完全可观的,那么软测量问题就可以转化为典型的状态观测和状态估计问题。这种方法的优点在于可以反映主导变量和辅助变量之间的动态关系,有利于处理各变量间动态特性的差异和系统滞后等问题。其缺点是对于复杂的过程对象,往往难以建立系统的状态空间模型。另外,当过程中出现持续缓慢变化的不可测扰动时,利用该方法建立的软测量模型可能导致严重的误差。

2. 基于回归分析的软测量模型

回归分析方法是一种经典的建模方法,不需要建立复杂的数学模型,只要收集大量过程参数和质量分析数据,运用统计方法将这些数据中隐含的对象信息进行浓缩和提取,从而建立主导变量和辅助变量之间的数学模型。基于回归分析的软测量包括以下几种方法。

1) 多元线性回归

多元线性回归以拟合值与真实值的累计误差最小化为原则,适合解决操作变量变化范围小并且非线性不严重的问题。这种方法要求自变量之间不可存在严重的相关性,对于非线性或者干扰严重的系统,可能导致模型失真,甚至无法正确建立模型。另外,模型的计算复杂程度也将随着输入变量的增加而相应增加。

2)主元回归

主元回归根据数据变化的方差大小来确定变化方向的主次地位,按主次顺序得到各主元变量。这种方法能够有效地解决自变量之间的多重共线性问题,对减少变量个数、简化模型提供了很大的方便。然而,由于在提取主成分时没有考虑自变量与因变量之间的联系,所提取的成分对因变量的解释能力不强。

3)偏最小二乘回归

偏最小二乘回归是一种数据压缩和提取方法。它既能消除原变量复共线问题以达到降维目的,也充分考虑了输入变量与输出变量之间的相关性。而且它在样本点较少的场合有着明显的优势,对含噪声样本可进行回归处理,能用于较复杂的混合场合。

3. 基于智能方法的软测量模型

基于智能方法的软测量模型包括以下几种。

1)基于模糊数学的软测量模型

基于模糊数学的软测量模型模仿人脑逻辑思维特点,建立起一种知识性模型。这种方法特别适合复杂工业过程中被测对象具有很强不确定性,难以用常规数学定量描述的场合。实际应用中常将模糊技术和其他人工智能技术相结合,例如模糊数学和人工神经网络相结合构成模糊神经网络,将模糊数学和模式识别相结合构成模糊模式识别,这样可互相取长补短以提高软测量的性能。

2)基于模式识别的软测量模型

基于模式识别的软测量模型是采用模式识别的方法对工业过程的操作数据进行处理,从中提取系统的特征,构成以模式描述分类为基础的模式识别模型。该方法的优势在于它适用于缺乏系统先验知识的场合,可利用日常操作数据来实现软测量建模。在实际应用中,该种软测量方法常常和人工神经网络以及模糊技术结合在一起。

3)基于人工神经网络的软测量模型

人工神经网络是利用计算机模拟人脑的结构和功能的一门新学科,是目前软测量研究中最活跃的领域。它具有并行计算、学习记忆能力及自组织、自适应和容错能力优良等性质,且无须具备对象的先验知识,而是根据对象的输入输出数据直接建模,即将辅助变量作为人工神经网络的输入,将主导变量作为输出,通过网络的学习来解决不可测变量的软测量问题,因此在解决高度非线性和严重不确定性系统控制方面具有巨大的潜力。

4)基于统计学习的软测量模型

统计学习理论是一种专门研究有限样本下机器学习规律的理论,是一种基于统计学习理论的新的通用学习方法。与神经网络的启发式学习方式和实现过程中的经验风险最小化相比,它具有更严格的理论和数学基础,其求解是基于结构风险最小化,因此泛化性能更好,且不存在局部极小问题,以及可以进行小样本学习等优点。但它也存在一些问题,比如对于大数据集合,训练速度慢,参数选择的好会得到很好的性能,选择不好则会使模型性能变得很差。目前参数的选择主要依靠经验,理论上如何确定还在探索之中。此外如何集成先验知识也是一个值得研究的问题。

10.2.3　软测量技术应用

软测量技术是对传统测量手段的补充,在解决与产品质量、生产效益等相关的关键性生产参数无法直接测量的问题方面有着很大优势,为提高生产效益、保证产品质量提供了强有力的手段。近年来,软测量技术已在炼油、化工、冶金、生化、造纸、锅炉、污水处理等过程控制中得到了广泛的应用。国外的 Inferential Control 公司、Setpoint 公司、DMC 公司、Profimatics 公司、Applied Automation 公司等以商品化软件形式推出的各自的软测量仪表,已经广泛地应用于常减压塔、催化裂化主分馏塔、焦化主分馏塔、加氢裂化分馏塔、汽油稳定塔、脱乙烷塔等的先进控制和优化控制中。国内引进和自行开发的软测量技术在石油化工工业过程中应用比较多,如催化裂化分馏塔轻柴油凝固点软测量等。随着现代化工业过程监测和控制的精细化要求和信息技术的发展,这一技术必将会在工业过程中发挥越来越重要的作用。

10.3　多传感器融合技术

传感器是智能机器与系统的重要组成部分,其作用类似于人的感知器官,可以感知周围环境的状态,为系统提供必要的信息。例如,一个机器人可以通过位置传感器获得自身当前的位置信息,为下一步的运动任务提供服务。随着工作环境与任务的日益复杂,人们对智能系统的性能提出了更高的要求,单个传感器已无法满足某些系统对鲁棒性的要求,多传感器及其数据融合技术应运而生。

根据 JDL(Joint Directors of Laboratories data fusion working group)的定义,多传感器数据融合是一种针对单一传感器或多传感器数据或信息的处理技术。它通过数据关联、相关和组合等方式以获得对被测环境或对象的更加精确的定位、身份识别及对当前态势和威胁的全面而及时的评估。简单地说,多传感器数据融合技术通过将来自多个传感器的数据和相关信息进行组合从而获得比使用单一传感器更明确的推论。多传感器融合就像人脑综合处理信息一样,充分利用不同时间与空间的多传感器数据资源,采用计算机技术对按时间序列获得的多传感器观测数据,在一定准则下进行分析、综合、支配和使用,获得对被测对象的一致性解释与描述,进而实现相应的决策和估计,使系统获得比它的各组成部分更充分的信息。

和传统的单传感器技术相比,多传感器数据融合技术有许多优点,下面列举的是一些有代表性的方面:

(1)采用多传感器数据融合可以增加检测的可信度。例如采用多个雷达系统可以使得对同一目标的检测更可信。

(2)降低不确定度。例如采用雷达和红外传感器对目标进行定位,雷达通常对距离比较敏感,但方向性不好,而红外传感器则正好相反,其具备较好的方向性,但对距离测量的不确定度较大,将二者相结合可以使得对目标的定位更精确。

(3)改善信噪比,增加测量精度。例如,通常用到的对同一被测量进行多次测量然后取平均的方法。

(4)增加系统的鲁棒性。采用多传感器技术,某个传感器不工作,失效的时候,其他的传感器还能提供相应的信息,例如用于汽车定位的 GPS 系统,由于受地形、高楼、隧道、桥梁等的影响,可能得不到需要的定位信息,如果和汽车其他常规惯性导航仪表如里程表、加速度计等联合起来,就可以解决此类问题。

(5) 增加对被检测量的时间和空间覆盖程度。

(6) 降低成本。例如采用多个普通传感器可以取得和单个高可靠性传感器相同的效果,但成本却可以大大降低。

多传感器数据融合技术在两个比较大的领域中得到了广泛应用,即军事领域和民用领域。

1. 在军事领域中的应用

在军事领域中,多传感器数据融合技术的应用主要包括以下几个方面。

1) 目标自动识别

例如现代空战中用到的目标识别系统就是一个典型的多传感器系统,其包括地面雷达系统、空中预警雷达系统、机载雷达系统、卫星系统等,相互之间通过数据链传递信息。地面雷达系统功率可以很大,探测距离远,但容易受云层等的影响。空中预警雷达可以做到移动探测,大大地延伸了防御和攻击距离。而机载雷达则是战机最终发起攻击的眼睛,现代空战都普遍采用超视距武器进行视距外攻击,好的机载雷达都采用相控阵雷达,可以同时跟踪近 20 个目标,并对当前最具威胁的多个目标提出示警,引导战机同时对 4~5 个目标进行攻击。

2) 自动导航

例如各种战术导弹的制导,往往也采用多传感器技术,目前使用较多的有激光制导、电视制导、红外制导等,又可以分为主动制导和被动制导。又如远程战略轰炸机和战斗机用到的自动导航和巡航技术等。在最近发生的几次局部战争如海湾战争和伊拉克战争中,第一波攻击都是在夜间由各种战机发起对地攻击,没有良好的导航系统是不可想象的。

3) 战场监视

战场监视打击效果监测以期作出战果评估。

4) 遥感遥测、无人侦察、卫星侦察及自动威胁识别系统。

2. 在民用领域中的应用

在民用领域中,多传感器数据融合技术的应用主要包括以下几个方面。

1) 工业过程监测和维护

在工业过程领域,多传感器数据融合技术已被广泛应用于系统故障识别和定位以及以此为依据的报警、维护等。例如在核反应堆中就用到这类技术。

2) 机器人

为了能使机器人充分了解自己所处环境,机器人上安装有多种传感器(如 CCD 摄像头、超声传感器、红外传感器等),多传感器数据融合技术使得机器人能够作为一个整体自由、灵活、协调地运动,同时识别目标,区分障碍物并完成相应的任务。

3) 医疗诊断

多传感器数据融合技术在医学领域也得到了广泛应用。例如将采用 CT、核磁共振成像、PET 和光学成像等不同技术获得的图像进行融合,可以对肿瘤等病症进行识别和定位。

4）环境监测

例如我们每天都接触到的天气预报,实际上是对卫星云图、气流、温度、压力以及历史数据等多种传感器信息进行融合后作出的决策推理。

10.4　虚拟仪器

虚拟仪器是计算机技术在仪器仪表技术领域发展的产物。虚拟仪器是继模拟仪表、数字仪表以及智能仪表之后的又一个新的仪器概念。它是指将计算机与功能硬件模块(信号获取、调理和转换的专用硬件电路等)结合起来,通过开发计算机应用程序,使之成为一套多功能的可灵活组合的,并带有通信功能的测试技术平台,它可以替代传统的示波器、万用表、动态频谱分析仪器、数据记录仪等常规仪器,也可以替代信号发生器、调节器、手操器等自动化装置。使用虚拟仪器时,用户可以通过操作显示屏上的"虚拟"按钮或面板,完成对被测量的采集、分析、判断、调节和存储等功能。

目前,基于 PC 的 A/D 及 D/A 转换、开关量输入/输出、定时计数的硬件模块,在技术指标及可靠性等方面已相当成熟,而且价格上也有优势。常用传感器及相应的调理模块也趋向模块化、标准化,这使得用户可以根据自己的需要定义仪器的功能,选配适当的基本硬件功能模块并开发相应的软件,不需要重复采购计算机和某些硬件模块。

虚拟仪器提高了仪器的使用效率,降低了仪器的价格,可以更方便地进行仪器硬件维护、功能扩展和软件升级。它已经广泛地应用于工程测量、物矿勘探、生物医学、振动分析、故障诊断等科研和工程领域。

虚拟仪器概念起源于 1986 年美国 NI(Nation Instrument)公司提出的"软件即仪器"的理念,LabVIEW 就是该公司设计的一种基于图形开发、调试和运行的软件平台。

虚拟仪器的发展主要经历了如下几个代表性阶段:①GPIB 标准的确立;②计算机总线插槽上的数据采集卡的出现;③VXI 仪器总线标准的确立;④虚拟仪器的软件开发工具的出现。随着计算机总线的变迁和发展,虚拟仪器技术也在发生变化,目前 PXI 仪器总线正逐渐成为主流。

思考题与习题

10-1　现代传感器技术的发展包括哪些方面?

10-2　什么是软测量技术?

10-3　软测量技术分类方法主要依据是什么?根据该依据可分成哪几种方法?

10-4　什么是多传感器融合技术?主要应用在哪些方面?

10-5　请给出几个多传感器融合技术的应用实例。

10-6　什么是虚拟仪器?

控制仪表及装置

在石油化工生产过程中,要求生产装置中的压力、流量、液位、温度等工艺参数维持在一定的数值上或按一定的规律变化,从而满足生产过程的运行要求。因此,需要采用检测仪表测得被控参数的变化后,再应用控制仪表(控制器)进行控制运算,产生控制输出,送给执行器完成自动控制动作,从而,构成闭环自动控制系统。

本篇介绍石油化工生产过程经常使用的控制仪表及装置,共分5章。其中,第11章控制仪表及装置概述,主要讨论控制仪表及装置的发展概况、分类、信号制等基础知识,及DDZ-Ⅲ型控制器。第12章介绍数字控制器。第13章介绍目前在石油化工行业广泛使用的集散控制系统。第14章介绍最新型的控制系统——现场总线控制系统。第15章介绍自动控制系统的执行环节——执行器。

控制仪表及装置概述

过程控制装置经历了自力式、基地式、单元组合式、集散式和总线式几个发展阶段。生产的发展对过程控制装置不断提出新的要求,促使它向更完善的方向发展。因此,控制仪表及系统装置的发展在经历了基地式气动仪表控制系统、电动单元组合式模拟仪表控制系统、集中式数字控制系统以及集散控制系统(DCS)后,将朝着现场总线控制系统(FCS)的方向发展。

11.1 控制仪表及装置的发展概况

20 世纪 70 年代前,生产过程自动化采用的大多是模拟控制仪表和装置。随着生产规模的扩大、生产水平的提高、生产过程的强化、参数间关联性的增加等,要求控制仪表与装置具有多样的、复杂的控制功能,具有更高的控制精度和可靠性,进而对系统进行综合自动化,使企业管理与过程控制相结合,便于利用过程信息较快地作出有利于企业的决策,以适应变化发展的市场要求。显然,模拟控制仪表与装置已不能满足这种要求。数字控制仪表与装置正是适应这种要求而产生与发展的。

在早期,数字调节器可进行少回路的可编程回路控制及少点数的可编程逻辑控制。并具有参数自整定及自校正等多种控制功能,可与 CRT(Cathode Ray Tube)显示操作站连接实现监控。这类数字控制装置由于价格便宜、系统配置灵活、功能较强,适用于中小企业的技术改造。

20 世纪 70~80 年代,随着多种微处理器及微型计算机的问世,以微处理器为核心的数字调节器及可编程序逻辑控制器(Programmable Logical Controller,PLC)达到了实用阶段。PLC 在逻辑运算功能的基础上增加了数值计算、过程控制功能。运算速度提高、输入输出规模扩大,并与小型机相连,构成了以 PLC 为基础的初级分散控制系统,在冶金、轻工等行业中得到广泛的应用。

随着 4C(Computer、Control、Communication、CRT)技术的飞速发展,产生了集散控制系统(DCS)。1975 年美国霍尼韦尔公司正式向市场推出了 TDC—2000 型的集散控制系统。DCS 具有控制功能分散和集中监视、操作及综合管理的特点,可实现多种复杂的控制和优化控制以及顺序控制等丰富的功能。因此,在生产过程控制中显示出极大优越性,并取得了明显的经济效益。

目前,许多发达国家有上百家企业都在不断开发新型 DCS,我国也自行研发了多套

DCS 系统,DCS 已成为当今控制仪表与装置的主导产品。石油、化工、电力、冶金等行业的过程控制都在应用 DCS,并具有迅速普及广泛应用的趋势。

可编程序逻辑控制器(PLC)与集散控制系统(DCS)是控制装置的两大主流产品,它们的发展是同步进行而又相互渗透的。PLC 向大规模、高性能等方向发展,形成了多种多样的系列化产品,出现了结构紧凑、价格低廉的新一代产品,可组成不同性能的分布网络系统,并开发出多种便于工程技术人员使用的编程语言,特别是适用于工艺人员使用的图形语言,大大方便了 PLC 的使用。

随着计算机技术的快速发展,使得 DCS 的硬件和软件都采用了一系列高新技术,几乎与"4C"技术的发展同步,使 DCS 向更高层次发展,出现了第三代 DCS。控制站采用 32 位 CPU,远程 I/O 单元通过 IOBUS(输入/输出总线)分散安装。但是,生产现场层仍然没有摆脱沿用了几十年的常规模拟检测仪表和执行机构。DCS 从输入输出单元(IOU)以上各层均采用了计算机和数字通信技术,但生产现场层的常规模拟仪表仍然是一对一的模拟信号(0~10mA,4~20mA)传输,多台模拟仪表集中接于 IOU。生产现场层的模拟仪表与 DCS 各层形成极大的反差和不协调,制约了 DCS 的发展。

因此,人们将现场模拟仪表改为现场数字仪表,并用现场总线互连。由此,带来 DCS 控制站的变革,将控制站内的功能块分散地分布在各台现场数字仪表中,并可统一组态构成控制回路,实现彻底的分散控制。即由多台现场数字仪表在生产现场构成控制站。21 世纪现场总线技术有了突破,形成了现场总线的国际标准,并生产了现场总线数字仪表。现场总线为 DCS 的变革带来希望,标志着新一代 DCS 的产生,即现场总线控制系统(FCS)。

随着微处理器的快速发展和广泛应用,数字通信网络延伸到了工业过程现场,产生了以微处理器为核心,实现信息采集、显示、处理、传输及优化控制等功能的智能设备。从而,使现场控制仪表及装置的控制精度、可靠性、可维护性和可操作性等有了更大的提高。由此,导致了现场总线控制系统的推广和应用。

经过近 30 多年的发展,PLC 已十分成熟与完善,并具有强大的运算、处理和数据传输功能。PLC 在 FCS 系统中的地位似乎已被确定。IEC 推荐的现场总线控制系统体系结构中,PLC 可作为一个站挂在高速总线上。充分发挥 PLC 在处理开关量方面的优势。在工业过程中,诸如水处理车间、循环水车间、除灰除渣车间、输煤车间等的工艺过程多以顺序控制为主,PLC 对于顺序控制有其独特的优势。

现场总线的应用是工业过程控制发展的主流之一。可以说 FCS 的发展应用是自动化领域的一场革命。采用现场总线技术构造的现场总线控制系统,促进了现场仪表智能化、控制功能分散化、控制系统开放化,它符合工业控制技术的发展趋势。

虽然,以现场总线为基础的 FCS 发展很快,但 FCS 完全取代传统的 DCS 还需要一个漫长的过程,同时,DCS 本身也在不断地发展与完善。可以肯定的是结合工业以太网、先进控制等新技术的 FCS 将具有强大的生命力。工业以太网以及现场总线技术作为一种灵活、方便、可靠的数据传输方式,在工业现场得到了越来越多的应用,并将在控制领域中占有更加重要的地位。

未来的工业过程控制系统中,数字技术向智能化、开放性、网络化、信息化发展,同时,工业控制软件也将向标准化、网络化、智能化、开放性发展。现场总线控制系统(FCS)的出现,并不会使 DCS 及 PLC 消亡。它们也会更加向智能化、开放性、网络化、信息化发展。未来,以 FCS 为控制系统中心地位,兼有 DCS、PLC 系统的一种新型标准化、智能化、开放性、网络化、信息化的工业控制系统将会出现在工业过程控制领域中。

11.2　控制仪表及装置的分类

控制仪表及装置常见的分类方式有按能源形式分类、按信号类型分类和按结构形式分类。

11.2.1　按能源形式分类

按所使用的能源分,可分为气动、电动和液动等几种。工业上通常使用气动控制仪表和电动控制仪表,气动控制仪表的特点是结构简单、性能稳定、可靠性高、价格便宜,且在本质上是安全防爆的,特别适用于石油、化工等有爆炸危险的场所。

电动控制仪表由于其信号传输、放大、变换处理比气动仪表容易得多,又便于实现远距离监视和操作,易于与计算机等现代技术工具联用,因而这类仪表的应用更为广泛。针对电动控制仪表的防爆问题,由于采取了安全火花防爆措施,也得到了很好的解决,它同样能应用于易燃易爆的危险场所。

11.2.2　按信号类型分类

控制仪表及装置按信号类型可分为模拟和数字式两大类。

模拟式控制仪表的传输信号通常为连续变化的模拟量。如电流信号、电压信号、气压信号等。这类仪表线路较简单,操作方便,价格较低,在设计、制造、使用上均有较成熟的经验。长期以来,它广泛地应用于各工业部门。

数字式控制仪表的传输信号通常为断续变化的数字量。这种仪表编程灵活,不但具有PID控制规律外,还能实现复杂的控制规律。随着微电子技术、计算机技术和网络通信技术的迅速发展,数字式控制仪表和新型计算机控制装置相继问世,并越来越多地应用于生产过程自动化中。这类仪表和装置是以微型计算机为核心,其功能完善、性能优越,满足现代生产过程的高质量控制要求。

11.2.3　按结构形式分类

控制仪表及装置按结构形式可分为基地式控制仪表、单元组合式控制仪表、组装式综合控制装置、集散控制系统(DCS)以及现场总线控制系统(FCS)。

(1)基地式控制仪表是以指示、记录仪表为主体,附加控制机构而组成。它不仅能对某变量进行指示或记录还具有控制功能。基地式仪表一般结构比较简单,常用于单机自动化系统。

(2)单元组合式控制仪表是根据控制系统中各个组成环节的不同功能和使用要求,将整套仪表划分成能独立实现某种功能的若干单元,各单元之间用统一的标准信号来联系。将这些单元进行不同的组合,可构成多种多样的、复杂程度各异的自动检测和控制系统。单元组合式仪表使用灵活,通用性强,适用于多种工业参数的检测和控制。

国内生产的电动单元组合仪表(DDZ)和气动单元组合仪表(QDZ)经历了Ⅰ型、Ⅱ型、

Ⅲ型三个发展阶段,以后又推出了较为先进的数字化的 DDZ—S 系列仪表。这类仪表使用灵活,通用性强、适用于中、小型企业的自动化系统。数十年间,单元组合仪表在实现国内中、小型企业的生产过程自动化中,发挥了重要作用。

(3) 组装式综合控制装置是在单元组合仪表的基础上发展起来的一种功能分离、结构组件化的成套仪表装置。该装置以模拟器件为主,兼用了模拟技术和数字技术。它包括控制机柜和显示操作台两部分,控制机柜的组件箱内插有若干功能组件板,且采用高密度安装,结构十分紧凑。工作人员利用显示操作台屏幕显示、操作装置实现对生产过程的集中显示和操作。组装式综合控制装置以成套装置的形式提供给用户,简化了工程,缩短了安装、调校时间,方便了用户,在化工、电站等部门的自动控制系统中使用较多。

(4) 集散控制系统(DCS)是以微型计算机为核心,在控制技术、计算机技术、通信技术、屏幕显示技术等"4C"技术迅速发展的基础上研制成的一种计算机控制装置。它的特点是分散控制、集中管理。"分散"指的是由多台专用微处理器(即基本控制器或现场级数字控制仪表)分散地控制各个回路,可使系统运行安全可靠。将各台专用微处理器或现场级数字控制仪表用通信电缆同上级计算机和显示、操作装置相连,组成分散控制系统。"集中"则是集中监视、集中操作和管理整个生产过程。这些功能由上一级的监控、管理计算机和显示操作站来完成。

在工业上使用的数字控制仪表还有可编程调节器和可编程控制器。可编程调节器的外形结构、面板布置保留了模拟式仪表的一些特征,但其运算、控制功能更为丰富,通过组态可完成各种运算处理和复杂控制。可编程控制器以开关量控制为主,也可实现对模拟量的控制,并具备反馈控制功能和数据处理能力。它具有多种功能模块,配接方便。这两类控制仪表均有通信接口,可与计算机配合使用,构成不同规模的分级控制系统。

(5) 现场总线控制系统(FCS)是 21 世纪发展起来的新一代工业控制系统。它是计算机网络技术、通信技术、控制技术和现代仪器仪表技术的最新发展成果。现场总线的出现引发了传统控制系统结构和设备的根本性变革,它将具有数字通信能力的现场智能仪表连成网络系统,并同上一层监控级、管理级联系起来成为全分布式的新型控制网络。

现场总线控制系统的基本特征是其结构的网络化和全分散性、系统的开放性、现场仪表的互可操作性和功能自治性以及对环境的适应性。FCS 无论在性能上或功能上均比传统控制系统更优越,随着现场总线技术的不断完善,FCS 将越来越多的应用于工业自动化系统中,并将逐步取代传统的控制系统。

11.3 控制仪表及装置的信号制

控制仪表与装置在设计时,应力求做到通用性和兼容性,以便不同系列或不同厂家生产的仪表能够共同使用在同一控制系统中,彼此相互配合,共同实现系统的功能。要做到通用性和兼容性,首先必须统一仪表的信号制。信号制即信号标准,是指在成套仪表系列中,各个仪表的输入、输出采用何种统一的联络信号进行传输的问题。

11.3.1 信号标准

过程控制装置所用的联络信号,主要是模拟信号和数字信号,这里介绍模拟信号标准。

1. 气动仪表的信号标准

国家标准《工业自动化仪表用模拟气动信号》(GB/T 777—2008)规定了气动仪表信号的下限值和上限值,如表 11-1 所示,该标准与国际标准《过程控制系统用模拟气动信号》(IEC 60382:1991)是一致的。

表 11-1　模拟信号的下限值和上限值

下　　限	上　　限
20kPa($0.2kgf/cm^2$)	100kPa($1kgf/cm^2$)

2. 电动仪表的信号标准

国家标准《过程控制系统用模拟信号第 1 部分:直流电流信号》(GB/T 3369.1—2008)规定了电动仪表的信号,如表 11-2 所示。表中序号 1 的规定与国际标准《过程控制系统用模拟信号第 1 部分:直流电流信号》(IEC 60381—1:1982)是一致的。序号 2 是考虑到 DDZ-Ⅱ系列单元组合仪表当时仍在广泛使用的现状而设置的。

表 11-2　模拟直流电流信号及其负载电阻

序　　号	电 流 信 号	负 载 电 阻
1	4～20mA DC	250～750Ω
2	0～10mA DC	0～1000Ω,0～3000Ω

11.3.2　电动仪表信号标准的使用

电动模拟信号有直流 DC 和交流 AC 两种,由于直流信号不受交流感应的影响,不受线路的电感、电容及负载的影响,不存在相移等问题,因此世界各国大都以直流信号作为统一的联络信号。

从信号取值范围看,下限值可以从零开始,也可以从某一确定的数值开始;上限值可以较低,也可以较高。取值范围的确定,应从仪表的性能和经济性作全面考虑。

信号下限从零开始,便于模拟量的加、减、乘、除、开方等数学运算和使用通用刻度的指示、记录仪表;信号下限从某一确定值开始,即有一个活零点,电气零点与机械零点分开,便于检验信号传输线有否断线及仪表是否断电,并为现场变送器实现两线制提供了可能性。

电流信号上限大,产生的电磁平衡力大,有利于力平衡式变送器的设计制造。但从减小直流电流信号在传输线中的功率损耗和缩小仪表体积,以及提高仪表的防爆性能来看,希望电流信号上限小些。

在对各种电动模拟信号作了综合比较之后,国际电工委员会(IEC)将电流信号 4～20mA(DC)和电压信号 1～5V(DC),确定为过程控制系统电动模拟信号的统一标准。

1. 现场与控制室仪表之间采用直流电流信号

应用直流电流作为传输联络信号时,若一台发送仪表的输出电流要同时传送给几台接收仪表,所有这些仪表必须串联连接。

1) 直流信号比交流信号干扰少

交流信号容易产生交变电磁场的干扰,对附近仪表和电路有影响,并且如果外界交流干扰信号混入后和有用信号形式相同,难以滤除,直流信号则没有此缺点。

2）直流信号对负载的要求简单

交流信号有频率和相位问题，对负载的感抗或容抗敏感，使得影响因素增多，计算复杂，而直流信号只需考虑负载电阻。

3）电流比电压更利于远传信息

如果采用电压形式传送信息，当负载电阻较小、距离较远时，导线上的电压会引起误差，采用电流传送就不会出现这个问题，只要沿途没有漏泄电流，电流的数值始终一样。而低电压的电路中，即使只采用一般的绝缘措施，漏泄电流也可以忽略不计，所以接收信号的一端能保证和发送端有同样的电流。由于信号发送仪表输出具有恒流特性，所以导线电阻在规定的范围内变化对信号电流不会有明显的影响。

当然，采用电流传送信息，接收端的仪表必须是低阻抗的。串联连接的缺点是任何一个仪表在拆离信号回路之前，首先要把该仪表的两端短接，否则其他仪表将会因电流中断而失去信号。此外，各个接收仪表一般皆应浮空工作，否则会引起信号混乱。若要使各台仪表有自己的接地点，则应在仪表的输入、输出之间采取直流隔离措施，这对仪表的设计和应用在技术上提出了更高的要求。

2. 控制室内部仪表之间采用直流电压信号

由于采用串联连接方式是同一电流信号供给多个仪表的方法，存在上述缺点，若采用电压信号传送信息在这方面就有优越性了。因为它可以采用并联连接方式，使同一电压信号为多个仪表所接收。而且任何一个仪表拆离信号回路都不会影响其他仪表的运行。此外，各个仪表既然并联在同一信号线上，当信号源负极接地时，各仪表内部电路对地有同样的电位。这不仅解决了接地问题，而且各仪表可以共用同一个直流电源。在控制室内，各仪表之间的距离不远，适合采用直流电压(1～5V)作为仪表之间的互相联络信号。

应用直流电压作为传输联络信号时，若一台发送仪表的输出电压要同时传送给几台接收仪表，这些仪表必须并联连接。电压传送信息的并联连接方式要求各个接收仪表的输入阻抗要足够高，否则将会引起误差，其误差大小与接收仪表输入电阻高低及接收仪表的个数有关。

3. 控制系统仪表之间典型连接方式

综上所述，电流传送适合远距离对单个仪表传送信息，电压传送适合将同一信息传送到并联的多个仪表，两者结合，取长补短。因此，虽然在 GB/T 3369.1—2008 中只规定了直流电流信号范围(4～20mA DC)，但在具体应用中，电流信号主要在现场仪表与控制室仪表之间相连时使用；在控制室内，各仪表的互相联络采用直流电压信号(1～5V)。

11.4 DDZ-Ⅲ型控制器

DDZ-Ⅲ型控制器隶属于电动单元组合仪表系列。控制器传送的信号形式为连续模拟信号，基本结构包括比较环节、反馈环节和放大器三大部分。基本构成如图11-1所示。

比较环节作用是将被控变量的测量值与给定值进行比较得到偏差，电动控制仪表的比较环节都是在输入电路中进行电压或电流信号的比较。

DDZ-Ⅲ型控制器的 PID 运算功能均是通过放大环节与反馈环节来实现的。在电动控制仪表中，放大环节实质上是一个静态增益很大的比例环节，可以采用高增益的集成运算放

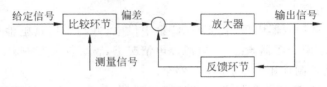

图 11-1 控制器基本构成

大器。其反馈环节是通过一些电阻与电容的不同连接方式来实现 PID 运算的。

DDZ-Ⅲ型控制器除了基本的 PID 运算功能外,一般还具备如下功能,以适应自动控制与操作的需要。

1) 测量值、给定值、偏差及输出显示

控制器给出测量值与给定值显示,或由偏差显示仪表显示偏差的大小及正负。控制器输出信号的大小由输出显示仪表显示。由于控制器的输出是与调节阀的开度相对应的,因此输出显示表也称阀位表,通过它的指针变化可以了解调节阀的开度变化。

2) 手动与自动的双向切换

控制器必须具有手动/自动的切换开关,可以对控制器进行手动与自动之间的双向切换,并且在切换过程中应做到无扰动切换。即在切换瞬间保持控制器的输出信号不发生突变,以免切换操作给控制系统带来干扰。

3) 内、外给定信号的选择

控制器具有内、外给定信号的选择开关。当选择内给定信号时,控制器的给定信号由控制器内部提供;当选择外给定信号时,控制器的给定信号由控制器的外部提供。内、外给定信号的选择是由控制系统的不同类型及要求来确定的。

4) 正、反作用的选择

控制系统具有正、反作用开关来选择控制器的正、反作用。就控制器的作用方向而言,当控制器测量信号增加(或给定信号减小)时,控制器输出信号增加,称为正作用控制器;当测量信号减小(或给定信号增加)时,控制器输出增加,称为反作用控制器。控制器正、反作用的选择原则是为了使控制系统形成负反馈的作用。

11.4.1 DDZ-Ⅲ型控制器的特点

DDZ-Ⅲ型控制器具有下列特点。

(1) DDZ-Ⅲ型控制器在信号制上采用国际电气技术委员会(IEC)推荐的统一标准信号,它以 4~20mA DC 为现场传输信号;以 1~5V DC 为控制室联络信号,即采用电流传输、电压接受的并联制的信息系统,这种信号制的优点是:①电气零点不是从零开始,且不与机械零点重合,因此不但充分利用了运算放大器的线性段,而且容易识别断电、断线等故障;②本信号制的电流-电压转换电阻为 250Ω,如果更换电阻,便可接收其他 1:5 的电流信号,例如 1~5mA、10~50mA DC 等信号;③联络信号为 1~5V DC,可采用并联信号制,因此干扰少,连接方便。

(2) 采用了线性集成电路,给 DDZ-Ⅲ型控制器带来如下优点:①集成运算放大器均为差分放大器,且输入对称性好,漂移小,仪表稳定性得到提高;②集成运算放大器增益高,因而开环放大倍数很高,这使仪表的精度得到提高;③由于采用了集成电路,焊点少,强度高,大大提高了仪表的可靠性。

（3）在 DDZ-Ⅲ型控制器中采用 24V DC 集中供电,并与备用蓄电池构成无停电装置,它省掉了各单元的电源变压器,在工频电源停电情况下,整套仪表在一定的时间内仍照常工作,继续发挥其监视控制作用,有利于安全停车。

（4）内部带有附加装置的控制器能和计算机联用,与直接数字计算机控制系统配合使用时,在计算机停机时,可作后备控制器使用。

（5）自动/手动切换是双向无扰动方式进行的。切换前不需要通过人工操作使给定值与测量值先调至平衡,可以直接切换。在进行手控时,有硬手动与软手动两种方式。

（6）整套仪表可构成安全火花防爆系统。DDZ-Ⅲ型控制器在设计上是按国家防爆规程进行的,在工艺上对容易脱落的元件、部件都进行了胶封。而且增加了安全保持器,实现控制室与危险场所之间的能量限制与隔离,使其具有本质安全防爆的性能。

11.4.2 DDZ-Ⅲ型控制器的主要技术指标

DDZ-Ⅲ型控制器的主要技术指标如下:

（1）输入信号:$1\sim5V(DC)$。

（2）内给定信号:$1\sim5V(DC)$(稳定度:$\pm0.1\%$)。

（3）外给定信号:$4\sim20mA(DC)$(流入 $250\pm0.1\%\,\Omega$ 转换为 $1\sim5V(DC)$ 信号)。

（4）输入及给定指示范围:$1\sim5mA(DC)$双针,$\pm0.5\%$。

（5）PID 参数整定范围:

比例带 δ:$2\%\sim500\%$。

微分增益 K_D:10。

再调时间 T_I:$0.01\sim2.5min$ 或 $0.1\sim25min$ 两档。

预调时间 T_D:$0.04\sim10min$ 或断。

（6）输出信号:$4\sim20mA(DC)$。

（7）负载阻抗:$250\sim750\Omega$。

（8）保持特性:$-1\%/h$。

（9）闭环跟踪精度:$\pm0.5\%$(比例带 $2\%\sim500\%$)。

（10）闭环跟踪温度附加误差:$\Delta_t\leqslant\pm[x+a(|t_2-t_1|)]$。

式中:x——读数不稳定度,取 0.25%;

a——温度系数,取 $0.025\%/℃$;

t_1——$15\sim25℃$ 范围内实际温度;

t_2——$0\sim50℃$ 范围内实际温度;

$|t_2-t_1|$ 应选取 $\geqslant10℃$,若取 $|t_2-t_1|=20℃$,则有 $\Delta_t\leqslant\pm[0.25\%+0.025\%\times20]=\pm0.75\%$。

（11）温度范围:$0\sim50℃$。

（12）电源:$(24\pm10\%)V(DC)$。

11.4.3 DDZ-Ⅲ型控制器的组成与操作

DDZ-Ⅲ型控制器有全刻度指示和偏差指示两个基型品种,图 11-2 为 DDZ-Ⅲ型控制器结构方框图。为满足各种复杂控制系统的要求,还有各种特殊控制器,例如断续控制器、自整定控制器、前馈控制器、非线性控制器。

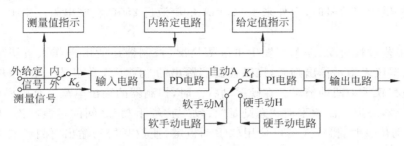

图 11-2 DDZ-Ⅲ型控制器结构方框图

控制器接受变送器的测量信号,在输入电路中与给定信号进行比较得出偏差信号。为了适应后面单电源供电的运算放大器的电平要求,在输入电路中还对偏差信号进行电平移动。经过电平移动的偏差信号,在 PID 运算电路中运算后,由输出电路转换为 4~20mA 直流电流输出。

DTL-3110 型全刻度指示控制器的正面图如图 11-3 所示。它的正面表盘上装有两个指示表头。其中一个双针指示器 2 有两个指针,黑针为给定信号指针,红针为测量信号指针。偏差的大小可以根据两个指示值之差读出。由于双针指示器的有效刻度(纵向)为 100mm,精度为 1%,因此很容易观察控制结果。输出指示器 4 指示控制器输出信号的大小。控制器面板右侧设有自动-硬手动-软手动切换开关 1,以实现无平衡无扰动切换。位于控制器的右侧面还设有正、反作用切换开关,把控制器从壳体中拉出时即可看到此切换开关。

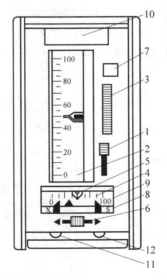

图 11-3 DTL-3110 型控制器正面图

1—自动-软手动-硬手动切换开关;2—双针垂直指示器;3—内给定设定轮;4—输出指示器;
5—硬手动操作杆;6—软手动操作板键;7—外给定指示灯;8—阀位指示器;9—输出记录指示;
10—位号牌;11—输入检测插孔;12—手动输出插孔

　　如图 11-2 控制器的给定值可用切换开关 K_6 选择"内给定"或"外给定"方式其一,当工作"内给定"方式时,给定电压由控制器内部的高精度稳压电源取得。当需要由计算机或另外的控制器提供给定信号时,由外来 4~20mA 电流流过 250Ω 精密电阻产生 1~5V 的给定电压。

　　为适应工艺过程启动、停车或发生事故等情况,控制器还能由操作人员切除 PID 运算电路,直接根据仪表指示作出判断,操纵控制器输出的"手动"工作状态。在 DDZ-Ⅲ 型仪表中,有硬手动和软手动两种情况。在硬手动状态时,控制器的输出电流完全由操作人员拨动手动操作电位器决定。而软手动状态则是"自动"与"硬手动"之间的过渡状态,当选择开关 K_f 置于软手动位置时,操作人员可使用软手动板键,使控制器的输出"保持"在切换前的数值,或以一定的速率增减。这种"保持"状态特别适于处理紧急事故。

　　目前,随着计算机技术的发展,大多数工业控制领域采用基于微处理器的数字控制器,DDZ-Ⅲ 控制仪表使用较少,因此,第 12 章重点阐述数字控制器的相关内容。

思考题与习题

11-1　过程控制装置经历了哪几个发展阶段?

11-2　控制仪表及装置按结构可分为哪五种形式?

11-3　控制仪表及装置按所使用的能源可分为哪几种形式?

11-4　分别阐述气动仪表与电动仪表的信号标准。

11-5　阐述 DDZ-Ⅲ 型现场仪表与控制室仪表之间连接的特点。

11-6　阐述 DDZ-Ⅲ 型控制室内部仪表之间连接的特点。

11-7　阐述 DDZ-Ⅲ 型仪表手动与自动的双向切换的含义。

11-8　阐述 DDZ-Ⅲ 型仪表内、外给定信号选择的含义。

11-9　阐述 DDZ-Ⅲ 型仪表正、反作用选择的含义。

第 12 章

数字控制器

数字控制器是利用计算机软件编程,完成特定控制算法的仪表。通常数字控制器应具备 A/D 转换、D/A 转换以及完成输入信号到输出信号的运算程序等部分。数字控制器分为顺序控制器和数字调节器。

顺序控制器是根据生产工艺规定的时间顺序或逻辑关系编制程序,对生产过程各阶段依次进行控制的装置,简称顺控器。顺序控制器的控制方式有时序控制和条件控制两种。

数字调节器是用数字技术和微电子技术实现闭环控制的调节器,又称数字调节仪表,是数字控制器的一种。它接受来自生产过程的测量信号,由内部的数字电路或微处理机作数字处理,按一定调节规律产生数字信号输出,再去驱动执行器,完成对生产过程的闭环控制。

数字控制器具有丰富的控制功能、灵活而方便的操作手段、形象而又直观的图形或数字显示以及高度的安全可靠性等特点,因而,能更有效地控制和管理生产过程。

本章介绍两类常用的数字控制器:可编程调节器、可编程逻辑控制器(PLC)。

12.1 可编程调节器

可编程调节器是一种数字控制仪表,近些年曾广泛使用的有 KMM、SLPC、PMK、Micro760/761 等,每台调节器通常控制一个回路,因此习惯上又称它们为单回路调节器。

12.1.1 可编程调节器的特点

与模拟式控制器相比,可编程调节器具有如下优点。

1. 实现了仪表和计算机一体化

将微机引入调节器中,能充分发挥计算机的优越性,使仪表电路简化、功能增强、性能改善,从而大大提高了仪表的性能价格比。可编程调节器的外形结构、面板布置保留了模拟式仪表的特征,从而易被人们所接受,便于推广使用。

2. 具有丰富的运算、控制功能

可编程调节器配有多种功能丰富的运算模块和控制模块,通过组态可完成各种运算处理和复杂控制。它能实现串级控制、比值控制、前馈控制、选择性控制、纯滞后控制、非线性控制和自适应控制等,以满足不同控制系统的需要。

3. 通用性强、使用方便

可编程调节器采用盘装方式和标准尺寸(国际 IEC 标准)。模拟量输入输出信号采用统一标准信号1~5V(DC)和4~20mA(DC),可方便地与DDZ-Ⅲ型仪表相连。它还可输入输出数字信号,进行开关量控制。

用户程序使用面向过程语言(Procedure-Oriented Language,POL)来编写,易于学习、掌握。使用者能自行编制适用于各种控制要求的程序。

4. 具有通信功能,便于系统扩展

可编程调节器具有标准通信接口,通过数据通道和通信控制器可方便地与局部显示操作站连接,实现小规模系统的集中监视和操作。调节器还可挂上高速数据公路,与上位计算机进行通信,形成中、大规模的多级、分散型综合控制系统。

5. 可靠性高,维护方便

硬件电路软件化减少了调节器元、器件数量。同时元件以大规模集成电路为主,并经过严格筛选、老化处理,使可靠性提高。在软件方面,利用各种运算模块可自行开发联锁保护功能。调节器的自诊断程序随时监视各部件工作状况,一旦出现故障,便采取相应的保护措施,并显示故障状态,指示操作人员及时排除,从而缩短了检修时间,提高了调节器的在线使用率。

12.1.2 可编程调节器的基本构成

可编程调节器类型有多种,总体结构包括主机电路、过程输入通道、过程输出通道、人机联系部件以及通信部件等部分。

1. 可编程调节器的硬件系统

可编程调节器的硬件电路结构如图12-1所示。

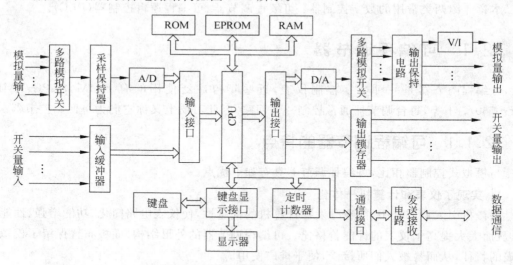

图 12-1 可编程调节器硬件构成框图

过程输入通道通过模/数转换器(A/D)和输入缓冲器将模拟量和开关量转换成计算机能识别的数字信号,经输入接口送入主机。主机在程序控制下对输入数据进行运算处理,运算结果经输出接口送至过程输出通道。一路由数/模转换器(D/A)将数字信号转换成直流模拟电压,作为模拟量输出信号;另一路经由锁存器直接输出开关量信号。

人机接口部件用来对系统进行监视、操作,人机联系部件中的键盘、按钮用以输入必要的变量和命令,切换运行状态,以及改变输出值;显示器则用来显示过程变量、给定值、输出值、整定变量和故障标志等。通信部件实现调节器与其他数字仪表或装置的数据交流,既可输出各种数据,也可接受来自操作站或上位计算机的操作命令和控制变量。

1) 主机电路

主机电路由微处理器、只读存储器、随机存储器、定时/计数器以及输入、输出接口等组成。CPU 通常完成数据传递、算术逻辑运算、转移控制等功能。只读存储器 ROM 中存放系统软件。EPROM 中存放由使用者自行编制的用户程序。随机存储器 RAM 用来存放输入数据、显示数据、运算的中间值和结果值等。定时/计数器的定时功能用来确定调节器的采样周期,并产生串行通信接口所需的时钟脉冲;计数功能主要用来对外部事件进行计数。

输入、输出接口是 CPU 同输入、输出通道及其他外设进行数据交换的部件,它有并行接口和串行接口两种。并行接口具有数据输入、输出、双向传送和位传送的功能,用来连接输入、输出通道,或直接输入、输出开关量信号。串行接口具有异步或同步传送串行数据的功能,用来连接可接收或发送串行数据的外部设备。

2) 过程输入通道

过程输入通道包括模拟量输入通道和开关量输入通道。

(1) 模拟量输入通道:模拟量输入通道包括多路模拟开关、采样/保持器(S/H)和 A/D 转换器。如果调节器输入的是低电平信号,还需要将信号放大,达到 A/D 转换器所需要的信号电平。

多路模拟开关又称采样开关,一般采用固态模拟开关,其速度可达 10^5 点/秒。

采样/保持器具有暂时存储模拟输入信号的作用。它在一特定的时间点上采入一个模拟信号值,并把该值保持一段时间,以供 A/D 转换器转换。

A/D 转换器的作用是将模拟信号转换为相应的数字量。这类器件的品种繁多、性能各异,常用的 A/D 转换器有逐位比较型、双积分型(V-T 转换型)和 V-F 转换型等几种。这几种 A/D 转换器的转换精度均较高,基本误差约为 $0.5\% \sim 0.01\%$。

(2) 开关量输入通道:开关量输入通道将多个开关量输入信号转换成能被计算机识别的数字信号。

开关量指的是在控制系统中电接点的通与断,或者逻辑电平"1"与"0"这类两种状态的信号。例如各种按钮开关、继电器触点、无触点开关(晶体管等)的接通与断开,以及逻辑部件输出的高电平与低电平等。这些开关量信号通过输入缓冲电路或者直接由输入接口送至主机电路。

3) 过程输出通道

过程输出通道包括模拟量输出通道和开关量输出通道。

(1) 模拟量输出通道:模拟量输出通道包括 D/A 转换器、多路模拟开关。输出保持电路和 V/I 转换器。

D/A 转换器起数/模转换作用。常采用电流型 D/A 集成芯片,因其输出电流小,尚需加接运算放大器,以实现将二进制数字代码转换成相应的模拟量电压信号。

V/I 转换器将 1～5V 的模拟电压信号转换成 4～20mA 的电流信号。该转换器与

DDZ-Ⅲ型调节器或运算器的输出电路类似。

多路模拟开关与模拟量输入通道中的相同。输出保持电路一般采用 S/H 集成电路,也可用电容器和高输入阻抗的运算放大器构成。

(2) 开关量输出通道:开关量输出通道通过锁存器输出开关量(包括数字、脉冲量)信号以便控制继电器触点和无触点开关的接通与释放,也可控制步进电机的运转。

同开关量输入通道一样,输出通道也常采用光电耦合器件作为输出电路进行隔离传输,以免受到现场干扰的影响。

4)人机接口部件

人机接口部件置于调节器的正面和侧面。正面板布置类似于模拟式调节器,有测量值和给定值显示、输出电流显示、运行状态(自动/串级/手动)切换按钮、给定值增减按钮和手动操作按钮以及一些状态显示灯。侧面板设置各种变量的键盘、显示器。

5)通信部件

调节器的通信部件包括通信接口和发送、接收电路等。通信接口将欲发送的数据转换成标准通信格式的数字信号,由发送电路送至通信线路上;同时通过接收电路接收来自通信线路的数字信号,将其转换成能被计算机接受的数据。

通信接口有并行和串行两种。可编程调节器大多采用串行传送方式。

并行传送是以位并行、字节串行形式,即数据宽度为一个字节,一次传送一个字节,连续传送。其优点是数据传输速率高,适用于短距离传输;缺点是需要较多的电缆,成本较高。

串行传送为位串行形式,即一次传送一位,连续传送。其优点是所用电缆少,成本低,适用于较远距离传输;缺点是其数据传输率比并行传送的低。

2. 可编程调节器的软件系统

软件系统分为系统程序和用户程序两大部分。

1)系统程序

系统程序是调节器软件的主体部分,通常由监控(主)程序和中断处理程序组成。这两部分程序又分别由许多功能模块(子程序)构成,如图 12-2 所示。

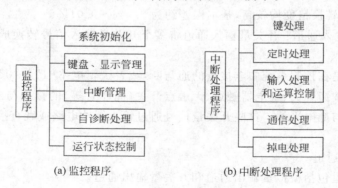

图 12-2　系统程序的组成

监控程序包括系统初始化、键盘和显示管理、中断管理、自诊断处理以及运行状态控制等模块。系统初始化是指变量初始化,可编程器件(例如 I/O 接口、定时/计数器)的初值设置等;键盘、显示管理模块的功能是识别键码、确定键处理程序的走向和显示格式;中断管理模块用以识别不同的中断源,比较它们的优先级,以便作出相应的中断处理;自诊断处理程序采用巡测方式监督检查调节器各功能部件是否正常,如果发生异常,则能显示异常标志、发出报警或作出相应的故障处理;运行状态控制是判断调节器操作按钮的状态和故障情况,以便进行手动、自动或其他控制。

中断处理程序包括键处理、定时处理、输入处理和运算控制、通信处理和掉电处理等模块。键处理模块根据识别的键码,建立键服务标志,以便执行相应的键服务程序;定时处理模块实现调节器的定时(或计数)功能,确定采样周期,并产生时序控制所需的时基信号;输入处理和运算控制模块的功能是进行数据采集、数字滤波、标度变换、非线性校正、算术运算和逻辑运算,各种控制算法的实施以及数据输出等;通信处理模块按一定的通信规程完成与外界的数据交换;掉电处理模块用以处理"掉电事故",当供电电压低于规定值时,CPU立即停止数据更新,并将各种状态变量和有关信息存储起来,以备复电后调节器能照常运行。

上述为可编程调节器的基本功能模块。不同的调节器,其具体用途和硬件结构不完全一样,因而它们的功能模块在内容和数量上是有差异的。

2) 用户程序

用户程序的作用是"连接"系统程序中各功能模块,使其完成预定的控制任务。编制程序实际上是完成功能模块的连接,即组态工作。

编程采用 POL 语言,它是为了便于定义和解决某些问题而设计的专用程序语言。只要提出问题、输入数据、指明数据处理和运算控制的方式、规定输出形式,就能得到所需的结果。POL 语言专用性强、操作方便、程序设计简单、容易掌握和调试。这类语言大致上分为空栏式语言和组态式语言两种,组态式语言又有表格式和助记符式之分。KMM 可编程调节器采用表格式组态语言;YS-80 系列的 SLPC 则采用助记符来编程。

调节器的编程工作是通过专用的编程器进行的,有"在线"和"离线"两种编程方法:

(1) 编程器与调节器通过总线连接共用一个 CPU,编程器上插一个 EPROM 供用户写入。用户程序调试完毕后写入 EPROM,然后将其取下,插在调节器相应的插座上。YS-80系列的 SLPC 是采用这种"在线"编程方法的。

(2) 编程器自带一个 CPU,编程器脱离调节器,自行组成一台"程序写入器",它能独自完成编程工作并写入 EPROM,然后把写好的 EPROM 移到调节器的相应插座上。KMM可编调节器采用这种"离线"的编程方法。

12.1.3　可编程调节器的基本算法

可编程调节器的基本算法有两种,一种是 PID 的离散算法,另一种是 PID 的改进算法。

1. PID 的离散算法

可编程调节器的 PID 算式是对模拟调节器的算式进行离散化而得到的。模拟调节器的完全微分型 PID 算式为

$$y(t) = K_P \left[e(t) + \frac{1}{T_I} \int_0^t e(\tau)\,\mathrm{d}\tau + T_D \frac{\mathrm{d}e(t)}{\mathrm{d}t} \right] + y' \tag{12-1}$$

式中:$y(t)$——调节器的输出;

　　　$e(t)$——调节器的输入偏差;

y'——调节器输入偏差为零时的输出初值;

K_P、T_I、T_D——分别为调节器的比例增益、积分时间和微分时间。

当采样周期 T 相对于输入信号变化周期很小时,可用矩形法来求积分的近似值,用一阶的差分来代替微分。这样,式(12-1)中的积分项和微分项可分别表示为

$$\int_0^t e(\tau)\,\mathrm{d}\tau \approx \sum_{i=0}^n e(i)\Delta t = T_s \sum_{i=0}^n e(i)$$

$$\frac{\mathrm{d}e(t)}{\mathrm{d}t} \approx \frac{e(n)-e(n-1)}{\Delta t} = \frac{e(n)-e(n-1)}{T_s}$$

式中:$\Delta t = T_s$——采样周期;

n——采样序号。

经替换,便得到离散 PID 算式

$$y(n) = K_P\left\{e(n) + \frac{T_s}{T_I}\sum_{i=0}^n e(i) + \frac{T_D}{T_s}[e(n)-e(n-1)]\right\} + y' \tag{12-2}$$

$y(n)$ 是可编程调节器第 n 次采样时的输出值,它对应于调节阀的开度,即 $y(n)$ 值与阀位一一对应,因此式(12-2)称为位置型算式。

由式(12-2)同样可以列写出第 $(n-1)$ 次采样的 PID 算式:

$$y(n-1) = K_P\left\{e(n-1) + \frac{T_s}{T_I}\sum_{i=0}^{n-1} e(i) + \frac{T_D}{T_s}[e(n-1)-e(n-2)]\right\} + y' \tag{12-3}$$

式(12-2)减去式(12-3),得

$$\Delta y(n) = K_P\left\{[e(n)-e(n-1)] + \frac{T_s}{T_I}e(n) + \frac{T_D}{T_s}[e(n)-2e(n-1)+e(n-2)]\right\}$$
$$= K_P\{[e(n)-e(n-1)] + K_i e(n) + K_d[e(n)-2e(n-1)+e(n-2)]\} \tag{12-4}$$

式中:K_i——可编程调节器的积分系数,$K_i = K_P\dfrac{T_s}{T_I}$;

K_d——可编程调节器的微分系数,$K_d = K_P\dfrac{T_D}{T_s}$。

式(12-4)称为增量型算式,$\Delta y(n)$ 对应于在两次采样时间间隔内调节阀开度的变化量。还有一种速度型算式,即

$$v(n) = \frac{\Delta y(n)}{T_s} = \frac{K_P}{T_s}\left\{[e(n)-e(n-1)] + \frac{K_P}{T_I}e(n)\right.$$
$$\left. + \frac{K_P T_D}{T_s^2}[e(n)-2e(n-1)+e(n-2)]\right\} \tag{12-5}$$

上式 $v(n)$ 是输出的变化速率。由于数字调节器的采样周期一经选定之后,T_s 也就为常数,因此速度型算式和增量型算式没有本质上的差别。

在计算机控制中,增量算式用得最为广泛。这种算式易于实现手动和自动之间的无扰动切换,这是因为上次采样值总是保存在输出装置或寄存器中,在手、自动切换的瞬时,调节器相当于处在保持状态,因此在调节器的给定值和测量值相等时,切换就不会产生扰动。

2. PID 的改进算法

为了改善控制质量,在实际使用中对 PID 算式作改进,举例说明如下:

1) 不完全微分型(非理想)算式

完全微分型算式的控制效果较差,故数字调节器通常采用不完全微分型算式。

$$y(n) = K_P\left\{e(n) + \frac{T_S}{T_I}\sum_{i=0}^{n}e(i) + \frac{T_D}{T^*}[e(n) - e(n-1)]\right\} + \alpha y_D(n-1) \quad (12\text{-}6)$$

该算式与完全微分型的 PID 算式相比,多了一项 $(n-1)$ 次采样的微分输出值 $\alpha y_D(n-1)$,算式的系数设置和计算比较复杂,占用内存单元也较多,但不完全微分的控制品质比完全微分的好。完全微分作用在阶跃扰动的瞬间很强,即输出有很大的变化,这对控制无利。

如果选择的微分时间较长,比例度较小,采样时间又较短,就有可能在大偏差阶跃扰动的作用下,使算式的输出值超出极限范围,引起溢出停机。另一方面,完全微分算式的输出,只在扰动产生的第一个同期内有变化,也就是说,完全微分仅在瞬间起作用,从总体上看,微分作用不明显,因此它的控制效果就比较差。

2) 微分先行 PID 控制

如同微分先行的模拟调节器一样,它只对测量值进行微分,而不是对偏差微分,这样,在给定值变化时,不会产生输出的大幅度变化。

3) 积分分离 PID 算式

使用一般的 PID 控制,当开工、停工或大幅度提降给定值时,由于短时间内产生很大的偏差,故会造成严重超调和长时间的振荡。为了克服这一缺点,可采用积分分离算法,即在偏差大于一定值时,取消积分作用,而当偏差小于这一值时,才将积分投入。这样既可减小超调,又可达到积分校正的效果,即能消除偏差。

积分分离的 PID 算式为

$$\Delta y(n) = K_P[e(n) - e(n-1)] + K_L K_i e(n) + K_d[e(n) - 2e(n-1) + e(n-2)]$$
$$(12\text{-}7)$$

式中:$K_L = \begin{cases} 1, & e(n) \leqslant A \\ 0, & e(n) > A \end{cases}$;$K_L$ 称为分离系数,A 为预定阈值。显然,当 $e(n) > A$ 时,积分项不起作用,只有当偏差 $e(n) < A$ 时,才引入积分作用。

PID 算式的改进还可采取其他措施,例如用梯形法来求取积分值,采用带有死区的 PID 控制、自动改变比例增益的 PID 控制等。

12.1.4　可编程调节器与 DDZ-Ⅲ 型控制器性能比较

DDZ-Ⅲ 型控制器对于干扰的响应是及时的,而可编程调节器需要等待一个采样周期才响应,使系统克服干扰的控制作用不够及时。其次,信号通过采样离散化之后,难免受到某种程度的曲解,因此,若采用等效的 P、I、D 变量,可编程调节器的离散 PID 控制品质将弱于常规模拟调节器的连续控制。而且采样周期取得愈长,控制品质愈差。

可编程调节器通过对 PID 算式的改进可改善系统的控制品质。它比模拟调节器更容易实现各种算式;整定变量的可调范围大;并能以多种控制规律来适应不同的对象,从而可获得较好的控制效果。

关于 PID 调节器控制精度,模拟调节器一般为 0.5%,其值取决于调节器的开环放大倍数。可编程调节器的控制精度较高,如果调节器中 A/D 转换器的位数为 8 位,则精度可达0.4%,若位数增加,精度还可提高。

12.2　可编程序控制器

可编程序控制器(PLC)是一种数字运算操作的电子系统,是专为在工业环境应用而设计的。早期的可编程控制器主要用来代替继电器实现逻辑控制。随着技术的发展,这种采用微型计算机技术的工业控制装置的功能已经大大超过了逻辑控制的范围。因此,今天这种装置也称作可编程控制器(Programmable Controller,PC)。但是为了避免与个人计算机(Personal Computer,PC)的简称混淆,所以将可编程序控制器简称 PLC。

PLC 是以微处理器为基础,综合了计算机技术、自动控制技术和通信技术而发展起来的一种通用的工业自动控制装置;具有体积小、功能强、程序设计简单、灵活通用、维护方便等一系列的优点,特别是它的高可靠性和较强的适应恶劣工业环境的能力,使其广泛应用于各种工业领域。

12.2.1　可编程控制器的发展过程及趋势

1969 年美国数字设备公司 DEC 研制出了世界上第一台可编程序控制器 PDP-14,并在通用公司的汽车生产线上获得成功应用,取代了传统的继电器控制系统,PLC 由此而迅速地发展起来。

1. PLC 发展过程的四个阶段

PLC 的发展大致经过了如下四个阶段。

(1) 从第一台可编程序控制器诞生到 20 世纪 70 年代初期是 PLC 发展的第一个阶段,其特点是:CPU 由中小规模集成电路组成,功能简单,主要能完成条件、定时、计数控制。PLC 开始成功地取代了继电器控制系统。

(2) 20 世纪 70 年代是 PLC 的崛起时期,其特点是:CPU 采用微处理器,存储器采用EPROM,在原有基础上增加了数值计算、数据处理、计算机接口和模拟量控制等功能,系统软件增加了自诊断功能;PLC 已开始在工业领域推广发展。这一阶段的发展重点主要是硬件部分。

(3) 20 世纪 80 年代单片机、半导体存储器等大规模集成电路开始工业化生产,进一步推进了 PLC 走向成熟,使其演变成为专用的工业控制装置,并在工业控制领域奠定了不可动摇的地位。这一阶段 PLC 的特点是:CPU 采用 8 位或 16 位微处理器及多微处理器的结构形式,存储器采用 EPROM、CMOSRAM 等,PLC 的处理速度、通信功能、自诊断功能、容错技术得到了迅速增强,软件上实现了面向过程的梯形图语言、语句表等开发手段,增加了浮点数运算、三角函数等多种运算功能。这一阶段的发展重点主要是软件部分和通信网络部分。

(4) 20 世纪 90 年代随着大规模和超大现模集成电路技术的迅猛发展,以 16 位或 32 位微处理器构成的可编程序控制器得到了惊人的发展,使之在概念上、设计上和性能价格比等方面有了重大的突破,同时 PLC 的联网通信能力也得到了进一步加强,这些都使得 PLC 的应用领域不断扩大。在软件设计上,PLC 具有了强大的数值运算、函数运算和批量数据处理能力。其系统特征是高速、多功能、高可靠性和开放性。

2. PLC 的发展趋势

随着计算机综合技术的发展和工业自动化的不断延伸,PLC 结构和功能随之不断地完善和扩充,从而,实现控制和管理功能的结合,并以不同生产厂家的要求构成开放型的控制系统。长期以来 PLC 走的是专有化道路,其成功的同时也带来了许多制约因素。目前绝大多数 PLC 不同于开放系统,寻求开放型的硬件或软件平台成了当今 PLC 的主要发展目标,现代 PLC 主要有以下两种发展趋势。

1) 大型网络化、综合化方向发展趋势

现代工业自动化已不再局限于某些生产过程的自动化,而是实现信息管理和工业生产相结合的综合自动化,强化通信能力和网络化功能是 PLC 发展的一个重要方面,它主要表现在:向下将多个 PLC、远程 I/O 站点相连;向上与工业控制计算机、管理计算机等相连构成整个工厂的自动化控制系统。

2) 速度快、功能强的小型化方向发展趋势

随着应用范围的扩大,体积小、速度快、功能强、价格低的 PLC 广泛渗透到工业控制领域的各个层面。小型 PLC 将由整体化结构向模块化结构发展,系统配置的灵活性得到增强。小型化发展具体表现为:结构上的更新、物理尺寸的缩小、运算速度的提高、网络功能的加强、价格成本的降低,当前小型化 PLC 在工业控制领域具有不可替代的地位。

12.2.2　可编程控制器的特点及分类

PLC 之所以取得高速发展和广泛应用,除了工业自动化的客观需要外,主要是由于其本身具备许多独特的优点,较好地解决了工业控制领域中普遍关心的可靠、安全、灵活、方便、经济等问题。

1. PLC 的特点

PLC 具有如下特点。

1) 可靠性高、抗干扰能力强

评价工业控制装置质量一个非常重要的指标是可靠性,如何能在恶劣的工业应用环境下(如电磁干扰、低温、高温、潮湿、振动、灰尘等)平稳、可靠地工作,将故障率降至最低,是各种工业控制装置必须具备的前提条件。为了实现"专为适应恶劣的工业环境而设计"的要求,PLC 采取了以下有力措施:

(1) PLC 采用的是微电子技术,大量的开关动作是由无触点的半导体电路来完成的,因此不会出现继电器控制系统中的接线老化、脱焊、触点电弧等现象,提高了可靠性。

(2) PLC 采用的器件都进行了严格的筛选,尽可能地排除了因器件问题而造成的故障。

(3) PLC 在硬件设计上采用屏蔽、滤波、隔离等措施。防止外界干扰;消除或抑制高频干扰;削弱各种模块之间的相互影响。输入输出模块采用了隔离技术,有效地隔离了内部电路与外部系统之间电的联系,减少了故障和误动作。有些模块还设置了联锁保护、自诊断电路等功能。对于某些大型的 PLC 采用了双 CPU 构成的冗余系统,或三 CPU 构成的表决式系统,进一步增强了系统可靠性。

(4) PLC 的系统软件包括了故障检测与诊断程序,在每个扫描周期定期检测运行环境,如掉电、欠电压、强干扰等。当出现故障时,立即保存运行状态并封闭存储器,禁止对其操作,待运行环境恢复工常后,再从故障发生前的状态继续原来的程序工作。

(5) PLC 设有 WDT 监视定时器,如果用户程序发生死循环或由于其他原因导致程序执行时间超过了 WDT 的规定时间,PLC 立即报警并终止程序执行。

由于采取了以上措施,增强了 PLC 的可靠性和抗干扰能力,PLC 平均无故障时间可达几十万小时以上。

2) 功能完善,通用灵活

PLC 不仅具有逻辑运算、条件控制、计时、计数、步进等控制功能,而且还能完成 A/D 转换、D/A 转换、数字运算和数据处理以及网络通信等功能。因此,它既可对开关量进行控制,又可对模拟量进行控制;既可控制一条生产线又可控制全部生产工艺过程;既可单机控制,又可以构成多级分布式控制系统。

现在的 PLC 产品基于各种齐全的 PLC 模块和配套部件都已形成系列化,用户可以很方便地构成满足不同要求的控制系统。系统的功能和规模可根据用户的实际需求进行配置,便于获取合理的性能价格比。

3) 编程简单、使用方便

目前大多数 PLC 可采用梯形图语言的编程方式,既继承了继电器控制线路的清晰直观感,又考虑到一般电气技术人员的读图习惯,很容易被电气技术人员所接受。一些 PLC 还提供逻辑功能图、语句表指令,甚至高级语言等编程手段,进一步简化了编程工作,满足了不同用户的需要。

4) 体积小、维护方便

PLC 体积小、质量轻,便于安装,维修时,可以通过更换模块插件,迅速排除故障。PLC 具有自诊断、故障报警功能,便于操作人员检查、判断。PLC 结构紧凑,硬件连接方式简单,接线少,便于维护。PLC 在设计结构上具有其他控制器无法相比的优越性,易于实现机电一体化。

2. PLC 的分类

PLC 有如下几种分类方式。

1) 按地域范围分

PLC 按地域范围分成三个流派:美国、欧洲和日本流派。这种划分方法虽不科学,但具有实用参考价值。一方面,美国 PLC 技术与欧洲 PLC 技术基本上是各自独立开发而成的,二者间表现出明显的差异性。日本的 PLC 技术是由美国引进的,因此它对美国的 PLC 技求既有继承,更多是发展,而且日本产品主要定位在小型 PLC 上;另一方面,同一地域的产品面临的市场相同、用户要求接近,相互借鉴就比较多,技术渗透得比较深,这使得同一地域的 PLC 产品表现出较多的相似性,而不同地域的 PLC 产品表现出明显的差异性。

2) 按结构形式分

PLC 按结构形式可以分为一体化结构和模块化结构。一体化结构是 CPU、电源、I/O 接口、通信接口等都集成在一个机壳内的结构,如图 12-3,Omron 公司的 C20P、C20H,三菱公司的 F1 系列产品等是一体化结构。模块化结构是电源模块、CPU 模块、I/O 模块、通信模块等在结构上是相互独立的,如图 12-4 所示,用户可根据具体的应用要求,选择合适的模块,安装固定在机架或导轨上,构成一个完整的 PLC 应用系统,如 Omron 公司的 C1000H,Siemens 公司的 S7 系列 PLC 等为模块化结构。

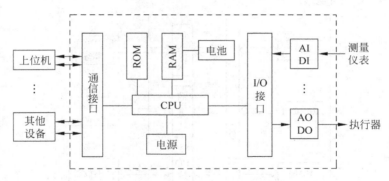

图 12-3 一体化 PLC 结构示意图

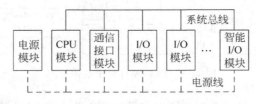

图 12-4 模块化 PLC 结构示意图

3）按 I/O 点数分

PLC 按 I/O 点数可分为超小型、小型、中型和大型。小型及超小型 PLC 在结构上一般是一体化形式，主要用于单机自动化或简单控制对象；大、中型 PLC 增强了数据处理能力和网络通信能力，可构成大规模的综合控制系统，主要用于复杂程度较高的自动控制，并在相当程度上替代 DCS，实现更广泛的自动化功能。一般情况下 PLC 按点数分类如下：

（1）超小型 PLC：I/O 点数小于 64 点；

（2）小型 PLC：I/O 点数在 65～128 点；

（3）中型 PLC：I/O 点数在 129～512 点；

（4）大型 PLC：I/O 点数在 512 点以上。

12.2.3 可编程控制器的基本组成

可编程控制器硬件系统的基本结构框图如图 12-5 所示。PLC 的主机由微处理器、存储器、输入/输出模块、外设 I/O 接口、通信接口及电源等组成。对于整体式的 PLC，这些部件都在同一个机壳内。对于模块式结构的 PLC，各部件独立封装，称为模块，各模块通过机架和电缆连接在一起。主机内的各个部分通过电源总线、控制总线、地址总线和数据总线连接。根据实际控制对象的需要配备一定的外部设备，可构成不同的 PLC 控制系统。

可编程控制器是以微处理器为核心形成的基本结构，显然其功能的实现不仅基于硬件，更需要功能软件的支撑。PLC 有大量的如计数、定位、通信等功能模块。功能模块是数据说明、可执行语句等程序元素的集合，它是指单独命名的可通过名字来访问的过程、函数、子程序或宏调用。

1. 中央处理器

中央处理单元（CPU）是 PLC 的控制中枢。它按照 PLC 系统程序赋予的功能接收并存

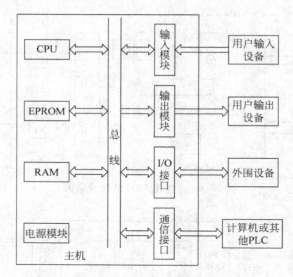

图 12-5　PLC 硬件系统结构框图

储从编程器输入的用户程序和数据；检查电源、存储器、I/O 以及警戒定时器的状态，并能诊断用户程序中的语法错误。当 PLC 投入运行时，首先它以扫描的方式接收现场各输入装置的状态和数据，并分别存入 I/O 映像区，然后从用户程序存储器中逐条读取用户程序，经过命令解释后，按指令的规定执行逻辑或算数运算的结果送入 I/O 映像区或数据寄存器内。所有的用户程序执行完毕之后，最后，将 I/O 映像区的各输出状态或输出寄存器内的数据传送到相应的输出装置，如此循环运行，直到停止运行。

2. 存储器

PLC 存储器用来存放系统程序、用户程序、逻辑变量和其他信息，存放系统软件的存储器称为系统程序存储器。存放应用软件的存储器称为用户程序存储器。PLC 的存储器有只读存储器 ROM、读写存储器 RAM 和用户固化程序存储器 E^2PROM。

ROM 存放 PLC 制造厂家编写的系统程序，具有开机自检、工作方式选择、信息传递和对用户程序的解释翻译功能。ROM 存放的信息是永远留驻的。

RAM 一般存放用户程序和逻辑变量。用户程序在设计和调试过程中要不断进行读写操作。读出时，RAM 中内容保持不变。写入时，新写入的信息将覆盖原来的信息。若 PLC 失电，RAM 存放的内容会丢失。如果有些内容失电后不容许丢失，可以把它放在断电保持的 RAM 存储单元中。这些存储单元接上备用锂电池供电，具有断电保持能力。如果用户经调试后的程序要长期使用，可以通过 PLC 将程序写入带有 E^2PROM 芯片的存储卡中，从而长期保存。

3. 输入/输出接口

现场输入接口电路有光耦合电路及各类接口模块电路，它是 PLC 与现场输入设备的输入通道。现场输出接口电路由输出数据寄存器、选通电路和中断请求电路集成，PLC 通过现场输出接口电路向现场的执行部件输出相应的控制信号。

输入设备包括各类控制开关(如按钮、行程开关、热继电器触点等)和传感器(如各类数字式或模拟式传感器)等，通过输入接口电路的输入端子与 PLC 的微处理器 CPU 相连。

CPU 处理的是标准电平,因此,接口电路为了把不同的电压或电流信号转变为 CPU 所能接收的电平,需要有各类接口模块。输出接线端子与控制对象如接触器线圈、电磁阀线圈、指示灯等连接。为了把 CPU 输出电平转变为控制对象所需的电压或电流信号,需要有输出接口电路。输入输出接口都采用光电隔离电路。输入/输出接口有数字量(开关量)输入/输出单元,模拟量输入/输出单元。

4. 外围设备

PLC 的外围设备有手持编程器、便携式图形编程器、打印机、EPROM 写入器等。PLC可以配置通信模块与上位机及其他 PLC 进行通信,构成基于 PLC 的分布式控制系统。

5. 电源

PLC 的电源在整个系统中起着十分重要的作用。如果没有一个良好的、可靠的电源系统是无法正常工作的,因此,PLC 的制造厂商对电源的设计和制造是十分重视的。PLC 的电源是将交流电压变成 CPU、存储器、输入输出接口电路等所需电压的电源部件。该电源部件对供电电源采用了较多的滤波环节,对电网的电压波动具有过压和欠压保护,并采用屏蔽措施防止和消除工业环境中的空间电磁干扰。

12.2.4 可编程控制器的工作原理

PLC 运行工作过程一般分为三个阶段,即输入采样、用户程序执行和输出刷新阶段。完成上述三个阶段称作一个扫描周期。在整个运行期间,PLC 的 CPU 以一定的扫描速度重复执行上述三个阶段。PLC 是依靠执行用户程序来实现控制要求的。PLC 进行逻辑运算、数据处理、输入和输出步骤的助记符称为指令,实现某一控制要求的指令的集合称为程序。PLC 在执行程序时,首先逐条执行程序命令,把输入端的状态值存放于输入映像寄存器中,在执行程序过程中把每次运行结果的状态存放于输出映像寄存器中。

1. 输入采样阶段

在输入采样阶段,PLC 以扫描方式依次地读入所有输入状态和数据,并将它们存入 I/O映像区中的相应单元内。输入采样结束后,转入用户程序执行和输出刷新阶段。在这两个阶段中,即使输入状态和数据发生变化,I/O 映像区中的相应单元的状态和数据也不会改变。

2. 用户程序执行阶段

在用户程序执行阶段,PLC 是按由上而下的顺序依次地扫描用户程序(梯形图)。在扫描每一条梯形图时,又是先扫描梯形图左边的由各触点构成的控制线路,并按先左后右、先上后下的顺序,对由触点构成的控制线路进行逻辑运算,然后根据逻辑运算的结果,刷新该逻辑线圈在系统 RAM 存储区中对应位的状态;或者在 I/O 映像区中对应位的状态;或者确定是否要执行该梯形图所规定的特殊功能指令。

在用户程序执行过程中,只有输入点在 I/O 映像区内的状态和数据不会发生变化,而其他输出点和软设备在 I/O 映像区或 RAM 存储区内的状态和数据都有可能发生变化,而且排在上面的梯形图,其程序执行结果会对排在下面的这些线圈或数据的梯形图起作用。

3. 输出刷新阶段

当第二阶段完成之后,输出映像寄存器中各输出点的通断状态将通过输出部分送到输出锁存器,去驱动输出继电器线圈,执行相应的输出动作。

完成上述过程所需的时间称为 PLC 的扫描周期。PLC 在完成一个扫描周期后,又返回去进行下一个扫描,读入下一周期的输入点状态,再进行运算、输出。

PLC 的工作过程除了包括上述三个主要阶段外,还要完成内部处理、通信处理等工作。在内部处理阶段,PLC 检查 CPU 模块内部的硬件是否正常,将监控定时器复位,以及完成一些别的内部工作。在通信处理阶段,CPU 处理从通信端口接收到的信息。

PLC 扫描周期的长短,取决于 PLC 执行一个指令所需的时间和有多少条指令。如果执行每条指令所需的时间是 $1\mu s$,程序有 800 条指令,则这一扫描周期的时间就为 0.8ms。

12.2.5　可编程控制器的编程语言

PLC 的控制功能是由程序实现的。目前 PLC 程序常用的表达方式有:梯形图、语句表和功能块图。这里仅作简单介绍。

1. 梯形图

梯形图是按照原继电器控制设计思想开发的一种编程语言,它与继电器控制电路图相类似,对从事电气专业人员来说,简单、直观、易学、易懂。它是 PLC 的主要编程语言,使用非常广泛。

梯形图是通过连线把 PLC 指令的梯形图符号连接在一起的连通图,用以表达所使用的 PLC 指令及其前后顺序,它与电气原理图很相似。它的连线有两种:一种为母线,另一种为内部横竖线。内部横竖线把一个个梯形图符号指令连成一个指令组,这个指令组一般总是从装载(LD)指令开始,必要时再继以若干个输入指令,以建立逻辑条件,最后为输出类指令,实现输出控制或为数据控制、流程控制、通信处理、监控工作等指令,以进行相应的工作。母线是用来连接指令组的。图 12-6 是用梯形图表示的 PLC 程序实例。

2. 语句表

语句表是一种类似于计算机中汇编语言的助记符指令编程语言。指令语句由地址(或步序)、助记符、数据三部分组成。指令语句表亦是 PLC 的常用编程语言,尤其是采用简易编程器进行 PLC 编程、调试、监控时,必须将梯形图转化成指令语句表,然后通过简易编程器输入 PLC 进行编程、调试、监控。图 12-7 是用语句表表示的 PLC 程序实例。

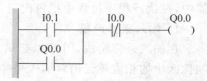

图 12-6　梯形图表示的 PLC 程序实例

3. 功能块图

功能块图编程是一种在数字逻辑电路设计基础上开发的一种图形编程语言。逻辑功能清晰、输入输出关系明确,适用于熟悉数字电路系统设计人员采用智能型编程器(专用图形编程器或计算机软件编程)编程。用功能块图表示的 PLC 程序如图 12-8 所示。

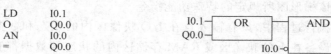

```
LD   I0.1
O    Q0.0
AN   I0.0
=    Q0.0
```

图 12-7　语句表表示的 PLC 程序实例　　　图 12-8　功能块图表示的 PLC 程序实例

随着 PLC 技术发展,大型、高档 PLC 的应用越来越多,这些 PLC 具有很强的运算与数据处理等功能,为了方便用户编程,许多高档 PLC 都配备了顺控流程图语言和高级语言编程等工具。

进入 21 世纪以来 PLC 有了更大的发展。从技术上看,计算机技术的新成果更多地应用于可编程控制器的设计和制造上,运算速度更快、存储容量更大、智能更强;从产品规模上看,进一步向超小型及超大型方向发展;从产品的配套性上看,产品的品种更丰富、规格更齐全,完美的人机界面、完备的通信设备更好地适应各种工业控制场合的需求;从市场上看,各自生产多品种产品的情况随着国际竞争的加剧而打破,会出现少数几个品牌垄断国际市场的局面,从而形成国际通用的编程语言;从网络的发展情况来看,可编程控制器和其他工业控制计算机组网构成大型的控制系统是可编程控制器技术的发展方向。

思考题与习题

12-1 阐述数字控制器的定义。

12-2 阐述可编程调节器(Programmable Regulator)的基本组成及特点。

12-3 阐述微分先行 PID 的特点。

12-4 阐述积分分离 PID 的特点。

12-5 阐述不完全微分型 PID 的特点。

12-6 阐述可编程序控制器(Programmable Logic Controller,PLC)的含义、基本组成及特点。

12-7 PLC 的运行工作分哪几个阶段?

12-8 阐述 PLC 三种编程语言的各自特点。

第 13 章

CHAPTER 13

集 散 控 制 系 统

　　早期的计算机控制系统中，一台计算机往往要控制十几个回路，一旦计算机出现故障，就会对生产带来很大的影响，从而，使系统的故障危险集中。为了提高系统安全性和可靠性，寻求将控制权分级和分散，采用多个以微型处理机为基础的现场控制站，各自实现"分散控制"。通过计算机网络形成的高速数据通道，将所有过程信息传送到上位计算机，以便对生产过程进行集中监视和管理，从而，构成了集散型计算机控制系统。

　　集散计算机控制系统也称为分布式控制系统（DCS）。根据生产过程的控制需求，DCS可使现场控制站分别控制几个或十几个回路。若干台现场控制站就可以控制整个生产过程，当某个现场控制站出现故障，不会影响整个控制系统的运行，从而实现了系统的"危险分散"。

　　管理的集中性和控制的分散性这一实际需要是推动计算机集散控制系统发展的根本原因。其实质是利用计算机技术、信号处理技术、测量控制技术、通信网络技术和人机接口技术等对生产过程进行分散控制，集中监视、操作和管理的一种流行控制概念及系统工程技术。

13.1　DCS 的组成

　　DCS是由多个以微处理器为核心的过程控制站，分别分散地对各部分工艺流程进行数据采集和控制，并通过数据通信系统与中央控制室各监控操作站联网，对生产过程进行集中监视和操作的控制系统。集散控制系统（DCS）组成如图 13-1 所示。

　　DCS为4C技术相融合的产物。4C技术是指控制（Control）技术、计算机（Computer）技术、通信（Communication）技术和CRT（Cathode-Ray-Tube）显示技术。DCS以大型工业生产过程及其相互关系日益复杂的控制对象为前提，从生产过程综合自动化的角度出发，按照系统工程中分解与协调的原则研制开发出来的。它是以微处理机为核心，结合了控制技术、通信技术和CRT显示技术的新型控制系统。

　　可以将 DCS 理解为具有数字通信能力的仪表控制系统。从系统的结构形式看，DCS 与仪表控制系统相类似，它在现场端仍然采用模拟仪表

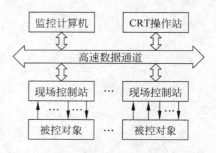

图 13-1　集散控制系统（DCS）组成框图

的变送单元和执行单元,在主控制室端采用基于计算机的数字计算、显示和记录等单元。

但是,DCS 实质上与仪表控制系统有着本质的区别。首先,DCS 是基于数字技术的,除了现场的变送和执行单元外,其余的处理均采用数字方式;其次,DCS 的计算单元并不是针对每一个控制回路设置一个计算单元,而是将若干个控制回路集中在一起,由一个现场控制站来完成这些控制回路的计算功能。这样的结构形式不只是为了成本上的考虑。采取一个控制站执行多个回路控制的结构形式,是由于现场控制站有足够的能力完成多个回路的实时控制计算。

DCS 从功能上讲是由一个现场控制站执行多个控制回路的控制,这更便于这些控制回路之间的协调。一个现场控制站应该实现多少个回路的控制,主要由过程被控变量的性质、数量及相互之间关系来决定。DCS 具体应用的设计人员可以根据各方面的控制要求,具体安排 DCS 系统中使用多少个现场控制站,每个现场控制站中安排哪些控制回路。此类设计称为组态设计,DCS 在组态设计方面有着极大的技术性和灵活性。

综上所述,给出 DCS 一个比较全面的定义:

(1) 以回路控制为主要功能的系统,系统的控制结构由控制组态设计及操作实现。

(2) 系统中测量变送和执行单元采用模拟信号,其他各种控制功能及通信、人机界面均采用数字技术。

(3) 计算机的 CRT,键盘、鼠标等输入输出设备形成人机监控平台。监控界面内容通过 DCS 组态方法实现。

(4) 回路控制功能由现场控制站完成,系统可有多台现场控制站,每台现场控制站实现一部分回路控制。

(5) DCS 系统中所有的现场控制站、工程师站和操作员站通过数字通信网络实现连接和信息交互。

DCS 结构是一个分布式系统。它采用标准化、模块化和系列化设计,整体逻辑结构上是以通信网络为纽带的集中显示操作,控制相对分散,具有灵活配置、组态严谨开放的多级计算机控制系统。

DCS 的基本构成有集中显示管理、分散控制和通信三部分组成。基本结构如图 13-2 所示。

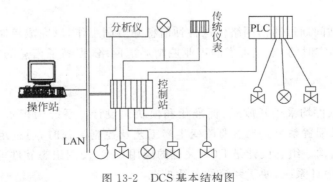

图 13-2   DCS 基本结构图

集中显示管理部分可分为工程师站、操作站和管理计算机。工程师站主要用于组态和维护,操作站则用于监视和操作,管理计算机用于系统的信息管理和完成部分优化控制任务。

分散控制部分用于实时的控制和监测。控制站具有输入、输出、运算、控制等功能,通常以各种输入输出处理、运算控制功能模块的形式呈现在用户面前。在控制组态平台下,可选用这些功能块进行控制回路结构及功能的组态,针对具体过程形成对应的控制组态文件,再下装到控制站中运行。

通信部分连接 DCS 的各分散的控制站和操作站,完成数据、指令及其他信息的传递。系统各工作站都采用微计算机,存储容量容易扩充,配套软件功能齐全,独立自主地完成合理分配给自己的规定任务,从而形成一个独立运行的高可靠性系统。

DCS 软件由实时多任务操作系统、数据库管理系统、数据通信软件、组态软件和各种应用软件组成。通过使用组态软件这一软件工具,可生成用户所要求的实际应用系统。DCS 具有通用性强、系统组态灵活、控制功能完善、数据处理方便、显示操作集中、人机界面友好、安装简单规范、调试方便、运行安全可靠的特点。它能够适应工业生产过程的各种需要,进一步提高生产自动化水平和管理水平,提高劳动生产率,保证生产安全,从而使企业取得较好的经济效益和社会效益。

13.2　DCS 的特点

DCS 根据过程控制的要求,采用标准化、模块化和系列化设计,形成具有针对性的控制系统结构和功能,实现从现场的数据采集、控制站的控制运算到操作站监控管理。从而完成生产过程的实时监督与控制任务。除此以外,DCS 通过软硬件接口与上层上位机及实时数据库进行通信,为实施企业综合自动化系统提供良好的条件。因此,DCS 是一个以通信网络为纽带的分布式计算机控制系统,其主要特点如下。

1. 自治性

DCS 的自治性是指 DCS 的组成部分均可独立地工作,各个控制站独立自主地完成分配给自己的规定任务。它的控制功能齐全,控制算法丰富,可以完成连续控制、顺序控制和批量控制,还可实现预测、解耦和自适应等先进控制策略。操作站能自主地实现监控和管理功能。

2. 协调性

DCS 各工作站间通过通信网络传送各种信息并协调工作,以完成控制系统的总体功能和优化处理。采用实时的、安全可靠的工业控制局部网络,提高了信息的畅通性,使整个系统信息共享。

3. 灵活性

DCS 硬件和软件均采用开放式、标准化和模块化设计。系统为积木式结构,根据不同用户需要可以灵活配置系统。当需要改变生产工艺及控制流程时,通过组态软件及操作可改变系统的控制结构。组态设计是 DCS 关键的应用技术,使用组态软件可以生成相应的实用系统,易于用户设计系统,便于系统的灵活扩充。

4. 分散性

DCS 的分散含义是广义的,不单是分散控制,还有地域分散、设备分散、功能分散、电源分散和危险分散等含义。分散最终目的是为了危险分散,进而提高系统的可靠性和安全性。

DCS硬件积木化和软件模块化是分散性的具体体现。

5. 便捷性

DCS操作方便、显示直观。其简洁的人机对话系统、CRT交互显示技术、复合窗口技术，使操作画面日趋丰富。DCS提供的总貌、控制、调整、趋势、流程、回路、报警、报表、操作指导等画面都具有实用性和便捷性。

6. 可靠性

高可靠性、高效率和高可用性是DCS的生命力所在。DCS制造厂商采用了多种可靠性保证技术进行可靠性设计。

13.3　DCS的产生及发展历程

DCS的设计思想是"控制分散、管理集中"，DCS与传统的集中式计算机控制系统相比危险被分散，可靠性大大增强。同时，DCS具有良好的图形界面、方便的组态软件、丰富的控制算法和开放的联网能力等优点，已成为大中型流程工业中控制系统的主流。

1. DCS的产生过程

集中式控制系统结构简单清晰，数据库管理容易，并可以保证数据的一致性。但具有如下方面的不足：

(1) 各种功能集中在一台计算机中，使得软件系统相当庞大，各种功能要由很多实时任务去完成，任务数量的增加将导致系统开销增大，计算机运行效率下降；

(2) 由于集中式系统需要庞大而复杂的软件体系，使得系统的软件可靠性下降；

(3) 系统的可扩展性差；

(4) 集中式系统将所有功能及处理集中在一台计算机上，大大增加了计算机失效或故障对整个系统造成的危害性，一旦出现问题，造成的后果将是全局性的。

鉴于集中式计算机控制系统存在的种种问题，20世纪60年代中期，控制系统工程师就分析了集中控制失败的原因，提出了分散控制系统的概念。其中有几点思路是非常具有建设性的，事实上这也成了DCS设计的基本原则：

(1) 针对过程量的输入/输出处理过于集中的问题，设想使用多台计算机共同完成所有过程量的输入/输出。每台计算机只处理一部分实时数据，每台计算机的失效只会影响到自己所处理的那一部分实时数据，不至于造成整个系统失去实时数据。

(2) 采用不同的计算机去处理不同的任务，使每台计算机的处理尽量单一化，以提高每台计算机的运行效率，单一化的处理在软件结构上容易做得简单，提高了软件的可靠性。

(3) 采用计算机网络解决系统的扩充与升级的问题。网络的架构可以具有极大的伸缩性，从而使系统的规模可以在很大程度上实现扩充。

(4) 网络中的各台计算机处于平等地位，在运行中互相之间不存在依赖关系，以保证任意一台计算机的失效只影响其自身。

事实上，被控过程本身具有层次性和可分割性，上述设想符合被控过程自身的内在规律。因此，基于上述设想的DCS出现后，很快就得到了广泛承认和普遍应用，并且在较短时间内取得了相当大的进展。

DCS的关键是计算机的网络通信技术，可以认为DCS的结构其实质就是一个网络结构。如何充分利用网络资源；如何通过网络协调 DCS 中各台计算机的运行；如何在多台计算机共同完成系统功能；如何保证所处理信息的实时性、完整性和一致性等,成为 DCS 设计中的关键问题。

2. DCS 的发展历程

多年来,DCS 经历了四代的变迁和发展,系统功能不断完善；可靠性不断提高；开放性不断增强。DCS 发展主要经历了四个阶段:

1) 第一代 DCS

20 世纪 70 年代,DCS 的控制站采用 8 位 CPU,操作员站和工程师站采用 16 位 CPU。该系统具有多个微处理器,实现了分散输入、输出、运算和控制,以及集中操作监视和管理。尽管第一代 DCS 在技术性能上尚有明显的局限性,还是推动了 DCS 的发展。

2) 第二代 DCS

20 世纪 80 年代,由于大规模集成电路技术的发展,16 位、32 位微处理机技术的成熟,特别是局域网技术用于 DCS,给 DCS 带来新的面貌,形成了第二代 DCS。为了提高可靠性,采用冗余 CPU、冗余电源及在线热备份。工程师站可用作离线组态或在线组态。此时期为 DCS 的成熟期。代表产品有 Honeywell 公司的 TDC 3000、Yokogawa 公司的CENTUM-XL、Foxboro 公司的 I/AS 等。

3) 第三代 DCS

20 世纪 90 年代,由于"4C"技术的快速发展,使得 DCS 的硬件和软件采用了一系列高新技术,使 DCS 向更高层次发展。控制站采用 32 位 CPU,远程 I/O 单元通过 IOBUS(输入输出总线)分散安装。操作员站有多媒体功能。采用国际标准的网络通信协议,系统具有开放式。此时期为 DCS 的发展期。代表产品有 Honeywell 公司的 TPS、Yokogawa 公司的CENTUM-CS 和利时公司的 HS 2000、Rosemount 公司的 Delta V 等。

4) 新一代 DCS

DCS 发展到第三代,尽管采用了一系列新技术,但是,生产现场层仍然没有摆脱沿用了几十年的常规模拟检测仪表和执行机构。DCS 从输入输出单元(IOU)以上各层均采用了计算机和数字通信技术,但生产现场层的常规模拟仪表仍然是一对一的模拟信号传输,多台模拟仪表集中接于 IOU。生产现场层的模拟仪表与 DCS 各层形成极大的反差和不协调,并制约了 DCS 的发展。因此,人们将现场模拟仪表改为现场数字仪表,并用现场总线(Fieldbus)互联。由此,带来 DCS 控制站的变革,将控制站内的功能块分散地分布在各台现场数字仪表中,并统一组态构成控制回路,实现了彻底的分散控制。

13.4　DCS 的硬件体系

DCS 是由监控计算机、多个控制单元子系统等部分由通信网络连接形成的大系统。它的体系结构具有分级递阶控制、分散控制和冗余化等结构特征,其目的就是为了实现分散控制和集中监视及管理。DCS 硬件体系及系统在不同阶段有着不同特征,但它们都与控制理论及技术、网络通信技术、计算机技术的发展紧密相连。本节主要介绍 DCS 的基本体系结构以及各级(层)的功能。

13.4.1 DCS 的硬件体系结构

DCS 的基本体系结构是分级递阶结构,即 DCS 是纵向分层、横向分散的大型综合控制系统。其中,横向(水平)方向上各控制设备之间是互相协调的,同级之间的控制设备可进行数据交换,并且将数据信息向上传送到操作管理级(层),同时接受操作管理级的指令;纵向(垂直)分级(层)设备在功能方面是不同的。DCS 系统纵向分级至少两个级(层),即操作管理级(层)和过程控制级(层)。横向设备数量由控制系统的规模和要求确定。

DCS 体系结构的形成以及各部分的协调统一是通过网络功能实现的。流行的 DCS 系统通常分为四层结构(分别对应四层计算机网络),即现场级—现场网络;过程控制级—控制网络;操作监控级—监控网络;信息管理级—管理网络。DCS 结构示意图和典型系统结构图分别如图 13-3 和图 13-4 所示。

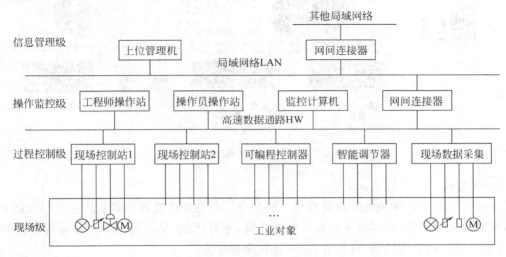

图 13-3　DCS 结构示意图

1. 现场级

此级(层)有现场各类测控装置(设备),如各类传感器、变送器、执行器等。它们能够完成对生产装置(过程)的信号转换、检测和控制量的输出等。

2. 控制级

此级(层)有现场控制站(包括各种控制器、智能调节器)和现场数据采集站等。它们通过控制网络与现场各类装置(如变送器、执行机构)相连,完成对所连接各类装置的控制。同时,它们还与上面的监控层计算机相连,接收上层的管理信息,并向上传递现场装置的特性数据和采集的实时数据。

3. 监控级

此级(层)有操作员工作站、工程师工作站等。它们能对现场设备进行检测和故障诊断,能综合各个过程控制站的所有信息,对全系统进行集中监视和操作;能进行控制回路的组态、参数修改和优化过程处理等工作。并能根据状态信息判断计算机系统硬件和软件的性能(状态),异常时实施报警、给出诊断报告等。

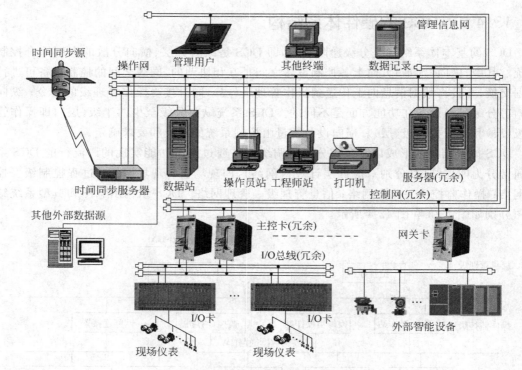

图 13-4　DCS 典型系统结构图

4. 管理级

此级(层)有生产和经营管理计算机。它是全厂各类生产装置控制系统和公用辅助工艺设备控制的运行管理层,实现全厂设备性能监视、运行优化、负荷分配和日常运行管理等功能,并承担全厂的管理决策、计划管理、行政管理等任务。

13.4.2　DCS 的各级(层)功能

根据 DCS 的结构分层模式,介绍 DCS 各级(层)的功能。

1. 现场级的功能

此级(层)是 DCS 的基础级(层),现场级(层)内各类设备完成的功能及信息传递方式如下:

1) 各类传感器和变送器的功能

各类传感器和变送器能将生产过程中检测的各种物理量信号转换成 4~20mA 的电信号或符合现场总线协议的数字信号(现场总线变送器),送往过程控制站或数据采集站。即它们能对现场过程及被控设备中的每个过程量和状态信息进行快速采集,使数字控制设备及监测装置获得所需要的输入信息。

2) 执行器的功能

它们将过程控制站输出的控制量(4~20mA 的电信号或现场总线数字信号)转换成能驱动执行机构的信号(如机械位移或调节阀等),实现对生产过程的控制。

现场级(层)的信息传输方式一般有三种:

（1）传统的 4～20mA 模拟量传输方式；

（2）现场总线的全数字量传输方式；

（3）在 4～20mA 模拟量信号上，叠加调制后的数字量信号混合传输方式。

现场级（层）信息传输方式的发展方向是以现场总线为基础的全数字传输，随着现场总线技术的飞速发展，网络技术已经延伸到现场，微处理机已经嵌入到变送器和执行器中，未来数字现场级信息已经成为整个系统信息中不可缺少的一部分。

2. 控制级的功能

此级（层）是 DCS 的直接控制级（层）。一般由过程控制站和数据采集站等组成。其功能如下：

1）过程控制站的功能

过程控制站能对现场设备（如传感器、变送器等）传来的信息，按照一定的控制策略进行处理并计算出所需的控制量，通过输出通道将控制量信息传递给现场的执行器，完成系统的控制任务。即，过程控制站完成的过程控制任务是根据现场信息，利用 DCS 中组态的控制算法模块来实现过程量（如开关量、模拟量等）的控制运算。过程控制站能同时完成连续控制、顺序控制和逻辑控制等功能。

2）数据采集站的功能

数据采集站能完成过程数据采集、设备监测、系统测试和故障诊断。数据采集站接收由现场设备送来的过程变量和状态信号，分析这些信息是否可以接收？是否可以允许向高层传输？并进行必要的转换和处理之后送到 DCS 中的监控级（层）设备。

数据采集站接收大量的过程信息，经进一步分析后，确定是否可以对被控装置实施调节，并根据状态信息判断 DCS 系统硬件和控制板件的性能，超限时能实施报警、给出错误或诊断报告等，并通过监控级（层）设备传递给现场运行人员。

控制级（层）中的数据采集站与过程控制站的主要区别是不直接完成控制功能。数据采集站能够完成数据信号的转换、信号调理和开关量的输入/输出，并把采集到的现场数据经过整理、分析，实时地通过过程控制网络传递到上一层计算机中。

3. 监控级的功能

此级（层）有操作员工作站、工程师工作站等。操作员工作站安装在中央控制室，工程师工作站一般安装在设备室。此级（层）功能如下：

1）操作员工作站

操作员工作站的主要功能是用于监视和控制整个生产过程（装置）。操作运行人员可以在操作员工作站的显示装置上，观察生产过程的运行情况，了解每个过程变量的数值，判断每个控制回路工作状态，可以进行手动/自动控制方式的切换、修改给定值、动态调整控制量来实时操作现场设备，即实现对整个生产过程的实时干预。另外，还可以打印各种报表，复制屏幕上的画面和曲线等。

2）工程师工作站

工程师工作站的主要功能是为控制工程师对 DCS 控制系统进行配置、组态、调试和维护提供的一个工作平台，实现系统组态、优化和控制策略，并对各种设计文件进行归类和管理等。

4. 管理级的功能

此级(层)是 DCS 的最高级(层),是企业生产经营管理者使用的。在这一级(层)上,管理者通过其上位机(管理计算机)可以进行生产管理和经营管理。

管理计算机的系统软件配置,要求具有能快速反应的实时操作系统;其应用软件配置则要求具有丰富的数据库管理、过程数据收集、人机接口和生产管理系统等工具软件。管理计算机对大量的现场数据能高速处理与存储,能够连续运行并具有高可靠性,能够长期保存生产数据,具有优良的、高性能的、方便的人机接口,以便实现整个工厂的信息网络化和集成化。

13.4.3 DCS 的通信设备及功能

数据通信功能是 DCS 的重要组成部分之一,它是将生产过程的检测、监视、控制、操作、管理等各种功能有机地组成一个完整实体的必要纽带。在 DCS 中,数据通信必须满足过程控制可靠性、实时性和适用性的基本要求。数据通信功能是借助于通信设备来实现。

DCS 各节点之间的连接是依靠通信接口通过系统网络来实现的。通信接口提供各节点对网络的访问功能。通过通信接口,各节点可以从网络中获取所需信息,也可向网络发送信息,实现与网络的信息交换。

通信接口设备是 DCS 必备的基本硬件,虽然通信接口设备各异,实现方法也有所不同。一般 DCS 系统提供的通信接口设备包括:网络通信子模件、计算机的通信传输模件、现场控制单元的网络处理模件、网络与网络间的本地接口模件、网络与网络间的远程接口模件。其中,网络通信子模件是核心模件,它与以上其他模件有机地组合,形成满足不同通信需要的通信接口单元,从而实现以下通信功能:

(1) 现场控制单元与网络的通信:它是由一个网络通信子模件和一个现场控制单元的网络处理模件所组成的通信接口单元实现的,使现场控制单元的各种主模件可与网络进行信息交换,完成其控制策略。

(2) 计算机与网络的通信:它是由网络通信子模件和计算机的通信传输模件所组成的通信接口单元实现的,使系统的主计算机以及网络以外的 PC、可编程序控制器(PLC)等与网络进行信息交换。

(3) 本地网络之间的通信:它是由两个网络通信子模件、一个网络与网络间的本地接口模件所组成的通信接口单元实现的,使两个距离较近的网络进行信息交换。

(4) 远程网络之间的通信:它是由两个网络通信子模件和两个网络与网络间的远程接口模件所组成的通信接口单元实现的,使两个距离较远的网络进行信息交换。

新一代 DCS 正朝着开放式系统发展。开放式系统的主要特性之一是通信技术上采用开放式结构,使之可与早期的、在用的、其他公司的、不同系列的 DCS 产品或各种控制设备进行通信。开放式结构能将多种控制设备集成为一体化,形成统一的管理数据库和控制系统,为实现全厂控制管理的综合自动化目标奠定了基础。

13.5 DCS 的软件体系

DCS 软件体系是依附于 DCS 硬件体系和系统的,因此 DCS 软件体系的构成也是依附 DCS 硬件体系划分形成的。DCS 硬件和软件都是按模块化结构设计的。因此,DCS 的应用就是将系统提供的各种基本模块按实际的需要组合为一个应用系统,这个过程称为系统的组态。采用组态方式构建系统可以减少许多重复工作,为 DCS 的应用提供了技术保证。

13.5.1　DCS 的软件体系构成

DCS 的应用软件主要由控制层软件、监控层软件、通信软件和组态软件组成。DCS 的软件体系结构示意图如图 13-5 所示。

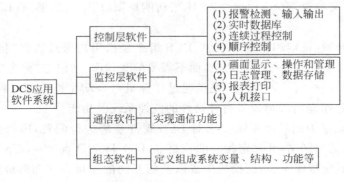

图 13-5　DCS 软件体系示意图

控制层软件是运行在现场控制站的软件,包括过程数据的输入/输出、数据表示(又称实时数据库)、连续控制、顺序控制以及报警检测等。主要完成如 PID 回路控制、逻辑控制、顺序控制和混合控制等多种类型的控制功能。

监控层软件是运行于操作员站或工程师站上的软件,包括历史数据的存储、过程画面显示和管理、报警信息处理、生产记录报表的管理和打印、参数列表显示、各类实时检测数据的集中处理等功能。监控层软件完成操作人员所发出命令的解释与执行,实现人机接口控制功能。

通信软件是完成控制站、操作站之间以及各站内部相互间通信功能的。作为工业控制通信网络特别强调可靠性和实时性。DCS 用于测量和控制的数据通信特点是允许对实时响应事件进行驱动通信,具有很高的数据完整性,在电磁干扰和有对地电位差的情况下能正常工作,大多使用专用的通信网络。

作为 DCS 的通信系统,其通信控制网络与 IT 信息网络的区别如下:

(1) 控制网络中数据传输的及时性和系统响应的实时性是最基本的要求。一般来说,过程控制系统的响应时间要求为 0.01~0.5s,制造自动化系统的响应时间要求为 0.5~2.0s,信息网络的响应时间要求为 2.0~6.0s。在大部分信息网络中实时性是可以忽略的。

(2) 控制网络强调在恶劣环境下数据传输的完整性、可靠性。控制网络应具有在高温、潮湿、震动、腐蚀、电磁干扰等工业环境中长时间、连续、可靠、完整地传送数据的能力,并能抵抗工业电网的浪涌、跌落和尖峰干扰。控制网络还应具有本质安全性能。而信息网络没有对应的处理措施。

(3) 在企业自动化系统中,由于分散的单一用户要借助控制网络进入某个系统,通信方式多使用广播或组播方式;在信息网络中某个自主系统与另一个自主系统一般都使用一对一通信方式。

(4) 工业现场总线控制网络可以实现总线供电。而通常 IT 信息网络缺少相应的处理措施。

组态软件是定义系统变量、结构、功能的设计操作平台,其主要特点是用户在生成需要的应用系统时,不需过多编写和修改软件程序。组态软件平台应用专业性很强,不同组态软件只能适合相应领域的应用。工控组态软件提供了多种组态编程手段,其形成的组态结果多用在过程实时控制和监控上。目前流行国际电工委员会 IEC 61131—3 标准中的 5 种组态工具,即结构化文本语言(ST)、指令表(IL)、功能块图(FBD)、梯形图(LD)和顺序功能流程图(SFC)。

组态含义是配置、设定和设置等意思,DCS 组态是指用户通过类似"搭积木"的简洁方式来完成自己所需要的软件结构及功能,而不需要编写程序。"组态"称为"二次开发",组态软件也称为"二次开发平台"。"监控"是指通过计算机对自动化设备或过程进行监视、控制和管理。DCS 通过组态可以形成具有针对性的监控系统及功能。

DCS 硬件组态是根据具体系统要求对 DCS 硬件系统进行配置,即选择适当的工程师站、操作员站和现场控制站,并确定相应的控制卡、I/O 卡、I/O 点等。DCS 软件组态是通过组态平台进行数据变量建立、功能模块生成以及相互间的连接。从而形成针对性的控制系统逻辑结构和功能。

DCS 组态受用户应用的方便程度、用户界面的友好程度、组态功能的齐全程度等因素影响。不同型号的 DCS 其组态方法是不尽相同的。

13.5.2 DCS 的控制层软件

DCS 的控制层软件特指运行于现场控制站中的软件,它分为执行代码部分和数据部分,数据采集、输入输出和控制软件程序等执行代码部分都固化在现场控制站的 EPROM 中,相关的实时数据则存放在 RAM 中。执行代码分周期性和随机性两部分,周期性代码有数据采集、转换处理、越限检查、控制算法、网络通信和状态检测等,周期性执行部分由硬件时钟定时激活;随机执行部分如系统故障信号处理、事件顺序信号处理和实时网络数据的接收等是由硬件中断激活的。

现场控制单元的 RAM 是一个实时数据库,用来存储现场采集的数据、控制输出及计算的中间结果等信息。实时数据库是现场控制站实现数据共享的核心,各执行代码都与它交换数据。现场控制单元软件结构示意图如图 13-6 所示。

用户通过组态完成对数据的组织管理和控制运算等功能。控制层软件可以完成如 PID 回路控制、逻辑控制、顺序控制和混合控制等多种控制功能。除此之外,DCS 控制层软件还可以完成一些辅助功能,如控制

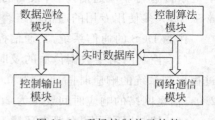

图 13-6　现场控制单元软件
结构示意图

器和重要 I/O 模块的冗余功能、网络通信功能及自诊断功能等。

现场数据的采集与控制信号的输出是由 DCS 系统的 I/O 模块来完成的。I/O 模块采集信号后,经过数据预处理等处理电路对数据进行判断、调理、转换为有效数据,再送到微处理器中作为控制运算程序使用。

　　DCS 的控制功能是由现场控制站中的微处理器实现的。现场控制站保存有各种基本控制算法程序。控制系统设计人员通过控制算法组态工具,将存储器中的各种基本控制算法,按照过程控制方案连接组合起来,确定相应的参数后下装给控制计算机,这种连接组合起来的控制模块称为用户控制算法程序。控制计算机运行时,控制层软件从 I/O 数据区获得与外部信号对应的工程数据,例如流量、压力、温度和液位数字信号以及电器的通/断、设备的起/停等开关量信号等,根据组态形成的用户控制算法程序,执行运算处理,并将运算处理的结果输出到 I/O 数据区,由 I/O 驱动程序转换给 I/O 模件输出,从而,实现自动控制。

13.5.3　DCS 的监控层软件

　　DCS 的监督控制层软件是运行于操作站、工程师工作站等节点中的软件,它提供人机界面监视、远程控制操作、数据采集、信息存储和管理等应用功能。DCS 的监督控制层集中了全部工艺过程的实时数据和历史数据。这些数据除了提供给 DCS 的操作员监视外,还满足外部应用需要,如调度管理,材料成本核算等,使之产生出更大的效益。

　　DCS 监控层软件包括人机操作界面、实时数据管理、历史数据管理、报警监视、日志管理、事故追忆及事件顺序记录等功能。各种功能可分散在不同的服务器中,组织灵活方便、功能分散,提高系统的可靠性。监控层应用功能也由组态形成。

1. DCS 的人机界面功能

　　人机界面是 DCS 系统的信息窗口。不同的 DCS 厂家、不同的 DCS 系统所提供的人机界面功能不尽相同,下面简要介绍 DCS 各类人机界面及功能。DCS 人机界面包括工艺流程画面、控制操作画面、趋势显示画面、报警画面、日志画面、表格信息画面、变量组列表画面等内容:

　　(1) 工艺及控制流程画面:此画面是 DCS 主要的监视窗口,显示工艺及控制流程画面和工艺实时数据以及工艺操作按钮等内容。

　　(2) 控制操作画面:此画面不但含有流程画面显示的过程数据外,还包含如 PID 算法、顺控、软手操等对象。对于不同的操作对象类型,提供不同的操作或命令。如可提供手动/自动切换、PID 参数修改、给定值及输出值调整等。

　　(3) 趋势显示画面:此画面提供变量的最新变化趋势曲线或历史变化趋势曲线。在曲线显示画面中,提供时间范围选择,曲线缩放、平移、曲线选点显示等操作。变量趋势显示是成组显示,一般将工艺上相关联的点放在同一组,便于综合监视。趋势显示组由用户离线组态,也可以在线修改。

　　(4) 报警监视画面:工艺报警监视画面是 DCS 系统监视非正常工况的最主要的画面。包括报警信息的显示和报警确认操作。报警信息按发生的先后顺序显示,显示的内容有发生的时间、报警点名称、点描述及报警状态等。不同的报警级用不同的颜色显示。报警确认包括报警确认和报警恢复确认,一般报警恢复信息确认后,报警信息才能从画面中删除。

　　(5) 表格显示画面:为了方便用户集中监视各种状态下的变量情况,系统提供多种变量状态表,集中对不同的状态信息进行监视。

　　(6) 日志显示画面:日志显示画面是 DCS 系统跟踪随机事件的画面,包括变量的报警、开关量状态变化、计算机设备故障、软件边界条件及人机界面操作等。

　　(7) 变量列表画面:变量列表画面是为了满足对变量进行编组集中监视的要求而设置

的画面。

2. 报警监视功能

报警监视是 DCS 监控软件重要的人机接口之一。监视数据一旦发生与正常工况不相吻合,利用 DCS 的报警监视功能通知运行人员,并向运行人员提供足够的分析信息,协助运行人员及时排除故障,保证工艺过程的稳定高效运行。

1) 报警监视的内容

报警监视的内容包括工艺报警和 DCS 设备故障两种类型。工艺报警是指运行工艺参数或状态的报警,DCS 设备故障是指 DCS 系统本身的硬件、软件和通信链路发生的故障。工艺报警包括三类:模拟量参数报警、开关量状态报警和内部计算报警。

(1) 模拟量参数报警内容包括:①模拟量超过警戒线报警;②模拟量的变化率越限报警;③模拟量偏离标准值;④模拟量超量程等。

(2) 开关量状态报警监视内容包括:①开关量工艺报警状态;②开关量摆动等。

(3) 内部计算报警。

2) 报警信息的定义

常规的工艺报警信息有如下定义:

(1) 报警限值;

(2) 报警级别;

(3) 报警设定值和偏差;

(4) 变化率报警;

(5) 报警死区;

(6) 条件报警;

(7) 可变上下限值报警;

(8) 报警动作;

(9) 报警操作指导画面。

3) 报警监视通知方法

系统监测到工艺参数或状态报警时,其通知方法如下:

(1) 报警条显示。

(2) 报警监视画面:①按报警先后顺序显示报警信息,信息中按不同的颜色显示报警的优先级;②按报警变量的实时状态更新报警信息,如以不同的颜色或信息闪烁、反显等表示。

4) 报警监视画面信息

报警监视画面提供足够的报警分析信息,主要包括:

(1) 报警时间;

(2) 报警点标识、名称;

(3) 报警状态描述;

(4) 当前报警状态;

(5) 报警优先级;

(6) 模拟量报警相关的限值;

(7) 报警状态改变的时间。

5）报警摘要

报警摘要是系统管理报警历史信息的功能。可用于事故分析、设备管理及历史数据分析等。常规报警摘要包含如下信息：

（1）报警名称和状态描述；

（2）报警激活的时间；

（3）报警确认的时间、人员；

（4）报警恢复的时间；

（5）报警恢复确认的时间及人员；

（6）报警持续的时间。

6）报警确认

报警确认是为了证明工艺报警发生后，运行人员确实已经知道报警了。

13.5.4　DCS 的组态软件

组态软件是 DCS 的软件开发平台，它具有方便灵活的组态方式，用户通过组态设计及操作能够快速构建控制系统结构，实现控制和监控功能。

1. 组态软件的概念

DCS 组态软件是一个便捷的应用开发平台，人们可以不关心软件程序如何编写，采用模块选择、定义、连接以及监控界面定义等的组态方法，实现所要求的控制和显示等功能。从而完成各种针对性的控制工程项目的开发。这种软件组态方法，不仅减轻了应用系统的开发工作量，而且提高了软件的应用水平，保证了系统的可靠性。

组态设计实施前期，根据控制方案应详细了解数据点配置、控制回路及算法的实现以及系统监控信息的要求等，编制系统的组态设计文件。根据组态设计文件，在功能丰富的组态平台下进行系统的组态开发工作。

DCS 提供了功能齐全的组态软件，虽然各 DCS 厂家组态软件形式和使用方法存在很大差别，各自支持的组态范围也不尽相同，但是基本的组态技术方法以及原理是一致的。通常控制系统组态应包括以下方面：

（1）系统配置组态；

（2）数据库组态；

（3）控制算法组态；

（4）流程显示及操作画面组态；

（5）报表组态；

（6）编译和下装等。

构建一个具体工程应用的 DCS 控制系统。组态设计涉及到针对这个具体工程应用的一系列定义。因此，组态设计及操作应包括以下定义：

（1）硬件配置的定义：根据控制要求配置各类站点的数量、每个站点的网络参数、各个现场 I/O 站点的 I/O 配置（如各种 I/O 模块的数量及类型、是否冗余）和各站点的功能等。

（2）数据库的定义：包括实时数据和历史数据相关定义。

（3）历史和实时数据的趋势显示、列表和输出等定义。

（4）控制软件组态定义：包括确定控制目标、控制方法、控制算法、控制周期以及与控制相关的控制变量、控制参数等。

(5) 监控组态定义：包括各种图形界面、操作功能等。

(6) 报警定义：包括报警产生的条件、报警方式、报警处理和报警种类等。

(7) 系统运行日志定义：包括各种现场事件的认定、记录方式及各种操作记录等。

(8) 报表定义：包括报表的种类、数量、格式、数据来源及数据项运算处理等。

(9) 事件顺序记录和事故追忆等特殊报告的定义。

2. 组态软件的实施

MACS 系统是北京和利时公司开发的新一代 DCS。此系统给用户提供的是一个通用的系统组态和运行控制平台，下面以此为例对组态的主要步骤及相关概念作进一步说明。MACS 系统组态流程图如图 13-7 所示。

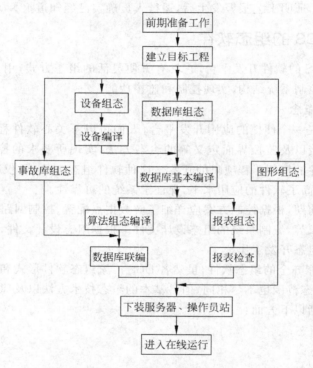

图 13-7　控制系统组态流程图

1) 前期准备工作

前期准备工作是指在进入系统组态前，首先确定测点清单、控制运算方案、系统硬件配置包括系统的规模、各站 I/O 单元的配置及测点的分配等，并提出对流程图、报表、历史库、追忆库等的设计要求。

2) 建立目标工程

在正式进行应用工程的组态前，必须针对该应用工程定义一个工程名，该目标工程建立后，便建立起了该工程的数据目录。

3) 系统设备组态

应用系统的硬件配置定义是通过系统配置组态软件完成的。系统网络上连接的每一种设备都与一种基本图形对应。在进行系统设备组态之前,必须在数据库总控中创建相应的工程。

4) 数据库组态

数据库组态就是定义和编辑系统各站的数据点信息,这是形成整个应用系统的基础。在 MACS 系统中有两类:

(1) 实际的物理测点,存在于现场控制站和通信站中,点中包含了测点类型、物理地址、信号处理和显示方式等信息;

(2) 虚拟量点,同实际物理测点相比,差别仅在于没有与物理位置相关的信息,可在控制算法组态和图形组态中使用。

数据库组态编辑功能包括数据结构编辑和数据编辑两个部分。

(1) 结构编辑:为了体现数据库组态方案的灵活性,数据库组态软件允许对数据库结构进行组态,包括添加自定义结构(对应数据库中的表)、添加数据项(对应数据库中的字段)、删除结构、删除项操作。但无论何种操作都不能破坏数据库中的数据,即保持数据的完整性。修改表结构后,不需更改源程序就可动态的重组用户界面,增强数据库组态程序的通用性。此项功能面向应用开发人员,不对用户开放。

(2) 数据编辑:数据编辑为工程技术人员提供了一种可编辑数据库中数据的手段。数据库编辑按应用设计习惯,采用按信号类型和工艺系统统一编辑的方法,而不需要按站编辑。此功能在提供数据输入手段同时,还提供数据的修改、查找、打印等功能。此项功能面向最终用户。

5) 算法组态

在完成数据库组态后就可以进行控制算法组态。MACS 系统提供了符合国际 IEC 1131—3 标准的五种工具:SFC、ST、FBD、LD 和 FM。

(1) 变量定义。算法组态要定义的变量如下:在功能块中定义的算法块名字;计算公式中的公式名(主要用于计算公式的引用);各方案页定义的局部变量(如浮点型、整型、布尔型等);各站全局变量。

其中功能块名和公式名命名规则同数据库点一致且必须唯一,在定义的同时连同相关的数据进行定义。各方案页定义的局部变量在同一方案页中不能同名。在同一站中不能有同名的站全局变量。

(2) 变量的使用。在算法组态中,变量使用的规则如下:①对于数据库点,用点名,项名表示,项名由两个字母或数字组成;②站全局变量可以在本站内直接使用,而其他站不能使用;③站局部变量仅在定义该点的方案页中使用,变量可以在站变量定义表中添加。该变量的初始值由各方案页维护。方案页定义的局部变量的名字可以和数据库点或功能块重名,在使用上不冲突。常数定义,根据功能块输入端所需的数据类型直接定义。

(3) 编制控制运算程序。

6) 图形、报表组态

图形组态包括背景图定义和动态点定义,动态点动态显示其实时值或历史变化情况,因而要求动态点必须同已定义点相对应。通过把图形文件连入系统,就可实现图形的显示和切换。图形组态时不需编译,相应点名的合法性不作检查,在线运行软件将忽略无定义的动态点。

报表组态包括表格定义和动态点定义。报表中大量使用的是历史动态点,编辑后要进行合法性检查,因此这些点必须在简化历史库中有定义,这也规定了报表组态应在简化历史库生成后进行。

7)编译生成

系统联编功能连接形成系统库,成为操作员站、现场控制站上的在线运行软件的运行基础。简化历史库、图形、追忆库和报表等软件涉及的点只能是系统库中的点。

系统库包括实时库和参数库两个组成部分,系统把所有点中变化的数据项放在实时库中,把所有点中不经常变化的数据项放在参数库中。服务器中包含了所有的数据库信息,现场控制站上只包含该站相关的点和方案页信息,这是在系统生成后由系统管理中的下装功能自动完成的。

8)系统下装

应用系统生成完毕后,应用系统的系统库、图形和报表文件通过网络下装到服务器和操作员站。组态产生的文件可以通过其他方式装到操作员站,要求操作人员正确了解每个文件的用途。服务器到现场控制站的下装是在现场控制站启动时自动进行的。

大型复杂的 DCS 控制系统组态是根据整体的控制方案分步按阶段通过组态各子系统后,按序逐步组合调整形成的。同一系列的 DCS 的组态思路和操作是相近的。

组态软件是在信息化背景下,随着工业 IT 技术不断发展而诞生和发展的。在整个工业自动化软件范畴,组态软件是属于基础型工具平台。它给工业自动化和信息化带来的影响是深远的。

思考题与习题

13-1　什么是 DCS? DCS 的基本设计思想是什么?

13-2　DCS 主要特点有哪些?

13-3　DCS 的体系结构分哪四层? 简述各层的功能。

13-4　操作员工作站的基本功能有哪些?

13-5　工程师工作站的主要功能是什么?

13-6　DCS 的软件按功能可划分为哪几类软件?

13-7　DCS 的控制层软件包括哪些功能?

13-8　DCS 的监控层软件包括哪些功能?

13-9　组态的含义是什么?

<table>
<tr><td>**第 14 章**
CHAPTER 14</td><td># 现场总线控制系统</td></tr>
</table>

计算机和网络技术的飞速发展,引起了自动控制系统结构的变革,一种世界上最新型的控制系统即现场总线控制系统(FCS)在 20 世纪 90 年代走向实用化,并正以迅猛的势头快速发展。现场总线控制系统是目前自动化技术中的一个热点,正越来越受到国内外自动化设备制造商与用户的关注。现场总线控制系统的出现,将给自动化领域在过程控制系统上带来又一次革命,其深度和广度将超过历史的任何一次,从而开创了自动化领域的新纪元。

14.1 现场总线控制系统概述

现场总线是一种工业数据总线,是自动化领域中底层数据通信网络。简单说,现场总线就是以数字通信替代了传统 4~20mA 模拟信号及普通开关量信号的传输。它是连接智能现场设备和自动化系统的全数字、双向、多站的通信系统。主要解决工业现场的智能仪器仪表、控制器、执行机构等现场设备间的数字通信以及这些现场控制设备和高级控制系统之间的信息传递问题。现场总线控制系统典型结构如图 14-1 所示。

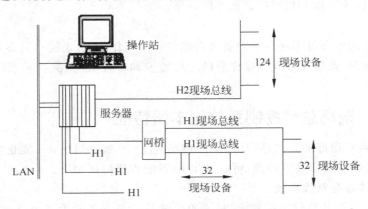

图 14-1 现场总线控制系统典型结构

14.1.1 现场总线控制系统的基本概念

现场总线是指安装在制造或过程区域的现场装置与控制室内的自动控制装置之间的数字、串行、多点通信的数据总线。

不同的机构对现场总线有着不同的定义。通常情况下,人们公认以下 7 个方面能够体现现场总线的技术特点：

1. 现场通信网络

用于过程自动化和制造自动化现场智能设备互联的数字通信网络，通过总线网络将控制功能延伸到现场。从而，构成工厂底层控制网络，实现开放型的互联网络。

2. 互操作性

设备间具有互可操作性。互可操作性与互用性是指用户可以根据自身的需求选择不同厂家或不同型号的产品构成所需的控制回路，从而可以自由地集成 FCS。功能块与结构的规范化，使相同功能的设备间具有互换性。

3. 分散功能块

现场设备是以微处理器为核心的数字化设备，既有检测、变换和补偿功能，又有控制和运算功能。DCS 控制站控制功能被分散给现场仪表，使控制系统结构具备高度的分散性。即 FCS 废弃了 DCS 的 I/O 单元和控制站，把 DCS 控制站的功能块分散地分配给现场仪表，从而构成了虚拟控制站，彻底地实现了分散控制。

4. 通信线供电

通信线供电方式允许现场仪表直接从通信线上摄取能量，这种方式用于本质安全环境的低功耗现场仪表，体现了对现场环境的适应性。

5. 可组态性

由于现场仪表都引入了功能块的概念，所有厂商都使用相同的功能块，并统一组态方法。这样，就使得组态方法非常简单，不会因为现场设备或仪表种类不同带来组态方法的不同，从而，给人们组态操作及编程语言的学习带来了很大方便。

6. 开放性

通信标准的公开、一致，使系统具备开放性。现场总线既可以与同层网络互联，也可与不同层网络互联，还可以实现网络数据库的共享。

7. 可控性

操作员在控制室即可了解现场设备或现场仪表的工作状况，也能对其参数进行调整，还可预测或寻找故障，系统始终处于操作员的远程监控和可控状态，提高了系统的可靠性、可控性和可维护性。

14.1.2　现场总线控制系统的本质特征

根据 FCS 具有很好的开放性、互操作性和互换性；全数字通信；智能化与功能自治性；高度分散性；很强的适用性等特点，可总结出 FCS 的本质特征如下。

1. FCS 的核心是总线协议

某类型总线只要其总线协议确定，相关的关键技术与有关的设备也就被确定。就其总线协议的基本原理而言，各类总线都以解决双向、串行、数字化通信传输为目的。事实上，由于种种原因各类总线的总线协议存在着很大差异。

为使现场总线满足互操作性要求，使其成为真正的开放系统，原 IEC 国际标准明确规定现场总线通信协议模型的用户层中具有设备描述功能。为了实现互操作，每个现场总线设备都用设备描述 DD 来描述。DD 能够认为是设备的一个驱动器，它包括所有必要的参数描述和主站所需的操作步骤。由于 DD 包括描述设备通信所需的所有信息，并且与主站无关，所以，可以使现场设备实现真正的互操作性。

实际情况是通过国际标准的现场总线有 8 种类型，原 IEC 国际标准只是 8 种类型之一。另外 7 种总线各自协议都有一套自行的软、硬件支撑。从而，形成自行的系统和产品。原 IEC 现场总线国际标准既无软件支撑也无硬件支撑。所以，实现这些总线的相互兼容和互操作，目前还有尚未解决的障碍。

综上所述，现场总线控制系统的互操作性是针对某一个特定类型的现场总线而言，只要遵循该类型现场总线的总线协议，其产品就是开放的，并具有互操作性。换句话说，不论什么厂家的产品，只要遵循该总线的总线协议，产品之间是开放的，并具有互操作性，可以组成基于此总线协议的网络。

2. FCS 的基础是数字智能现场装置

数字智能现场装置是 FCS 的硬件支撑，它是 FCS 的基础。FCS 是基于自动控制装置与现场装置之间的双向数字通信现场总线信号制。现场装置是多功能智能化的数字化产品，因此，现场总线可增加现场一级的控制功能。这样，FCS 就具有简化系统、方便设计、利于维护等优越性。

3. FCS 的本质是信息处理现场化

对于一个控制系统，无论是采用 DCS 还是采用现场总线，系统需要处理的信息量几乎是一样。实际上，采用 FCS 可以从现场得到更多信息，FCS 的信息量没减少，甚至增加了，而传递信息的线缆却大大减少了。这就要求，一方面要提高线缆传输信息能力，另一方面要让大量信息在现场就地完成处理，减少现场与控制机房之间的信息往返。因此，FCS 的本质就是信息处理现场化。

减少信息往返是网络设计和系统组态的一条重要原则。减少信息往返常常可改善系统响应时间。因此，网络设计时应优先将相互间信息交换量大的节点，放在同一条支路里。减少信息往返与减少系统的线缆，有时会相互矛盾。此时应以节省投资为原则来做选择。如果所选择系统的响应时间允许，应选节省线缆的方案。如所选系统的响应时间比较短，稍微减少一点信息的传输就够用了，就应选减少信息传输的方案。

现场总线的现场仪表本身装了许多功能块，虽然不同产品的同种功能块在性能上会稍有差别，但在一个网络支路上有许多功能雷同功能块的情况是客观存在的。系统组态要解决的问题之一是选用哪一个现场仪表上的功能块。考虑这个问题的原则是尽量减少总线上的信息往返。

14.1.3　现场总线控制系统的发展趋势

FCS 采取一对多的双向传输信号，采用的数字信号精度高、可靠性强，设备始终处于操作员的远程监控和可控状态下，用户可以自由按需选择不同品牌种类的设备互联，智能仪表具有通信、控制和运算等丰富的功能，而且，控制功能分散到各个智能仪表中。由此可以看到 FCS 相对于 DCS 的巨大进步。

FCS 的上述特点使其在设计、安装、投运等环节具有很大的优越性。由于分散在前端的智能设备能执行较为复杂的任务，不再需要单独的控制器、计算单元等，节省了硬件投资和工程使用面积；FCS 的接线较为简单，而且一条传输线可以挂接多台现场设备，极大地节约了安装费用；现场控制设备具有自诊断功能，能将故障信息发送至控制室，减轻了维护工作;用户拥有高度的系统集成自主权,可以灵活地选择合适的厂家产品;整体系统的可靠性和准确性大为提高。综上所述,FCS 减低了安装、使用、维护的成本,并形成了更完善的系统功能。

现场总线技术是控制、计算机、通信技术的交叉与集成,FCS 应用几乎涵盖了过程自动化、制造加工自动化、楼宇自动化、家庭自动化等众多领域。它的出现和快速发展体现了控制领域对降低成本、提高可靠性、增强可维护性和提高数据采集智能化的要求。现场总线技术的发展体现为两个方面:一方面是低速现场总线领域的不断发展和完善;另一方面是高速现场总线技术的发展。目前现场总线产品主要是低速总线产品,应用于运行速率较低的领域,对网络的性能要求不是很高。从实际应用状况看,大多数现场总线都能较好地实现速率要求较低的过程控制。

工业自动化技术应用于各行各业,要求也千变万化,使用一种现场总线技术很难满足所有行业的技术要求。现场总线不同于计算机网络,人们将会面对一个多种总线技术标准共存的现实世界。技术发展很大程度上受到市场规律、商业利益的制约;技术标准不仅是一个技术规范,也是一个商业利益的妥协产物。现场总线的关键技术之一是彼此的互操作性,实现现场总线技术的统一是所有用户的愿望。

14.2　现场总线控制系统的体系结构

现场总线技术是在 DCS 的基础上,通过数字智能设备将智能节点直接延伸到测控现场,将 DCS 的 I/O 测控层现场传输的模拟信号 4～20mA 信号转换为数字信号,并在 DCS 的管理层上集成现场总线系统,通过互联网实现远程测控和管理。现场总线控制网络的体系结构应具有如下三层:现场设备层、控制层和信息层。现场总线控制网络模型的体系结构如图 14-2 所示。

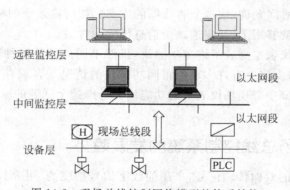

图 14-2　现场总线控制网络模型的体系结构

14.2.1　现场设备层

现场设备层位于现场总线控制系统的最底层,现场总线将现场智能仪表等设备组成实时的互通网络系统。依照现场总线的协议标准,通过现场总线控制系统组态,组成智能设备及功能块的结构和功能,完成数据采集、A/D 转换、数字滤波、温度压力补偿、PID 控制以及阀门补偿等功能。

现场设备以网络节点的形式挂接在现场总线网络上。为保证节点之间实时、可靠的数据传输,现场总线控制网络必须采用合理的拓扑结构。常见的现场总线网络拓扑结构有以下几种:

1) 环形网

其特点是时延确定性好,重载时网络效率高,但轻载时等待令牌会产生不必要的时延,传输效率下降。

2) 总线网

其特点是节点接入方便,成本低。轻载时时延小,但网络通信负载较重时时延加大,网络效率下降。此外,传输时延不确定。

3) 树形网

其特点是可扩展性好,频带较宽,但节点间通信不便。

4) 令牌总线网

结合环形网和总线网的优点,即物理上是总线网,逻辑上是令牌网,传输时延确定无冲突,同时节点接入方便,可靠性好。

现场控制层通信介质不受限制,可使用双绞线、同轴电缆、光纤、电力线、无线、红外线等各种通信介质形式。

14.2.2　中间监控层

中间监控层从现场设备层获取数据,完成各种控制、运行参数的监测、超限报警和趋势分析等功能,完成控制组态的设计和下装。监控层的功能一般由上位计算机完成,它通过扩展槽中网络接口板与现场总线相连,协调网络节点之间的数据通信,通过专门的现场总线接口实现现场总线网段与以太网段的连接。

这一层处于以太网中,其关键技术是以太网与底层现场设备网络之间的接口,主要负责现场总线协议与以太网协议的转换,保证数据包的正确解释和传输。中间监控层除上述功能外,还为实现先进控制和过程操作优化提供支撑环境。实现用户组态基础上的实时数据库、工艺流程监控、先进控制算法等功能。

14.2.3　远程监控层

基于 Internet 的远程监控层在分布式网络环境下构建一个安全的远程监控系统。首先,将中间监控层实时数据库中的信息转入上层的关系数据库中,使远程用户能随时通过浏览器查询网络运行状态以及现场设备的工况,对生产过程进行实时的远程监控。其次,在赋予一定的权限后,可以在线修改各种设备参数和运行参数,从而在广域网范围内实现底层测控信息的实时传递。目前,远程监控的实现途径的主要方式是租用企业专线或者利用公众数据网。

由于涉及实际生产过程,必须保证网络安全,采用的网络安全技术包括防火墙、用户身份认证以及钥匙管理等。

现场总线控制网络中,现场设备层是整个网络的核心,只有确保总线设备之间可靠、准确、完整的数据传输,上层网络才能获取信息,实现其监控功能。当前,现场总线的研究多停留在底层现场智能设备网段,从完善现场总线控制网络模型出发,也应更多地考虑现场设备层与中间监控层、Internet 应用层之间的数据传输与交互问题,即实现控制网络与信息网络的紧密集成。

14.3 现场总线协议

现场总线的核心是总线协议,虽然目前现场总线协议并不统一,但各种总线协议的基本原理都是一样的,都以解决串行双向数字化通信为基本依据。每一类总线都有最适用的领域,不论其应用于什么领域,每个总线协议都有一套软件、硬件的支撑,以此能够搭建形成相应的系统产品。

任何一种总线只要其总线协议一经确定,相关的关键技术与有关的软硬件设备也就确定。包括:通信速度、节点容量、各系统相连的网关、网桥、人机界面、体系结构、现场智能仪表以及网络供电方式等。由于现场总线是众多仪表之间的接口,同时,实际应用过程中希望现场总线满足互操作性的要求。因此,对于一个开放的总线而言,总线协议标准化尤为重要。标准化对现场总线的意义重大,可以说,每一种现场总线都是标准的,它是现场总线的核心。

开放系统互连参考模型规定,计算机网络结构模型分为七层,即物理层、数据链路层、网络层、传输层、会话层、表示层和应用层。IEC 最初定义的现场总线协议模型分层为物理层、数据链路层和应用层,即三层结构,中间 3～6 层不用。其原因是现场总线实际应用中,不需要选择等功能,传送信息通常也不会提交给高层网络,因此,从实际需要出发,减少了协议层次。但是,现有的传输层不支持广播式或多点式寻址,现有的会话层和表示层均不具备周期性服务的功能。为此,IEC 现场总线工作组在考虑用户需求的基础上,借鉴美国仪表学会制定的现场总线基本模型结构,定义了全新的 IEC 61158 现场总线协议模型,该模型省去了 OSI 模型中间的 3～6 层,增加了面向用户的第八层用户层。这样,现场总线结构模型统一为四层,即:物理层、数据链路层、应用层和用户层,两种网络模型之间的对照关系如图 14-3 所示。

		用户层	8
应用层	7	应用层	7
表示层	6		
会话层	5		
传输层	4	(3～6)层不用	
网络层	3		
数据链路层	2	数据链路层	2
物理层	1	物理层	1
OSI 协议模型		现场总线协议模型	

图 14-3 开放系统互连参考模型与现场总线模型的比较

现场总线协议模型四个层次的功能如下:

1. 物理层

物理层提供系统通信的机械、电气、功能和过程特性功能,以便在数据链路之间建立、维护和拆除物理连接。物理层通过实际通信媒介的连接在数据链路实体之间建立透明的信息流传输,规定了通信信号的大小、波形以及信息传输方式等;定义了通信媒介的类型和导线上的信号传送速度。物理层还规定每条线路最多连接的智能端口数量及最大传输距离,电源与连接方式等。

2. 数据链路层

数据链路层分为媒体存取控制(Medium Access Control,MAC)子层和逻辑链路控制(Logical Link Control,LLC)子层。MAC 子层主要实现对共享媒体的通信管理,检测传输线路的异常情况。LLC 子层是在节点间用来对帧的发送、接收信号进行控制,同时检验传输差错。如数据结构,从总线上传送数据的规则,传输差错识别处理,噪音检测、多主站使用规范等。该层通过每帧数据校验来保证信息的正确性、完整性,为应用层透明与可靠的传输和处理做准备。概括地讲,数据链路层主要任务是解决通信过程中数据的链接任务,具体表现在确定总线存取规则、令牌传送、申请(立即)响应,总线时间调度等规则。

3. 应用层

应用层提供设备之间及网络要求的数据服务,对现场控制进行支持。为了给用户提供一个简单的接口,该层大部分工作内容是定义信息语法、传输信息的方法、网络初始化的管理操作;该层利用对信息或命令的格式及读写规定,使通信双方或多方互相理解其内容、数据格式,并完成纠错判断。

4. 用户层

用户层具有标准功能块(Function Block,FB)和装置描述(Device Describe,DD)功能,用以表达特定的功能或设备。为了实现过程自动化,现场装置使用功能块完成控制策略,按规范标准,共有 AI、AO、DI、DO 和 PID 等 32 个功能块。现场总线一个重要的功能就是现场设备的互操作性,允许用户将不同厂商的现场装置连接在同一根现场总线上。为了更好地实现互操作,每个现场装置都用装置描述(DD)来描述。DD 可看作是现场装置的一个驱动程序,它包括所有必要的参数描述和主站所需的组态操作步骤。由于 DD 包括描述装置通信所需的所有信息,且与主站无关,所以可以使现场总线装置实现真正的互操作性。简言之,用户层的主要任务是对现场总线设备中数据库信息的互相存取制定统一的规则,定义功能块,提供用户对系统进行组态的语言。现场总线完整的协议模型结构如图 14-4 所示。

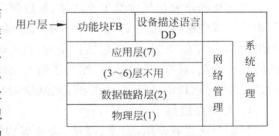

图 14-4　现场总线完整协议模型

现场总线模型中还必须有网络管理部分。其任务是将上述网络通信协议中的四个层次有机地结合在一起,协调地工作,使各层准确地完成通信和数据交换所赋予的任务。网络管理不直接参与数据通信,但对通信任务起着必不可少的保证作用。

14.4　现场总线控制系统的组成

现场总线控制系统(FCS)的重要特点是现场层即可构成基本控制系统,而且现场仪表(或设备)除能传输测量、控制信号外,还可将设备标识、运行状态、故障诊断等重要信息传至监控、管理层,从而实现了管控一体化的综合自动化功能。

现场总线控制系统包括现场智能仪表、监控计算机、网络通信设备和电缆以及网络管理软件、通信软件和监控组态软件等。FCS 的基本设备构成如图 14-5 所示。

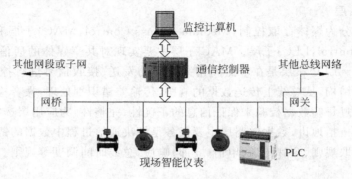

图 14-5　FCS 基本设备构成图

14.4.1　现场智能仪表

现场总线的基础是现场总线仪表(也称现场智能设备或仪表)。现场智能仪表采用超大规模集成电路设计,利用嵌入软件协调内部操作,在完成输入信号的非线性补偿、温度补偿、故障诊断等基础上,还可完成对工业过程的控制,使控制系统的功能进一步分散,同时可以保证数据处理的质量,提高抗干扰性能。

现场智能仪表使传感器由单一检测向多功能和多变量检测发展,由被动信号转换向主动控制和信息处理方向发展,数据处理具有很高的线性度和低漂移,使传感器由孤立的元件向系统化、网络化发展,降低了系统的复杂性,简化了系统结构。

目前现场仪表包括多类工业产品,如过程量类的压力、温度、流量、振动、转速仪表及各种转换器或变送器,现场 PLC 和远程单回路或多回路调节器等。数字量类的光电传感、自动识别器、ON-OFF 开关,还包括控制阀、执行器和电子马达等。现场仪表作为现场控制网络的智能节点,具有测量、计算、控制通信等功能。用于石油化工过程控制的这类仪表通常有智能变送器、智能执行器和可编程控制仪表等,各类现场仪表简述如下:

1. 智能变送器

智能变送器有差压、温度、流量、液位等智能变送器。现场智能变送仪表精度高、线性好、量程比大、性能稳定。智能变送器支持多个物理量的监测功能,可以同时测量温度、压力与流量等参数,输出三个独立的信号。智能化现场装置可以完成信号线性化、工程单位转换、阀门特性补偿、流量补偿以及过程装置监视与诊断等多项功能。

2. 智能执行器

主要指智能阀门定位器或阀门控制器。例如 Fisher-Rosemount 公司的 DVC5000f 数字式阀门控制器,内含总线协议,将该控制器装配在执行机构上,即成为现场智能执行器。它具有多种功能模块,与现场智能变送器组合使用,可实现测量及控制功能。

3. 可编程类控制仪表

这类控制仪表具有通信功能,能方便地连接现场总线与其他现场仪表实现互操作,并可与上位监控计算机进行数据通信。必须强调说明:现场仪表重要的特征是可以将 PID 控制模块植入变送器或执行器中,使智能现场装置具有控制器的功能,这样就使得现场设备间的硬、软件组态更为灵活。

现场总线智能仪表是未来工业过程控制系统的主流仪表,它与现场总线组成 FCS 的两个重要部分,将对传统的控制系统结构和方法带来革命性的变化。

14.4.2　监控计算机

现场总线控制系统需要一台或多台监控用计算机,以满足现场智能仪表(节点)的登录、组态、诊断、运行和操作的要求。通过应用程序的人机界面,操作人员可监控生产过程的正常运行。

监控计算机通常使用工业 PC(IPC),这类计算机结构紧凑、坚固耐用、工作可靠,抗干扰性能好,能满足工业控制的基本要求。IPC 硬、软件技术的发展也为组态软件的使用奠定了良好的基础,现场总线技术的成熟进一步促进了组态软件的应用。

14.4.3　网络通信设备

通信设备是现场总线之间及总线与节点之间的连接桥梁。现场总线与监控计算机之间一般用通信控制器或通信接口卡(简称网卡)连接,它可连接多个智能节点(包括现场仪表和计算机)或多条通信链路。这样,一台带有通信接口卡的 PC 及若干现场仪表与通信电缆就构成了最基本的 FCS 硬件系统,如图 14-5 所示。

为了扩展网络系统,通常采用网间互联设备来连接同类或不同类型的网络,如中继器(repeater)、集线器(HUB)、网桥(bridge)、路由器(router)、网关(gateway)等。

中继器是物理层的连接器,担当信号放大作用,用于延长电缆和光缆的传输距离。

集线器(HUB)是一种特殊的中继器,它作为转接设备而将各个网段连接起来。智能集线器还具有网络管理和选择网络路径的功能,已广泛应用于局域网。

网桥是在数据链路层将信息帧进行存储转发,用来连接采用不同数据链路层协议、不同传输速率的子网或网段。

路由器是在网络层对信息帧进行存储转发,具有更强的路径选择和隔离能力,用于异种子网之间的数据传输。

网关是在传输层以上的转换用协议变换器,用以实现不同通信协议的网络之间、不同网络操作系统的网络之间的互联。

14.4.4　监控系统软件

监控系统软件包括操作系统、网络管理、通信和组态软件。操作系统一般使用 Windows NT、Windows CE 等。下面仅对网络管理软件、通信软件和组态软件作简要说明。

1. 网络管理软件

网络管理软件的作用是实现网络各节点的安装、删除、测试,以及对网络数据库的创建、维护等功能。

2. 通信软件

通信软件的功能是实现计算机监控界面与现场仪表之间的信息交换,通常使用 DDE(Dynamic data exchange)或 OPC(OLE for Process Control)技术来完成数据通信任务。

（1）DDE（动态数据交换）在 Windows 中采用的是程序间通信方式,该方法基于消息机制,可用于控制系统的多数据实时通信。缺点是通信数据量大时效率低下。近年来微软公司已经停止发展 DDE 技术,但仍对 DDE 技术给予兼容和支持。目前的大多数监控软件仍支持 DDE。

（2）OPC 建立于 OLE(对象链接与嵌入)规范之上,它为工业控制领域提供了一种标准的数据访问机制,使监控软件能高效、稳定地对硬件设备进行数据存取操作,系统应用软件之间也可灵活地进行信息交换。

3. 组态软件

组态软件作为用户应用程序的开发工具,具有实时多任务、接口开放、功能多样、组态方便、运行可靠的特点。这类软件一般都提供能生成图形、画面、实时数据库的组态工具;简单实用的编程语言;不同功能的控制组件以及多种 I/O 设备的驱动程序,使用户能方便地形成控制结构及功能,设计人机界面,形象动态地显示系统运行工况。

组态软件开发的应用程序可完成数据采集与输出、数据处理与算法实现、图形显示与人机对话、报警与事件处理、实时数据存储与查询、报表生成与打印、实时通信以及安全管理等任务。

14.5 现场总线技术的应用

现场总线的产生及快速发展反映了企业综合自动化、信息化的要求,体现了控制系统向全分布、开放、互联、高可靠性发展的特点。

14.5.1 几种有影响的现场总线

目前现场总线呈蓬勃发展趋势,技术日趋成熟,在国内应用领域也日趋广泛。在国际上具有较大影响并占有一定市场份额的现场总线包括:CAN 总线、LonWorks 总线、WorldFIP 总线、ControlNet 总线、DeviceNet 总线、FROFIBUS 总线、HART 总线、FF 基金会现场总线等,表 14-1 给出几种有影响的现场总线产品及性能比较。

表 14-1 几种有影响的现场总线产品及性能比较

产品特性	现场总线产品类型					
	CAN	LonWorks	WorldFIP	PROFIBUS	HART	FF
应用对象	离散控制	所有方面	过程控制	过程控制	一次仪表	所有方面
OSI层次	1、2、7	1~7	1、2、7	1、2、7	1、2、7	1、2、7
系统类型	总线	网络	总线	总线	总线	总线
介质访问	CSMA/CD	CSMA/CA	主从、令牌	主从、令牌	主从、令牌	主从、令牌
错误校正	CRC	CRC	CRC	CRC	CRC	CRC

续表

产品特性	现场总线产品类型					
	CAN	LonWorks	WorldFIP	PROFIBUS	HART	FF
通信介质	双绞线、光纤	同轴电缆、电源线、光纤、无线电、红外线	双绞线、光纤	双绞线、光纤	双绞线	双绞线、光纤、红外发射
寻址方式	单、多点广播	广播	广播	单、多点广播	单、多点广播	单、多点广播
传输速率	5Kbps～1Mbps	300～1.5Mbps	2.5Mbps	9.6Kbps～12Mbps	3updates/s	31.25～2.5Mbps
传输距离	10km	2.7km	——	100m～10km	3km	500m～1.9km
网络供电	不是	是	是	是	是	不是
优先级	支持	支持	支持	支持	支持	支持
系统控制	命令	命令、状态	命令、状态	命令、状态	命令、状态	命令、状态

14.5.2　ControlNet 现场总线应用

ControlNet 现场总线基于改进的 CAN 总线技术，是由美国罗克韦尔公司推出的面向控制层的实时性现场总线，又称其为控制层现场总线，用于 PLC 与计算机之间的通信，也可在逻辑控制或过程控制系统中用于连接 I/O 设备、操作面板等。

1. ControlNet

ControlNet 控制网是一种高度确定和可重复性总线网络。ControlNet 的高度确定性是指它能够可靠地预测数据传递完成所需要的时间。ControlNet 的可重复性保证了传输时间为可靠的常量，且不受网络上节点的增加或减少的影响。这些都是保证实现可靠、高度同步和高度协调的实时性通信的重要因素。

ControlNet 是实时控制层网络，在单一物理介质链路上，可以同时支持对时间有苛刻要求的实时 I/O 数据的高速传输以及无时间苛求的数据发送，包括编程和组态数据的上载/下载以及对等信息传递等。采用 ControlNet 的系统和应用中，高速控制和数据传输能力提高了实时 I/O 的性能和对等通信的能力。ControlNet 良好的通信特性使其广泛应用于石油化工、冶金、电力、造纸、水泥等领域的工业过程自动化。

2. ControlNet 主要性能指标

ControlNet 的网络系统特性主要有：

（1）确定性的、可重复的控制网络通信，适合离散控制和过程控制；

（2）同一链路上允许多个控制器同时并存；

（3）支持输入数据和端到端的信息多路发送；

（4）可选的介质冗余和本征安全；

（5）网络上节点居于对等地位，可以从任意节点实现网络存取；

（6）同一链路上满足 I/O 数据、实时互锁、端到端报文传输和编程/组态信息等多样通信要求；

（7）安装和维护简单。

ControlNet 可根据需要扩展物理长度，增加节点数量，提高安全性能。一般应用场合，物理媒体采用 RG-6/U 同轴电缆和标准连接器，传输距离可达 1000m。在野外、危险场合、高电磁干扰以及噪声环境的场合，采用光纤介质，距离可长达 30km，速度始终保持在 5Mbps 不会随距离衰减，寻址节点数最多为 99 个。ControlNet 主要性能指标见表 14-2。

表 14-2　ControlNet 性能指标

网络拓扑	主干：分支形、星形、树形、混合型	网络节点数	99 个可编址节点，单段最多 48 个节点
网络目标功能	端到端设备和 I/O 网络，在同一链路传递信息	物理层介质	RG-6 同轴电缆、光纤
最大通信速率	5Mbps	中继器类型	高压交直流 低压直流
通信方式	主从、多主、端到端	中继器数量	串联：5 个中继器（6 个网段） 并联：最多 48 个网段
网络刷新时间	2～100ms	连接器	标准同轴电缆 BNC
数据分组大小	0～510B	I/O 数据触发方式	周期发送；轮询
通信距离	同轴电缆：6km 光纤：30km	I/O 数据点数	无限多个
通信模式	生产者/消费者	电源	外部供电

3．ControlNet 总线在控制中的应用

下面以 ControlNet 总线在循环流化床锅炉控制中的应用案例来进行简要说明。

1）循环流化床锅炉

（1）循环流化床锅炉燃烧技术：此技术是近 20 年来发展起来的燃烧技术，它具有燃料适应性广、燃烧效率高、氮氧化物排放低、负荷调节比大和负荷调节快等突出优点。

循环流化床燃烧技术出现以来，循环流化床锅炉已得到广泛的应用，大容量的循环流化床电站锅炉已被相关行业所接受，我国集中于中型循环流化床锅炉的研制与开发，目前已完全走向市场。

（2）循环流化床锅炉系统组成：①燃烧系统，包括给料、风室、布风板、燃烧室、炉膛；②气固分离系统，包括物料分离装置、返料装置；③对流烟道，包括过热器、省煤器、空预器；④风烟系统；汽水系统。

（3）循环流化床锅炉燃烧过程：如图 14-6 所示，循环流化床锅炉的燃料一般由煤和石灰石两部分组成，物料由给料口进入炉膛下部后，被高温物料包围而迅速被点燃，并在燃烧室中伴以高速风流在沸腾悬浮状态下进行燃烧。高温烟气携带炉料和大部分未燃尽的煤粒飞逸出燃烧室顶部，其中较大颗粒因重力作用沿炉膛内壁向下流动，一些较小颗粒随烟气飞出炉膛进入物料分离装置，经旋风分离器分离出的未燃尽燃料由返料器返送回炉膛底部，再次进入炉膛循环燃烧。经过分离的烟气通过对流烟道内的受热面吸热后，离开锅炉。

2）循环流化床控制系统配置

根据工艺过程控制需要，整个控制系统分为锅炉控制、汽机控制、电气控制、公共系统控

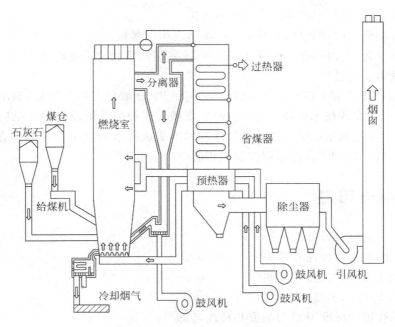

图 14-6　循环流化床锅炉燃烧过程

制几个控制站。

　　系统配置基于 Ethernet 高速以太网和 ControlNet 总线技术,应用罗克韦尔公司产品进行系统配置。整个过程系统分为控制层和监控层,两个层有机地融为一体:包含 2、3 台冗余数据服务器、1 个工程师站、5～9 个操作员站、4～9 个冗余现场控制站、4 个远程 I/O 站。

　　控制层的每个现场控制站由电源、控制器、本地和远程框架的 I/O 站以及通信模块等组成。监控层的服务器、工程师站和操作员站与各现场控制站之间采用工业以太网 EtherNet/IP 进行高速(100Mbit/s)数据交换,并组成冗余网络;各现场控制站之间采用冗余 ControlNet 总线网络通信,介质为 RG-6 同轴电缆,实现具有可确定性和可重复性的高速数据传输。

　　整个系统的服务器、工程师站和操作员站采用 Server 冗余的 Server/Client 结构。两台系统数据库服务器热备冗余,同步采集数据,均可用作主服务器和冗余服务器,当主服务器发生故障时,能无扰动地切换到冗余服务器。Server 用于历史数据记录、性能计算、报表、事故追忆以及向操作员站、上位计算机提供数据库服务;工程师站用于程序开发、系统诊断和维护、控制系统组态、数据库和画面的编辑及修改;各操作员站之间互为备用,实现数据采集、整理、显示、存储、报警、报表、用户流程图显示及操作等功能。

　　3) 控制系统组态设计流程

　　控制系统方案确定后,现场总线控制系统的组态设计通用流程如下:

　　(1) 根据方案选择的现场智能仪表的类型和数量。

　　(2) 选择计算机与网络配件。

　　(3) 选择开发组态软件、人机接口软件。

　　(4) 根据系统结构和策略及智能现场设备的功能块库,分配功能块所在位置。

（5）通过组态软件,完成功能块之间的连接。

（6）通过功能块的特征化,为每个功能块确定相应参数。

（7）网络组态,其内容有分配网络节点号、决定链路活动和后备链路活动主管等。

（8）下载组态信息。

现场总线技术适应了控制系统向智能化、网络化、分散化发展的趋势,显示出强大的生命力。目前,现场总线技术仍处于发展阶段。现场总线控制系统设计关键是应用技术及方法的掌握,它对于控制系统结构及功能设计和网络集成技术的应用有着重要意义。现场总线技术的逐步推广有利于提高过程控制工程的应用技术水平。

思考题与习题

14-1 现场总线的定义是什么？

14-2 现场总线的本质特征有哪些？

14-3 FCS 的主要技术特点有哪些？

14-4 DCS 与 FCS 的主要区别是什么？

14-5 现场总线国际标准 IEC 包括哪几种现场总线？

14-6 现场总线的协议通常分哪几层？各层的基本功能是什么？

14-7 现场总线仪表具备的基本功能是什么？

14-8 阐述现场总线控制系统的组态设计的基本通用流程。

第 15 章

CHAPTER 15

执 行 器

执行器是构成控制系统不可缺少的重要组成部分。任何一个最简单的控制系统也必须由检测仪表、控制器及执行器组成。由于执行器的原理比较简单,操作比较单一,因而人们常常会轻视这一重要环节。事实上执行器大多都安装在生产现场,直接与介质接触,常常在高压、高温、深冷、高黏度、易结晶、闪蒸、汽蚀、高压差等状况下工作,使用条件恶劣,因此,它是控制系统的薄弱环节。如果执行器选择或运用不当,往往会给生产过程自动化带来困难。在许多场合下,会导致自动控制系统的控制质量下降、控制失灵,甚至因介质的易燃、易爆、有毒,而造成严重的生产事故。为此,对于执行器的正确选用以及安装、维修等各个环节,必须给予足够的重视。

15.1 概述

执行器的作用就是接收控制器的输出信号,并根据其送来的控制信号,改变被控介质的流量,从而将被控变量维持在所要求的数值上或一定的范围内。因此完全可以说执行器是用来代替人的操作的,是工业自动化的"手脚"。

15.1.1 执行器的构成及工作原理

执行器由执行机构和调节机构两个部分构成,如图 15-1 所示。

图 15-1　执行器构成框图

执行机构是执行器的推动装置,它根据输入控制信号的大小,产生相应的输出力 F(或输出力矩 M)和位移(直线位移 l 或转角 θ),推动调节机构动作。调节机构是执行器的调节部分,最常见的调节机构是调节阀,它受执行机构的操纵,可以改变调节阀芯与阀座间的流通面积,进而改变流量,以达到最终调节被控介质的目的。图 15-2 所示为气动薄膜执行器结构示意图,从图中可以清楚地看出,它由气动执行机构和调节机构组成。

执行器还可以配备一定的辅助装置,常用的辅助装置有阀门定位器和手操机构。阀门定位器利用负反馈原理改善执行器的性能,使执行器能按控制器的控制信号,实现准确定位。手操机构用于人工直接操作执行器,以便在停电或停气、控制器无输出或执行机构失灵的情况下,保证生产的正常进行。

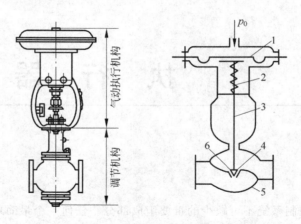

图 15-2 气动薄膜执行器结构示意图

1—薄膜；2—平衡弹簧；3—阀杆；4—阀芯；5—阀体；6—阀座

常规执行器的工作原理如图 15-3 所示。执行器首先都需接收来自控制器的输出信号，以作为执行器的输入信号即执行器动作依据；该输入信号送入信号转换单元，转换信号制式后与反馈的执行机构位置信号进行比较，其差值作为执行机构的输入，以确定执行机构的作用方向和大小；执行机构的输出结果再控制调节阀的动作，以实现对被控介质的调节作用；其中执行机构的输出通过位置发生器可以产生其反馈控制所需的位置信号。

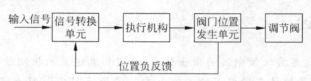

图 15-3 执行器工作原理框图

显然，执行机构的动作构成了负反馈控制回路，这是提高执行器调节精度，保证执行器工作稳定的重要手段。

15.1.2 执行器分类及特点

执行器按其能源形式可分为气动、电动、液动三大类。

1. 气动执行器

气动执行器以净化的压缩空气作为动力能源，采用气动执行机构进行操作，所接收的信号是 0.02～0.1MPa。其特点是结构简单、动作可靠、平稳、输出推力较大、维修方便、防火防爆，而且价格较低，在工业生产中使用最广，特别是石油化工生产过程中。气动执行器的缺点是响应时间长，信号不适于远传(传送距离限制在 150m 以内)。为了克服此缺点可采用电气转换器或电气阀门定位器，将电信号转换为 0.02～0.1 MPa 的标准气压信号，使传送信号为电信号，现场操作为气动信号。

2. 电动执行器

电动执行器以电作为动力能源，采用电动执行机构进行操作，所接受的信号是 0～10mA 或 4～20mA 电流信号，并转换为相应的输出轴角位移或直线位移，去控制调节机构以实现自动调节。电动执行器的优点则是能源取用方便,信号传输速度快,传输距离远,但其结构复杂、推力小、价格贵、防爆性能较差,只适用于防爆要求不高的场所,这些缺点大大地限制了其在工业环境中的广泛应用。近年来随着智能式电动执行机构的问世,使得电动执行器在工业生产中得到越来越多的应用。

3. 液动执行器

液动执行器以液压或油压作为动力能源,采用液动执行机构进行操作,其最大特点是推力大,但在实际工业中的应用较少。

无论是什么类型的执行器,只是其执行机构不同,调节机构(亦称调节阀)都是一样的。

正常情况下,三种执行器的主要特性比较如表 15-1 所示。

表 15-1 执行器主要性能比较

主要特性	气动执行器	电动执行器	液动执行器	主要特性	气动执行器	电动执行器	液动执行器
系统结构	简单	复杂	简单	推动力	适中	较小	较大
安全性	好	较差	好	维护难度	方便	有难度	较方便
响应时间	慢	快	较慢	价格	便宜	较贵	便宜

工业生产中多数使用前两种类型,它们常被称为气动调节阀和电动调节阀。液动执行器在化工、炼油等生产过程中基本上不使用。本章仅介绍气动执行器和电动执行器。

15.1.3 执行器的作用方式

为了满足生产过程中安全操作的需要,执行器有正、反作用两种方式。当输入信号增大时,执行器的流通截面积增大,即流过执行器的流量增大,称为正作用,亦称气开式;当输入信号增大时,流过执行器的流量减小,称为反作用,亦称气关式。

气动执行器的正、反作用可通过执行机构和调节机构的正、反作用的组合实现。通常配用具有正、反作用的调节机构时,执行器采用正作用的执行机构,而通过改变调节机构的作用方式来实现调节阀的气关或气开;配用只具有正作用的调节机构时,执行器通过改变执行机构的作用方式来实现执行器的气关或气开。

对于电动执行器,由于改变执行机构的控制器(伺服放大器)的作用方式非常方便,因此一般通过改变执行机构的作用方式实现执行器的正、反作用。

15.2 执行机构

执行机构是执行器的推动装置,它根据输入控制信号的大小,产生相应的输出力 F(或输出力矩 M)和位移(直线位移 l 或转角 θ)。输出力 F 或输出力矩 M 用于克服调节机构中流动流体对阀芯产生的作用力或作用力矩,以及阀杆的摩擦力、阀杆阀芯重量以及压缩弹簧的预紧力等其他各种阻力;位移(l 或转角 θ)用于带动调节机构阀芯动作。

执行机构有正作用和反作用两种作用方式:输入信号增加,执行机构推杆向下运动,称为正作用;输入信号增加,执行机构推杆向上运动,称为反作用。

15.2.1 气动执行机构

气动执行机构接受气动控制器或阀门定位器输出的气压信号,并将其转换成相应的输

出力 F 和直线位移 l,以推动调节机构动作。

气动执行机构有薄膜式、活塞式和长行程式三种类型。

1. 气动薄膜式执行机构

典型的薄膜式气动执行机构如图 15-2 所示。薄膜式执行机构主要由弹性薄膜、压缩弹簧和推杆组成。当气压信号 p_0 进入薄膜气室时,会在膜片上产生向下的推力,以克服弹簧反作用力,使推杆产生位移,直到弹簧的反作用力与薄膜上的推力平衡为止。

气动薄膜式执行机构有正作用和反作用两种形式。当来自控制器或阀门定位器的信号压力增大时,阀杆向下动作的叫正作用执行机构(ZMA 型);当信号压力增大时,阀杆向上动作的叫反作用执行机构(ZMB 型)。正作用执行机构的信号压力是通入波纹膜片上方的薄膜气室;反作用执行机构的信号压力是通入波纹膜片下方的薄膜气室。通过更换个别零件,两者便能互相改装。

根据有无弹簧执行机构可分为有弹簧的及无弹簧的,有弹簧的薄膜式执行机构最为常用,无弹簧的薄膜式执行机构常用于双位式控制。

有弹簧的薄膜式执行机构的输出位移与输入气压信号成比例关系。当信号压力(通常为 0.02~0.1MPa)通入薄膜气室时,在薄膜上产生一个推力,使阀杆移动并压缩弹簧,直至弹簧的反作用力与推力相平衡,推杆稳定在一个新的位置上。信号压力越大,阀杆的位移量也越大。阀杆的位移即为执行机构的直线输出位移,也称行程。行程规格有 10mm、16mm、25mm、40mm、60mm、100mm 等。

薄膜式执行机构简单、动作可靠、维修方便、价格低廉,是最常用的一种执行机构,它可以用作一般控制阀的推动装置,组成气动薄膜式执行器,习惯上称为气动薄膜调节阀。

2. 气动活塞式执行机构

气动活塞式(无弹簧)执行机构如图 15-4 所示。

气动活塞式执行机构的基本部分为活塞和汽缸,活塞在汽缸内随活塞两侧压差而移动。两侧可以分别输入一个固定信号和一个变动信号,或两侧都输入变动信号。它的输出特性有比例式及两位式两种。两位式是根据输入执行活塞两侧的操作压力的大小,活塞从高压侧推向低压侧,使推杆从一个极端位置移动到另一个极端位置,其行程可达25~100mm,主要适用于双位调节的控制系统。比例式是在两位式基础上加有阀门定位器后,使推杆位移与信号压力成比例关系。

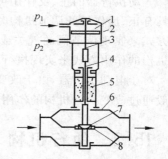

图 15-4 气动活塞式执行器
结构示意图

1—活塞;2—汽缸;3—推杆;
4—阀杆;5—填料;6—阀体;
7—阀芯;8—阀座

活塞式执行机构在结构上是无弹簧的汽缸活塞系统,由于汽缸允许压力较高,可获得较大的推力。允许操作压力可达 500kPa,输出推力大,特别适用于高静压、高压差、大口径的场合,但其价格较高。

薄膜式和活塞式执行机构用于和直行程式调节机构配套使用,活塞式执行机构的输出力比薄膜式执行机构要大。

3. 长行程执行机构

长行程执行机构的结构原理与活塞式执行机构基本相同,它具有行程长、输出力矩大的特点,直线位移为 40~200mm,适用于输出角位移(0~90℃)和力矩的场合,如用于蝶阀或风门的推动装置。

15.2.2 电动执行机构

电动执行机构接受 0~10mA 或 4~20mA DC 的输入信号,并将其转换成相应的输出力 F 和直线位移 l 或输出力矩 M 和角位移 θ,以推动调节机构动作,实现对被控变量的自动调节。

电动执行机构主要分为两大类。直行程与角行程式,其电气原理完全相同,只是输出机械的传动部分有区别。直行程式输出为直线位移 l,角行程式输出为角位移 θ,分别用于和直行程式或角行程式的调节机构配套。角行程式执行机构又可分为单转式和多转式。前者输出的角位移一般小于 $360°$,通常简称为角行程式执行机构;后者输出的角位移超过 $360°$,可达数圈,故称为多转式电动执行机构,它和闸阀等多转式调节机构配套使用。在防爆要求不高且无合适气源的情况下,可使用电动执行机构作为调节机构的推动装置。

现以角行程的电动执行机构为例来进行讨论。用 I_i 表示输入电流,θ 表示输出轴转角,则两者存在如下的线性关系:

$$\theta = KI_i \tag{15-1}$$

式中:K——比例系数。

由此可见,电动执行器实际上相当于一个比例环节。

为保证电动执行器输出与输入之间呈现严格的比例关系,采用比例负反馈构成闭环控制回路。图 15-5 给出了角行程电动执行机构的工作原理示意图。电动执行机构由伺服放大器、伺服电机、位置发送器和减速器四部分组成,如图 15-5 所示。

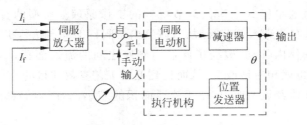

图 15-5 电动执行机构原理示意图

伺服放大器将输入信号和反馈信号相比较,得到差值信号 ε,并将 ε 进行功率放大。当差值信号 $\varepsilon>0$ 时,伺服放大器的输出驱动伺服电机正转,再经机械减速器减速后,将电动机的高转速小力矩,变为低转速大力矩,使输出轴向下运动(正作用执行机构)。输出轴的位移经位置发送器转换成相应的反馈信号,反馈到伺服放大器的输入端,使 ε 减小,直至 $\varepsilon=0$ 时,伺服放大器无输出,伺服电机才停止运转,输出轴也就稳定在输入信号相对应的位置上。反之,当 $\varepsilon<0$ 时,伺服放大器的输出驱动伺服电机反转,输出轴向上运动,反馈信号也相应减小,直至使 $\varepsilon=0$ 时,伺服电机才停止运转,输出轴稳定在另一新的位置上。

在结构上电动执行机构有两种形式,其一为分体式结构,即伺服放大器独立构成一台仪表,其余部分构成另一个仪表,两者之间用电缆线相连;另一种为一体化结构,即伺服放大器与其余部分构成一个整体。新型电动执行机构一般采用一体化结构,它具有体积小、重量轻、可靠性高、使用方便等优点。

智能式电动执行机构通常都有液晶显示器和手动操作按钮,用于显示执行机构的各种状态信息和输入组态数据以及手动操作。因此与模拟式电动执行机构相比,智能式电动执行机构具有如下的一些优点:

(1) 定位精度高,并具有瞬时起停特性以及自动调整死区、自动修正、长期运行仍能保证可靠的关闭和良好运行状态等;

(2) 推杆行程的非接触式检测;

(3) 更快的响应速度,无爬行、超调和振荡现象;

(4) 具有通信功能,可通过上位机或执行机构上的按钮进行调试和参数设定;

(5) 具有故障诊断和处理功能,能自动判别输入信号是否断线、电动机过热或堵转、阀门卡死、通信故障、程序出错等,并能自动地切换到阀门安全位置;当供电电源断电后,能自动地切换到备用电池上,使位置信号保存下来。

15.3　调节机构

调节机构是各种执行器的调节部分,又称调节阀。它安装在流体管道上,是一个局部阻力可变的节流元件。在执行机构的输出力 F(输出力矩 M)和输出位移作用下,调节机构阀芯的运动,改变了阀芯与阀座之间的流通截面积,即改变了调节阀的阻力系数,使被控介质流体的流量发生相应变化。

15.3.1　调节阀的工作原理

下面以典型的直通单座阀来讨论调节机构的工作原理。典型的直通单座阀的结构如图 15-6 所示,流体从左侧进入调节阀,从右侧流出。阀杆上部与执行机构相连,下部与阀芯相连。由于阀芯在阀体内移动,改变了阀芯与阀座之间的流通面积,即改变了阀的阻力系数,被控介质的流量也就相应地改变,从而达到控制工艺参数的目的。

当不可压缩流体流经调节阀时,由于流通面积的缩小,会产生局部阻力并形成压力降,则此压降为

$$p_1 - p_2 = \zeta \rho \frac{W^2}{2} \tag{15-2}$$

式中:p_1,p_2——分别为流体在调节阀前后的压力;

ρ——流体的密度;

W——接管处的流体平均流速;

ζ——调节阀的阻力系数,与阀门结构形式、开度及流体的性质有关。

设调节阀接管的截面积为 A,则流体流过调节阀的流量 Q 为

$$Q = AW = A\sqrt{\frac{2(p_1 - p_2)}{\zeta \rho}} = \frac{A}{\sqrt{\zeta}}\sqrt{\frac{2\Delta P}{\rho}} \tag{15-3}$$

式中:ΔP——调节阀前后压差,$\Delta P = p_1 - p_2$。

显然,由于阻力系数 ζ 与阀门结构形式和开度有关,因而在调节阀口径一定(即 A 一定)和 $\Delta p/\rho$ 不变情况下,流量 Q 仅随着阻力系数 ζ 而变化。阻力系数 ζ 减小,则流量 Q 增

大；反之，ζ 增大，则 Q 减小。调节阀就是根据输入信号的大小，通过改变阀的开度即行程，来改变阻力系数 ζ，从而达到调节流量的目的。

在式(15-3)的基础上，可以定义调节阀的流量系数。它是调节阀的重要参数，可直接反映流体通过调节阀的能力，在调节阀的选用中起着重要的作用。

15.3.2　调节阀的作用方式

调节机构正、反作用的含义是，当阀芯向下位移时，阀芯与阀座之间的流通截面积增大，称为正作用，习惯上按阀芯安装形式称为反装；反之，则称为反作用，并称之为正装。一般来说，只有阀芯采用双导向结构（即上下均有导向）的调节机构，才有正、反作用两种作用方式；而单导向结构的调节机构，则只有正作用。

15.3.3　调节阀的结构及特点

根据不同的使用要求，调节阀的结构形式很多。根据阀芯的动作形式，调节阀可分为直行程式和角行程式两大类；直行程式的调节机构有直通双座阀、直通单座阀、角形阀、三通阀、高压阀、隔膜阀、波纹管密封阀、超高压阀、小流量阀、笼式(套筒)阀、低噪音阀等；角行程式的调节机构有蝶阀、凸轮挠曲阀、V 形球阀、O 形球阀等。

调节阀主要由阀体、阀杆或转轴、阀芯或阀板和阀座等部件组成。下面介绍几种常用调节阀的结构及特点。

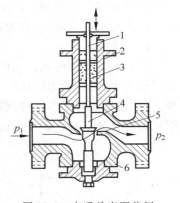

图 15-6　直通单座调节阀
结构

1—阀杆；2—上阀盖；3—填料；
4—阀芯；5—阀座；6—阀体

1. 直通单座调节阀

这种阀的阀体内只有一个阀芯与阀座，如图 15-6、15-7 所示。其特点是结构简单、泄漏量小，是双座阀的十分之一，易于保证关闭，甚至完全切断。但是在压差大的时候，流体对阀芯上下作用的推力不平衡，这种不平衡力会影响阀芯的移动。因此这种阀一般应用在小口径、低压差、对泄漏量要求严格的场合。而在高压差时应采用大推力执行机构或阀门定位器。调节阀按流体流动方向可分为流向开阀和流向关阀。流向开阀是流体对阀芯的作用促使阀芯打开的调节阀，其稳定性好，便于调节，实际应用中较多。

2. 直通双座调节阀

阀体内有两个阀芯和阀座，如图 15-8 所示。这是最常用的一种类型。由于流体流过的时候，作用在上、下两个阀芯上的推力方向相反而大小近于相等，可以互相抵消，所以不平衡力小，允许使用的压差较大，流通能力也比同口径单座阀要大。但是，由于加工的限制，上下两个阀芯阀座不易保证同时密闭，因此关闭时泄漏量较大。另外，阀内流路复杂，高压差时流体对阀体冲蚀较严重，同时也不适用于高黏度和含悬浮颗粒或纤维介质的场合。

3. 角形调节阀

角形阀除阀体为直角外，其他结构与直通单座调节阀相似。其两个接管呈直角形，流向分底进侧出和侧进底出两种，一般情况下前者应用较多，如图 15-9 所示。这种阀的流路简单、阻力较小，适用于现场管道要求直角连接，介质为高黏度、高压差和含有少量悬浮物和固体颗粒状介质的场合。

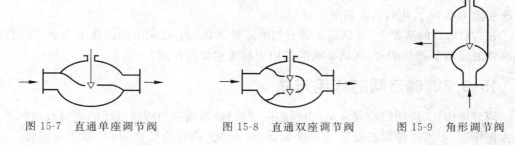

图 15-7　直通单座调节阀　　　图 15-8　直通双座调节阀　　　图 15-9　角形调节阀

4. 三通阀

三通阀共有三个出入口与工艺管道连接,结构与单座阀和双座阀相仿。适用于三个方向流体的管路控制系统,大多用于换热器的温度控制、配比控制和旁路控制。其流通方式有合流(两种介质混合成一路)型和分流(一种介质分成两路)型两种,分别如图 15-10 所示。这种阀可以用来代替两个直通阀,与直通阀相比,组成同样的系统时,可省掉一个二通阀和一个三通接管。在使用中应注意流体温差不宜过大,通常小于 150℃,否则会使三通阀产生较大应力而引起变形,造成连接处泄漏或损坏。

5. 隔膜阀

隔膜阀采用耐腐蚀衬里的阀体和隔膜,如图 15-11 所示。其结构简单、流阻小、关闭时泄漏量极小,流通能力比同口径的其他种类的阀要大。由于介质用隔膜与外界隔离,故无填料,介质也不会泄漏。这种阀耐腐蚀性强,适用于强酸、强碱、强腐蚀性介质的控制,也能用于高黏度及悬浮颗粒状介质的控制。

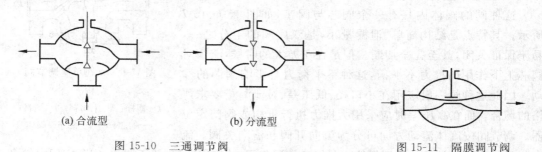

(a) 合流型　　　　　　　　　(b) 分流型

图 15-10　三通调节阀　　　　　　　　　图 15-11　隔膜调节阀

阀的使用压力、温度和寿命受隔膜和衬里材料的限制,一般温度小于 150℃,压力小于 1.0MPa。此外,选用隔膜阀时执行机构必须有足够大的推力。当口径大于 Dg100mm 时,需采用活塞式执行机构。

6. 蝶阀

蝶阀又名翻板阀,其简单的结构如图 15-12 所示,是通过挡板以转轴为中心旋转来控制流体的流量。蝶阀具有结构简单、重量轻、价格便宜、流阻极小的优点,但泄漏量大,特别适用于大口径、大流量、低压差的气体场合,也可以用于含少量纤维或悬浮颗粒状介质的控制。通常蝶阀工作转角应小于 60°;此时流量特性与等百分特性相似,大于 60°时特性不稳定,转矩大。

7. 球阀

球阀的阀芯与阀体都呈球形体,转动阀芯使之与阀体处于不同的相对位置时,就具有不同的流通面积,以达到流量控制的目的。球阀阀芯有 V 形和 O 形两种开口形式,分别如

图 15-13(a)、(b)所示。

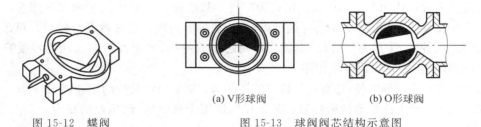

图 15-12 蝶阀 　　图 15-13 球阀阀芯结构示意图

(a) V形球阀　　(b) O形球阀

O 形球阀结构特点是,阀芯为一个球体,其上开有一个直径和管道直径相等的通孔,转轴带动球体旋转,起调节和切断作用。该阀结构简单,维修方便,密封可靠,流通能力大,流量特性为快开特性,一般用于位式控制。

V 形球阀的阀芯也为一个球体,但球体上开孔为 V 形口,随着球体的旋转,流通截面积不断发生变化,但流通截面的形状始终保持为三角形。该阀结构简单,维修方便、关闭性能好、流通能力大、可调比大,流量特性近似为等百分比特性,适用于纤维、纸浆及含颗粒的介质。

8. 凸轮挠曲阀

凸轮挠曲阀又称偏心旋转阀。它的阀芯呈扇形球面状,与挠曲臂及轴套一起铸成,固定在转动轴上,如图 15-14 所示。其结构特点是,球面阀芯的中心线与转轴中心偏离,转轴带动阀芯偏心旋转,使阀芯向前下方进入阀座。凸轮挠曲阀的挠曲臂在压力作用下能产生挠曲变形,使阀芯球面与阀座密封圈紧密接触,密封性好。具有重量轻、体积小、安装维修方便、使用可靠、通用性强、流体阻力小等优点,适用于高黏度或带有悬浮物的介质流量控制,在石灰、泥浆等流体中,具有较好的使用性能。

9. 套筒阀

套筒阀又称笼式阀,是一种结构比较特殊的调节阀,它的阀体与一般的直通单座阀相似,如图 15-15 所示。套筒阀内有一个圆柱形套筒,又称笼子。套筒壁上有一个或几个不同形状的节流孔(窗口),利用套筒导向,阀芯在套筒内上下移动,由于这种移动改变了笼子的节流孔面积,就形成了各种特性并实现流量控制。根据流通能力大小的要求,套筒的窗口可分为四个、两个或一个。套筒阀分为单密封和双密封两种结构,前者类似于直通单座阀,适用于单座阀的场合;后者类似于直通双座阀,适用于双座阀的场合。

图 15-14 凸轮挠曲阀 　　图 15-15 套筒阀

套筒阀的可调比大、振动小、不平衡力小、结构简单、套筒互换性好,更换不同的套筒(窗口形状不同)即可得到不同的流量特性,阀内部件所受的汽蚀小、噪声小,是一种性能优良的阀,特别适用于要求低噪声及压差较大的场合,但不适用高温、高黏度及含有固体颗粒的流体。套筒阀还具有稳定性好、拆装维修方便等优点,因而得到广泛应用,但其价格比较贵。

10. 高静压阀

其最大公称压力可达 32MPa,应用较为广泛。其结构分为单级阀芯和多级阀芯。因调节阀前后压差大,故选用刚度较大的执行机构,一般都要与阀门定位器配合使用。单级阀芯调节阀的寿命较短,采用多级降压,即将几个阀芯串联使用,可提高阀芯和阀座经受高压差流量的冲击能力,减弱气蚀破坏作用。

除以上所介绍的阀以外,还有一些特殊的控制阀。例如小流量阀的流通能力在 0.0012～0.05 之间,适用于小流量的精密控制。超高压阀适用于高静压、高压差的场合,工作压力可达 250MPa。

15.3.4 调节阀的流量系数

流量系数 K 又称为调节阀的流通能力,是直接反映流体流过调节阀的能力,是调节阀的一个重要参数。由于流量系数 K 与流体的种类、工况以及阀的开度有关,为了便于调节阀口径的选用,必须对流量系数 K 给出一个统一的条件,并将在这一条件下的流量系数以 K_V 表示,即将流量系数 K_V 定义为

当调节阀全开、阀两端压差为 0.1MPa、流体密度为 1g/m³(即 5～40℃ 的水时)时,每小时流过调节阀的流体流量,通常以立方米每小时(m³/h)或吨每小时(t/h)计。

根据上述定义,一个 K_V 值为 40 的调节阀,则表示当阀全开、阀前后的压差为 0.1MPa时,5～40℃ 的水流过阀的流量为 40m³/h。因此 K_V 值表示了调节阀的流通能力。调节阀产品样本中给出的流量系数 K_V 即是指在这种条件下的 K 值。

15.3.5 调节阀的可调比

调节阀的可调比 R 是指调节阀所能控制的最大流量 Q_{max} 和最小流量 Q_{min} 之比,即

$$R = \frac{Q_{max}}{Q_{min}} \tag{15-4}$$

可调比也称为可调范围,它反映了调节阀的调节能力。

应该注意的是,Q_{min} 是调节阀所能控制的最小流量,与调节阀全关时的泄漏量不同。一般 Q_{min} 为最大流量的 2%～4%,而泄漏量仅为最大流量的 0.01%～0.1%。

由于调节阀前后压差变化时,会引起可调比变化,因此可调比又分为理想可调比和实际可调比。

1. 理想可调比

调节阀前后压差一定时的可调比称为理想可调比,以 R 表示,它是由结构设计决定的。可调比反映了调节阀的调节能力的大小,因此希望它大一些为好。但由于阀芯结构设计和加工的限制,理想可调比一般不会太大。目前我国调节阀的理想可调比主要有 30 和 50 两种。

2. 实际可调比

调节阀在实际使用时总是与工艺管道系统相串联或与旁路阀并联。管道系统的阻力变化或旁路阀的开启程度的不同,将使调节阀前后压差发生变化,从而使调节阀的可调比也发生相应的变化,这时调节阀的可调比称实际可调比,以 R_r 表示。

1）串联管道时的可调比

图 15-16 所示的串联管道,随着流量 Q 的增加,管道的阻力损失也增加。若系统的总压差 Δp_s 不变,则调节阀上的压差 Δp_V 相应减小,这就使调节阀所能通过的最大流量减小,从而调节阀的实际可调比将降低。设 s 为调节阀全开时的阀前后压差与管道系统的总压

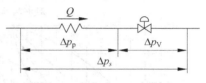

图 15-16 调节阀与工艺管道串联

差之比,则 s 值越小,即串联管道的阻力损失越大,实际可调比越小。

2）并联管道时的可调比

由于调节阀的流通能力选择的不合适,或者工艺生产负荷变化较大(如增加处理量),有时不得不把旁路阀打开,形成并联管道,如图 15-17 所示。从图中可以看出,总管流量 Q 分成两路:一路为调节阀控制流量 Q_1,另一路为旁路流量 Q_2。由于旁路流量的存在,$Q_{\min}$ 相当于增加,致使调节阀实际可调比下降。此时,调节阀的实际可调比为

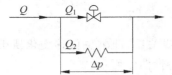

图 15-17 调节阀与工艺管道并联

$$R_r = \frac{Q_{\max}}{Q_{1\min} + Q_2} \tag{15-5}$$

式中：$Q_{\max}$——总管最大流量;

$Q_{1\min}$——调节阀所能控制的最小流量;

Q_2——旁路管道流量。

在生产实际中使用时,应尽量避免把调节阀的旁路阀打开。

15.3.6 调节阀的流量特性

调节阀的流量特性是指被控介质流过阀门的相对流量和阀门相对开度之间的关系,即

$$\frac{Q}{Q_{\max}} = f\left(\frac{l}{L}\right) \tag{15-6}$$

式中：$Q/Q_{\max}$——相对流量,即某一开度流量与全开流量之比;

l/L——相对行程,即某一开度行程与全行程之比。

显然,阀的流量特性会直接影响到自动控制系统的控制质量和稳定性,必须合理选用。一般地,改变阀芯和阀座之间的节流面积,便可调节流量。但当将调节阀接入管道时,其实际特性会受多种因素的影响,如连接管道阻力的变化。为便于分析,首先假定阀前后压差固定,然后再考虑实际情况,于是调节阀的流量特性分为理想流量特性和工作流量特性。

1. 调节阀的理想流量特性

在调节阀前后压差固定的情况下得出的流量特性就是理想流量特性。显然,此时的流量特性完全取决于阀芯的形状。不同的阀芯曲面可得到不同的流量特性,它是调节阀固有的特性。

在目前常用的调节阀中有四种典型的理想流量特性,即直线特性、等百分比特性(又称对数特性)、抛物线特性及快开特性。图 15-18 列出了调节阀的四种典型理想流量特性曲线,图 15-19 给出了它们对应的阀芯形状。

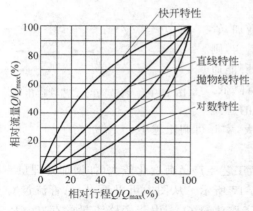

图 15-18　调节阀典型理想流量特性曲线

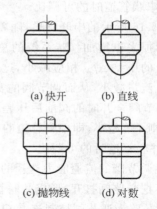

图 15-19　不同流量特性的阀芯曲面形状

1）直线流量特性

直线流量特性是指调节阀的相对流量与相对位移成直线关系，即单位位移变化所引起的流量变化是常数。其流量特性曲线如图 15-18 中的直线特性曲线所示。

2）等百分比流量特性

等百分比（对数）流量特性是指单位相对位移变化所引起的相对流量变化与此点的相对流量成正比关系，即控制阀的放大系数随相对流量的增加而增大。此时相对位移与相对流量成对数关系，故也称对数流量特性，在直角坐标上为一条对数曲线，其流量特性曲线如图 15-18 中的对数特性曲线所示。

由图 15-18 可见，等百分比特性曲线的斜率是随着流量增大而增大，即它的放大系数是随行程的增大而增大。但等百分比特性的流量相对变化值是相等的，即流量变化的百分比是相等的。因此，具有等百分比特性的调节阀，在小开度时，放大系数小，控制平稳缓和；在大开度时，放大系数大，控制灵敏有效。

3）抛物线流量特性

抛物线流量特性是指单位相对位移的变化所引起的相对流量变化与此点的相对流量值的平方根成正比关系，此时相对位移与相对流量为抛物线关系，在直角坐标上为一条抛物线。其流量特性曲线如图 15-18 中的抛物线特性曲线所示，它介于直线与对数特性曲线之间。

4）快开流量特性

这种流量特性的调节阀在开度较小时就有较大的流量，随着开度的增大，流量很快就达到最大；此后再增加开度，流量变化很小，故称快开流量特性，它没有一定的数学表达式。其特性曲线如图 15-18 中的快开特性曲线所示。

快开特性调节阀的阀芯形式为平板形，它的有效位移一般为阀座直径的 1/4，当位移再增加时，阀的流通面积不再增大，失去调节作用。快开阀适用于迅速启闭的位式控制或程序控制系统。

2. 调节阀的工作流量特性

在实际使用中，调节阀所在的管路系统的阻力变化或旁路阀的开启程度不同将造成阀前后压差变化，从而使调节阀的流量特性发生变化。调节阀前后压差变化时的流量特性称为工作流量特性。

调节阀安装在管路中时,管道阻力损失增加,不仅调节阀全开时的流量减小,而且流量特性也发生了很大的畸变,直线特性渐渐趋近于快开特性,等百分比特性渐渐接近于直线特性。使得小开度时放大系数变大,调节不稳定;大开度时放大系数变小,调节迟钝,从而影响控制质量。

15.4 执行器的选择和计算

执行器的选用是否得当,将直接影响自动控制系统的控制质量、安全性和可靠性,因此,必须根据工况特点、生产工艺及控制系统的要求等多方面的因素,综合考虑,正确选用。

执行器的选择,主要是从以下三方面考虑,即执行器的结构形式;调节阀的流量特性;调节阀的口径。

15.4.1 执行器结构形式的选择

执行器结构形式的选择应该考虑执行机构的选择、调节机构的选择和执行器作用方式的选择等几方面的内容。

1. 执行机构的选择

前面的章节曾经讲过,执行机构包括气动、电动和液动三大类。而液动执行机构使用其少,同时气动执行机构中使用最广的是气动薄膜执行机构。因此执行机构的选择主要是指对气动薄膜执行机构和电动执行机构的选择,两种执行机构的比较如表15-2所示。

表 15-2 气动薄膜执行机构和电动执行机构的比较

序 号	比 较 项 目	气动薄膜执行机构	电动执行机构
1	可靠性	高(简单、可靠)	较低
2	驱动能源	需另设气源装置	简单、方便
3	价格	低	高
4	输出力	大	小
5	刚度	小	大
6	防爆性能	好	差
7	工作环境温度范围	大(−40～+80℃)	小(−10～+55℃)

气动和电动执行机构各有其特点,并且都包括有各种不同的规格品种。选择时,可以根据实际使用要求结合表15-2综合考虑确定。

2. 调节机构的选择

调节机构的选择主要考虑的依据是:

(1) 流体性质:如流体种类、黏度、毒性、腐蚀性、是否含悬浮颗粒等;

(2) 工艺条件:如温度、压力、流量、压差、泄漏量等;

(3) 过程控制要求:控制系统精度、可调比、噪声等。

根据以上各点进行综合考虑,并参照各种调节机构的特点及其适用场合,同时兼顾经济性,来选择满足工艺要求的调节机构。

在执行器的结构形式选择时,还必须考虑调节机构的材质、公称压力等级和上阀盖的形式等问题,这些方面的选择可以参考有关资料。

3. 执行器作用方式的选择

为了满足生产过程中安全操作的需要,执行器有正、反作用两种方式,即气开和气关两种作用形式。在采用气动执行机构时,必须确定整个执行器的作用方式。

从控制系统角度出发,气开阀为正作用,气关阀为反作用。所谓气开阀,就是在有信号压力输入时阀打开,无信号压力时阀全关;而气关阀,是在有信号压力时阀关闭,无信号压力时阀全开。

气开、气关的选择要从工艺生产上的安全要求出发。考虑原则是:信号压力中断时,应保证设备和操作人员的安全,如阀门处于打开位置时危害性小,则应选用气关阀;反之,用气开阀。例如,加热炉的燃料气或燃料油应采用气开阀,即当信号中断时应切断进炉燃料,以避免炉温过高而造成事故。又如调节进入设备的工艺介质流量的调节阀,若介质为易爆气体,应选用气开阀,以免信号中断时介质溢出设备而引起爆炸;若介质为易结晶物料,则选用气关阀,以免信号中断时介质产生堵塞。

由于气动执行机构有正、反两种作用方式,某些调节机构也有正装和反装两种方式,因此实现气动执行器的气开、气关就可能有四种组合方式,如图 15-20 和表 15-3 所示。

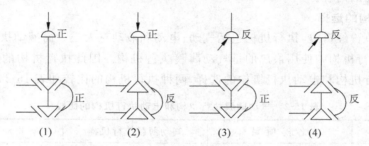

图 15-20 执行器气开气关组合方式示意图

表 15-3 执行器组合方式表

序号	执行机构	调节阀	气动执行器	序号	执行机构	调节阀	气动执行器
(1)	正	正	气关	(3)	反	正	气开
(2)	正	反	气开	(4)	反	反	气关

15.4.2 调节阀流量特性的选择

由于调节阀的工作流量特性会直接影响调节系统的调节质量和稳定性,因而在实际应用中调节阀特性的选择是一个重要的问题。一方面需要选择具有合适流量特性的调节阀以满足系统调节控制的需要,另一方面也可以通过选择具有恰当流量特性的调节阀,来补偿调节系统中本身不希望具有的某些特性。

生产过程中常用的调节阀的理想流量特性主要有直线、等百分比、快开三种,其中快开特性一般应用于双位控制和程序控制。因此,流量特性的选择实际上是指如何选择直线特性和等百分比特性。

调节阀流量特性的选择可以通过理论计算,其过程相当复杂,且实际应用上也无此必要。因此,目前对调节阀流量特性多采用经验准则或根据控制系统的特点进行选择,可以从以下几方面考虑。

1. 系统的控制品质

一个理想的控制系统,希望其总的放大系数在系统的整个操作范围内保持不变。但在实际生产过程中,操作条件的改变,负荷变化等原因都会造成控制对象特性改变,因此控制系统总的放大系数将随着外部条件的变化而变化。适当地选择调节阀的特性,以调节阀的放大系数的变化来补偿被控对象放大系数的变化,可使控制系统总的放大系数保持不变或近似不变,从而达到较好的控制效果。例如,被控对象的放大系数随着负荷的增加而减小时,如果选用具有等百分比流量特性的调节阀,它的放大系数随负荷增加而增大,那么,就可使控制系统的总放大系数保持不变,近似为线性。

2. 工艺管道情况

在实际使用中,调节阀总是和工艺管道、设备连在一起的。如前所述,调节阀在串联管道时的工作流量特性与 s 值的大小有关,即与工艺配管情况有关,同一个调节阀,在不同的工作条件下,具有不同的工作流量特性。因此,在选择其特性时,还必须考虑工艺配管情况。具体做法是先根据系统的特点选择所需要的工作流量特性,再按照表 15-4 考虑工艺配管情况确定相应的理想流量特性。

表 15-4　工艺配管情况与流量特性关系表

配 管 情 况	$s=0.6\sim1$		$s=0.3\sim0.5$	
阀的工作流量特性	直线	等百分比	直线	等百分比
阀的理想流量特性	直线	等百分比	等百分比	等百分比

从表 15-4 可以看出,当 $s=0.6\sim1$ 时,所选理想特性与工作特性一致;当 $s=0.3\sim0.6$ 时,若要求工作特性是直线的,则理想特性应选等百分比的。这是因为理想特性为等百分比特性的调节阀,当 $s=0.3\sim0.6$ 时,经畸变后的工作特性已近似为直线特性了。当要求的工作特性为等百分比时,其理想特性曲线应比等百分比的更凹一些,此时可通过修改阀门定位器反馈凸轮外廓曲线来补偿。当 $s<0.3$ 时,直线特性已严重畸变为快开特性,不利于控制。等百分比理想特性也已严重偏离理想特性,接近于直线特性,虽然仍能控制,但它的控制范围已大大减小。因此一般不希望 s 值小于 0.3。

目前已有低 s 值调节阀,即低压降比调节阀,它利用特殊的阀芯轮廓曲线或套筒窗口形状,使调节阀在 $s=0.1$ 时,其工作流量特性仍然为直线特性或等百分比特性。

3. 负荷变化情况

直线特性调节阀在小开度时流量相对变化值大,控制过于灵敏,易引起振荡,且阀芯、阀座也易受到破坏,因此在 s 值小、负荷变化大的场合,不宜采用。等百分比特性调节阀的放大系数随调节阀行程增加而增大,流量相对变化值是恒定不变的,因此它对负荷变化有较强的适应性。

15.4.3　调节阀口径的选择

调节阀口径选择得合适与否将会直接影响控制效果。口径选择得过小,会使流经控制阀的介质达不到所需要的最大流量。在大的干扰情况下,系统会因介质流量(即操纵变量的数值)的不足而失控,因而使控制效果变差。此时若企图通过开大旁路阀来弥补介质流量的不足,则会使阀的流量特性产生畸变;口径选择得过大,不仅会浪费设备投资,而且会使调节阀经常处于小开度工作,控制性能也会变差,容易使控制系统变得不稳定。

调节阀口径的选择主要依据流量系数 K_V,实质上就是根据特定的工艺条件(即给定的介质流量、阀前后的压差以及介质的物性参数等)进行 K_V 值的计算,然后按调节阀生产厂家的产品目录,选出相应的调节阀口径,使得通过调节阀的流量满足工艺要求的最大流量且留有一定的裕量,但裕量不宜过大。

15.5　气动执行器的安装和维护

气动执行器的正确安装和维护,是保证它能发挥应有效用的重要一环。对气动执行器的安装和维护,一般应注意下列几个问题。

(1) 为便于维护检修,气动执行器应安装在靠近地面或楼板的地方。当装有阀门定位器或手轮机构时,更应保证观察、调整和操作的方便。手轮机构的作用是:在开停车或事故情况下,可以用它来直接人工操作调节阀,而不用气压驱动。

(2) 气动执行器应安装在环境温度不高于 $+60$℃ 和不低于 -40℃ 的地方,并应远离振动较大的设备。为了避免膜片受热老化,控制阀的上膜盖与载热管道或设备之间的距离应大于 200mm。

(3) 阀的公称直径与管道公称直径不同时,两者之间应加一段异径管。

(4) 气动执行器应该是正立垂直安装于水平管道上。特殊情况下需要水平或倾斜安装时,除小口径阀外,一般应加支撑,即使其正立垂直安装。当阀的自重较大和有振动场合时,也应加支撑。

(5) 通过调节阀的流体方向在阀体上有箭头标明,不能装反,正如孔板不能反装一样。

(6) 调节阀前后一般要各装一个切断阀,以便修理时拆下调节阀。考虑到调节阀发生故障或维修时,不影响工艺生产的继续进行,一般应装旁路阀,如图 15-21 所示。

(7) 调节阀安装前,应对管路进行清洗,排去污物和焊渣。安装后还应再次对管路和阀门进行清洗,并检查阀门与管道连接处的密封性能。当初次通入介质时,应使阀门处于全开位置以免杂质卡住。

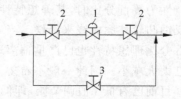

图 15-21　调节阀在管道中的安装
1—调节阀;2—切断阀;3—旁路阀

(8) 在日常使用中,要对调节阀经常维护和定期检修。应注意填料的密封情况和阀杆上下移动的情况是否良好,气路接头及膜片有否漏气等。检修时重点检查部位有阀体内壁、阀座、阀芯、膜片及密封圈、密封填料等。

15.6　电气转换器及阀门定位器

一般执行器上都装有一些辅助装置,即电气转换器和阀门定位器。

15.6.1　电气转换器

在实际系统中,电与气两种信号经常是混合使用的,这样可以取长补短。因而有各种电气转换器及气电转换器,把电信号(0～10mA(DC)或 4～20mA(DC))与气信号(0.02～0.1MPa)进行互相转换。电气转换器可以把控制器或计算机控制系统的输出信号变为气信号去驱动气动执行器。

电气转换器的结构原理如图 15-22 所示,它是按力矩平衡原理工作的。当输入电流 I 进入测量动圈时,动圈在永久磁铁的气隙中自由移动,产生一个向下的电磁力 F_i。F_i 与输入电流成正比,使杠杆绕支点 O 作逆时针方向偏转,并带动安装在杠杆上的挡片 3 靠近喷嘴 4,使喷嘴的背压增加,经气动功率放大器放大后输出气压 p_0。该气压信号一方面送入执行器控制阀门开度做相应变化,从而控制被控介质的流量;另一方面这一气压信号送入反馈波纹管 6 产生一个向上的电磁力 F_f 作用于杠杆,使杠杆绕支点 O 做顺时针方向偏转。当输入电流 I 引起的电磁力 F_i 所产生的力矩与反馈力 F_f 所产生的力矩相等时,整个系统处于平衡状态,于是输出的气压信号 p_0 与输入电流 I 成比例。当输入电流 I 为 0～10mA(DC)或 4～20mA(DC)时,输出 0.02～0.1MPa 的气压信号。

图 15-22 所示的系统中,弹簧 5 用于调整输出气压零点;移动波纹管的安装位置可调量程;重锤 8 用来平衡杠杆的重量,使其在各个位置均能准确地工作。电气转换器的精度可达 0.5 级。

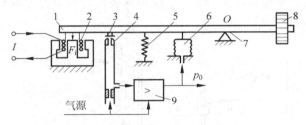

图 15-22 电气转换器原理结构图

1—杠杆;2—线圈;3—挡片;4—喷嘴;5—弹簧;6—波纹管;7—支撑;8—重锤;9—气动放大器

15.6.2　阀门定位器

阀门定位器是气动执行器的辅助装置,与气动执行机构配套使用。图 15-23 所示为阀门定位器原理结构图,图 15-24 所示为带有阀门定位器的气动执行器组成框图。它主要用来克服流过调节阀的流体作用力,保证阀门定位在控制器输出信号要求的位置上。

阀门定位器与执行器之间的关系如同一个随动驱动系统。它将来自控制器的控制信号(I_0 或 p_0),成比例地转换成气压信号输出至执行机构,使阀杆产生位移,其位移量通过机械机

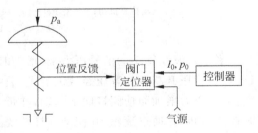

图 15-23　阀门定位器原理结构图

构反馈到阀门定位器,当位移反馈信号与输入的控制信号不平衡时,定位器以较大的输出驱动执行机构,直至两者相平衡时,阀杆停止动作,调节阀的开度与控制信号相对应。

由此可见,阀门定位器与气动执行机构构成一个负反馈系统,因此采用阀门定位器可以提高执行机构的线性度,实现准确定位,并且可以改变执行机构的特性,从而可以改变整个

图 15-24　带有阀门定位器的气动执行器组成框图

执行器的特性;阀门定位器可以利用不同形状的凸轮片改变调节阀的流量特性,而无须改变调节阀阀芯形状;阀门定位器可以采用更高的气源压力,从而可增大执行机构的输出力、克服阀杆的摩擦力、消除不平衡力的影响和加快阀杆的移动速度;阀门定位器与执行机构安装在一起,因而可减少控制信号的传输滞后。此外,阀门定位器还可以接受不同范围的输入信号,因此采用阀门定位器还可实现分程控制。

按结构形式,阀门定位器可以分为气动阀门定位器、电气阀门定位器和智能式阀门定位器。

1. 气动阀门定位器

气动阀门定位器直接接收气动信号,其品种很多,按工作原理不同,可分为位移平衡式和力矩平衡式两大类。下面以图 15-25 所示配用薄膜执行机构的力矩平衡式气动阀门定位器为例介绍。

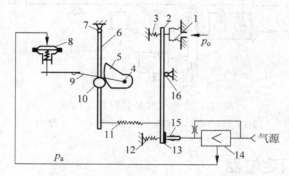

图 15-25　气动阀门定位器结构原理示意图

1—波纹管;2—主杠杆;3—迁移弹簧;4—支点;5—反馈凸轮;6—副杠杆;7—副杠杆支点;
8—气动执行机构;9—反馈杆;10—滚轮;11—反馈弹簧;12—调零弹簧;13—挡板;
14—气动放大器;15—喷嘴;16—主杠杆支点

当通入波纹管 1 的信号压力 p_0 增加时,使主杠杆 2 绕支点 16 偏转,挡板 13 靠近喷嘴 15,喷嘴背压升高。此背压经放大器 14 放大后的压力 p_a 引入到气动执行机构 8 的薄膜气室,因其压力增加而使阀杆向下移动,并带动反馈杆 9 绕支点 4 偏转,反馈凸轮 5 也跟着逆时针方向转动,通过滚轮 10 使副杠杆 6 绕支点 7 顺时针偏转,从而使反馈弹簧 11 拉伸,反馈弹簧对主杠杆 2 的拉力与信号压力 p_0 通过波纹管 1 作用到杠杆 2 的推力达到力矩平衡时,阀门定位器达到平衡状态。此时,一定的信号压力就对应于一定的阀杆位移,即对应于一定的阀门开度。弹簧 12 是调零弹簧,调整其预紧力可以改变挡板的初始位置,即进行零点调整。弹簧 3 是迁移弹簧,用于分程控制调整。

根据系统的需要,阀门定位器也能实现正反作用。正作用阀门定位器是输入信号增加,输出压力也增加;反作用阀门定位器与此相反,输入信号增加,输出压力则减小。

2. 电气阀门定位器

电气阀门定位器接收 4～20mA(DC) 或 0～10mA(DC) 的电流信号,用以控制薄膜式或活塞式气动执行器。它能够起到电气转换器和气动阀门定位器两种作用。图 15-26 是一种与薄膜式执行机构配合使用的电气阀门定位器的结构原理示意图,它是按力矩平衡原理工作的。

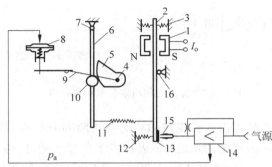

图 15-26 电气阀门定位器结构原理示意图

1—电磁线圈;2—主杠杆;3—迁移弹簧;4—支点;5—反馈凸轮;6—副杠杆;
7—副杠杆支点;8—气动执行机构;9—反馈杆;10—滚轮;11—反馈弹簧;
12—调零弹簧;13—挡板;14—气动放大器;15—喷嘴;16—主杠杆支点

当输入信号电流 I_0 通如力矩马达的电磁线圈 1 时,它受永久磁钢作用后,对主杠杆 2 产生一个向左的力,使主杠杆绕支点 16 逆时针方向偏转,挡板 13 靠近喷嘴 15,挡板的位移经气动放大器 14 转换为压力信号 p_a 引入到气动执行机构 8 的薄膜气室。因 p_a 增加而使阀杆向下移动,并带动反馈杆 9 绕支点 4 偏转,反馈凸轮 5 也跟着逆时针方向偏转,通过滚轮 10 使副杠杆 6 绕支点 7 顺时针偏转,从而使反馈弹簧 11 拉伸,反馈弹簧对主杠杆 2 的拉力与信号电流 I_0 通过力矩马达的电磁线圈 1 作用到杠杆 2 的推力达到力矩平衡时,阀门定位器达到平衡状态。此时,一定的信号电流就对应于一定的阀杆位移,即对应于一定的阀门开度。

调零弹簧 12 起零点调整作用;弹簧 3 是迁移弹簧,在分程控制中用来补偿力矩马达对主杠杆的作用力,以使阀门定位器在接受不同范围(例如 4～12mA(DC) 或 12～20mA(DC))的输入信号时,仍能产生相同范围(20～100kPa)的输出信号。

根据系统的需要,电气阀门定位器也能实现正反作用。正作用阀门定位器是输入信号电流增加,输出压力也增加;反作用阀门定位器与此相反,输入信号电流增加,输出压力则减小。电气阀门定位器实现反作用,只要把输入电流的方向反接即可。

3. 智能式阀门定位器

智能式阀门定位器有只接受 4～20mA(DC) 电流信号的;也有既接受 4～20mA(DC) 的模拟信号,又接受数字信号的,即 HART 通信的阀门定位器;还有只进行数字信号传输的现场总线阀门定位器。它们均用以控制薄膜式或活塞式气动执行器。

智能式阀门定位器包括硬件和软件两部分。

智能式阀门定位器的硬件电路由信号调理部分、微处理机、电气转换控制部分和阀位检测反馈装置等部分构成,如图 15-27 所示。

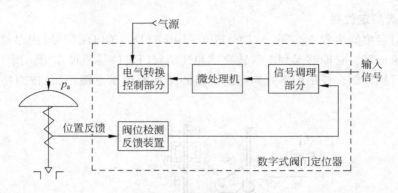

图 15-27   智能式阀门定位器构成示意图

智能式阀门定位器的软件由监控程序和功能模块两部分组成,前者使阀门定位器各硬件电路能正常工作并实现所规定的功能;后者提供了各种功能,供用户选择使用,即进行组态。各种智能式阀门定位器,因其具体用途和硬件结构不同,它们所包含的功能模块在内容和数量上有较大差异。

智能式阀门定位器以微处理器为核心,同时采用了各种新技术和新工艺,因此具有许多模拟式阀门定位器所难以实现或无法实现的优点。

(1) 定位精度和可靠性高。智能式阀门定位器机械可动部件少,输入信号和阀位反馈信号的比较是直接的数字比较,不易受环境影响,工作稳定性好,不存在机械误差造成的死区影响,因此具有更高的定位精度和可靠性。

(2) 流量特性修改方便。智能式阀门定位器一般都包含常用的直线、等百分比和快开特性功能模块,可以通过按钮或上位机、手持式数据设定器直接设定。

(3) 零点、量程调整简单。零点调整与量程调整互不影响,因此调整过程简单快捷。许多品种的智能式阀门定位器具有自动调整功能,不但可以自动进行零点与量程的调整,而且能自动识别所配装的执行机构规格,如气室容积、作用形式、行程范围、阻尼系数等,并自动进行调整,从而使调节阀处于最佳工作状态。

(4) 具有诊断和监测功能。除一般的自诊断功能之外,智能式阀门定位器能输出与调节阀实际动作相对应的反馈信号,可用于远距离监控调节阀的工作状态。

接受数字信号的智能式阀门定位器,具有双向的通信能力,可以就地或远距离地利用上位机或手持式操作器进行阀门定位器的组态、调试、诊断。

15.7   数字调节阀与智能调节阀

随着计算机控制技术的发展,为了能够直接接收数字信号,执行器出现了与之相适应的新品种,数字阀和智能调节阀就是其中的两个,下面简单介绍一下它们的功能与特点。

15.7.1   数字调节阀

数字阀是一种位式的数字执行器,由一系列并联安装而且按二进制排列的阀门组成。

图 15-28 表示一个 8 位调节阀的控制原理。数字阀体内有一系列开闭式的流孔,它们按照二进制顺序排列。例如对于这个数字阀,每个流孔的流量按 2^0、2^1、2^2、2^3、2^4、2^5、2^6、2^7 来设计,如果所有流孔关闭,则流量为 0,如果流孔全部开启,则流量为 255(流量单位)。因此数字阀能在很大的范围内精密控制流量,如 8 位数字阀的调节范围为 1～255。数字阀的开度按步进式变化,每步大小随位数的增加而减小。

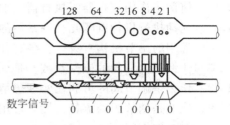

图 15-28　8 位二进制数字阀原理图

数字阀主要由流孔、阀体和执行机构三部分组成。每一个流孔都有自己的阀芯和阀座。执行机构可以用电磁线圈,也可以用装有弹簧的活塞执行机构。

数字阀有以下特点:

(1) 高分辨率。数字阀位数越高,分辨率越高。8 位、10 位的分辨率比模拟式调节阀高很多。

(2) 高精度。每个流孔都装有预先校正流量特性的喷嘴和文丘里管,精度很高,尤其适合小流量控制。

(3) 反应速度快,关闭特性好。

(4) 直接与计算机相连。数字阀能直接接收计算机的并行二进制数码信号,有直接将数字信号转换为阀开度的功能。因此数字阀能应用于直接由计算机控制的系统中。

(5) 没有滞后,线性好,噪声小。

但是数字阀结构复杂,部件多,价格高。此外由于过于敏感,导致输送给数字阀的控制信号稍有错误,就会造成控制错误,使被控变量大大高于或低于所希望的值。

15.7.2　智能调节阀

智能调节阀是近年来迅速发展的执行器,集常规仪表的检测、控制、执行等作用于一身,具有智能化的控制、显示、诊断、保护和通信功能,是以调节阀为主体,将许多部件组装在一起的一体化结构。

智能调节阀的智能主要体现在以下几个方面:

(1) 控制智能。除了一般的执行器控制功能外,还可以按照一定的控制规律动作。此外还配有压力、温度和位置参数的传感器,可对流量、压力、温度、位置等参数进行控制。

(2) 通信智能。智能调节阀采用数字通信方式与主控制室保持联络,即计算机可以直接对执行器发出动作指令。智能调节阀还允许远程检测、整定、修改参数或算法。

(3) 诊断智能。智能调节阀安装在现场,但都有自诊断功能,能根据配合使用的各种传感器通过微机分析判断故障情况,及时采取措施并报警。

目前智能调节阀已经用于现场总线控制系统中。

思考题与习题

15-1　执行器在自动控制系统中起什么作用?

15-2　气动执行器和电动执行器有哪些特点?

15-3 执行器由哪些部分构成？各起什么作用？

15-4 何谓正作用执行器？执行器是如何实现正、反作用的？

15-5 气动执行机构有哪几种？常用的气动执行机构是哪一个？

15-6 常用的调节机构有哪些？各有什么特点？

15-7 什么是调节阀的流量系数？是如何定义的？

15-8 什么是调节阀的可调比？理想情况下和工作情况下有什么不同？

15-9 什么是调节阀的流量特性？常用的理想流量特性有哪几种？理想情况下和工作情况下有何不同？

15-10 如何选用调节阀？选用调节阀时应考虑哪些因素？

15-11 什么叫气开阀？什么叫气关阀？根据什么原则进行选择？

15-12 电气转换器有什么作用？

15-13 阀门定位器有什么作用？

15-14 电气阀门定位器能完成什么功能？

15-15 数字调节阀有哪些特点？

15-16 什么是智能调节阀？其智能体现在哪些方面？

过程控制系统

石油化工生产过程自动化是保证现代化的石油化工企业安全、优化、低消耗和高效益的主要技术手段，因此，过程控制技术是至关重要的。

本篇介绍石油化工行业经常应用的过程控制系统，共分4章。其中，第16章介绍简单控制系统，主要讨论简单控制系统的构成、设计、投运及控制器参数的工程整定。第17章介绍复杂控制系统，包括串级、均匀、比值、前馈、分程和选择性等控制系统。第18章介绍一些新型控制系统。第19章介绍石油加工典型设备的自动控制，这些典型设备包括流体输送设备、传热设备、精馏塔和化学反应器，并对这些典型设备常见的控制方案进行讨论。

简单控制系统

随着生产过程自动化水平的逐步提高,控制系统的类型也日益增加,复杂程度日趋变化。在计算机控制已占主流的今天,即便在高水平的自动控制设计中,简单控制系统仍占整个控制回路的 80% 以上,解决生产过程中的大量控制问题。本章着眼于介绍自动控制系统中结构最简单、最普遍的简单控制系统。

16.1 简单控制系统的构成

图 16-1 所示的液位控制系统与图 16-2 所示的温度控制系统都是生产过程中典型的简单控制系统的示例。从图中可以看出这两个控制系统都有一个被控变量,即液位、温度。为了使被控变量与希望的设定值保持一致,需要通过一个操纵变量进行调节,即出料流量、载热体流量。在这些控制系统中,测量变送元件将被控变量检测出来并转换为统一的标准信号,当系统受到扰动后,测量信号与给定值之间就存在偏差,控制器将此偏差值按一定的控制规律进行运算,并输出信号驱动执行机构改变操纵变量,使被控变量达到给定值。可见,所谓简单控制系统,通常是指由一个测量变送元件、一个控制器、一个执行机构和一个被控对象所构成的单闭环控制系统,因此也称为单回路控制系统。

在图 16-1 所示的液位控制系统中,储槽是被控对象,液位是被控变量,变送器 LT 将反映液位高低的信号送往液位控制器 LC。控制器的输出信号送往执行器,改变控制阀开度使储槽输出流量发生变化以维持液位稳定。

在图 16-2 所示的温度控制系统中,换热器是被控对象,换热器出口物料温度是被控变量,变送器 TT 将反映温度高低的信号送往温度控制器 TC。控制器的输出信号送往执行器,通过改变控制阀的开度使进入换热器的载热体流量发生变化,以维持换热器出口物料的温度在工艺规定的数值上。

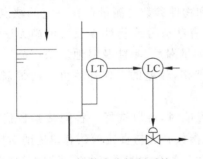

图 16-1 简单液位控制系统

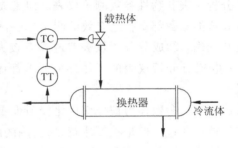

图 16-2 简单温度控制系统

图 16-3 所示是典型简单控制系统的方框图。对于不同被控对象的简单控制系统,尽管其具体装置与变量不相同,但都可以用相同的方框图来表示,这就便于对它们的共性进行研究。在该系统中有着一条从系统的输出端引向输入端的反馈路线,也就是说该系统中的控制器是根据被控变量的测量值与给定值的偏差来进行控制的。

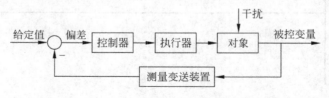

图 16-3 简单控制系统方框图

由于简单控制系统是最基本的、应用最广泛的系统,因此,学习和研究简单控制系统的结构、原理及使用是十分必要的。同时,简单控制系统是复杂控制系统的基础,学会了简单控制系统的分析,将会给复杂控制系统的分析和研究提供很大的方便。

16.2 简单控制系统的设计

一个控制系统的工作情况,取决于其设计的好坏。控制系统的设计应该考虑被控变量的选择、操纵变量的选择、测量元件特性的影响等因素。

16.2.1 被控变量的选择

被控变量的选择是十分重要的,它是决定控制系统有无价值的关键。任何一个控制系统,总是希望能够在稳定生产操作、增加产品产量、提高产品质量以及改善劳动条件等方面发挥作用,如果被控变量选择不当,配备再好的自动化仪表、使用再复杂、先进的控制规律也是无用的。为此,自控设计人员必须深入了解生产的实际情况,进行认真细致的调查研究,在熟悉和了解了生产过程之后,才能正确地选择出被控变量。

被控变量的选择有两种方法,选择直接参数和间接参数。如果被控变量本身就是需要控制的工艺参数,则称为直接参数控制。例如对于以温度、压力、流量、液位为操作指标的生产过程,就选择温度、压力、流量、液位作为被控变量。

直接参数是产品质量的直接反映。因此,首先应该考虑选择直接参数作为被控变量。

采用直接参数作为被控变量有时会涉及产品成分或物性参数的测量问题,这就需要用到成分分析仪表和物性参数测量仪表。但是成分和物性参数的测量存在一定的缺点:①并不是所有这类参数都有行之有效的测量方法,例如有些成分或物性参数目前尚无法实现在线测量和变送;②成分分析仪表普遍具有较大的测量滞后,不能及时地反映产品质量变化的情况;③成分分析仪表的工作环境要求都比较严格,较差的工作环境可能会带来较大的测量误差。

当选择直接参数作为被控变量比较困难或不可能时,可以选择一种间接参数代替直接参数作为被控变量。但是必须注意,所选用的间接参数必须与直接参数有单值的对应关系,并且还需具有一定的变化灵敏度,即随着产品质量的变化,间接参数必须有足够大的变化。

下面以苯、甲苯二元系统的精馏为例来说明如何选择间接参数作为被控变量。精馏过程如图 16-4 所示。在气、液两相并存时,塔顶易挥发组分的浓度 x_D、温度 T_D 和压力 p 三者之间有着如下函数关系:

$$x_D = f(T_D, p) \tag{16-1}$$

这里 x_D 是直接反映塔顶组分的含量,是直接参数。如果有合适的成分分析仪表进行测量,那么就可以选择塔顶易挥发组分的浓度 x_D 作为被控变量,组成成分控制系统。如果成分分析仪表不好测量,或因成分测量滞后太大,控制效果差,达不到质量要求,则可以考虑选择一个间接参数,即可选择塔顶温度 T_D 或塔压 p 作为被控变量,组成相应的控制系统。

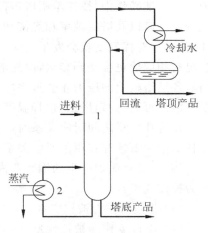

图 16-4　精馏过程示意图

在考虑选择 T_D 或 p 其中之一作为被控变量时是有条件的。由式(16-1)可看出,它是一个二元函数关系,即 x_D 与 T_D 及 p 都有关。只有当 T_D 或 p 一定时,式(16-1)才可简化成一元函数关系。

当 p 一定时

$$x_D = f_1(T_D) \tag{16-2}$$

当 T_D 一定时

$$x_D = f_2(p) \tag{16-3}$$

对于本例,当 p 一定时,苯、甲苯的 x_D-T_D 关系如图 16-5 所示;当 T_D 一定时,苯、甲苯的 x_D-p 关系如图 16-6 所示。

从图 16-5 可看出,当塔顶压力恒定时,浓度 x_D 与温度 T_D 之间是单值对应关系。塔顶温度越高,对应塔顶易挥发组分的浓度越低。反之温度越低,则对应的塔顶易挥发组分的浓度越高。由图 16-6 可以看出,当塔顶温度 T_D 恒定时,塔顶组分 x_D 与塔压 p 也存在单值对应关系。压力越高,塔顶易挥发组分的浓度越大。反之压力越低,塔顶易挥发组分的浓度则越低。这就是说,在温度 T_D 与压力 p 两者之间,只要固定其中一个,另一个就可以代替组分含量 x_D 作为间接指标。因此,塔顶温度 T_D 或塔顶压力 p 都可以选择作为被控变量。

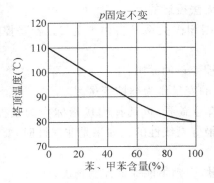

图 16-5　苯、甲苯的 x_D-T_D 关系

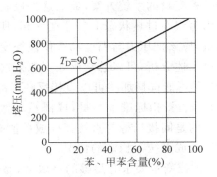

图 16-6　苯、甲苯的 x_D-p 关系

理论上选择 T_D、p 都是可以的,但在工程实践中一般都选温度 T_D 作为被控变量。这是因为在精馏操作中,往往希望塔压保持一定,因为只有塔压保持在规定的压力之下,才能保证分离纯度以及塔的效率和经济性。如果塔压波动,塔内原来的气、液平衡关系就会遭到破坏,随之相对挥发度就会发生变化,塔将处于不良的工况。同时,随着塔压的变化,塔的进料和出料相应地也会受到影响,原先的物料平衡也会遭到破坏。另外,只有当塔压固定时,精馏塔各层塔板上的压力才会近乎恒定,这样,各层塔板上的温度与组分之间才有单值对应关系。由此可见,固定塔压,选择温度作为被控变量是可行的,也是合理的。

在寻找变量之间对应关系时,自由度是一个重要工具。一方面用它可以判断变量之间在什么情况下才存在单值对应关系;另一方面也能避免设置过多的控制系统。

例如,要对锅炉产生的饱和蒸汽的质量进行控制,可提出三种代表蒸汽质量的间接变量作为被控变量:

(1) 温度 t 作为被控变量;

(2) 压力 p 作为被控变量;

(3) t、p 均作为被控变量,构成两个单回路。

究竟选择哪一种变量为被控变量,为了解决这一问题,必须首先弄清楚表征饱和蒸汽质量的指标,p 和 t 之间有什么内在联系,是否都是独立变量,若为独立变量则应选取两个参数,否则选取其中一个就可以了。

为了获得答案,可应用物理化学中的相律关系进行鉴别,即

$$F = C - P + 2 \tag{16-4}$$

式中:F——自由度;

C——组分数;

P——相数。

作为饱和蒸汽,实质上存在着气、液两相,即 $P=2$。而其组分皆为水,即组分数 $C=1$,故得 $F=1-2+2=1$。

表示饱和蒸汽的自由度为 1,或是独立变量只有 1 个,所以要反映蒸汽质量,不必选两个被控变量,只要选取温度或压力就够了。至于究竟选择压力还是温度,可从测量元件时间常数小,元件简单可靠等方面来考虑,故以选择压力为宜。

如果不遵循有几个独立变量最多就设置几个控制系统的原则,而设计出既有温度,又有压力为被控变量的系统方案,那么这种控制将是无法投运的。

因为蒸汽在过热状态下只存在气相,所以根据相律关系其自由度为 2。若要控制过热蒸汽质量,应该把压力与温度都选作被控变量。

通过上述分析,可以总结出如下几条选择被控变量的原则:

(1) 尽可能选择那些可以直接反映产品质量的变量作为被控变量。

(2) 当直接指标难于测量,或滞后太大,或信号微弱,可选择间接指标作为被控变量。值得注意的是间接指标与直接指标成单值关系,最好是线性的。如果是非线性时,要注意出现正反馈造成系统不稳定的情况。

(3) 被控变量要求有足够的灵敏度,易于测量,否则不能保证控制精度。

(4) 选择被控制变量时需考虑到工艺的合理性和国内外仪表生产的现状。

(5) 作为被控变量,必须是独立可控的。变量的数目一般可以用物理化学中的相律关

系来确定。

16.2.2 操纵变量的选择

被控变量确定好之后,还需要选择一个合适的操纵变量。以便当被控变量在外界干扰作用下发生变化时,能够通过对操纵变量的调节,使被控变量迅速地返回到原先的给定值上,以保持产品质量的不变。

一般选择系统中可以调节的物料量或能量参数作为操纵变量。石油化工生产过程中遇到最多的操纵变量则是物料流或能量流,即流量参数。

当被控变量选定以后,应对工艺进行分析,找出哪些因素会影响被控变量。一般来说,影响被控变量的外部输入往往有若干个,在这些输入中,有些是可控的(可以调节的),有些是不可控的。原则上,是在诸多影响被控变量的输入中选择一个对被控变量影响显著而且可控性良好的输入作为操纵变量,而其他未被选中的所有输入量则视为系统的干扰。下面举一实例加以说明。

图16-4是炼油化工厂中常见的精馏设备。如果根据工艺要求,选择提馏段某块塔板(一般为温度变化最灵敏的板,称为灵敏板)的温度作为被控变量。那么自动控制系统的任务就是通过维持灵敏板上温度恒定,来保证塔底产品的成分满足工艺要求。

从工艺分析可知,影响提馏段灵敏板温度的因素主要有进料的流量、成分、温度、回流的流量、回流液温度、加热蒸汽流量、冷凝器冷却温度及塔压等等。这些因素都会影响被控变量的变化。现在的问题是选择哪一个变量作为操纵变量。为此,可先将这些影响因素分为两大类,即可控的和不可控的。从工艺角度看,本例中只有回流量和蒸汽流量为可控因素,其他一般为不可控因素。当然,在不可控因素中,有些也是可以调节的,例如进料流量、塔压等,只是工艺上一般不允许用这些变量去控制塔的温度(因为进料流量的波动意味着生产负荷的波动;塔压的波动意味着塔的工况不稳定,并会破坏温度与成分的单值对应关系,这些都是不允许的。因此,将这些影响因素也看成是不可控因素)。在两个可控因素中,蒸汽流量对提馏段温度影响比起回流量对提馏段温度影响来说更及时、更显著。同时,从节能角度来讲,控制蒸汽流量比控制回流量消耗的能量要小,所以通常选择蒸汽流量作为操纵变量。操纵变量选择的好坏直接关系到控制系统的控制质量问题,因此如何选择操纵变量是控制系统设计的一个重要因素。

为了正确地选择操纵变量,首先应对被控对象的特性进行研究。

1. 对象特性对控制质量的影响

被控变量是被控对象的一个输出,影响被控变量的外部因素则是被控对象的输入。显然影响被控变量的输入不止一个,因此被控对象实际上是一个多输入单输出的对象,它们之间关系如图16-7所示。

在影响被控变量的诸多输入中选择其中某一个可控性良好的输入量作为操纵变量,而其他未被选中的所有输入量则称为系统的干扰。操纵变量作用在对象上,都会引起被控变量变化,如图16-8所示。干扰变量由干扰通道施加在对象上,起着破坏作用,使被控变量偏离给定值;操纵变量由控制通道施加到对象上,使被控变量回复到给定值,起着校正作用。这是一对相互矛盾的变量,它们对被控变量的影响都与对象特性有着密切的关系。因此在选择操纵变量时,要认真分析对象特性,以提高控制系统的控制质量。

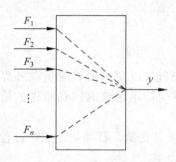

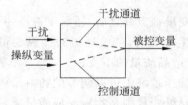

图 16-7　多输入单输出对象示意图　　　图 16-8　干扰通道与控制通道的关系示意图

设控制通道、干扰通道的传递函数分别为

$$G_o(s) = \frac{K_o e^{-\tau_o s}}{T_o s + 1}, \quad G_f(s) = \frac{K_f e^{-\tau_f s}}{T_f s + 1} \tag{16-5}$$

式中：K_o、K_f——分别为控制通道和干扰通道的放大系数：

　　　　T_o、T_f——分别为控制通道和干扰通道的时间常数：

　　　　τ_o、τ_f——分别为控制通道和干扰通道的纯滞后时间。

1）干扰通道特性对控制质量的影响

（1）干扰通道放大系数的影响：对象干扰通道的放大系数 K_f，则越小越好。K_f 小，表示干扰对被控变量的影响不大，过渡过程的超调量不大，故确定控制系统时，要考虑干扰通道的静态特性。

（2）干扰通道时间常数的影响：干扰通道的时间常数 T_f 越大，表示干扰对被控变量的影响越缓慢，这是有利于控制的。所以，在确定控制方案时，应设法使干扰到被控变量的通道长些，即时间常数要大一些。

（3）干扰通道纯滞后 τ_f 的影响：如果干扰通道存在纯滞后 τ_f，即干扰对被控变量的影响推迟了时间 τ_f，因而，控制作用也推迟了时间 τ_f，使整个过渡过程曲线推迟了时间 τ_f，只要控制通道不存在纯滞后，通常是不会影响控制质量，图 16-9 所示为干扰通道的纯滞后对控制质量影响的示意图。

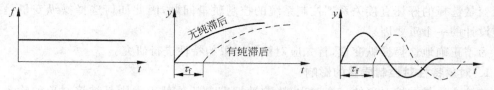

图 16-9　干扰通道纯滞后 τ_f 的影响示意图

2）控制通道特性对控制质量的影响

（1）控制通道放大系数的影响：在选择操纵变量构成自动控制系统时，一般希望控制通道的放大系数 K_o 要大些，这是因为 K_o 的大小表征了操纵变量对被控变量的影响程度。K_o 越大，表示控制作用对被控变量影响越显著，使控制作用更为有效。所以从控制的有效性来考虑，K_o 越大越好。当然，有时 K_o 过大，也会引起过于灵敏，使控制系统不稳定，这也是要引起注意的。

（2）控制通道时间常数的影响：控制器的控制作用，是通过控制通道施加于对象去影响被控变量的。所以控制通道的时间常数不能过大,否则会使操纵变量的校正作用迟缓、超调量大、过渡时间长。要求对象控制通道的时间常数 T_o 小一些,使之反应灵敏、控制及时,从而获得良好的控制质量。

(3) 控制通道纯滞后 τ_o 的影响:控制通道的物料输送或能量传递都需要一定的时间。这样造成的纯滞后对控制质量是有影响的。图 16-10 所示为纯滞后对控制质量影响的示意图。

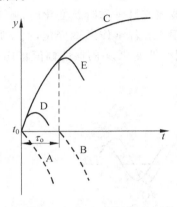

图中 C 表示被控变量在干扰作用下的变化曲线(这时无校正作用);A 和 B 分别表示无纯滞后和有纯滞后时操纵变量对被控变量的校正作用;D 和 E 分别表示无纯滞后和有纯滞后情况下被控变量在干扰作用与校正作用同时作用下的变化曲线。

对象控制通道无纯滞后时,当控制器在 t_0 时间接收正偏差信号而产生校正作用 A,使被控变量从 t_0 以后沿曲线 D 变化;当对象有纯滞后 τ_o 时,控制器虽在 t_0 时间后发出了校正作用,但由于纯滞后的存在,使之对被控变量的影响推迟了 τ_o 时间,即对被控变量的实际校正作用是沿曲线 B 发生变化的。因此被控变量则是沿曲线 E 变化的。比较 E、D 曲线,可见纯滞后使超调量增加;反之,当控制器接收负偏差时所产生的校正作用,由于存在纯滞后,使被控变量继续下降,可能造成过渡过程的振荡加剧,以致时间变长,稳定性变差。所以,在选择操纵变量构成控制系统时,应使对象控制通道的纯滞后时间 τ_o 尽量小。

图 16-10 控制通道纯滞后 τ_o 的影响示意图

2. 操纵变量的选择原则

综合以上分析结果,可以总结出以下几条原则作为操纵变量选择的依据:

(1) 选择对被控变量有较大影响的输入作为操纵变量;

(2) 选择能够快速影响被控变量的输入作为操纵变量;

(3) 选择具有相当大调整范围的输入作为操纵变量;

(4) 使 τ_o/T_o 尽量小。

16.2.3 测量元件特性的影响

测量变送环节的任务是对工业生产过程的参数进行测量,并将它转换成统一标准信号,如 0.02~0.1MPa 的气压信号,或 4~20mA 的电流信号等。它是系统进行控制的根据。因此,要求测量变送环节准确、迅速和可靠。准确指测量变送环节能正确反映被控或被测变量,误差应小;迅速指应能及时反映被控或被测变量的变化;可靠是对测量变送环节的基本要求,它应能在环境工况下长期稳定运行。

测量变送环节经线性处理后,一般可表示为一阶惯性加纯滞后特性,即

$$G_m(s) = \frac{K_m}{T_m s + 1} e^{-\tau_m s} \qquad (16-6)$$

式中:K_m——测量变送环节的放大系数;

T_m——测量变送环节的时间常数;

τ_m——测量变送环节的纯滞后时间。

1. 测量滞后的影响

测量滞后包括测量环节的容量滞后和信号测量环节的纯滞后。

1) 测量环节容量滞后的影响

测量环节容量滞后是由于测量元件自身具有一定的时间常数所致,一般称之为测量滞后。

测量元件时间常数对测量的影响,如图 16-11 所示。若被控变量 y 作阶跃变化时,测量值 z 慢慢靠近 y,如图 16-11(a)所示,显然,前一段两者差距很大;若 y 作递增变化,而 z 则一直跟不上去,总存在着偏差,如图 16-11(b)所示;若 y 作周期性变化,z 的振荡幅值将比 y 减小,而且落后一个相位,如图 16-11(c)所示。

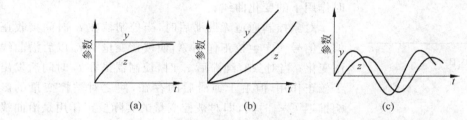

图 16-11　测量元件时间常数的影响示意图

测量元件的时间常数越大,上述现象愈加显著。假如将一个时间常数大的测量元件用于控制系统,那么,当被控变量变化时,由于测量值不等于被控变量的真实值,所以控制器接收到的是一个失真信号,它不能发挥正确的校正作用,控制质量无法达到要求。因此,控制系统中的测量元件时间常数不能太大,最好选用惰性小的快速测量元件。例如用快速热电偶代替工业上用的普通热电偶或温包。必要时也可以在测量元件之后引入微分作用,利用它的超前作用来补偿测量元件引起的动态误差。

当测量元件的时间常数小于对象时间常数的 1/10 时,对系统的控制质量影响不大。这时就没有必要盲目追求小时间常数的测量元件。

2) 测量环节纯滞后的影响

参数变化的信号传递到检测点需要花费一定的时间,因而就产生了纯滞后。纯滞后时间 τ_m 等于物料或能量传输的速度除以传输的距离。传输距离越长或传输的速度越慢,纯滞后时间则越长。

测量环节纯滞后对控制质量的影响与控制通道纯滞后对控制质量的影响相同,一般都把控制阀、被控对象和测量变送装置三者合在一起,视为一个广义对象,这样测量变送装置的纯滞后就可以合并到对象的控制通道中进行考虑。

温度参数和物性参数的测量很容易引入纯滞后,而且一般都比较大,必须引起注意。流量参数测量的纯滞后一般都比较小。

测量的纯滞后有时是由于测量元件安装位置引起的。例如图 16-12 所示的 pH 值控制系统,如果被控变量是中和槽内出口溶液的 pH 值,但作为测量元件的测量电极却安装在远离中和槽的出口管道处,并且将电极安装在流量较小、流速很慢的副管道上。这样一来,电极所测得的信号与中和槽内溶液的 pH 值在时间上就延迟了一段时间 τ_m,其大小为

$$\tau_m = \frac{l_1}{v_1} + \frac{l_2}{v_2} \tag{16-7}$$

式中，l_1，l_2 分别为电极中和槽的主、副管道的长度；v_1，v_2 分别为主、副管道内流体的流速。

为了减小传送滞后，要合理地选择测量元件的安装位置，尽可能减小纯滞后时间。

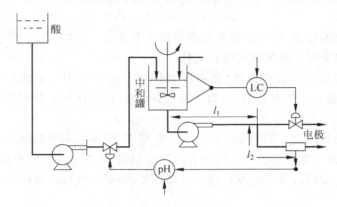

图 16-12　pH 值控制系统示意图

2. 信号传送滞后的影响

信号传送滞后包括测量信号传送滞后和控制信号传送滞后两部分。

在大型石油化工企业中，生产现场与控制室之间往往相隔一段很长的距离。现场变送器的输出信号要通过信号传输管线送往控制室内的控制器，而控制器的输出信号又需通过信号传输管线送往现场的控制阀。测量与控制信号的这种往返传送都需要通过控制室与现场之间这一段距离空间，产生了信号传送滞后。对于电信号来说，传送滞后可以忽略不计，然而对于气信号来说，传送滞后就不能不加以考虑，因为气动信号管线具有一定的容量。

一般来说，测量信号传送滞后比较小。它的大小取决于气动信号管线的内径和长度，对控制质量的影响与测量滞后影响完全相同。对于控制信号传送滞后，由于它的末端有一个控制阀膜头空间，与信号管线相比它的容积就很大，因此，控制信号传送可以认为是控制阀特性的一部分，它对控制质量的影响与对象控制通道滞后的影响基本相同。控制信号管线越长，控制阀膜头空间越大，控制器的控制信号传送就越慢，控制越不及时，控制质量就越差。

16.2.4　控制器控制规律的选择

在控制系统中，仪表选型确定以后，对象的特性是固定的、不可改变；测量元件及变送器的特性比较简单，一般也是不可以改变的；执行器加上阀门定位器可有一定程度的调整，但灵活性不大；主要可以改变的就是控制器的参数。如何通过控制器控制规律的选择与控制器参数的工程整定，来提高控制系统的稳定性和控制质量，是下面主要讨论的内容。

1. 控制器的控制规律

研究控制器的控制规律是把控制器和系统断开，即只在开环时单独研究控制器本身的特性。所谓控制规律是指控制器的输出信号与输入信号之间的关系。

控制器的输入信号是经比较机构后的偏差信号 e,它是给定值信号 r 与变送器送来的测量值信号 z 之差。在分析自动化系统时,偏差采用 $e=r-z$,但在单独分析控制仪表时,习惯上采用测量值减去给定值作为偏差。控制器的输出信号就是控制器送往执行器的信号 u。

因此,所谓控制器的控制规律就是指 u 与 e 之间的函数关系,即

$$u = f(e) = f(z-r) \tag{16-8}$$

在研究控制器的控制规律时,经常是假定控制器的输入信号 e 是一个阶跃信号,然后来研究控制器的输出信号 u 随时间的变化规律。

控制器的基本规律有位式控制(其中以双位控制比较常用)、比例控制(P)、积分控制(I)、微分控制(D)及它们的组合形式,如比例积分控制(PI)、比例微分控制(PD)和比例积分微分控制(PID)。

不同的控制规律适应不同的生产要求。如选用不当,不但不能起到较好的作用,反而会使控制过程恶化,甚至造成事故。要选用合适的控制器,首先必须了解常用的几种控制规律的特点与使用条件,然后,根据过渡过程品质指标要求,结合具体对象特性,才能做出正确的选择。

2. 双位控制

双位控制的动作规律是当测量值大于给定值时,控制器的输出为最大(或最小),而当测量值小于给定值时,则输出为最小(或最大),即控制器只有两个输出值,相应的控制机构只有开和关两个极限位置,因此又称开关控制。

理想的双位控制器其输出 u 与输入偏差之 e 间的关系为

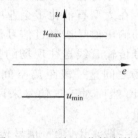

$$u = \begin{cases} u_{\max}, & e > 0(或 e < 0) \\ u_{\min}, & e < 0(或 e > 0) \end{cases} \tag{16-9}$$

图 16-13　理想双位控制特性

理想的双位控制特性如图 16-13 所示。

图 16-14 是一个采用双位控制的液位控制系统,它利用电极式液位计来控制储槽的液位,槽内装有一根电极作为测量液位的装置,电极的一端与继电器 J 的线圈相接,另一端调

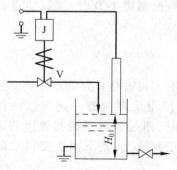

图 16-14　液位双位控制系统
　　　　示意图

整在液位给定值的位置,导电的流体由装有电磁阀 V 的管线进入储槽,经下部出料管流出。储槽外壳接地,当液位低于给定值 H_0 时,流体未接触电极,继电器断路,此时电磁阀 V 全开,流体流入储槽使液位上升,当液位上升至稍大于给定值时,流体与电极接触,于是继电器接通,从而使电磁阀全关,流体不再进入储槽。但槽内流体仍在继续往外排出,故液位将要下降,当液位下降至稍小于给定值时,流体与电极脱离,于是电磁阀 V 又开启,如此反复循环,而液位被维持在给定值上下很小一个范围内波动。可见控制机构的动作非常频繁。这样会使系统中的运动部件因动作频繁而损坏,因此实际应用的双位控制器具有一个中间区。

偏差在中间区内时,控制机构不动作。当被控变量的测量值上升到高于给定值某一数值后,控制器的输出变为最大 u_{max},控制机构处于开(或关)的位置。当被控变量的测量值下降到低于给定值某一数值,控制器的输出变为最小 u_{min},控制机构处于开(或关)的位置。所以实际的双位控制器的控制规律如图 16-15 所示。将上例中的测量装置及继电器线路稍加改变,便可成为一个具有中间区的双位控制器。由于设置了中间区,当偏差在中间区内变化时,控制机构不会动作,因此可以使控制机构开关的频繁程度大为降低,延长了控制器中运动部件的使用寿命。

具有中间区的双位控制过程如图 16-16 所示。当液位 y 低于下限值 y_L 时,电磁阀是开的,流体流入储槽,由于流入量大于流出量,故液位上升。当升至上限值 y_H 时,阀关闭,流体停止流入,由于此时流体只出不入,故液位下降。直到液位值下降至下限值 y_L 时,电磁阀重新开启,液位又开始上升。图中上面的曲线表示控制机构阀位与时间的关系,下面的曲线是被控变量(液位)在中间区内随时间变化的曲线,是一个等幅振荡过程。

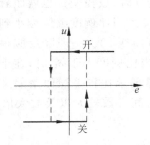

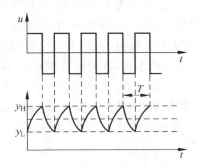

图 16-15 实际的双位控制规律特性　　图 16-16 具有中间区的双位控制过程示意图

双位控制过程中不采用连续控制作用下的衰减振荡过程所要求的那些品质指标,一般采用振幅与周期作为品质指标,在图 16-16 中振幅为 $y_H - y_L$,周期为 T。

如果工艺生产允许被控变量在一个较宽的范围内波动,控制器的中间区就可以宽一些,这样振荡周期较长,可使可动部件动作的次数减少,于是减少了磨损,也就减少了维修工作量,因而只要被控变量波动的上、下限在允许范围内,使周期长些比较有利。

双位控制器结构简单、成本较低、易于实现,因而应用很普遍。除了双位控制外,还有三位或更多位的,包括双位在内,这一类控制统称为位式控制。它们的工作原理基本上一样。

3. 比例控制规律(P)及其对控制过程的影响

在比例控制中,比例控制器输出与偏差成比例,它们之间的关系为

$$u = K_c e + u_o \tag{16-10}$$

式中: u——控制器的输出信号;

　　　e——给定值与测量变送信号之差;

　　　K_c——控制器增益;

　　　u_o——当偏差 e 为零时控制器的输出信号值,它反映了比例控制器的工作点,其大小可以通过调整控制器的工作点加以改变。

几乎所有的工业控制器,用增益的倒数表示控制器输入与输出之间的比例关系:

$$\delta = \frac{100\%}{K_c} \qquad\qquad (16\text{-}11)$$

其中 δ 称为比例度。

图 16-17(a)为理想比例控制器的输出特性,它对于控制器的输出没有物理限制。而实际的控制器是具有物理限制的,当输出达到上限或者下限,控制器就饱和了,如图 16-17(b)所示。

比例控制的优点是反应快,控制及时。有偏差信号输入时,输出立即与它成比例地变化,偏差越大,输出的控制作用越强。缺点是存在余差。

为了减小余差,就要增大 K_c(即减小比例度 δ),但这会使系统稳定性变差。比例度对控制过程的影响如图 16-18 所示。由图可见,比例度越大(即 K_c 越小),过渡过程曲线越平稳,但余差也越大。比例度越小,则过渡过程曲线越振荡。比例度过小时就可能出现发散振荡。当比例度大时即放大倍数 K_c 小,在干扰产生后,控制器的输出变化较小,控制阀开度改变较小,被控变量的变化很缓慢(曲线 6)。当比例度减小时,K_c 增大,在同样的偏差下,控制器输出较大,控制阀开度改变较大,被控变量变化也比较灵敏,开始有些振荡,余差不大(曲线 5、4)。比例度再减小,控制阀开度改变更大,大到有点过分时,被控变量也就跟着过分地变化,在拉回来时又拉过头,结果会出现激烈的振荡(曲线 3)。当比例度继续减小到某一数值时系统出现等幅振荡,这时的比例度称为临界比例度 δ_k(曲线 2)。一般除反应很快的流量及管道压力等系统外,这种情况大多出现在 $\delta < 20\%$ 时,当比例度小于 δ_k 时,在干扰产生后将出现发散振荡(曲线 1),这是很危险的。工艺生产通常要求比较平稳而余差又不太大的控制过程,例如曲线 4。一般地说,若对象的滞后较小、时间常数较大以及放大倍数较小

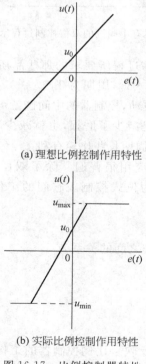

(a) 理想比例控制作用特性

(b) 实际比例控制作用特性

图 16-17 比例控制器特性

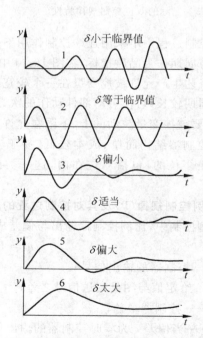

图 16-18 比例度对过渡过程的影响

时,控制器的比例度可以选得小些,以提高系统的灵敏度,使反应快些,从而过渡过程曲线的形状较好。反之,比例度就要选大些以保证稳定。

比例控制器的特点是:控制器的输出与偏差成比例,即控制阀门位置与偏差之间具有一一对应关系。当负荷变化时,比例控制器克服干扰能力强、控制及时、过渡时间短。在常用控制规律中,比例作用是最基本的控制规律,不加比例作用的控制规律是很少采用的。但是,纯比例控制系统在过渡过程终了时存在余差。负荷变化越大,余差就越大。

比例控制器适用于控制通道滞后较小、负荷变化不大、工艺上没有提出无差要求的系统,例如中间储槽的液位、精馏塔塔釜液位以及不太重要的蒸汽压力控制系统等。

4. 比例积分控制规律(PI)及其对控制过程的影响

工程实践中一般没有纯积分作用的控制器,都是与比例作用组合成比例-积分的控制器。比例-积分控制器的输入输出的关系为:

$$u = K_c\left(e + \frac{1}{T_i}\int_0^t e\,dt\right) + u_0 \tag{16-12}$$

式中:T_i——积分时间。

积分作用的一个优点就是它能够消除余差。如图 16-19 所示,积分部分输出是对偏差的积分,即将偏差按时间进行累积,如果偏差为零,则积分控制器的输出不变。当偏差不为零时,偏差积分后使控制器的输出 u 向上或向下变化,直至偏差消除为止。

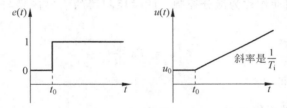

图 16-19　积分作用对偏差 e 的单位阶跃响应曲线

虽然积分作用能够有效消除系统的余差,但积分控制器很少单独使用。因为积分作用比较慢,需要误差的累积达到一定程度才能产生较为明显的控制作用。因此通常是将积分作用和比例作用一起使用。从式(16-12)可看出,比例-积分控制器输出由两部分组成,即在比例输出之上叠加积分输出。当积分时间趋向于无穷大时,积分作用消除,控制器变为纯比例控制器;当积分时间很小时,积分作用强烈,消除余差的能力强。图 16-20 所示为比例积分作用对偏差 e 的单位阶跃响应曲线。从图中可以看到增加了比例作用后,控制器对偏差变化的响应迅速了很多。

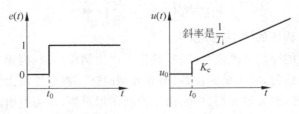

图 16-20　比例积分作用对偏差 e 的单位阶跃响应曲线

图 16-21 表示在同样比例度下积分时间 T_i 对过渡过程的影响。T_i 过大,积分作用不明显,余差消除很慢(曲线 3)。T_i 小,易于消除余差,但系统振荡加剧,曲线 2 适宜,曲线 1 就振荡太剧烈了。

由上述分析可知:积分控制作用能消除余差,但降低了系统的稳定性,特别是当 T_i 比较小时,稳定性下降较为严重。因此,控制器在参数整定时,如欲得到纯比例作用时相同的稳定性,当引入积分作用之后,应当把 K_c 适当减小,以补偿积分作用造成的稳定性下降。

比例积分控制器是使用最普遍的控制器。它适用于控制通道滞后较小、负荷变化不大、工艺参数不允许有余差的系统。例如流量、压力和要求严格的液位控制系统,常采用比例积分控制器。

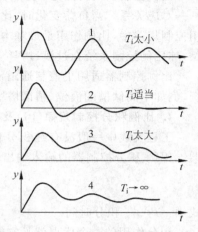

图 16-21 积分时间过渡过程的影响

5. 比例微分控制(PD)规律及其对控制过程的影响

对于惯性较大的对象,如果控制器能够根据被控变量的变化速度来移动控制阀,而不需要等到被控变量已经出现较大偏差后才开始动作,那么控制的效果将会更好,这等于赋予控制器以某种程度的预见性,这种控制动作称为微分控制。此时控制器的输出信号与偏差信号的变化速度成正比,即

$$u = T_D \frac{\mathrm{d}e}{\mathrm{d}t} \tag{16-13}$$

式中:T_D——微分时间;

$\dfrac{\mathrm{d}e}{\mathrm{d}t}$——偏差信号变化速度。

此式表示理想微分控制器的特性,若在 $t=t_0$ 时输入一个阶跃信号,则在 $t=t_0$ 时控制器输出将为无穷大,其余时间输出为零。这种控制器用在系统中,即使偏差很小,只要出现变化趋势,马上就进行控制,固有超前控制之称,这是它的优点。但它的输出不能反映偏差的大小,假如偏差固定,即使数值很大,微分作用也没有输出,因而控制结果不能消除偏差,因此工程上一般没有纯微分作用的控制器,一般都是与比例或比例微分作用组合成比例微分或比例-积分-微分控制器。下面先介绍比例微分控制规律。

比例微分控制规律为

$$u = K_c \left(e + T_D \frac{\mathrm{d}e}{\mathrm{d}t} \right) + u_0 \tag{16-14}$$

比例微分控制器特性如图 16-22 所示。

微分作用按偏差的变化速度进行控制,其作用比比例作用快,因而对惯性大的对象用比例微分可以改善控制质量,减小最大偏差,节省控制时间。微分作用力图阻止被控变量的变化,有抑制振荡的效果,但如果加得过大,由于控制作用过强,反而会引起被控变量大幅度的振荡如图 16-23 所示。微分作用的强弱用微分时间来衡量。

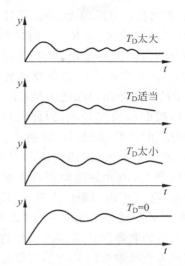

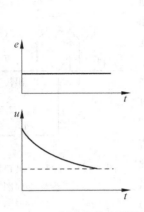

图 16-22 比例微分控制器特性　　　　图 16-23　微分时间对过渡过程的影响

6. 比例积分微分控制规律（PID）及其对控制过程的影响

工程上一般没有纯微分作用的控制器，一般都是与比例、积分作用组合成比例-积分-微分控制器。

理想的 PID 控制作用是

$$u = K_c \left(e + \frac{1}{T_i} \int_0^t e\,dt + T_D \frac{de}{dt} \right) + u_0 \tag{16-15}$$

当有阶跃信号输入时，输出为比例、积分和微分三部分输出之和，如图 16-24 所示。这种控制器既能快速进行控制，又能消除余差，具有较好的控制性能。

比例积分微分控制器适用于容量滞后较大、负荷变化大、控制质量要求较高的系统，应用最普遍的是温度控制系统与成分控制系统。对于滞后很小或噪声严重的系统，应避免引入微分作用，否则会由于被控变量的快速变化引起控制作用的大幅度变化，严重时会导致控制系统不稳定。

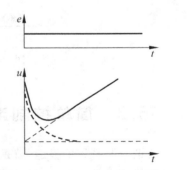

图 16-24　PID 三作用控制器特性

16.2.5　控制器正反作用的确定

控制器的控制规律对控制品质影响很大。根据不同过程特性和要求，选择相应的控制规律，以获得较高的控制品质；确定控制器作用方向，以满足控制系统的要求，也是系统设计的一个重要内容。下面介绍如何确定控制器的正反作用。

控制器正反作用定义为：当被控变量的测量值增大时，控制器的输出也增大，则称该控制器为"正作用"控制器；当被控变量的测量值增大时，控制器的输出反而减小，则称该控制器为"反作用"控制器。通常通过设置控制器增益的正负来设定控制器的正反作用。当

$K_c > 0$ 时,随着测量信号的增大,偏差信号逐渐减小,控制器的输出也随之减小,因此这是一个反作用的控制器,同理,当 $K_c < 0$ 时控制器是正作用。

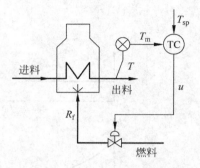

对于一个单回路控制系统,需要通过正确设置控制器的正反作用来使得系统成为负反馈控制系统。例如图 16-25 所示的加热炉出口温度控制系统,从安全的角度考虑选择燃料控制阀为气开阀,因此燃料控制阀可看作是一个"正作用"的环节,如图 16-26 所示。对于加热炉来说,随着燃料流量的增大,加热炉内的温度升高,炉出口温度也相应地升高,因此加热炉可看作是一个"正作用"环节。同样地,随着炉出口温度上升,温度测量值也会增大,因此温度测量变送环节也是一个"正作用"环节。现在需要通过设置控制器的正反作用来使得加热炉出口温度控制系统成为负反馈控制系统。假设选择"正作用"的

图 16-25　加热炉出口温度控制系统流程图

控制器,当温度测量值升高时控制器的输出增大,燃料控制阀的开度也增大,燃料流量增加。因此造成加热炉出口温度升高,温度的测量值会进一步升高,这是一个正反馈控制回路。因此必须选择"反作用"的控制器(即 $K_c > 0$)才能构成负反馈控制回路。

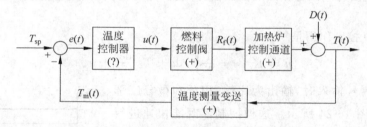

图 16-26　加热炉出口温度控制系统方框图

16.3　简单控制系统的投运

所谓控制系统的投运,就是指当控制系统的设计、安装等工作已经就绪,将系统由手操状态切换到自动工作状态的过程。这工作若做得不好,会给生产带来很大波动。由于在石油化工生产中普遍存在高温、高压、易燃、易爆、有毒等工艺场合,在这些地方投运控制系统,自控人员会担一定风险。因而控制系统投运工作往往是鉴别自控人员是否具有足够的实践经验和清晰的控制理论概念的一个重要标准。

现将投运步骤总结如下:

(1) 详细地了解工艺,对投运中可能出现的问题有所估计;

(2) 理解控制系统的设计意图;

(3) 现场校验测量元件、测量仪表、显示仪表和控制仪表的精度、灵敏度及量程,以保证各种仪表能正确工作;

(4) 设置好控制器的正反作用和 PID 参数;

(5) 按无扰动切换的要求将控制器切入自动。

16.4 控制器参数的工程整定

所谓控制系统的整定,就是对于一个已经设计并安装就绪的系统,对控制器的参数(δ、T_i、T_D)进行调整,使得系统的过渡过程达到最为满意的质量指标要求。

一个控制系统的质量取决于对象特性、控制方案、干扰的形式和大小,以及控制器参数的整定等各种因素。一旦系统按所设计的方案安装就绪,对象特性与干扰位置等基本上都已固定下来,这时系统的质量主要取决于控制器参数的整定。合适的控制器参数会带来满意的控制效果,不合适的控制器参数会使系统质量变坏。但是决不能因此而认为控制器参数整定是"万能的"。对于一个控制系统来说,如果对象特性不好,控制方案选择得不合理,或是仪表选择和安装不当,那么无论怎样调整控制器参数,也是达不到质量指标要求的。因此只能说在一定范围内(方案设计合理、仪表选型安装合适),控制器参数整定合适与否,对控制质量具有重要的影响。

有一点必须加以说明,那就是对于不同的系统,整定的目的、要求可能是不一样的。例如,对于定值控制系统,一般要求过渡过程呈4:1的衰减变化,而对于比值控制系统,则要求整定成振荡与不振荡的临界状态;对于均匀控制系统,则要求整定成幅值在一定范围内变化的缓慢的振荡过程。这些将在后续相关章节中分别加以介绍。

对于单回路控制系统,控制器参数整定的要求就是通过选择合适的控制器参数(δ、T_i、T_D),使过渡过程呈现4:1或10:1的衰减振荡过程。

控制器参数整定的方法很多,归纳起来可分为两大类:一类是理论计算方法,另一类是工程整定方法。

从控制原理可知,对于一个具体的控制系统,只要质量指标规定了下来,又知道了对象的特性,那么,通过理论计算的方法(微分方程法、频率法、根轨迹法等)就可以计算出控制器的最佳参数值。但是,由于石油、化工对象的可变性,对象特性的测试方法和技术未尽完善,往往使对象特性难以测得,或者即使测得,所得到的对象特性数据也不够准确可靠,并且因计算方法一般都比较繁琐,工作量大,耗时较多,因此,长期以来这种理论计算方法在工程实践中没有得到推广和应用。然而,随着计算机在生产过程中的广泛应用,控制器参数整定的理论计算方法将会不断地得到应用和推广。

对于工程整定方法,工程技术人员无须确切知道对象的数学模型,无须具备理论计算机所必需的控制理论知识,就可以在控制系统中直接进行整定,因而简单、实用,在实际工程中被广泛使用。下面介绍几种常用的工程整定方法。

1. 经验整定法

这种方法实质上是一种经验凑试法,是工程技术人员在长期生产实践中总结出来的。它不需要进行事先的计算和实验,而是根据运行经验,先确定一组控制器参数经验数据,并将系统投入运行,通过观察人为加入干扰后的过渡过程曲线,根据各种控制作用对过渡过程的不同影响来改变相应的控制参数值,进行反复凑试,直到获得满意的控制品质为止。由于比例作用是最基本的控制作用,经验整定法主要通过调整比例度的大小来满足品质指标。整定途径有两种:

(1)先用单纯的比例作用,即寻找合适的比例度,将人为加入干扰后的过渡过程调整为

4∶1或10∶1的衰减振荡过程。

然后再加入积分作用,一般先取积分时间为衰减振荡周期的一半左右。由于积分作用将使振荡加剧,在加入积分作用之前,要先减弱比例作用,通常将比例度增大10%～20%。调整积分时间的大小,直到出现4∶1或10∶1的衰减振荡。

需要时,最后加入微分作用,即从零开始,逐渐加大微分时间。由于微分作用能抑制振荡,在加入微分作用之前,可把比例度调整到较比例作用时更小些,还可以把积分时间也缩短一些。通过微分时间的凑试,使过渡时间最短、超调量最小。

(2) 先根据表16-1选取积分时间 T_i 和微分时间 T_D,然后对比例度进行反复凑试,直至得到满意的结果。如果开始时 T_i 和 T_D 设置得不合适,则有可能得不到要求的理想曲线。这时应适当调整 T_i 和 T_D,再重新凑试,使曲线最终符合控制要求。

经验整定法适应于各种控制系统,特别适用对象干扰频繁、过渡过程曲线不规则的控制系统。但是,使用此法主要靠经验,对于缺乏经验的操作人员来说,整定所花费的时间较多。

表 16-1　控制器参数经验数据

被控变量	规律的选择	比例度 $\delta/\%$	积分时间 T_i/min	微分时间 T_D/min
流量	对象时间常数小,参数有波动,δ 要大;T_i 要短;不用微分	40～100	0.3～1	—
温度	对象容量滞后较大,即参数受干扰后变化迟缓,δ 应小;T_i 要长;一般需加微分	20～60	3～10	0.5～3
压力	对象的容量滞后不算大,一般不加微分	30～70	0.4～3	—
液位	对象时间常数范围较大,要求不高时,δ 可在一定范围内选取,一般不用微分	20～80	—	—

2. 临界比例度法

临界比例度法又称 Ziegler-Nichols 方法。早在1942年已提出。它便于使用,而且在大多数控制回路中能得到良好的控制品质。所谓临界比例度法是在系统闭环的情况下,用纯比例控制的方法获得临界振荡数据,即临界比例度和临界振荡周期,然后利用一些公式,求取满足4∶1衰减振荡过渡过程的控制器参数。其整定参数计算表如表16-2所示。具体步骤如下:

表 16-2　临界比例度法整定参数

控制规律	$\delta_k/\%$	T_i/min	T_D/min
P	$2\delta_k$	—	—
PI	$2.2\delta_k$	$0.85T_k$	—
PID	$1.7\delta_k$	$0.5T_k$	$0.12T_k$

(1) 将控制器的积分时间放在最大值($T_i=\infty$),微分时间放在最小值($T_D=0$),比例度 δ 放在较大值后,让系统投入运行。

(2) 逐渐减小比例度,且每改变一次 δ 值时,都通过改变设定值给系统施加一个阶跃干扰,同时观察系统的输出,直到过渡过程出现等幅振荡为止,如图 16-27 所示。此时的过渡过程称为临界振荡过程,δ_k 为临界比例度,T_K 为临界振荡周期。

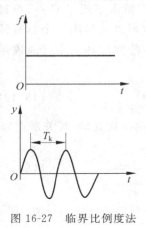

图 16-27　临界比例度法示意图

(3) 利用 δ_k 和 T_K 这两个试验数据,按表 16-2 中的相应公式,求出控制器的各整定参数。

(4) 将控制器的比例度换成整定后的值,然后依次放上积分时间和微分时间的整定值。如果加入干扰后,过渡过程与 4∶1 衰减还有一定差距,可适当调整 δ 值,直到过渡过程满足要求。

临界比例度法应用时简单方便,但必须注意以下两点:

(1) 此方法在整定过程中必定出现等幅振荡,从而限制了此法的使用场合。对于工艺上不允许出现等幅振荡的系统,如锅炉水位控制系统,就无法使用该方法;对于某些时间常数较大的单容量对象,如液位对象或压力对象,在纯比例作用下是不会出现等幅振荡的,因此不能获得临界振荡的数据,从而也无法使用该方法。

(2) 使用该方法时,控制系统必须工作在线性区,否则得到的持续振荡曲线可能是极限环,不能依据此时的数据来计算整定参数。

3. 衰减曲线法

在一些不允许或不能得到等幅振荡的地方,可考虑采用修正方法—衰减振荡法。该方法与临界比例度法的整定过程有些相似,即也是在闭环系统中,先将积分时间至于最大值,微分时间置于最小值,比例时间置于较大值,然后让给定值的变化作为干扰输入,逐渐减小比例度 δ 值,观察系统的输出响应曲线。按照过渡过程的衰减情况改变 δ 值,直到系统出现 4∶1 的衰减振荡,如图 16-28 所示。记下此时的比例度 δ_s 和衰减振荡周期 T_s,然后根据表 16-3 所示的相应的经验公式,求出控制器的整定参数。

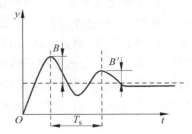

图 16-28　4∶1 衰减曲线法示意图

衰减曲线法对大多数系统均可适用。由于试验过渡过程振荡的时间较短,又都是衰减振荡,易为工艺人员所接受。故这种整定方法应用较为广泛。

表 16-3　衰减振荡法整定参数

控制规律	$\delta/\%$	积分时间 T_i/min	微分时间 T_D/min
P	δ_s	—	—
PI	$1.2\delta_s$	$0.5T_s$	—
PID	$0.8\delta_s$	$0.3T_s$	$0.1T_s$

4. 响应曲线法

响应曲线法是根据广义对象的时间特性,通过经验公式求取。这是一种开环的整定方法,由 Ziegler 和 Nichols 在 1942 年首先提出。

将控制器处于"手操",操作"手操拨盘"使控制器输出有个阶跃变化,由记录仪表记下被

控变量的记录值 $z(t)$，如图 16-29 所示。在反应曲线拐点 A $\left(\text{即} \dfrac{d^2 z(t)}{dt^2} = 0\right)$ 处作一切线，分

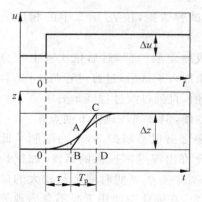

别交时间轴于 B 点以及最终稳态值水平线于 C 点，再过 C 点引垂线交时间轴于 D。这样可以获得用一个具有纯滞后时间 τ、时间常数为 T_p 的一阶惯性环节来近似表示的广义对象特性。

$$G_p(s) = \frac{K_p e^{-\tau s}}{T_p s + 1} \qquad (16\text{-}16)$$

其中广义对象静态增益，应作无因次化处理，其关系式为

$$K_p = \frac{\Delta z}{\dfrac{z_{max} - z_{min}}{\dfrac{\Delta u}{u_{max} - u_{min}}}} \qquad (16\text{-}17)$$

图 16-29 响应曲线法示意图

可按表 16-4 的算式，求出控制器的最佳参数值。

表 16-4 响应曲线法整定参数

控制规律	$\delta/\%K_c$	T_i/min	T_D/min
P	$(K_p \tau / T_p) \times 100\%$	—	—
PI	$(1.1 K_p \tau / T_p) \times 100\%$	3.3τ	—
PID	$(0.85 K_p \tau / T_p) \times 100\%$	2τ	0.5τ

　　响应曲线法的缺点是需要预先测试广义对象的响应曲线。而在某些生产工艺上往往约束条件较严，不允许被控变量长期偏离给定值，这就给测试工作带来了麻烦。此外如果对象中干扰因素较多，而且又比较频繁，就不易得到比较准确的测试结果。因此，这种整定方法的应用受到了一定的限制。然而利用纯滞后时间 τ 到来确定控制器的 T_i 及 T_D 还是切实可行的，而且纯滞后时间也比较容易测得，即从控制器输出电流(或风压)突然变化起，到测量仪表指针刚刚开始移动时为止的那一段时间。

思考题与习题

16-1　简单控制系统主要由哪些环节组成？各环节起什么作用？

16-2　图 16-30 所示是一加热炉出口温度自动控制系统。试指出该系统中的被控对象、被控变量、操纵变量和干扰变量，画出该系统的方框图。

16-3　被控变量的选择原则是什么？

16-4　操纵变量的选择原则是什么？

16-5　什么是控制器的控制规律？控制器有哪些基本控制规律？

16-6　什么是控制器的比例控制规律？什么是比例控制器的比例度？

16-7　比例控制器的比例度对过渡过程有什么影响？

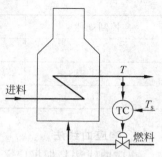

图 16-30　加热炉出口温度自动控制系统

16-8 什么是控制器的积分控制规律？为什么积分控制规律能消除余差？

16-9 试述积分时间对过渡过程的影响。

16-10 理想微分控制规律的数学表达式是什么？为什么微分控制规律不能单独使用？

16-11 试写出比例、积分、微分(PID)三作用控制规律的数学表达式。

16-12 比例控制器、比例积分控制器、比例积分微分控制器的特点分别是什么？各使用在什么场合？

16-13 假定在图 16-31 所示的聚合釜温度控制系统中，聚合釜内需维持一定温度，以利反应进行，但温度不允许过高，否则有爆炸危险。试确定控制阀的气开、气关方式和控制器的正、反作用。

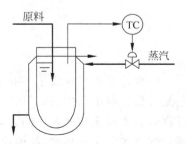

图 16-31　聚合釜温度控制系统

16-14 试确定图 16-32 所示的两个系统中控制阀的气开、气关方式及控制器的正、反作用。

图 16-32(a)为一个加热器出口物料温度控制系统，要求物料温度不能过高，否则容易分解。

图 16-32(b)为一冷却器出口物料温度控制系统，要求物料温度不能太低，否则容易结晶。

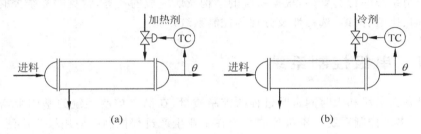

图 16-32　温度控制系统

16-15 图 16-33 为储槽液位系统，为安全起见，储槽内液位严格禁止溢出。试按下述两种要求，分别设计出自动控制系统，画出控制流程图，并分别确定控制阀的气开、气关方式及控制器的正反作用。

(1) 选择流入量 Q_1 为操纵变量；

(2) 选择流出量 Q_2 为操纵变量。

16-16 控制器参数整定的任务是什么？工程上常用的控制器参数整定有哪几种方法？

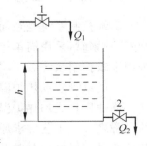

图 16-33　储槽液位系统

第 17 章

CHAPTER 17

复杂控制系统

简单控制系统解决了工业生产过程中大量的生产控制问题,能够满足定值控制的要求。它是过程控制中结构最简单、应用最广泛的一种控制方案。但在有些情况下,特别是当生产过程向着大型化和复杂化的方向发展时,必然导致对操作条件的要求更加严格,对系统控制质量的要求愈来愈高时,简单控制系统就满足不了要求,因此,需要开发和运用新的控制系统,以进一步提高控制质量。这样相应地就出现了一些与简单控制系统不同的较为复杂的控制系统,这些控制系统称为复杂控制系统。

复杂控制系统的种类繁多,根据系统的结构及所完成的任务,常见的复杂控制系统主要有串级、均匀、比值、前馈、选择性及分程等控制系统。

17.1　串级控制系统

为了提高大滞后和大时间常数过程的控制质量,在简单控制系统的基础上增加一个控制回路,构成串级控制系统。串级控制系统在工业生产过程控制中应用极为广泛。

17.1.1　串级控制系统的基本概念

串级控制系统是在简单控制系统的基础上发展起来的。当对象的滞后较大,干扰比较剧烈、频繁时,采用简单控制系统往往控制质量较差,满足不了工艺上的要求,这时,可考虑采用串级控制系统。

下面以管式加热炉温度控制系统为例说明串级控制系统的结构及其工作原理。

炼油厂管式加热炉温度控制系统如图 17-1 所示。管式加热炉是石油工业生产中常用的设备之一。工艺要求原料油的出口温度保持为某一定值,所以选择原料油的出口温度为被控变量。根据原料油出口温度的变化来控制燃料阀门的开度,即通过改变燃料量使原料油的出口温度保持在工艺所规定的数值上,可见,这是一个简单控制系统。

在实际生产过程中,特别是当加热炉的燃料压力或燃料本身的热值有较大波动时,上述简单控制系统的控制质量往往很差,原料油的出口温度波动较大,难以满足生产工艺的要求。

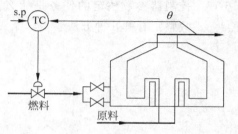

图 17-1　管式加热炉温度控制系统

注:s.p 即 setpoint,给定,后同。

因为当燃料压力或燃料本身的热值变化后,首先影响炉膛的温度,然后通过传热过程才能逐渐影响原料油的出口温度,这个通道容量滞后很大,反应缓慢,而温度控制器 TC 是根据原料油的出口温度与给定值的偏差工作的。所以,当干扰作用于对象上后,并不能较快地通过控制作用克服干扰对被控变量的影响。由于控制不及时,因此,控制质量很差。当生产工艺对原料油的出口温度要求非常严格时,上述简单控制系统是难以满足要求的。为了解决容量滞后的问题,需要对管式加热炉的工艺进行进一步分析。

管式加热炉内有一根很长的受热管道,它的热负荷很大。燃料在炉膛内燃烧后,通过炉膛与原料油的温差将热量传递给原料油。因此,燃料量的变化或燃料本身的热值变化,首先会使炉膛温度发生变化,那么是否能以炉膛温度作为被控变量组成简单控制系统呢? 当然这样一来会使控制通道容量滞后减小,控制比较及时。但是炉膛温度不能代表原料油的出口温度,如果炉膛温度控制好了,原料油的出口温度并不一定就能满足生产工艺的要求。因为假如炉膛温度恒定的话,原料油的流量或入口温度变化仍然会影响其出口温度。

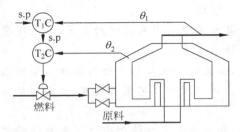

图 17-2　管式加热炉出口温度与炉膛
温度串级控制系统

为了解决管式加热炉原料油出口温度的控制问题,在生产实践中,往往是根据炉膛温度的变化,先改变燃料量,然后再根据原料油的出口温度与给定值的偏差,进一步改变燃料量,以保持原料油的出口温度恒定。这样就构成了以原料油的出口温度为主要被控变量的炉出口温度与炉膛温度的串级控制系统,管式加热炉出口温度与炉膛温度串级控制系统如图 17-2 所示。在稳定工况下,原料油的出口温度和炉膛温度都处于相对稳定状态,控制燃料油的阀门保持在一定的开度。假定在某一时刻,燃料油的压力或燃料本身的热值发生变化,这个干扰首先使炉膛温度 θ_2 发生变化,它的变化促使温度控制器 T_2C 进行工作,改变燃料的加入量,从而使炉膛温度与其给定值的偏差随之减小。与此同时,由于炉膛温度的变化,或原料油的流量或入口温度发生变化,会使原料油的出口温度 θ_1 发生变化。θ_1 的变化通过温度控制器 T_1C 不断地去改变温度控制器 T_2C 的给定值。这样两个控制器协同工作,直到原料油的出口温度 θ_1 重新稳定到给定值时,控制过程才结束。

管式加热炉出口温度与炉膛温度串级控制系统的方框图如图 17-3 所示。根据信号传递的关系,图中将管式加热炉分为两部分。一部分为受热管道,图中标为温度对象 1,它的输出变量为原料油的出口温度 θ_1。另一部分为炉膛及燃烧装置,图中标为温度对象 2,它的

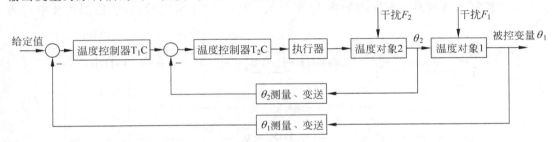

图 17-3　管式加热炉出口温度与炉膛温度串级控制系统方框图

输出变量为炉膛温度 θ_2。干扰 F_2 表示燃料油的压力、组分等的变化,它通过温度对象 2 首先影响炉膛温度 θ_2,然后再通过温度对象 1 影响原料油的出口温度 θ_1。干扰 F_1 表示原料油的流量、入口温度等的变化,它通过温度对象 1 直接影响原料油的出口温度 θ_1。

在上述控制系统中,有两个控制器 T_1C 和 T_2C,分别接收来自对象不同部位的测量信号 θ_1 和 θ_2。其中一个控制器 T_1C 的输出作为另一个控制器 T_2C 的给定值,而后者的输出去控制执行器以改变操纵变量。从系统的结构上看,这两个控制器是串接工作的,因此,这样的系统称为串级控制系统。

串级控制系统定义如下:

由两个控制器串接工作,其中一个控制器的输出是另一个控制器的给定值,共同控制一个执行器的控制系统称为串级控制系统。

为了更好地阐述和研究串级控制系统,这里介绍几个串级控制系统中常用的名词。

主变量:是工艺控制指标,在串级控制系统中起主导作用的被控变量,如上述管式加热炉出口温度与炉膛温度串级控制系统中的原料油出口温度 θ_1。

副变量:串级控制系统中为了稳定主变量或因某种需要而引入的辅助变量,如上述管式加热炉出口温度与炉膛温度串级控制系统中的炉膛温度 θ_2。

主对象:为主变量表征其特性的工艺生产设备,如上述管式加热炉出口温度与炉膛温度串级控制系统中从炉膛温度检测点到炉出口温度检测点间的工艺生产设备,主要指炉内原料油的受热管道,图 17-3 中标为温度对象 1。

副对象:为副变量表征其特性的工艺生产设备,如上述管式加热炉出口温度与炉膛温度串级控制系统中执行器到炉膛温度检测点间的工艺生产设备,主要指燃料油燃烧装置及炉膛部分,图 17-3 中标为温度对象 2。

主控制器:按主变量的测量值与给定值而工作,其输出作为副变量给定值的那个控制器称为主控制器,如上述管式加热炉出口温度与炉膛温度串级控制系统中的温度控制器 T_1C。

副控制器:其给定值来自主控制器的输出,并按副变量的测量值与给定值的偏差而工作的那个控制器称为副控制器,如上述管式加热炉出口温度与炉膛温度串级控制系统中的温度控制器 T_2C。

主回路:由主变量的测量变送装置,主、副控制器,执行器和主、副对象构成的外回路,也称为外环或主环。

副回路:由副变量的测量变送装置,副控制器,执行器和副对象所构成的内回路,也称为内环或副环。

串级控制系统的典型方框图如图 17-4 所示。从图 17-4 可以看出,该控制系统中有两

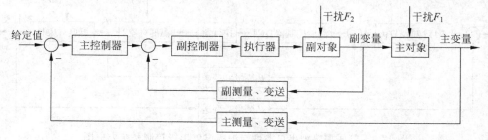

图 17-4　串级控制系统典型方框图

个闭合回路,两个回路都是具有负反馈的闭环系统。

17.1.2 串级控制系统的工作过程

下面以管式加热炉为例,来说明串级控制系统是如何有效地克服滞后提高控制质量的。对于图 17-2 所示的管式加热炉出口温度与炉膛温度串级控制系统,为了便于分析问题,假定执行器采用气开形式,断气时控制阀关闭,以防止烧坏炉管而酿成事故,温度控制器 T_1C 和 T_2C 都采用反作用方向。下面针对不同情况来分析该控制系统的工作过程。

1. 干扰进入副回路

当系统的干扰只是燃料油的压力或组分波动时,也就是说在图 17-3 所示的管式加热炉出口温度与炉膛温度串级控制系统的方框图中,干扰 F_1 不存在,只有干扰 F_2 作用在温度对象 2 上,这时干扰进入副回路。干扰 F_2 引起炉膛温度 θ_2 变化,温度控制器 T_2C 及时进行控制,使其很快稳定下来,如果干扰量小,经过副回路控制后,干扰 F_2 一般影响不到原料油出口温度 θ_1;如果干扰量幅度较大,其大部分影响会被副回路所克服,波及到原料油出口温度 θ_1 的部分再由主回路进一步控制,这样,就能彻底消除干扰的影响,使被控变量回复到给定值。

如果燃料油的压力或热值增加,使炉膛温度 θ_2 升高。显然,这时温度控制器 T_2C 的测量值 θ_2 是增加的。另外,由于炉膛温度 θ_2 升高,会使原料油出口温度 θ_1 也升高。因为温度控制器 T_1C 采用反作用方向,其输出降低,因而使温度控制器 T_2C 的给定值降低。由于温度控制器 T_2C 也采用反作用方向,给定值降低与测量值 θ_2 增加,同时使输出降低,从而使气开式阀门关小。由于燃料量减少,因而克服了由于燃料油的压力或热值增加所造成的影响,使原料油出口温度 θ_1 波动减小,并且能尽快地回复到给定值。

由于副回路控制通道短,时间常数小,所以当干扰进入回路时,可以获得比简单控制系统超前的控制作用,从而有效地克服因燃料油压力或热值变化对原料油出口温度 θ_1 的影响,提高了控制质量。

2. 干扰作用于主对象

假如在某一时刻,由于原料油的入口流量或温度发生变化,也就是说在图 17-3 所示的管式加热炉出口温度与炉膛温度串级控制系统的方框图中,干扰 F_2 不存在,只有干扰 F_1 作用在温度对象 1 上。如果干扰 F_1 的作用结果使原料油出口温度 θ_1 升高,这时,温度控制器 T_1C 的测量值 θ_1 增加,因而 T_1C 的输出降低,即 T_2C 的给定值降低。由于这时炉膛温度 θ_2 暂时没变,即 T_2C 的测量值 θ_2 没变,因而 T_2C 的输出将随着给定值的降低而降低。随着 T_2C 的输出降低,气开式阀门的开度也随之减小,于是燃料的供给量减少,促使原料油出口温度 θ_1 降低直至恢复到给定值。在整个控制过程中,温度控制器 T_2C 的给定值不断变化,要求炉膛温度 θ_2 也随之不断变化,这主要是为了维持原料油出口温度 θ_1 不变。如果由于干扰 F_1 作用的结果使原料油出口温度 θ_1 增加超过给定值,那么必须相应地降低炉膛温度 θ_2,才能使原料油出口温度 θ_1 回复到给定值。所以,在串级控制系统中,如果干扰作用于主对象,由于副回路的存在,可以通过及时改变副变量的数值,达到稳定主变量的目的。

3. 干扰同时作用于副回路和主对象

如果除了进入副回路的干扰外,还有其他干扰作用在主对象上,也就是说在图 17-3 所示的管式加热炉出口温度与炉膛温度串级控制系统的方框图中,干扰 F_1 和 F_2 同时存在,分别作用在主、副对象上。这时可以根据干扰作用下,主、副变量的变化方向,分两种情况进行研究。

一种情况是在干扰作用下,主、副变量的变化方向相同,即同时增加或减小。如在图 17-2 所示的管式加热炉出口温度与炉膛温度串级控制系统中,一方面由于燃料油压力增加使炉膛温度 θ_2 升高,同时由于原料油的入口流量减少或温度升高而使原料油出口温度 θ_1 升高。这时,主控制器 T_1C 的输出因测量值 θ_1 的增加而减小。副控制器 T_2C 由于测量值 θ_2 增加,给定值减小,这样一来给定值和炉膛温度 θ_2 之间的差值就更大了,所以,副控制器 T_2C 的输出也就大大减小,以使控制阀关得更小一些,这样,就大大减小了燃料的供给量,直至原料油出口温度 θ_1 回复到给定值为止。由于此时主、副控制器的控制作用都是使阀门关小的,所以,既加强了控制作用也加快了控制过程。

另一种情况是在干扰作用下,主、副变量的变化方向相反,一个增加,另一个减小。如在图 17-2 所示的管式加热炉出口温度与炉膛温度串级控制系统中,一方面由于燃料油压力增加使炉膛温度 θ_2 升高,另一方面由于原料油的入口流量增加或温度降低而使原料油出口温度 θ_1 降低。这时,主控制器 T_1C 的测量值 θ_1 降低,其输出增大,这样一来就使副控制器 T_2C 的给定值也随之增大,而这时副控制器 T_2C 的测量值 θ_2 也在增大,如果两者的增加量恰好相等,则偏差为零,这时,副控制器 T_2C 的输出不变,不需要阀门动作;如果两者的增加量虽不相等,由于能够互相抵消掉一部分,这样偏差也不大,只要控制阀稍微动作一点,就可使系统达到稳定。

通过以上分析可以看出,在串级控制系统中,由于引入一个闭合的副回路,不仅能迅速克服作用于副回路的干扰,而且对作用于主对象上的干扰也能加速克服过程。副回路具有先调、粗调、快调的特点;主回路具有后调、细调、慢调的特点,并对于副回路没有完全克服掉的干扰影响能彻底加以克服。因此,在串级控制系统中,由于主、副回路相互配合、相互补充,充分发挥了控制作用,大大提高了控制质量。

17.1.3 串级控制系统的特点

综上所述,可以看出串级控制系统具有以下几个特点。

(1) 在系统结构上,串级控制系统有两个闭合回路,即主回路和副回路;有两个控制器,即主控制器和副控制器;有两个测量变送器,分别测量主变量和副变量。

在串级控制系统中,两个控制器是串联工作的。主控制器的输出作为副控制器的给定值,系统通过副控制器的输出去控制执行器动作,实现对主变量的定值控制。所以,主回路是一个定值控制系统,而副回路是一个随动控制系统。

(2) 在串级控制系统中,有两个变量,即主变量和副变量。通常主变量是反映产品质量或生产过程运行情况的主要工艺变量。主变量的选择原则与简单控制系统中介绍的被控变量的选择原则相同,有关副变量的选择原则将在后面详细讨论。

(3) 在系统特性上,串级控制系统由于引入了副回路,改善了对象的特性,使控制过程加快,具有超前控制的作用,从而可以有效地克服滞后,提高了控制质量。

(4) 串级控制系统由于增加了副回路,因此具有一定的自适应能力,可用于负荷和操作条件有较大变化的场合。

由于串级控制系统具有上述特点,所以,当对象的滞后和时间常数很大,干扰作用强而频繁,负荷变化大,简单控制系统满足不了控制质量的要求时,采用串级控制系统是适宜的。

17.1.4 串级控制系统的设计

在进行串级控制系统设计时,必须解决主、副变量的选择,副回路的设计,主、副回路之间的关系以及主、副控制器控制规律的选择及其正、反作用方式的确定等问题。本节将根据串级控制系统的特点,介绍正确合理地设计串级控制系统的方法。

1. 主变量的选择及主回路的设计

对于主变量的选择和主回路的设计,基本上按照简单控制系统的设计原则进行。凡直接或间接与生产过程运行性能密切相关并可直接测量的工艺参数,均可选作主变量。如果条件许可,可以选用质量指标作为主变量,因为它最直接也最有效。否则,应选择一种与产品质量有单值函数关系的变量作为主变量。另外,串级控制系统操纵变量的选择与简单控制系统类似,对于操纵变量的选择还应考虑如下几点:

(1) 选择可控性良好的变量作为操纵变量;

(2) 所选择的操纵变量必须使控制通道有足够大的放大系数,并应保证大于主要干扰通道的放大系数,以实现对主要干扰进行有效控制,从而提高控制质量;

(3) 所选操纵变量必须使控制通道有较高的灵敏度,即时间常数适当小一些;

(4) 选择操纵变量应同时考虑经济性与工艺上的合理性。

2. 副变量的选择及副回路的设计

从对串级控制系统特点的分析可知,系统中由于增加了副回路极大地改善了系统的性能。因此,副回路的设计是保证串级控制系统性能优越的关键所在,下面介绍有关副回路的设计原则。

1) 副变量的选择

副变量的选择应使副回路的时间常数小,时间滞后小,控制通道短,这样可使等效过程的时间常数大大减小,从而加快系统的工作频率,提高响应速度,缩短过渡过程时间,改善系统的控制品质。如在图 17-2 所示的管式加热炉出口温度与炉膛温度串级控制系统中,副变量为炉膛温度 θ_2,它比原料油出口温度 θ_1 反应快,对于燃料油压力等干扰具有较强的抑制作用。为了充分发挥副回路的超前、快速作用,在干扰影响主变量之前就能予以克服,必须选择一个可测的反应灵敏的参数作为副变量。

选择串级控制系统的副变量一般有两种情况。一种情况是选择与主变量有一定关系的某一中间变量作为副变量,例如,在管式加热炉出口温度与炉膛温度串级控制系统中,选择的副变量是燃料进入量至原料油出口温度通道中间的一个变量,即炉膛温度;另一种情况是选择的副变量就是操纵变量本身,这样能及时克服其波动,从而减小对主变量的影响。

精馏塔塔釜温度与蒸汽流量串级控制系统如图 17-5 所示。精馏塔塔釜温度是保证产品分离纯度的重要间接控制指标,一般要求它保持在一定的数值。通常采用改变进入再沸器的加热蒸汽量来克服干扰对塔釜温度的影响,从而保持塔釜温度的恒定。但是,由于温度对象滞后较大,当蒸汽压力波动较大时,导致控制不及时,也就不能达到理想的控制效果。为了解决这个问题,可以构成如图 17-5 所示的精馏塔塔釜温度与蒸汽流量串级控制系统。温度控制器 TC 的输出作为蒸汽流量控制器 FC 的给定值。通过这个串级控制系统,能够在塔釜温度稳定不变时,使蒸汽流量保持恒定值,而当温度受到干扰作用偏离给定值时,又要求蒸汽流量能够进行相应的变化,以使能量的需要与供给之间达到平衡,从而使塔釜温度保持在要求的数值上。在这个例子中,选择的副变量就是操纵变量(加热蒸汽量)本身。这样,当干扰来自蒸汽压力或流量的波动时,副回路能够及时克服干扰,从而减小这种干扰对主变量的影响,使塔釜温度达到理想的控制效果。

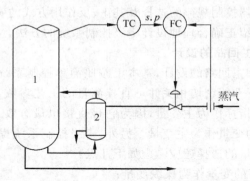

图 17-5　精馏塔塔釜温度与蒸汽流量串级控制系统
1—精馏塔;2—再沸器

2) 副回路必须包括被控过程的主要干扰

串级控制系统副回路具有调节快、抗干扰能力强的特点。在设计串级控制系统时,要充分发挥这一特点,应把主要干扰包围在副回路中,并尽可能把更多的次要干扰包围在副回路中,以提高主变量的控制精度。

在选择副变量时,既要考虑到使副回路包围较多的干扰,又要考虑到使副变量不要离主变量太近,否则,一旦干扰影响到副变量,很快也就会影响到主变量,这样一来副回路的作用也就不大了。

3) 主、副回路的时间常数适当匹配

由于主、副回路是两个相互独立又密切相关的回路,在一定条件下,如果受到某种干扰的作用,主变量的变化进入副回路时会引起副回路副变量的幅度变化增加,而副变量的变化传送到主回路后,又迫使主变量的变化幅度增加,如此循环往复,就会使主、副变量长时间大幅度地波动,这就是所谓串级控制系统的共振现象。

一旦控制系统发生了共振,系统就失去了控制作用,不仅使控制质量下降,如不及时处理,甚至导致生产事故。所以,在选择副变量时,应注意使主、副对象的时间常数之比为 3～10,以减少主、副回路的动态联系,避免共振现象的发生。

4) 副回路设计应考虑生产工艺的合理性

过程控制系统是为生产工艺服务的,设计串级控制系统应满足生产工艺的要求。设计时应考虑所设计的系统是否会影响到工艺过程的正常运行。系统的操纵变量必须是先影响副变量,再去影响主变量的这种串联的对应关系,然后再考虑其他方面的要求,如主、副回路的时间常数匹配等。

5) 副回路设计应同时考虑经济性原则

在设计副回路时,若有几种可供选择的控制方案,则应同时把经济性原则和控制品质要求结合起来,进行分析比较,在满足系统设计要求的前提下,力求节约。

3. 主、副控制器控制规律的选择

在串级控制系统中,主、副控制器所起的作用是不同的。主控制器起定值控制作用。副控制器起随动控制作用,这是选择控制规律的基本出发点。

主变量是生产工艺的主要控制指标,允许它波动的范围很小,一般要求无余差。所以,主控制器通常选用 PI 或 PID 控制规律。

在串级控制系统中,稳定副变量不是目的,设置副变量是为了保证主变量的控制质量。所以,在控制过程中,对副变量的要求不是很严格,允许它在一定范围内变化。因此,副控制器一般选用 P 控制规律。为了能够快速跟踪,一般不引入积分作用。副控制器一般也不引入微分作用,因为副回路具有先调、粗调、快调的特点,如果再引入微分作用会使控制阀的动作过大,反而对控制不利。

4. 主、副控制器正、反作用方式的确定

为了满足生产工艺指标的要求,确保串级控制系统的正常运行,必须正确选择主、副控制器正、反作用方式。在具体选择时,首先根据工艺生产上的安全要求出发选择控制阀的气开、气关形式;然后根据生产工艺条件及控制阀的形式确定副控制器的正、反作用方式;最后再根据主、副变量的关系,确定主控制器的正、反作用方式。

在简单控制系统的设计中,要使控制系统能够正常工作,必须使整个控制系统构成一个具有负反馈的闭环系统。对于串级控制系统来说,主、副控制器正、反作用方式的选择原则是使整个控制系统构成一个具有负反馈的系统

串级控制系统中副控制器作用方向的选择,是根据工艺安全等要求,选定控制阀的气开、气关形式后,按照使副控制回路构成为一个负反馈系统的原则来确定。因此,副控制器的作用方向与副对象的特性及控制阀的气开、气关形式有关,其确定方法与简单控制系统中控制器正、反作用的确定方法相同,这时可先不考虑主控制器的作用方向,只是将主控制器的输出作为副控制器的给定就可以了。

串级控制系统中主控制器作用方向的选择可按下述方法进行。当主、副变量增加或减小时,如果由工艺分析得出,为使主、副变量减小或增加,要求控制阀的动作方向是一致的时候,主控制器应选反作用;反之,则应选正作用。

现以图 17-2 所示的管式加热炉出口温度与炉膛温度串级控制系统为例,来说明主、副控制器正、反作用方式的确定。如果为了在气源中断时,停止供给燃料油,防止烧坏炉子,那么控制阀应该选择气开式,是正作用方向。当燃料量加大时,副变量炉膛温度 θ_2 是升高的,因此,副对象是正作用方向。为了使副回路构成一个负反馈系统,副控制器 T_2C 应选择反作用方向。只有这样,才能使炉膛温度 θ_2 受到干扰作用升高时,副控制器 T_2C 的输出减小,从而使控制阀关小,减少燃料的供给量,使炉膛温度 θ_2 降低。在图 17-2 所示的管式加热炉出口温度与炉膛温度串级控制系统中,当主变量(原料油出口温度)θ_1 或副变量(炉膛温度)θ_2 增加时,要求控制阀的动作方向是一致的,都要求控制阀关小,以减少燃料的供给量,才能使原料油的出口温度 θ_1 或炉膛温度 θ_2 降低,所以,主控制器 T_1C 应选反作用方向。

当由于工艺过程的需要,控制阀由气开式改为气关式,或由气关式改为气开式时,只要改变副控制器的正反作用而不需改变主控制器的正反作用。

在有些生产过程中,要求控制系统既可以进行串级控制,又能实现主控制器单独工作。即若系统由串级切换为主控时,是用主控制器的输出代替原副控制器的输出去控制执行器,而若系统由主控切换为串级时,是用副控制器的输出代替主控制器的输出去控制执行器。

无论哪一种切换,都必须保证当主变量变化时,串级时副控制器的输出与主控时主控制器的输出信号方向完全一致。

17.1.5　串级控制系统控制器参数的工程整定

在串级控制系统中,主控制器的输出作为副控制器的给定值,系统通过副控制器的输出去控制执行器的动作,实现对主变量的定值控制。只有在明确了主、副回路的不同作用以及对主、副变量的不同要求后,才能正确地通过控制器参数的整定,来改善控制系统的特性,获得最佳控制效果。

串级控制系统主、副控制器的参数整定方法主要有下列两种。

1. 两步整定法

在串级控制系统中,先整定副控制器,后整定主控制器的方法称为两步整定法。具体整定过程如下:

(1) 在工况稳定,主、副控制器都在纯比例作用运行的条件下,将主控制器的比例度先固定在100%的刻度上,逐渐减小副控制器的比例度,求取副回路在满足某种衰减比过渡过程下的副控制器比例度和操作周期,分别用 δ_{2s} 和 T_{2s} 表示。

(2) 在副控制器比例度等于 δ_{2s} 的条件下,逐步减小主控制器的比例度,直至得到同样衰减比下的过渡过程,记下此时主控制器的比例度 δ_{1s} 和操作周期 T_{1s}。

(3) 根据上面得到的 δ_{1s}、T_{1s}、δ_{2s}、T_{2s},按简单控制系统的衰减曲线法整定公式计算主、副控制器的比例度 δ、积分时间 T_I 和微分时间 T_D 的数值。

(4) 按先副后主、先比例次积分后微分的整定规律,将计算出的控制器参数加到控制器上。

(5) 观察控制过程,适当调整,直到获得满意的过渡过程为止。

如果主、副对象的时间常数相差不大,动态联系密切,则可能会出现"共振"现象,主、副变量长时间处于大幅度波动的状况,系统控制质量严重恶化。这时,可适当减小副控制器比例度或积分时间,以达到减小副回路操作周期的目的。同理,可以加大主控制器的比例度或积分时间,以增大主回路操作周期,使主、副回路的操作周期之比加大,避免"共振"现象的发生。如果主、副对象的特性太接近,则说明副变量的选择不合适,此时就不能完全靠改变控制器的参数来避免"共振"了。

2. 一步整定法

两步整定法虽然能够满足主、副变量的要求,但是,要分两步进行,如果需要寻求两个4:1的衰减振荡过程,比较繁琐。经过大量实践,对两步整定法进行了简化,提出了一步整定法。实践证明,这种方法是可行的,尤其是对主变量的要求高,而对副变量要求不很严格的串级控制系统更为有效。

所谓一步整定法就是根据经验先确定副控制器的参数,然后按一般单回路控制系统的整定方法整定主控制器的参数。

人们经过长期实践,积累了大量的经验,总结得出对于在不同副变量的情况下,副控制器的参数可按表17-1所给出的数据进行设置。

表 17-1　采用一步整定法时副控制器参数的选择范围

副变量类型	副控制器比例度 δ_2/%	副控制器比例放大倍数 K_{P2}
温度	20～60	5.0～1.7
压力	30～70	3.0～1.4
流量	40～80	2.5～1.25
液位	20～80	5.0～1.25

一步整定法的整定步骤如下：

(1) 在生产正常，系统为纯比例作用运行的条件下，按照表 17-1 所示的数据，将副控制器比例度调到某一适当的数值。

(2) 利用简单控制系统中任意一种参数整定方法整定主控制器的参数。

(3) 如果出现"共振"现象，可加大主控制器或减小副控制器的参数整定值，一般即能消除。

由此可见，采用一步整定法整定控制器的参数，如同简单控制系统整定一样简便，因此，在实际工程中得到广泛应用。

17.1.6　串级控制系统的适用场合

简单控制系统和串级控制系统各有其特点，在系统设计时的指导思想是：如果采用简单控制系统能够满足生产要求，就不要采用串级控制系统。同时，串级控制系统也并不是到处都适用，它也有自己的应用场合。

1. 应用于容量滞后较大的过程

当过程的容量滞后较大时，若采用简单控制系统控制，则系统的过渡过程时间长，超调量大，控制质量往往不能满足生产要求。若采用串级控制系统，则根据对其特点的分析表明，可以选择一个滞后较小的副变量，构成一个副回路，使等效过程的时间常数减小，以提高系统的工作频率，加快反应速度，得到较好的控制效果。因此，对于很多以温度或质量参数为被控变量的过程，其容量滞后往往比较大，而生产上对这些变量的控制质量要求又比较高，此时宜采用串级控制系统。

2. 应用于纯滞后较大的过程

当过程纯滞后较大，简单控制系统不能满足工艺要求时，有时可以用串级控制系统来改善系统的控制质量，因为采用串级控制系统后，就可以在离控制阀较近、纯滞后较小的地方，选择一个辅助参数为副变量，构成一个纯滞后较小的副回路。当干扰作用于副回路时，在它通过纯滞后较大的主过程去影响主变量之前，由副回路实现对主要干扰的控制，从而克服纯滞后的影响，副回路纯滞后小，控制及时，可以大大减小干扰对主变量的影响。

3. 应用于干扰变化激烈的过程

串级控制系统的副回路对于进入其中的干扰具有较强的校正能力。所以，在系统设计时，只要将变化激烈而且幅度大的干扰包围在副回路之中，就可以大大减小这种变化激烈而且幅度大的干扰对主变量的影响。

4. 应用于参数互相关联的过程

在有些生产过程中，有时两个互相关联的参数需要利用同一介质进行控制。在这种情况下,若采用简单控制系统,则需要安装两套装置。如在同一条管道上要安装两个控制阀,这不仅不经济,而且也是无法工作的,对于这样的过程可以采用串级控制系统。即分清互相关联参数的主次,组成串级控制,以满足工艺上的要求。

5. 应用于非线性的过程

在过程控制中,过程特性一般都是非线性的。当负荷变化时,过程特性会发生变化,即会引起工作点的移动。这种特性的变化,可以通过选择控制阀特性来补偿,使得广义过程特性在整个工作范围内保持不变。然而,这种补偿的局限性很大,常受到控制阀品种等各种条件的限制而不可能完全补偿,所以过程仍然有较大的非线性。此时,若采用简单控制系统,可以通过改变控制器参数的办法来保证系统的衰减比不变。但是,负荷的变化是经常发生的,因此,用改变控制器的整定参数来保证系统的衰减比不变的办法是不行的。如果采用串级控制系统,由于它能适应负荷和操作条件的变化,自动调整副控制器的给定值,从而改变控制阀的开度,使系统运行在新的工作点。最终使主变量保持平稳,从而达到工艺上的要求。

串级控制系统的工业应用范围虽然较广,但是必须根据工业生产的具体情况,充分利用串级控制系统的优点,才能收到预期的效果。

17.2 均匀控制系统

均匀控制系统具有使控制变量与被控变量在一定范围内缓慢地变化的特殊功能。在定值控制系统中,为了保持被控变量恒定,控制变量的幅度可以较大地变化,而在均匀控制系统中,控制变量与被控变量通常是同样重要的。控制的目的是使两者在干扰作用下缓慢而均匀地变化。

17.2.1 均匀控制系统的基本概念

在连续生产过程中,前一设备的出料往往是后一设备的进料。随着生产的不断强化,前后生产过程的联系也越来越紧密,这就要求我们在设计控制系统时应有全局观念。连续精馏的多塔分离过程如图 17-6 所示。图中甲塔的出料为乙塔的进料,对于甲塔来说,为了稳定操作需保持塔釜液位稳定,因此,必然频繁地改变塔底的排出量,这样就使塔釜失去了缓冲作用。对于乙塔来说,从稳定操作要求出发,希望进料量尽量不变或少变,这样甲、乙两塔间的供求关系就出现了矛盾。如果采用图 17-6 所示的控制方案,两个控制系统是无法同时正常工作的。

为了解决这两个塔供求之间的矛盾,可以在两个塔之间增加一个中间缓冲容器。这样既能满足甲塔控制塔釜液位的要求,又能缓冲乙塔进料流量的波动。但这样做必然会增加投资,而且对于某些生产连续性很强的过程又不允许中间储存的时间过长。因此,还需从自动控制系统的方案设计上寻求解决问题的办法,即设计一个均匀控制系统。均匀控制系统是把液位和流量的控制统一在一个系统中,从系统

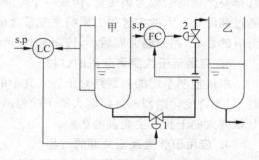

图 17-6 连续精馏的多塔分离过程

内部解决工艺参数之间的矛盾。具体来说,就是让甲塔的塔釜液位在允许的范围内波动,与此同时,也让乙塔的进料流量平稳缓慢地变化。

为了解决前后工序供求之间的矛盾,达到前后兼顾协调操作,使液位和流量均匀变化,为此设计的控制系统称为均匀控制系统。

均匀控制系统通常是对液位和流量两个变量同时兼顾,通过均匀控制,使两个互相矛盾的变量达到下列要求。

(1) 两个变量在控制过程中都应该是缓慢变化的。因为均匀控制是指前后设备物料供求之间的均匀,所以,表征前后供求矛盾的两个变量都不应该稳定在某一固定的数值。在图 17-7(a)中把液位控制成比较平稳的直线,下一设备的进料量就会有很大的波动,这样的控制过程只不过是液位的定值控制,而不是均匀控制。在图 17-7(b)中把后一设备的进料量控制成比较平稳的直线,就会导致前一设备的液位有很大的波动,所以,该控制过程可看作是流量的定值控制。只有图 17-7(c)中所示的液位和流量的控制曲线才符合均匀控制的要求,液位和流量都有一定程度的波动,但是波动都比较缓慢。

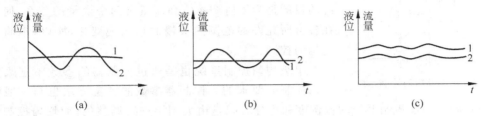

图 17-7 前一设备的液位和后一设备的进料量之间的关系
1—液位变化曲线;2—流量变化曲线

(2) 前后互相联系又互相矛盾的两个变量应保持在所允许的范围内波动。在图 17-6 中,甲塔塔釜液位的变化不能超出规定的上下限,乙塔的进料流量也不能超出它所能承受的最大负荷或低于最小处理量。在设计均匀控制系统时必须满足这两个限制条件。

17.2.2 均匀控制方案

实现液位和流量的均匀控制主要有简单均匀控制、串级均匀控制以及双冲量均匀控制三种控制方案,本节将介绍简单均匀控制和串级均匀控制两种控制方案。

1. 简单均匀控制

简单均匀控制采用单回路控制系统的结构形式,如图 17-8 所示。从系统的结构形式上看,它与简单的液位定值控制系统没有什么不同,但是系统设计的目的不同。液位定值控制系统是通过改变排出流量以维持液位的稳定,而简单均匀控制系统是为了协调液位与排出流量之间的关系,允许它们在各自所允许的范围内缓慢而均匀地变化。

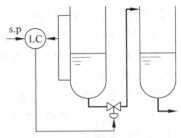

图 17-8 简单均匀控制系统

简单均匀控制系统是通过控制器的参数整定来实现均匀控制的要求的。简单均匀控制系统中的控制器一般都采用纯比例控制规律,比例度的整定不能按 4:1(或 10:1)衰减振荡过程来整定,而是将比例度整定得很大,以保证当液位变化时,控制器的输出变化很小,排出流量缓慢而均匀地变化。有时为了防止连续出现同向干扰时被控变量超出工艺规定的上下限范围,可适当引入积分作用。

简单均匀控制系统结构简单,操作方便,成本低,但控制质量差,适用于干扰小控制要求较低的场合。

2. 串级均匀控制

简单均匀控制方案虽然结构简单,但有局限性。当塔内压力或排出端压力变化时,即使控制阀的开度不变,流量也会随控制阀前后压差的变化而改变,等到流量的变化影响到液位变化后,液位控制器才进行控制,显然控制是不及时的。为了克服这一缺点,可在原控制方案的基础上增加一个流量副回路,构成串级均匀控制系统如图 17-9 所示。

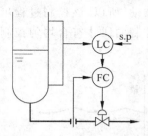

从系统的结构形式上看,它与串级控制系统是相同的。由于增加了一个流量副回路,可以及时克服塔内压力或排出端压力变化所引起的流量变化。但是,由于设计这一控制系统的目的是为了协调液位和流量这两个变量的关系,使它们在各自所允许的范围内缓慢而均匀地变化,所以,本质上还是均匀控制。

串级均匀控制系统也是通过控制器的参数整定来实现均匀控制的要求的。控制器参数的整定方法也与一般的控制系统不同。一般控制系统的比例度和积分时间是由大到小进行调整的,而均匀控制系统正好相反,是由小到大进行调整,而且控制器的参数值一般都很大。

图 17-9　串级均匀控制系统

串级均匀控制系统的主、副控制器一般都采用纯比例控制规律,只是在要求较高时,为了防止偏差过大而超过允许的范围,才引入适当的积分作用。

17.3　比值控制系统

某些生产过程的控制任务比较特殊,为了满足这类生产过程的控制要求,应设计一种能够满足某些特定要求的控制系统。本节将详细介绍比值控制系统的设计及其应用。

17.3.1　比值控制的基本概念

在现代工业生产过程中,常常要求两种或多种物料流量成一定比例关系,如果一旦比例失调,就会影响产品质量,甚至会造成生产事故。

实现两个或两个以上参数符合一定比例关系的控制系统,称为比值控制系统。通常为流量比值控制系统。

在比值控制系统中,需要保持比值关系的两种物料必有一种处于主导地位,这种物料称为主物料或主流量,用 Q_1 表示。另一种物料随主流量的变化而变化,因此称为从物料或副流量,用 Q_2 表示。

比值控制系统就是要实现副流量 Q_2 和主流量 Q_1 成一定的比例关系,满足如下关系式:

$$K = \frac{Q_2}{Q_1} \qquad (17-1)$$

式中：K——副流量与主流量的流量比值。

17.3.2 比值控制方案

比值控制系统主要有以下几种方案。

1. 开环比值控制系统

开环比值控制系统是最简单的比值控制方案，开环比值控制系统的示意图如图 17-10 所示。在稳定工况下，两种物料的流量应满足 $Q_2=KQ_1$ 的要求。

开环比值控制系统的方框图如图 17-11 所示。从图 17-11 中可以看到，该系统的测量信号取自主流量 Q_1，而控制器的输出控制的是从物料的流量 Q_2，系统没有构成闭环，所以，该系统是一个开环控制系统。

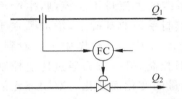

图 17-10 开环比值控制系统

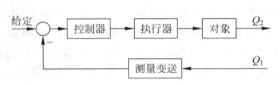

图 17-11 开环比值控制系统方框图

开环比值控制系统结构简单，只需一台纯比例控制器，其比例度可以根据比值要求来设定。但是，这种控制系统对副流量 Q_2 没有抗干扰能力，当副流量管线压力改变时，就满足不了所要求的比值关系。所以，这种开环比值控制系统只能适用于副流量比较平稳而且对比值精度要求不高的场合。在实际生产过程中，副流量 Q_2 本身常常要受到干扰，因此，在生产上很少采用开环比值控制方案。

2. 单闭环比值控制系统

单闭环比值控制系统是为了克服开环比值控制方案的不足，在开环比值控制系统的基础上，通过增加一个副流量的闭环控制系统而组成的，单闭环比值控制系统的示意图和方框图如图 17-12 所示和图 17-13 所示。

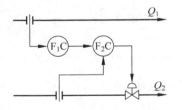

图 17-12 单闭环比值控制系统

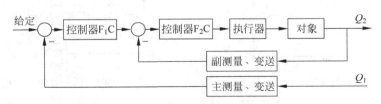

图 17-13 单闭环比值控制系统方框图

从图 17-13 中可以看到，单闭环比值控制系统与串级控制系统的结构形式类似，但两者是不同的。单闭环比值控制系统中的主流量 Q_1 类似于串级控制系统中的主变量，但主流量 Q_1 并没有构成闭环，副流量 Q_2 的变化并不会影响到主流量 Q_1，尽管控制系统中也有两个控制器，但只有一个闭环，这是两者的根本区别。

在稳定工况下,主、副流量能够满足工艺要求的比值 $K=Q_2/Q_1$。当主流量 Q_1 变化时,经过主测量变送器送至主流量控制器 F_1C。主流量控制器 F_1C 按照预先设置好的比值使输出成比例地变化,此时副流量单闭环控制系统为一个随动控制系统,从而使副流量 Q_2 跟随主流量 Q_1 变化,使得在新的工况下,流量比值 K 保持不变。当主流量 Q_1 没有变化而副流量 Q_2 因干扰发生变化时,此时副流量闭环控制系统相当于一个定值控制系统,通过控制克服干扰,使工艺要求的流量比值 K 仍保持不变。

单闭环比值控制系统不但能实现副流量跟随主流量的变化而变化,而且还能克服副流量本身干扰对流量比值的影响,因此主、副流量的比值精度较高。另外,这种控制方案结构简单,实施起来也较为方便,所以,在生产上得到广泛应用。

单闭环比值控制系统虽然能保持两种物料量的比值一定,但由于主流量是不受控制的,当主流量变化时,总的物料量就会跟着变化。

3. 双闭环比值控制系统

双闭环比值控制系统是为了克服单闭环比值控制系统的主流量不受控制,生产负荷在较大范围内波动的不足而设计的。它是在单闭环比值控制系统的基础上,增加了主流量控制回路而构成的。双闭环比值控制系统的示意图如图 17-14 所示。从图中可以看到,当主流量 Q_1 变化时,一方面通过主流量控制器 F_1C 对它进行控制,另一方面通过比值控制器 K 后作为副流量控制器 F_2C 的给定值,使副流量跟随主流量的变化而变化。双闭环比值控制系统的方框图如图 17-15 所示。该控制系统具有两个闭合回路,分别对主、副流量进行定值控制。同时,由于比值控制器 K 的存在,使得主流量 Q_1 由受到干扰作用开始到重新稳定到给定值这段时间内,副流量能够跟随主流量的变化而变化。这样不仅保证了比较精确的流量比值,也确保了两种物料总量基本不变。另外,双闭环比值控制系统提降负荷比较方便,只要缓慢地改变主流量控制器的给定值,就可以提降主流量,同时副流量也就自动跟踪提降,并保持两者比值不变。

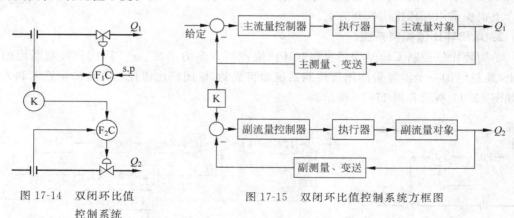

图 17-14 双闭环比值
控制系统

图 17-15 双闭环比值控制系统方框图

双闭环比值控制系统的缺点是结构比较复杂,使用的仪表较多,投资较大,系统调整较麻烦。双闭环比值控制系统主要适用于主流量干扰频繁、工艺上不允许负荷有较大波动或工艺上经常需要提降负荷的场合。

4. 变比值控制系统

上面介绍的几种控制方案都是属于定比值控制系统,控制的目的是要保持主、从物料的比值关系为定值。但是有些化学反应过程要求两种物料的比值能灵活地随第三变量的需要而加以调整,这样就出现了一种变比值控制系统。

变换炉的半水煤气与水蒸气变比值控制系统的示意图如图 17-16 所示。在变换炉的生产过程中,半水煤气与水蒸气的量需要保持一定的比值关系,但其比值系数要能随一段触媒层温度的变化而变化,这样才能在较大负荷变化时获得较好的控制效果。变换炉的半水煤气与水蒸气变比值控制系统的方框图如图 17-17 所示。

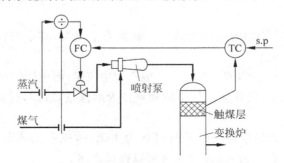

图 17-16　变换炉的半水煤气与水蒸气变比值控制系统

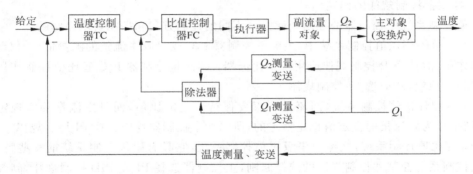

图 17-17　变换炉的半水煤气与水蒸气变比值控制系统的方框图

由图 17-17 可见,从系统的结构上看,这个控制系统实际上是一个串级控制系统。

17.3.3　比值控制系统的设计

比值控制系统的设计包括控制方案的选择、主物料流量和从物料流量的确定、控制规律的确定、选择正确的测量元件及变送器、比值系数的计算等内容。

1. 控制方案的选择

比值控制系统主要有单闭环比值控制系统、双闭环比值控制系统以及变比值控制系统等控制方案。在具体选择时,应对各种控制方案的特点进行分析,根据不同的生产工艺、负荷的变化情况、干扰的性质以及控制要求等情况选择合适的比值控制方案。应考虑以下原则:

(1) 单闭环比值控制能使两种物料间的比值一定,方案实施起来方便,但主流量变化会导致副流量的变化。如果工艺上仅要求两种物料量的比值一定,负荷的变化不大,对总的流量变化无要求时,则可选择这种控制方案。

（2）在生产过程中，主、副流量的干扰频繁，负荷变化较大，同时要保证主、从物料的总量恒定，则可选用双闭环比值控制方案。

（3）当生产要求两种物料流量的比值能灵活地随第三变量的需要进行调节时，则可选用变比值控制方案。

2. 主、从物料流量的确定

在设计比值控制系统时，需要先确定主、从物料的流量。选择主、从物料流量的一般原则如下：

（1）在生产中起主导作用的物料流量，一般选为主流量，其余的物料流量以它为准，跟随其变化而变化，选为副流量；

（2）在生产过程中不可控的物料流量，一般选为主流量，而可控的物料流量作为副流量；

（3）在可能的情况下，选择流量较小的物料作为副流量，这样，控制阀可以选得小一些，控制比较灵活；

（4）在生产过程中较昂贵的物料流量可选为主流量，或者工艺上不允许控制的物料流量作为主流量，这样不仅不会造成浪费而且可以提高产量；

（5）当生产工艺有特殊要求时，主、从物料流量的确定应服从工艺的需要。

3. 控制器控制规律的确定

比值控制系统中控制器的控制规律是由不同的控制方案和控制要求而定的。

（1）在单闭环比值控制系统中，主流量控制器 F_1C 仅接收主流量的测量信号，仅起比值计算的作用，故选择 P 控制规律或用一个比值器；副流量控制器 F_2C 起比值控制作用和使副流量相对稳定，故应选 PI 控制规律。

（2）双闭环比值控制系统，两流量不仅要保持恒定的比值，而且主流量要实现定值控制，其结果作为副流量的设定值也是恒定的，所以两个控制器均应选择 PI 控制规律。

（3）变比值控制系统，又称为串级比值控制系统，它具有串级控制系统的一些特点，仿效串级控制系统控制器控制规律的选择原则，主控制器选择 PI 或 PID 控制规律，副控制器选用 P 控制规律。

4. 变送器及其量程的选择

流量测量是比值控制的基础，各种流量计都有一定的适用范围（通常正常流量选在满量程的 70% 左右），必须正确选择和使用。变送器的零点及其量程的调整都是十分重要的，具体选择的方法请参考第 7 章有关内容。

5. 比值系数的计算

在工业生产过程中，比值控制是解决两种物料流量之间的比例关系问题，工艺物料流量的比值 K 是指两种物料流量的体积流量或质量流量之比。比值系数 K' 是流量比值 K 的函数，通常两者并不相等。当控制方案确定后，必须把工艺上的比值 K 折算成仪表上的比值系数 K'，并正确地设定在相应的控制仪表上，这是保证系统正常运行的前提。

在比值控制系统中，当使用 DDZ-Ⅲ型仪表时，仪表输出 4~20mA(DC) 或 1~5V(DC) 的标准统一信号。比值系数 K' 的计算就是将流量的比值 K 折算成相应仪表的标准统一信号。

1）流量与其测量信号成线性关系

设工艺要求 $K=\dfrac{Q_2}{Q_1}$，测量流量 Q_1 和 Q_2 的变送器的测量范围分别为 $0\sim Q_{1max}$ 和 $0\sim$

Q_{2max}，则折算成仪表的比值系数 K' 为

$$K' = K \frac{Q_{1max}}{Q_{2max}} \tag{17-2}$$

若采用比值器来实现比值控制时，由式(17-2)计算出的仪表比值系数 K' 即为比值器的比值系数。

2）流量与其测量信号成非线性关系

利用差压式流量计时，流量与差压的关系为

$$Q = c\sqrt{\Delta p} \tag{17-3}$$

式中：c——差压式流量计的比例系数。

由于流量变送器的输出为 $4\sim20\text{mA(DC)}$，与差压 Δp 成正比，即输出电流与 Q^2 成正比。同理可折算成仪表的比值系数 K' 为

$$K' = K^2 \frac{Q_{1max}^2}{Q_{2max}^2} \tag{17-4}$$

式中：Q_{1max}——测量主流量 Q_1 所用流量变送器的满刻度值；

$\quad\quad Q_{2max}$——测量副流量 Q_2 所用流量变送器的满刻度值；

$\quad\quad K$——工艺要求的流量比值，$K = Q_2/Q_1$。

17.4 前馈控制系统

理想的过程控制要求被控变量在过程特性存在大滞后和多个干扰的情况下，持续保持在工艺所要求的数值上。可是反馈控制永远不能实现理想的控制效果。因为控制器只有在输入被控变量与给定值的偏差之后才发出控制指令，也就是说系统在控制过程中必然存在偏差，因而不能获得完美的控制效果。与反馈控制不同，前馈控制直接按干扰的大小进行控制，从理论上来说，前馈控制能够得到完美的控制效果。

17.4.1 前馈控制系统的基本概念

在大多数控制系统中，控制器是按照被控变量与给定值的偏差而进行工作的。控制作用影响被控变量，而被控变量的变化反过来又影响控制器的输入，使控制作用发生变化。这样的控制系统属于反馈控制系统。不管是什么干扰，只要引起被控变量的变化，都能进行控制，这是反馈控制系统的优点。发电厂换热器出口温度控制系统如图 17-18 所示。在生产过程中，通过发电厂换热器利用蒸汽对物料进行加热，使换热器的出口物料温度 θ 保持在工艺所规定的数值上。引起换热器出口物料温度 θ 变化的干扰因素有进料流量和温度的变化、蒸汽压力的变化等，它们对换热器出口物料温度 θ 的影响都可以通过反馈控制来克服。但是，控制系统总是要在干扰已经对换热器出口物料温度 θ 造成影响，被控变量 θ 偏离给定值以后才能产生控制信号，因此，控制作用是不及时的。

如果影响换热器出口物料温度 θ 变化的最主要的干扰因素是进料流量的变化，为了及时克服这一干扰对

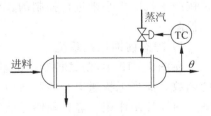

图 17-18　换热器出口温度控制系统

被控变量 θ 的影响,可以对进料流量进行测量,根据进料流量大小的变化直接去改变加热蒸汽量的大小,这就是所谓的前馈控制。发电厂换热器出口温度前馈控制系统如图 17-19 所示。当进料流量变化时,通过前馈控制器 FC 改变控制阀的开度,即可克服因进料流量变化对换热器出口物料温度 θ 造成的影响。

前馈控制又称为干扰补偿,它与反馈控制完全不同,是按照引起被控变量变化的干扰大小进行控制,以补偿干扰的影响,使被控变量不变或基本保持不变。这种直接根据造成被控变量偏差的原因进行的控制称为前馈控制。

17.4.2　前馈控制系统的特点

前馈控制具有如下特点。

(1) 前馈控制系统是一种开环控制系统。在图 17-19 所示的系统中,当测量到进料流量产生变化后,通过前馈控制器,其输出信号直接去改变控制阀的开度,从而改变加热蒸汽的流量。但加热器出口温度并不反馈回来,它是否被控制在原来的数值上是得不到检验的。所以,前馈控制系统是开环的。

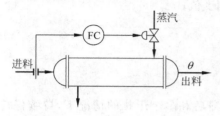

图 17-19　换热器出口温度
前馈控制系统

(2) 前馈控制是一种按干扰大小进行补偿的控制。前馈控制将所测干扰通过前馈控制器和控制通道的作用,能及时有效地抑制干扰对被控变量的影响,而不是像反馈控制那样,要待被控变量产生偏差后再进行控制。

(3) 前馈控制器的控制规律是由过程特性和扰动通道的特性决定的,它是一种专用控制器。前馈控制器的控制规律与常规控制器的控制规律不同,它必须根据被控过程特性和扰动通道的特性来确定。

(4) 前馈控制只能抑制可测而不可控的干扰对被控变量的影响。在设计前馈控制系统时,首先需要分析干扰的性质。如果干扰是不可测的,那就不能进行前馈控制;如果干扰是可测且可控的,则只要设计一个定值控制系统即可,而无须采用前馈控制。

17.4.3　前馈控制系统的主要结构形式

前馈控制系统主要有单纯的前馈控制、前馈-反馈控制和前馈-串级控制三种结构形式,下面主要介绍单纯的前馈控制和前馈-反馈控制两种结构形式。

1. 单纯的前馈控制形式

图 17-19 所示的发电厂换热器出口温度前馈控制系统就属于单纯的前馈控制系统,它是按照干扰的大小来进行控制的。根据对干扰补偿的特点,可分为静态前馈控制和动态前馈控制。

1) 静态前馈控制系统

在图 17-19 中,前馈控制器的输出信号是按干扰大小随时间变化的,它是干扰量和时间的函数。而当干扰通道和控制通道动态特性相同时,便可以不考虑时间函数,只按静态关系确定前馈控制作用。静态前馈是前馈控制中的一种特殊形式。当干扰为阶跃变化时,前馈控制器的输出也为阶跃变化。在图 17-19 中,如果主要干扰因素是进料流量的变化 ΔQ_1,那

么前馈控制器的输出 Δm_{f} 为

$$\Delta m_{\mathrm{f}} = K_{\mathrm{f}}\Delta Q_1 \tag{17-5}$$

式中：K_{f}——前馈控制器的比例系数。

这种静态前馈控制方案实施起来十分方便,用常规仪表中的比值器或比例控制器即可作为前馈控制器使用,其中,K_{f} 为其比值或比例系数。

在列写静态方程时,可按静态方程式来实现静态前馈控制。换热器静态前馈控制实施方案如图 17-20 所示。图中,冷物料进料量为 Q_1,冷物料进料温度为 θ_1,被控变量为换热器出口物料温度 θ_2。

分析影响换热器出口物料温度 θ_2 的因素,如果冷物料进料量 Q_1 的变化幅度大而且频繁,若对干扰量 Q_1 进行静态补偿,可利用热平衡原理进行分析,近似的热平衡关系是蒸汽冷凝放出的热量等于进料流体吸收的热量,即

$$Q_2 L = Q_1 c_{\mathrm{p}}(\theta_2 - \theta_1) \tag{17-6}$$

式中：L——蒸汽冷凝热;

　　c_{p}——被加热物料的比热容;

　　Q_1——冷物料进料量;

　　Q_2——蒸汽流量。

当冷物料进料量为 $Q_1 + \Delta Q_1$ 时,为保持换热器出口物料温度 θ_2 不变,蒸汽流量 Q_2 相应地变为 $Q_2 + \Delta Q_2$,这时静态方程式为

$$(Q_2 + \Delta Q_2)L = (Q_1 + \Delta Q_1)c_{\mathrm{p}}(\theta_2 - \theta_1) \tag{17-7}$$

式(17-7)减去式(17-6),可得

$$\Delta Q_2 L = \Delta Q_1 c_{\mathrm{p}}(\theta_2 - \theta_1) \tag{17-8}$$

即

$$\Delta Q_2 = \frac{c_{\mathrm{p}}(\theta_2 - \theta_1)}{L}\Delta Q_1 = K\Delta Q_1 \tag{17-9}$$

因此,若能使 Q_2 与 Q_1 的变化量保持

$$K = \frac{\Delta Q_2}{\Delta Q_1} \tag{17-10}$$

的关系,就能实现静态补偿。根据式(17-9)即可构成换热器静态前馈控制实施方案,如图 17-20 所示。图中的虚线框内的部分就是前馈控制所起的作用,可以用前馈控制器或单元组合仪表来实现。

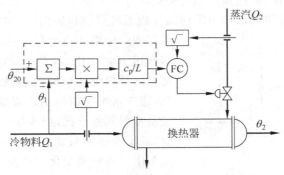

图 17-20　换热器静态前馈控制实施方案

2）动态前馈控制系统

静态前馈控制只能保证被控变量的静态偏差接近或等于零,而不能保证被控变量的动态偏差接近或等于零。当需要严格控制动态偏差时,就要采用动态前馈控制。只有考虑对象的动态特性,从而确定前馈控制器的规律,才能获得动态前馈补偿。可在图 17-20 所示的静态前馈控制实施方案的基础上加入动态前馈补偿环节,便构成了动态前馈控制实施方案如图 17-21 所示。

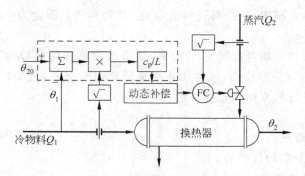

图 17-21　换热器动态前馈控制实施方案

在静态前馈控制的基础上,加上延迟环节或微分环节,以达到对干扰作用的近似补偿。按此原理设计的一种前馈控制器,有三个可以调整的参数 K、T_1、T_2。其中,K 为放大倍数,用于静态补偿。T_1 和 T_2 为时间常数,都有可调范围,分别表示延迟作用和微分作用的强弱。根据控制通道和干扰通道的特性适当调整 T_1 和 T_2 的数值,使两通道反应合拍便可实现动态补偿,消除动态偏差。

2. 前馈-反馈控制形式

前馈控制是减小被控变量的动态偏差的最有效的方法之一。根据不变性原理,前馈控制有可能得到完善的控制效果。但是,在实际生产过程中,单独使用前馈控制是很难满足生产工艺要求的。这是因为前馈控制是一种开环控制,无法检验补偿的效果。其次,在实际生产过程中,存在多种干扰,通常不能对每一个干扰都用一个前馈控制器进行前馈控制来补偿,而只能用前馈控制来补偿其中主要干扰的影响,况且有些干扰往往是难以测量的,对于这些干扰就无法实行前馈控制。为了充分发挥前馈与反馈控制的优点,在实际生产过程中,通常将它们组合起来,取长补短,使前馈控制用来克服主要干扰,反馈控制用来克服其他的多种干扰,两者协同工作,就能提高控制质量。

图 17-19 所示的换热器出口温度前馈控制系统只能克服由于进料量变化对被控变量 θ 的影响。如果还同时存在其他干扰,如进料温度及蒸汽压力的变化等,它们对被控变量 θ 的影响,仅通过这种单纯的前馈控制系统是无法克服的。因此,通常采用前馈控制来克服主要干扰,再用反馈控制克服其他干扰,组成如图 17-22 所示的换热器前馈-反馈控制系统。图中,前馈控制器 FC 用来克服由于进料量变化对被控变量 θ 的影响,而反馈控制器 TC 用来克服其他干扰对被控变量 θ 的影

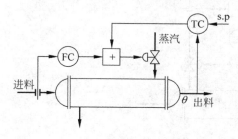

图 17-22　换热器前馈-反馈控制系统

响,前馈和反馈控制作用相加,共同改变加热蒸汽量,从而使换热器出口物料温度 θ 维持在给定值。

换热器前馈-反馈控制系统的方框图如图 17-23 所示。图中,控制系统虽然也有两个控制器,但是,在结构上与串级控制系统是完全不同的。串级控制系统有两个反馈回路,而前馈-反馈控制系统则是由一个反馈回路和一个开环的补偿回路组合而成。

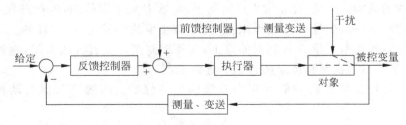

图 17-23　换热器前馈-反馈控制系统的方框图

17.4.4　前馈控制系统的应用场合

前馈控制系统主要应用在以下场合:

(1) 干扰幅值大而且频繁,对被控变量影响比较剧烈,仅采用反馈控制达不到要求的对象;

(2) 主要干扰是可测而不可控的变量;

(3) 当对象的控制通道滞后较大,反馈控制不及时,控制质量差,可采用前馈或前馈-反馈控制系统,以提高控制质量。

17.5　选择性控制系统

前面介绍的所有过程控制系统都只能在正常生产情况下工作。在现代工业生产中,不但要求所设计的过程控制系统能够在正常情况下克服外来干扰,实现平稳操作,而且还必须考虑到在事故状态下实现安全生产,保证产品质量等问题。

在工业生产过程中,生产的限制条件多而且复杂,尤其是在开、停车过程中更容易出现误操作。由于生产过程的速度往往很快,操作人员跟不上生产变化速度,所以无法进行有效的控制。为了防止生产事故的发生,减少开、停车的次数,有必要设计一种能够适应短期内生产异常、改善控制品质的控制方案即选择性控制方案。

17.5.1　选择性控制系统的基本概念

选择性控制是把工业生产过程中的限制条件所构成的逻辑关系,叠加到正常的自动控制系统上去的一种组合控制方法。即在一个过程控制系统中,设有两个控制器,通过高、低值选择器选择出能够适应生产安全状况的控制信号,实现对生产过程的自动控制。这种选择性控制系统又称为自动保护系统。

17.5.2　选择性控制系统的类型

选择性控制系统主要有开关型选择性控制系统、连续型选择性控制系统和混合型选择性控制系统三种类型,下面分别加以介绍。

1. 开关型选择性控制系统

在这类选择性控制系统中,一般有 A、B 两个可供选择的变量。其中一个变量 A 假定是工艺操作的主要技术指标,它直接关系到产品的质量或生产效率;另一个变量 B,工艺上对它只有一个限值要求,只要不超出限值,就能保证生产安全,一旦超出这个限值,生产过程就有发生事故的危险。因此,在正常生产情况下,变量 B 处于限值内,生产过程就按变量 A 来进行连续控制。一旦变量 B 达到极限值,为了防止事故的发生,所设计的选择性控制系统将通过特殊装置切断变量 A 控制器的输出,而将控制阀迅速打开或关闭,直到变量 B 回到限值内,系统才自动恢复到按变量 A 进行连续控制。

开关型选择性控制系统一般都作为系统的限值保护。丙烯冷却器自动控制系统如图 17-24 所示。

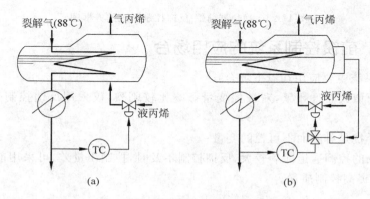

图 17-24　丙烯冷却器自动控制系统

在乙烯分离的过程中,裂解气经过五段压缩后其温度已达到 88℃。为了进行低温分离,必须进行降温,生产工艺要求降至 15℃ 左右。为此,采用丙烯冷却器利用液态丙烯低温下蒸发吸热的原理,达到降低裂解气温度的目的。

为了使经丙烯冷却器后的裂解气达到生产工艺上所要求的温度,通常选择经冷却后的裂解气温度为被控变量,以液态丙烯流量为操纵变量,组成如图 17-24(a)所示的丙烯冷却器自动控制系统。

图 17-24(a)所示的控制方案实际上是通过改变换热面积的方法来达到控制温度的目的。当裂解气的出口温度偏高时,控制阀开大,液态丙烯的流量也就随之增大,冷却器内丙烯的液位就会上升,冷却器内被液态丙烯淹没的列管面积增大,于是,为丙烯气化所带走的热量就会增多,因而裂解气的出口温度就会降下来。反过来,当裂解气的出口温度偏低时,控制阀关小,冷却器内丙烯的液位下降,换热面积减小,裂解气的出口温度上升。因此,通过对液态丙烯流量的控制就能达到维持裂解气出口温度不变的目的。

然而,还必须考虑到另外一种情况。当裂解气出口温度过高或负荷量过大时,控制阀的开度将会加大。如果冷却器内的列管全部被液态丙烯所淹没,而裂解气的出口温度仍然降不到要求的温度时,就不能使控制阀的开度继续增加了。因为,如果这时丙烯的液位继续上升也不再能增加换热面积,液态丙烯将得不到充分利用。另一方面,假如液态丙烯的液位继续上升会使冷却器内液态丙烯的蒸发空间逐渐减小,甚至于完全没有蒸发空间,造成气相丙烯带液的现象。如果气相丙烯带液而进入压缩机将会损坏压缩机,这是绝对不允许的。为此,必须对图 17-24(a)所示的控制方案进行改进,也就是说要考虑到液态丙烯的液位上升到极限位置时的保护措施,于是将图 17-24(a)所示的控制方案改进为图 17-24(b)所示的控制方案。

控制方案(b)是在控制方案(a)的基础上增加了一个带有上限节点的液位变送器和一个连在温度控制器 TC 和控制阀之间的电磁三通阀,通常上限节点设定在液位高度的 75% 左右。在正常情况下,液位低于液位高度的 75%,液位变送器的上限节点断开,电磁阀失电,温度控制器 TC 的输出直通控制阀,可实现温度的自动控制。当液位上升达到液位高度的 75% 时,液位变送器的上限节点闭合,电磁阀得电动作,将温度控制器 TC 的输出切断,使控制阀的膜头与大气接通,控制阀的膜头压力很快下降为零而关闭,这样,就终止了液态丙烯继续进入冷却器。当冷却器内的液态丙烯逐渐蒸发,液位下降到低于液位高度的 75% 时,液位变送器的上限节点又断开,电磁阀再次失电,温度控制器 TC 的输出又直通控制阀,又可实现温度的自动控制。这种开关型选择性控制系统的方框图如图 17-25 所示。

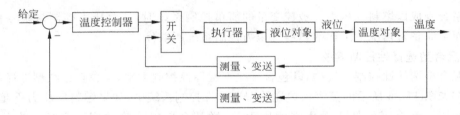

图 17-25 开关型选择性控制系统方框图

2. 连续型选择性控制系统

在连续型选择性控制系统中,通常有两个控制器。其中,一个控制器在正常情况下工作,另一个控制器在非正常情况下工作,这两个控制器的输出通过一个选择器接至控制阀。当生产处于正常情况时,控制系统由正常情况下工作的控制器进行控制;如果生产出现非正常情况,则由非正常情况下工作的控制器自动取代正常情况下工作的控制器对生产过程进行控制,直到生产恢复到正常情况,正常情况下工作的控制器又取代非正常情况下工作的控制器进行控制。

蒸汽锅炉连续型选择性控制系统如图 17-26 所示。图中,通过一个低选器 LS 来选择蒸汽压力控制器 P_1C 或燃料气压力控制器 P_2C 的输出控制接在燃料气管线上的控制阀。

在正常情况下,燃料气压力低于给定值,而燃料气压力控制器 P_2C 是反作用控制器,因此,P_2C 的输出 a 为高信号,与此同时蒸汽压力控制器 P_1C 的输出 b 则为低信号。这样,低选器 LS 将选择蒸汽压力控制器 P_1C 的输出 b 进行控制。这时的系统实际上是一个以蒸汽压力为被控变量的简单控制系统。

当燃料气压力超过给定值时,燃料气压力控制

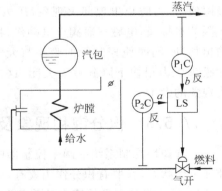

图 17-26 蒸汽锅炉连续型选择性控制系统

器 P_2C 的输出 a 将低于蒸汽压力控制器 P_1C 的输出 b,这样,低选器 LS 将选择燃料气压力控制器 P_2C 的输出 a 进行控制。此时,系统将变成以燃料气压力为被控变量的简单控制系统。蒸汽锅炉连续型选择性控制系统的方框图如图 17-27 所示。

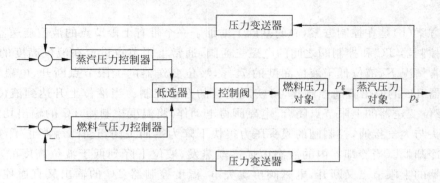

图 17-27 蒸汽锅炉连续型选择性控制系统方框图

当系统变成以燃料气压力为被控变量的简单控制系统时,蒸汽压力控制系统停止了正常工作而被非正常情况下工作的燃料气压力控制系统所取代。

3. 混合型选择性控制系统

在混合型选择性控制系统中,既包含开关型选择性控制方案,又包含连续型选择性控制方案。在如图 17-26 所示的蒸汽锅炉连续型选择性控制系统中,如果燃料气压力不足,燃料气管线的压力就有可能低于燃烧室的压力,这样就会出现危险的回火现象。为此,可将图 17-26 所示的蒸汽锅炉连续型选择性控制系统改进为如图 17-28 所示的蒸汽锅炉混合型选择性控制系统。

图 17-28 中增加了一个具有下限节点的压力控制器 P_3C 和一个电磁三通阀。当燃料气压力正常时,压力控制器 P_3C 的下限节点是断开的,电磁三通阀失电,此时,系统的工作同图 17-26 所示的蒸汽锅炉连续型选择性控制系统一样,低选器 LS 的输出可以通过电磁三通阀控制执行器。当燃料气的压力下降到极限值时,为防止出现回火现象,压力控制器 P_3C 的下限节点接通,电磁三通阀得电动作,将低选器 LS 的输出切断,同时使控制阀的膜头与大气接通,控制阀的膜头压力很快下降到零而关闭,这样,即可避免回火现象的发生。

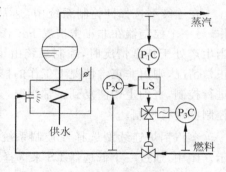

图 17-28 蒸汽锅炉混合型选择性控制系统

17.5.3 积分饱和现象及其防止措施

在选择性控制系统的两个控制器中,总有一个处于开环工作状态,无论哪个控制器处于开环工作状态,只要有积分作用就有可能产生积分饱和现象。

1. 积分饱和现象的产生及其危害性

一个具有积分作用的控制器,当它处于开环工作状态时,如果偏差输入信号一直存在,那么,由于积分作用的结果,将使控制器的输出不断增加或减小,一直达到输出的极限值为止,这种现象称为积分饱和现象。

积分饱和现象会使控制器不能及时反向动作而暂时丧失控制功能,而且必须经过一段时间后才能恢复正常的控制功能,这将给安全生产带来严重影响。

2. 防止积分饱和现象的措施

产生积分饱和现象的条件有三个:一是控制器具有积分控制规律;二是控制器处于开环工作状态,其输出没有送至执行器;三是控制器的输入偏差信号长期存在。目前主要有以下两个防止积分饱和现象的措施。

1)限幅法

所谓限幅法是指利用高值或低值限幅器使控制器的输出信号不超过工作信号的范围。至于用高值限幅器还是低值限幅器,则要根据具体生产工艺来决定。如果控制器处于开环待命状态,由于积分作用使控制器输出逐渐增大,则要用高值限幅器。反之,则用低值限幅器。

2)积分切除法

所谓积分切除法是指控制器具有PI—P控制规律。当控制器被选中时具有PI控制规律,一旦处于开环工作状态时,就将控制器的积分作用切除,只具有比例作用。这是一种特殊设计的控制器,如果用计算机进行选择性控制,只要利用计算机的逻辑判断功能,编制出相应的程序即可。

17.6 分程控制系统

在前面介绍的过程控制系统中,控制器的输出仅控制一个控制阀工作,而分程控制系统中的控制器可以同时控制两个或两个以上的控制阀工作。

17.6.1 分程控制系统的基本概念

在某些工业生产过程中,根据生产工艺的要求,需要将控制器的输出信号分段,分别去控制两个甚至两个以上的控制阀,以便使每个控制阀在控制器输出的某段信号范围内进行全行程动作,这种控制系统称为分程控制系统。

分程控制系统的方框图如图17-29所示。

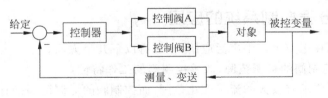

图 17-29 分程控制系统方框图

17.6.2 分程控制方案

根据控制阀的气开、气关形式以及分程信号区段的不同,分程控制系统可分为以下两种类型。

1. 控制阀同向动作的分程控制系统

控制阀同向动作的分程控制系统如图 17-30 所示。图 17-30(a)表示两个控制阀均为气开阀。当控制器输出信号从 20kPa 增大时,A 阀打开;当控制器输出信号增大到 60kPa 时,A 阀全开,同时 B 阀开始打开;当控制器输出信号达到 100kPa 时,B 阀也全开。图 17-30(b)表示两个控制阀均为气关阀。当控制器输出信号从 20kPa 增大时,A 阀由全开状态开始关闭;当控制器输出信号增大到 60kPa 时,A 阀全关,而 B 阀则由全开状态开始关闭;当控制器输出信号达到 100kPa 时,B 阀也全关。

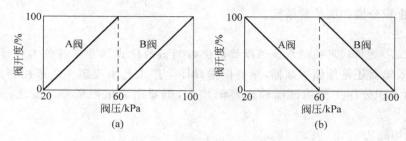

图 17-30　控制阀同向动作的分程控制系统输入输出关系

2. 控制阀异向动作的分程控制系统

控制阀异向动作的分程控制系统如图 17-31 所示。图 17-31(a)表示 A 阀为气关阀,B 阀为气开阀。当控制器输出信号从 20kPa 增大时,A 阀由全开状态开始关闭;当控制器输出信号增大到 60kPa 时,A 阀全关,同时 B 阀启动;当控制器输出信号达到 100kPa 时,B 阀全开。图 17-31(b)表示控制阀 A、B 分别为气开、气关阀的情况,其控制阀的动作情况与图 17-31(a)相反。

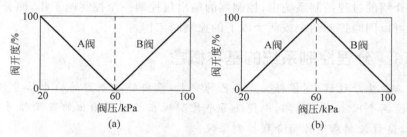

图 17-31　控制阀异向动作的分程控制系统输入输出关系

17.6.3　分程控制系统的应用

分程控制系统在工业生产中广泛应用,主要有以下几个方面。

1. 用于扩大控制阀的可调范围,改善控制阀的工作特性

有些生产过程要求有较大的流量变化范围,而控制阀的可调范围是有限的,如果采用一个控制阀能够控制的流量变化范围不大,满足不了生产工艺对流量有较大变化范围的要求,这时就可以考虑采用两个控制阀并联工作的分程控制方案。

蒸汽减压分程控制系统如图 17-32 所示。图中,锅炉的产汽压力为 10MPa,属于高压蒸汽,而生产上需要的是 4MPa 的中压蒸汽。为此,需要用节流减压的办法将高压蒸汽节流减压成中压蒸汽。这样,为了适应较大负荷下蒸汽供应量的需要,在选择控制阀时,控制阀的口径就要选得很大。然而,大口径控制阀在小开度下工作时,除了控制阀的特性会发生畸变外,还容易产生噪音和振荡,导致控制效果变差。为了解决这一矛盾,可采用如图 17-32 所示的两个控制阀并联工作的分程控制方案。

在该控制方案中,采用 A、B 两个控制阀(假定均选择为气开阀)并联工作,其中 A 阀在控制器的输出压力为 20~60kPa 时,由全关到全开,B 阀在控制器的输出压力为 60~100kPa 时,由全关到全开。在正常工作情况下,B 阀处于关闭状态,系统只通过 A 阀开度的变化进行控制。当负荷较大时,A 阀在全开的情况下仍然满足不了蒸汽供应量的需要,此时,压力控制器 PC 的输出增加。当压力控制器 PC 的输出超过 60kPa 时,B 阀逐渐打开,以满足蒸汽供应量的要求。

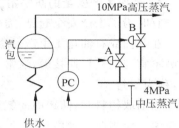

图 17-32 蒸汽减压分程控制系统

2. 用于控制两种不同的介质,以满足生产工艺的要求

在某些化学反应过程中,当反应物料投入生产设备后,为了使其达到反应温度,通常在反应前给它提供一定的热量。一旦达到反应温度后,随着化学反应的进行会不断放出热量,如果不及时移走这些放出的热量,化学反应就会越来越激烈,甚至会有爆炸的危险。因此,对这种间歇式化学反应器,既要考虑反应前的预热问题,又要考虑反应过程中移走放出的热量问题。为此,可采用如图 17-33 所示的分程控制方案。

图 17-33 中,利用 A、B 两个控制阀分别控制冷却水和蒸汽这两种不同的介质,以满足生产工艺的要求。温度控制器 TC 选择反作用方向,A 阀选择气关式,B 阀选择气开式,两个控制阀的分程控制系统输入输出关系如图 17-34 所示。

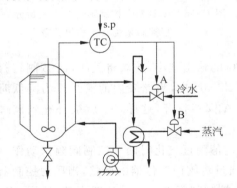

图 17-33 间歇式化学反应器分程控制系统

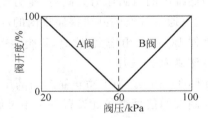

图 17-34 A、B 两个控制阀的反应器分程控制系统输入输出关系

在化学反应前温度测量值小于给定值,温度控制器 TC 的输出大于 60kPa。因此,A 阀处于关闭状态,B 阀打开,此时,蒸汽进入热交换器将循环水加热,被加热的循环水再通入反应器夹套加热反应物料,使反应物料的温度逐渐升高。

当反应物料的温度达到化学反应温度时,开始发生化学反应,于是就会放出热量。随着反应物料的温度逐渐升高,温度控制器 TC 的输出逐渐减小。同时,B 阀将逐渐关闭,等到温度控制器 TC 的输出小于 60kPa 时,B 阀全关,A 阀则逐渐打开。这时,流入反应器夹套的循环水将不再是热水而是冷却水。这样,化学反应所放出的热量就会不断被冷却水移走,从而达到维持反应温度不变的目的。

3. 用作生产安全的防护措施

有时为了生产安全起见,需要采取不同的控制手段,这时可采用分程控制方案。

在炼油或石油化工生产过程中,有许多存放油品或石化产品的储罐。这些油品或石化产品不宜与空气长期接触,通常要向储罐内充入惰性气体 N_2,以使储罐内的油品与空气隔绝,称为氮封。

当抽取物料时,储罐内的氮封压力会下降,如果不及时向储罐内补充 N_2,储罐就有可能被吸瘪。而当向储罐内打料时,氮封压力又会上升,如果不及时排出储罐内的一部分 N_2,储罐就有可能被鼓坏。所以,为了维持储罐内的氮封压力,可以采用如图 17-35 所示的分程控制方案。

图中,压力控制器 PC 选择反作用方向,A 阀选择气开式,B 阀选择气关式,两个控制阀的分程控制系统输入输出关系如图 17-36 所示。

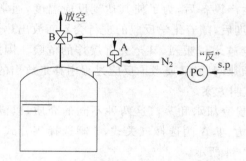

图 17-35　储罐氮封分程控制系统

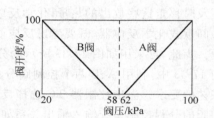

图 17-36　A、B 两个控制阀的储罐氮封分程控制系统输入输出关系

当储罐内的氮封压力升高时,压力控制器 PC 的输出减小,A 阀将关闭,而 B 阀将打开,这样,就可通过放空的办法将储罐内的压力降下来。反之,当储罐内的氮封压力降低时,压力控制器 PC 的输出增大,这时,B 阀将关闭,而 A 阀将打开,这样,N_2 就被补充到储罐内,以提高储罐内的压力。

在图 17-36 中,为了防止储罐内的压力在给定值附近变化时两个控制阀频繁动作,可在两个控制阀的信号交接处设置一个不灵敏区。通过对阀门定位器的调整,当压力控制器 PC 的输出压力在 58~62kPa 范围变化时,A、B 两个控制阀都处于全关位置不动,这样,将会使控制过程的变化趋于平稳,系统更加稳定。

17.6.4　分程控制应用中的几个问题

分程控制系统本质上属于单回路控制系统,它与单回路控制系统的主要区别是控制器的输出信号需要分程而且控制阀多。所以,在设计分程控制系统时,应注意以下几个问题。

1. 控制阀流量特性的选择

在两个控制阀的分程点上,控制阀的放大倍数有可能出现突变,表现在控制阀的特性曲线上会产生斜率突变的折点,这在大小两个控制阀并联工作时尤其重要,如图 17-37 所示。

如果两个控制阀均为线性特性,情况更为严重,如图17-37(a)所示。如果两个控制阀为对数特性,则情况会有所改善,如图17-37(b)所示。

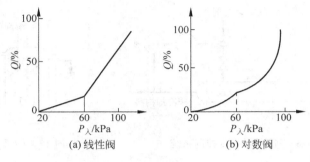

图 17-37　控制阀特性图

2. 控制阀的泄漏量

控制阀泄漏量大小是分程控制系统设计和应用中的一个十分重要的问题,必须保证在控制阀全关时,不泄漏或泄漏量极小。若大阀的泄漏量接近或大于小阀的正常调节量时,则小阀就不能发挥其应有的控制作用,甚至不能起控制作用。所以,大小阀并联时,大阀的泄漏量不可忽视,否则就不能充分发挥扩大可调范围的作用。当大阀的泄漏量较大时,系统的最小流通能力就不再是小阀的最小流通能力了。

3. 控制器控制规律的选择和参数整定

分程控制系统本质上属于简单控制系统,有关控制器控制规律的选择及其参数整定,可以参照简单控制系统处理。但是,在运行过程中,分程控制系统中两个控制通道的特性不会完全相同,即广义对象特性是两个,控制器参数不能同时满足两个不同对象特性的要求。所以,在控制系统运行中只能采用互相兼顾的办法,选取一组较为合适的参数整定值。

思考题与习题

17-1　什么是串级控制系统?画出一般串级控制系统的典型方框图。

17-2　与简单控制系统相比,串级控制系统有哪些主要特点?

17-3　为什么说串级控制系统中的主回路是定值控制系统,而副回路则是随动控制系统?

17-4　串级控制系统中的主、副变量应如何选择?

17-5　为什么串级控制系统中的主控制器通常选择 PI 或 PID 控制规律,而副控制器通常选择 P 控制规律?

17-6　试举例说明串级控制系统主、副控制器的正、反作用方向选择错误所造成的危害。

17-7　简述串级控制系统中主、副控制器的参数整定方法。

17-8　冷却器温度控制系统如图17-38所示。

（1）这是什么类型的控制系统?试画出其方框图,说明其主、副变量各是什么。

（2）如果要求物料的温度不能太低,否则容易结晶,试确定控制阀的气开、气关形式。

（3）确定主、副控制器的正、反作用。

（4）简述当冷剂流量变化时的控制过程。

17-9　图 17-39 所示为聚合釜反应器,工艺要求反应温度稳定、无余差、超调量小。已知主要干扰为冷却水温度不稳定。

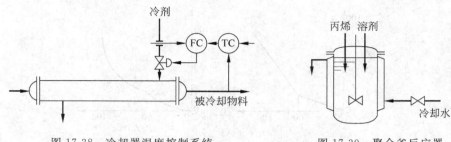

图 17-38　冷却器温度控制系统　　　　图 17-39　聚合釜反应器

(1) 试设计一串级控制系统,画出控制流程图及方框图。

(2) 试确定控制阀的气开、气关形式,说明理由。

(3) 指出主、副被控变量是什么。

(4) 确定主、副控制器的正、反作用,说明理由。

(5) 如果冷却水压力是经常波动的,重新设计控制系统,回答上述四个问题。

17-10　均匀控制系统的目的和特点是什么?

17-11　简述均匀控制系统的控制方案。

17-12　精馏塔塔釜液位与流出流量的串级均匀控制系统的示意图如图 17-40 所示。试画出该控制系统的方框图,并分析该控制方案与普通串级控制系统的异同点。如果控制阀选择气开式,试确定控制器 LC 和 FC 的正、反作用。

17-13　什么是比值控制系统?

17-14　试画出开环比值控制系统的原理图,并说明其适用场合。

17-15　试画出单闭环比值控制系统的原理图,并说明它与串级控制系统的本质区别。

17-16　与开环比值控制系统相比,单闭环比值控制系统有何优点?

17-17　试画出双闭环比值控制系统的原理图,与单闭环比值控制系统相比,它有何特点?适用于什么场合?

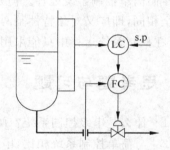

图 17-40　精馏塔串级均匀控制系统

17-18　什么是变比值控制系统?

17-19　某化学反应器要求参与反应的 A、B 两种物料保持一定的比值,其中,A 物料供应充足,而 B 物料受生产负荷的制约有可能供应不足。通过观察发现 A、B 两种物料的流量因管线压力波动而经常变化。该化学反应器的 A、B 两种物料的比值要求严格,否则易发生事故。根据上述情况,要求:

(1) 设计一个合理的比值控制系统,画出其原理图及方框图;

(2) 试确定控制阀的气开、气关形式;

(3) 确定控制器的正、反作用。

17-20　什么是前馈控制系统?它有何特点?

17-21　简述前馈控制的主要形式及应用场合。

17-22　简述选择性控制系统的特点及类型。

17-23　试画出连续型选择性控制系统的典型方框图,并说明其工作原理。

17-24　什么是控制器的积分饱和现象? 产生积分饱和现象的条件是什么?

17-25　积分饱和现象有哪些危害? 防止积分饱和现象的措施有哪些?

17-26　什么是分程控制系统? 它主要应用在什么场合?

17-27　从系统结构上看,分程控制系统与连续型选择性控制系统的主要区别是什么?

17-28　采用两个控制阀并联的分程控制系统为什么能够扩大控制阀的可调范围?

第 18 章

CHAPTER 18

新型控制系统

现代控制理论是在经典控制理论的基础上发展起来的,它是以多变量、线性及非线性系统作为研究对象,运用现代数学方法及模糊、混沌和神经元等最新的数学方法解决许多复杂控制系统的分析与设计问题。

随着微电子技术、计算机技术以及通信技术的发展,自动控制技术已经成为融微电子技术、计算机技术和通信技术为一体的交叉学科。近年来,产生了许多新的控制算法、控制技术和控制系统。

本章主要介绍近年来发展起来的一些新型控制系统,它们与传统的 PID 控制系统相比,控制性能有了显著提高。

18.1 自适应控制系统

前面介绍的控制系统都是控制器具有固定参数的系统。我们知道,在经典控制理论中,要设计一个性能良好的反馈控制系统,通常要掌握被控对象的数学模型。实际上有些被控对象的数学模型事先难以获得,或者说模型的参数是经常变化的。对于这样的被控对象,采用一般的控制方法往往难以获得满意的控制效果。如果系统本身能够不断地测量被控对象的性能或参数,并把系统当前的运行指标与期望的性能指标相比较,进而改变控制器的结构或参数,就可以使系统运行在某种意义下的最优或次优状态。按照这样的思想建立的控制系统,称为自适应控制系统。

根据设计原理和结构的不同,自适应控制系统可分为以下几种形式。

18.1.1 变增益自适应控制系统

变增益自适应控制系统的结构如图 18-1 所示。当控制器的参数随工作状况和环境的变化而变化时,通过测量系统的某些变量,按照规定的程序可以改变控制器的增益结构。这种系统具有结构简单和响应迅速的特点,但是,难以完全克服系统参数变化造成的影响。

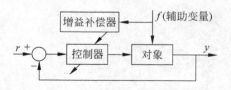

图 18-1 变增益自适应控制系统结构图

18.1.2 模型参考自适应控制系统

模型参考自适应控制系统的结构如图 18-2 所示。图中,参考模型表示控制系统的性能要求,虚线框内的部分表示控制系统。参考模型与控制系统并联运行,具有相同的给定信号 r,它们输出信号的差值 $e = y_m - y_p$,经过自适应机构来调整控制器的参数,直至使控制系统的性能接近或等于参考模型规定的性能。

模型参考自适应控制系统的设计方法主要是依据李亚普诺夫稳定性理论和超稳定性理论,可以适用于线性控制系统和非线性控制系统。这样,可以保证系统在稳定的前提下对系统的参数变化具有适应性,并能提高有关的性能指标。

18.1.3 自校正控制系统

自校正控制系统也称为参数自适应系统,其结构如图 18-3 所示。该系统在原有控制系统的基础上,增加了一个外回路。它由对象参数辨识器和控制器参数计算机构组成。对象的输入信号 u 和输出信号 y 送入对象参数辨识器,在线辨识出时变对象的数学模型,控制器参数计算机构根据辨识结果选择设计自校正控制律并修改控制器参数,在对象参数受到干扰而发生变化时,控制系统的性能仍能保持或接近最优状态。

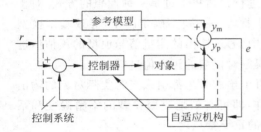
图 18-2 模型参考自适应控制系统结构图

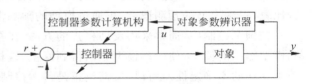
图 18-3 自校正控制系统结构图

18.2 预测控制系统

前面介绍的控制系统大都涉及到被控对象的数学模型,而且数学模型的准确程度直接影响到控制质量。然而对于复杂的工业过程,要建立它的准确数学模型是非常困难的。20世纪 70 年代以来,人们设想从工业过程的特点出发,寻找一种对数学模型精度要求不高而同样能实现高质量控制的方法,预测控制就是在这种情况下发展起来的,并很快在工业生产过程自动化中得到应用,取得了很好的控制效果。目前有几十种预测控制算法,其中比较有代表性的有模型算法控制(MAC)、动态矩阵控制(DMC)和广义预测控制(GPC)等。

预测控制系统是指预测控制算法在工业过程控制上的成功应用。预测控制算法则是一类特定的计算机控制算法的总称。

18.2.1 预测控制系统的基本结构

各种预测控制算法归纳起来主要由预测模型、反馈校正、滚动优化和参考轨迹四部分组成,预测控制的基本结构图如图 18-4 所示。

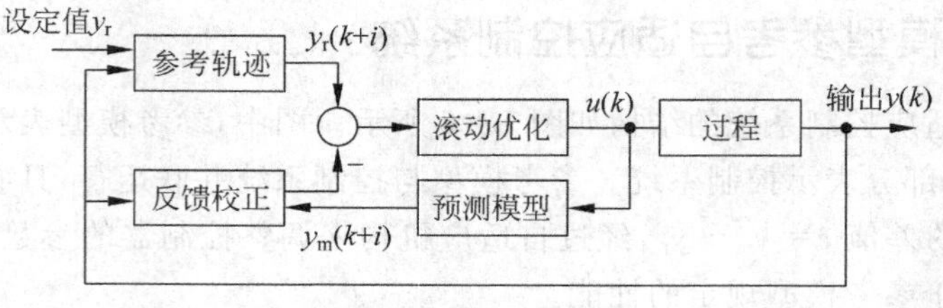

图 18-4 预测控制的基本结构图

1. 预测模型

预测控制需要一个描述控制系统动态行为的模型作为预测模型。它应具有预测功能,即能够根据系统现在时刻的控制输入及过程的历史信息预测出未来的输出值。预测控制系统中的各种不同控制算法采用不同类型的预测模型,如模型算法控制采用系统单位脉冲响应曲线,而动态矩阵控制则采用系统单位阶跃响应曲线。两种模型可以相互转换,而且都属于非参数模型,在实际工业生产过程中容易通过实验测得,而且不必进行复杂的数据处理,虽然精度不高,但数据的冗余量较大,抗干扰能力较强。

2. 反馈校正

在预测控制中,利用预测模型对过程的输出值进行预估只不过是一种理想的方式,对于实际的工业生产过程,由于存在非线性、时变性和干扰等一系列不确定因素,导致基于模型的预测不可能与实际完全相符。因此,在预测控制中,通过输出的测量值与模型的预估值进行比较,得到模型的预测误差,再通过模型的预测误差对模型的预测值进行修正。

在预测控制中,通常采用反馈校正的方法,在每个预测时刻都引入当时实际对象的输出和模型输出的偏差,使闭环模型不断得到修正,这样,即可有效地克服模型的不精确性和系统中存在的不确定性。所以,反馈校正是预测控制的重要特点之一。

3. 参考轨迹

预测控制的目的是使系统的输出变量沿着一条事先规定的曲线逐渐达到设定值,这条指定的曲线称为参考轨迹。参考轨迹通常采用从现在时刻实际输出值出发的一阶指数曲线。采用这种形式的参考轨迹,将会减少过量的控制作用,使系统的输出比较缓慢地达到设定值。

4. 滚动优化

预测控制是一种优化控制算法。它是通过某一性能指标的最优化来确定未来的控制作用。这一性能指标还涉及过程未来的行为,它是根据预测模型由未来的控制策略决定的。

预测控制采用滚动式有限时域优化策略,其优化过程是在线反复进行的。由于采用闭环校正、迭代计算与滚动实施,可以达到实际上的最优控制。

将上述四个组成部分与过程对象连接起来形成一个整体,就构成了图 18-4 所示的基于模型的预测控制系统。

18.2.2　预测控制系统的特点及其应用

前面介绍了预测控制的基本结构。从图 18-4 中可以看出,参考轨迹实质上是一个滤波器,其作用是提高系统的柔性和鲁棒性。反馈校正应用了自动控制理论中的反馈原理,在预测模型的每一步计算中,都将系统的信息叠加到基础模型上,使模型不断得到在线修正。采用滚动优化策略使得系统的每一步控制都能实现静态参数优化,而在控制的全过程中又能实现动态优化。所以,在复杂工业过程控制中,预测控制受到人们的普遍重视。

1. 预测控制系统的特点

基于模型的预测控制系统具有以下特点。

(1) 从控制方式上预测控制与传统的 PID 控制不同。传统的 PID 控制是根据过程对象过去和当前的输出测量值与设定值的偏差来确定当前的控制输入。而预测控制不仅要利用过去和当前的偏差值,而且还要利用预测模型来预估出未来的偏差值,通过滚动优化确定未来的控制作用。所以,从这一点来看,预测控制要优于传统的 PID 控制。

(2) 从预测控制的原理上看,预测控制中的预测模型、反馈校正和滚动优化只不过是一般控制理论中模型、反馈和控制概念的具体表现形式。预测控制的预测和优化模式是对传统最优控制的修正,它能使建模简化,并且考虑到不确定性及其他复杂性等因素,从而使预测控制能够适应复杂工业过程的控制。

(3) 预测控制对数学模型的要求不高而且模型形式多样化,能够直接处理具有纯滞后的过程,具有良好的跟踪性能和较强的抗干扰能力,对模型误差具有较强的鲁棒性。

2. 预测控制系统的应用

预测控制系统的上述特点使其更加符合复杂工业过程的控制要求,这是传统的 PID 控制无法相比的。因此,预测控制系统在实际工业生产过程中得到广泛应用。目前,国外已经研制出许多以预测控制为核心思想的先进控制软件包并成功地应用于石化企业的许多重要装置。

由于以预测控制为核心思想的先进控制软件包可以为石化企业带来可观的经济效益,我国也引进了一些先进控制软件包,并已投入使用,取得了明显的经济效益。另外,我国通过与国外公司合作和科技攻关等,在先进控制及优化控制方面积累了许多宝贵的经验,部分成果已经逐渐形成商品化软件。

18.3 智能控制系统与专家控制系统

智能控制是近年来发展起来的一种新型控制技术,是人工智能在控制上的应用。智能控制是从"仿人"的概念出发的,其方法包括模糊控制、神经元网络控制、专家控制以及现代仿生优化方法的控制等。

18.3.1 智能控制的基本概念

智能控制是一个新兴的学科领域,它是控制理论发展的高级阶段,它主要用来解决那些用传统方法难以解决的复杂系统的控制问题。

智能控制系统是实现某种控制任务的一种智能系统,它由智能控制器和对象所组成,具备一定的智能行为,可以用来解决那些用传统方法难以解决的复杂系统的控制问题。智能控制系统的基本结构图如图 18-5 所示。

图中,对象指的是具体的化工生产设备。如果将对象、变送器和执行器合在一起,则称为广义对象。感知信息处理、认识以及规划和控制构成智能控制器。感知信息处理部分将

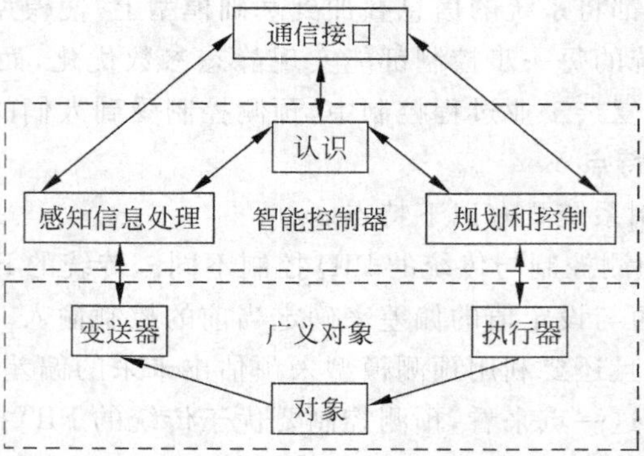

图 18-5　智能控制系统的基本结构图

变送器送来的信息进行处理。认识部分主要负责接收和储存知识、经验和数据,并对它们进行分析、推理和预测,作出控制决策,再送至规划和控制部分。

规划和控制部分则根据系统的要求、反馈信息及经验知识进行自动搜索,推理决策和规划,进而通过执行器作用于对象。通信接口可以建立起同各环节的信号联系和人机界面,如果需要还可以将智能控制系统与上位机联系起来。

智能控制系统的主要功能特点可以概括为以下几个方面。

1. 学习功能

如果一个系统能对生产过程或其环境的未知特征所固有的信息进行学习,并将得到的经验用于进一步的估计、分类、决策或控制,从而使系统的性能得到改善,那么就称该系统为学习系统。具有学习功能的控制系统就称为学习控制系统。这里,低层次学习功能是指对控制对象参数的学习,而高层次学习功能则是指对知识的更新和遗忘等。

2. 适应功能

这里所说的适应功能可看成是不依赖模型的自适应估计,具有很好的适应性能。假如系统输入不再是已经学习过的例子,由于它具有插补功能,同样可以给出合适的输出。甚至系统某些部分发生故障,系统也能正常工作。具有更高程度智能的系统还能自动找出故障,甚至具有自修复的功能。

3. 组织功能

组织功能是指对于复杂系统和变送器的信息具有自行组织和协调的能力,它表现为系统具有相应的主动性和灵活性。

18.3.2　智能控制的主要类型

根据智能控制系统的定义和控制功能,可对各种智能控制器进行分类,主要有以下几种类型。

1. 自寻优智能控制器

自寻优智能控制器不用预先知道被控对象的精确数学模型,就能自动寻找到系统的最优工作状态,并能自动保持最优工作状态。

2. 自学习智能控制器

自学习智能控制器能够在系统运行过程中,根据系统控制性能指标的要求,利用反馈信息自动修改控制器的参数或控制规律,不断积累经验,逐步改善控制系统的工作状态。

3. 自适应智能控制器

自适应智能控制器能够适应系统的环境条件或被控对象特性的变化,自动校正或调整控制器的参数和性能,以保持系统的最优工作状态。

4. 自组织智能控制器

自组织智能控制器能够根据系统控制目标的要求以及对象特性和环境条件的信息,自动组成符合要求的控制器。

5. 自修复智能控制器

自修复智能控制器能够自动诊断并排除控制系统的故障,维持系统的正常工作状态。

6. 自镇定智能控制器

自镇定智能控制器能够在系统环境条件或被控对象特性缺乏完备信息的情况下,自动寻求并保持控制系统的稳定性。

7. 自协调智能控制器

自协调智能控制器能够协调大系统中各子系统的工作,在各子系统稳定和优化的基础上,自动实现大系统的稳定和优化。

8. 自繁殖智能控制器

自繁殖智能控制器能够根据系统的目的要求或系统环境条件变化的需要,自动复制或生成类似的控制器。

18.3.3　专家控制系统

专家系统是人工智能应用研究最活跃和最广泛的应用领域之一。自从1965年第一个专家系统DENDRAL在美国斯坦福大学问世以来,各种专家系统已遍布各个专业领域,取得了很大的成功。

1. 专家控制系统的基本概念

专家系统(expert system)是一种模拟人类专家解决领域问题的计算机程序系统。专家系统内部含有大量的某个领域的专家水平的知识与经验,能够运用人类专家的知识和解决问题的方法进行推理和判断,模拟人类专家的决策过程,来解决该领域的复杂问题。

专家系统的技术特点为解决传统控制理论的局限性提供了重要的启示,两者的结合出现了一种新颖的专家控制系统。这种专家控制系统是指将专家系统的设计规范和运行机制与传统控制理论和技术相结合而成的实时控制系统的设计和实现方法。

根据专家系统技术在控制系统中应用的复杂程度,可以分为专家控制系统和专家式智能控制器。专家控制系统具有全面的专家系统结构和完善的知识处理功能,同时又具有实时控制的可靠性能。这种系统知识库庞大,推理机复杂,还包括知识获取子系统和学习子系统,人-机接口要求较高。专家式智能控制器是专家控制系统的简化,功能上没有本质的区别,只不过是针对具体的控制对象或过程,侧重于启发式控制知识的开发,设计的知识库较小,推理机简单,省去复杂的人-机对话接口等。

2. 专家控制系统的类型

根据专家控制系统在过程控制中的用途和功能可分为直接型专家控制器和间接型专家控制器。如果按照知识表达技术分类,又可分为产生式专家控制系统和框架式专家控制系统等。

1）直接型专家控制器

直接型专家控制器具有模拟操作工人的智能的功能。它取代常规 PID 控制,可实现在线实时控制,它的知识表达和知识库都比较简单,便于增减和修改。

2）间接型专家控制器

间接型专家控制器和常规 PID 控制器相结合,对生产过程实现间接智能控制,它具有模拟控制工程师的智能的功能。可实现优化、适应、协调和组织等高层决策。

3. 专家控制系统的结构

专家控制系统的总体结构如图 18-6 所示。该系统由算法库、知识基系统和人-机接口与通信系统三部分组成。算法库主要完成数值计算;知识基系统具有定性的启发式知识,它进行符号推理,按专家系统的设计规范编码,通过算法库与对象相连;人-机接口与通信系统作为人-机界面和实现与知识基系统直接交互联系,与算法库进行间接联系。

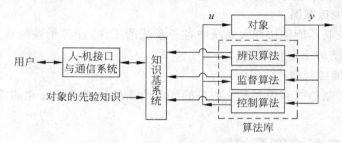

图 18-6　专家控制系统总体结构图

18.4　模糊控制系统

在实际的工业生产过程中,由于它的复杂性、时变性和非线性等因素,要想建立比较精确的数学模型是非常困难的,有时甚至是不可能的。对于那些无法获得数学模型或模型粗糙的复杂非线性时变系统,按照传统的方法难以实现自动控制。可是,一个操作人员却能凭借经验通过手动操作来控制一个复杂的生产过程。这就使人们想到,能否在不建立数学模型的条件下,利用人工控制定性的和不精确的信息来设计自动控制系统,从而对复杂非线性时变系统实现自动控制呢?实践证明,以模糊控制理论为基础的模糊控制器能够完成这个任务。它与传统的控制系统相比,具有实时性好,超调量小,抗干扰能力强,稳态误差小等优点。

在控制过程中,如果将熟练工人或技术人员头脑中丰富的操作经验加以总结,并将凭经验所采取的操作措施变成相应的控制规则,然后研制一种模糊控制器来实施这些控制规则,从而对复杂的工业过程实现自动控制,这样的控制系统称为模糊控制系统。所以,实质上所谓的模糊控制系统是指通过模糊控制器来代替人们用自然语言描述的控制活动。

18.4.1　模糊控制系统的基本结构

模糊控制系统的方框图如图 18-7 所示。被控变量的测量值 y 与给定值 r 进行比较后,

得到偏差 e。将偏差 e 和偏差变化率 $c(\dot{e})$ 输入模糊控制器,由模糊控制器输出控制量 u 对被控对象进行控制。

　　模糊控制器的基本结构图如图 18-8 所示。对于一个模糊控制器来说,输入和输出都是精确量,而模糊控制的原理是按照语言规则进行推理的。因此,必须将输入量转换成语言值,该过程称为精确量的模糊化。然后,依据控制规则和推理法则作出模糊决策。最后,再将推理出的结果转换成一个精确的控制值。

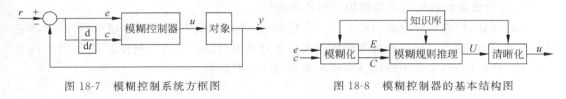

图 18-7　模糊控制系统方框图　　　　　图 18-8　模糊控制器的基本结构图

18.4.2　模糊控制的方法

　　模糊控制主要有以下几种方法。

1. 查表法

　　所谓查表法就是将输入量的隶属度函数、模糊控制规则及输出量的隶属度函数都用表格形式来表示。这样,输入量的模糊化、模糊控制规则推理和输出量的清晰化都可通过查表的方法来实现。

2. 专用硬件模糊控制器

　　专用硬件模糊控制器就是用硬件直接实现上述的模糊推理。其优点是推理速度快,控制精度高。

3. 软件模糊推理法

　　软件模糊推理法就是将模糊控制过程中输入量模糊化、模糊规则推理、输出量清晰化和知识库这四部分都用软件来实现。

18.4.3　模糊控制系统的设计

　　模糊控制系统实质上是一个计算机控制系统,它与一般计算机控制系统的区别就在于它的控制器是一个模糊控制器,而不是一般的数字控制器。因此,模糊控制系统的设计任务就是如何设计模糊控制器。

1. 确定模糊控制器的结构

　　所谓确定模糊控制器的结构也就是确定模糊控制器的输入和输出变量。如果控制器的输入变量只有一个,即偏差 e,则称为一维模糊控制器;如果想提高控制精度,在控制器的输入变量中,再引入偏差变化率 $\dot{e}$,则称为二维模糊控制器;若再引入偏差变化率 $\dot{e}$ 的变化率 $\ddot{e}$,则称为三维模糊控制器。高维模糊控制器虽然有可能提高控制精度,但由于控制规律运算复杂,增加了实时控制的困难,因而大多数情况下,都采用二维模糊控制器。

2. 精确量的模糊化和隶属度的确定

　　通常,将系统的偏差或偏差变化率的实际范围称为这些变量的基本论域。在实际工作中,论域中的元素与对应的模糊子集的个数和隶属度的值是根据实际问题人为确定的,并没有统一的标准。

3. 确定模糊控制规则

根据检测偏差与偏差变化率来纠正偏差的原则制定模糊控制规则。

4. 确定模糊关系,进行模糊推理

先根据模糊控制规则求出模糊关系,再进行模糊推理。利用推理合成法设计的模糊控制器称为"取小取大"模糊控制器,它是目前常用的一种模糊控制器。

5. 输出信息的模糊判决与模糊控制查询表

如前所述,模糊推理合成的结果是一个模糊量,不能用它直接控制被控过程,必须将它转换为精确量,这个转换过程称为模糊判决。经过计算可以绘制出控制查询表,只要将此表存入计算机的内存,按要求查询这个控制表即可实行有效的控制。

18.5 神经元网络控制

神经元网络是一种基本上不依赖于模型的控制方法,它比较适用于那些具有不确定性或高度非线性的控制对象,并具有较强的适应和学习功能。所以,它也属于智能控制的范畴。

18.5.1 人工神经元模型

人工神经元是对生物神经元的简化和模拟。生物神经元是由细胞体、树突和轴突三部分组成。树突是细胞的输入端,轴突是细胞的输出端。树突通过联结其他细胞体的突触接受周围细胞由轴突的神经末梢传出的神经冲动;轴突的端部有众多神经末梢作为神经信号的输出端子,用于传出神经冲动。

为了模拟生物神经细胞,可以把一个神经细胞简化为一个人工神经元,人工神经元可用一个多输入、单输出的非线性节点表示,如图 18-9 所示。

神经细胞 j 的人工神经元的输入输出关系可描述为

$$\begin{cases} S_j = \sum_{i=1}^{n} w_{ji}x_i - \theta_j \\ y_j = f(S_j) \end{cases} \tag{18-1}$$

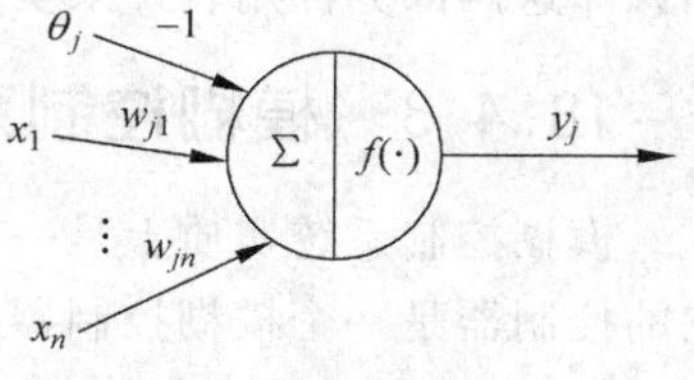

图 18-9 人工神经元模型

式中: x_i ——由细胞 i 传送到细胞 j 的输入量;

w_{ji} ——从细胞 i 传送到细胞 j 的连接权值;

θ_j ——细胞 j 的阈值;

y_j ——细胞 j 的输出量;

f ——传递函数。

$$S_j = \sum_{i=0}^{n} w_{ji}x_i \tag{18-2}$$

式中: $x_0 = 1$;

$w_{j0} = -\theta_j$。

传递函数 f 可为线性函数,或为具有任意阶导数的非线性函数。常见的传递函数有阶跃函数、S 形函数和高斯函数等。

18.5.2　人工神经网络

人工神经元是人工神经网络的基本单元,人工神经网络是由许多人工神经元模型构成,用来模拟生物神经网络的某些结构和功能。

由大量的人工神经元模型按一定方式连接而成的网络结构称为人工神经网络。

人工神经网络模型有很多形式,其中,最常见的是反向传播(BP)网络,如图18-10所示。

BP神经网络是一种多层前向神经网络,它除具有输入层和输出层外,还有一层或多层隐层,同层节点间无任何联结,每个节点都是单个神经元,神经元的传递函数通常为S形函数。有时,输入层或输出层神经元的传递函数采用线性函数。由于同层节点间无任何耦合,因此,每一层神经元只接受前一层神经元的输入,

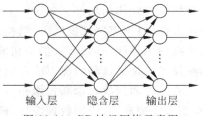

图18-10　BP神经网络示意图

每一层神经元的输出只影响下一层神经元的输出。BP神经网络连接权的调整采用误差修正反向传播的学习算法,该算法采用全局逼近的方法,有较好的泛化能力。它的缺点是训练时间长,容易陷入局部极小,隐层数和隐层节点数难以确定。

另一种常见的人工神经网络模型是径向基函数(RBF)网络,这种神经网络由三层节点组成。在RBF网络中,输入层节点仅把输入数据传递给隐层各节点,隐层各节点亦称为RBF节点,RBF节点的传递函数采用高斯函数,输出层节点的传递函数通常采用简单的线性函数。这种神经网络可以逼近任意连续的非线性函数,学习也比较简捷。

18.5.3　人工神经网络在控制中的主要作用

目前,在人工神经网络理论及其技术方面已经取得了大量的研究成果,并且在模式识别、图像处理、专家系统、组合优化、智能控制以及机器人等领域得到了广泛应用。人工神经网络在控制中的主要作用有以下几方面:

(1) 在基于精确模型的各种控制结构中充当对象的模型;

(2) 在反馈控制系统中直接用作控制器;

(3) 在传统控制系统中起优化计算的作用;

(4) 在与其他智能控制方法,如模糊控制、专家控制等相融合中,为其提供非参数化对象模型、优化参数、推理模型和故障诊断等。

18.5.4　神经网络控制的分类

根据不同的观点,神经网络控制可以有不同的分类形式,目前尚无统一的分类标准。一般可将神经网络控制分为两大类,即基于传统控制理论的神经网络控制和基于神经网络的智能控制。

基于传统控制理论的神经网络控制有很多种,如神经网络逆动态控制、神经网络自适应控制、神经网络内模控制和神经网络预测控制等。

基于神经网络的智能控制主要有神经网络专家系统控制、神经网络模糊逻辑控制和神经网络滑模控制等。

18.6　故障检测与故障诊断

我们知道,任何一个系统以及系统中的任何一个元器件都有一定的寿命,它们不可能永远不损坏。由于系统是按照一定的秩序将元器件有机结合在一起完成特定功能的统一整体,其中每一个元器件的功能都会对系统整体的功能产生一定的影响,甚至有的元器件失效会破坏系统整体的功能。对于一个正常工作的系统,特别是自动控制系统,都要求具有一定的可靠性,对于那些规模庞大、结构复杂、价格昂贵的大系统就更不允许有半点差错,必须具备更高的可靠性。因此,人们迫切要求提高控制系统的可靠性和可维修性,故障检测与故障诊断技术正是在这种情况下应运而生的。

故障检测与故障诊断技术是一门应用型的边缘学科,它的理论基础涉及到现代控制理论、信号处理理论、应用数理统计、模糊控制理论和人工智能等诸多方面。

18.6.1　提高控制系统可靠性的主要方法

提高控制系统可靠性的主要方法有以下几种。

1. 提高控制系统元器件的可靠性

提高控制系统元器件的可靠性是提高控制系统可靠性的根本途径之一,可通过增强屏蔽技术,选择优质元器件和改革工艺水平等方法来实现。

2. 提高控制系统设计的可靠性

为了实现控制系统的高可靠性设计,可从以下两方面着手。

1) 简化控制系统结构

控制系统的结构越简单,采用的元器件越少,可靠性就越高。因此,在不影响控制系统性能的情况下,应尽量简化控制系统结构。

2) 采用备份

对于特别重要的控制系统,通常可采用双重或三重备份的方法来提高控制系统的可靠性。

3. 控制系统的容错设计

通过对控制系统中控制器的合理设计,使控制系统出现某些局部故障时仍然能保持稳定。

4. 基于故障检测和诊断技术的容错设计

故障检测和诊断技术是提高控制系统可靠性的最后一道防线。当控制系统出现局部故障时,通过报警并分离出故障部位,有助于维护人员迅速查出故障部位并及时排除故障,以防止控制系统因出现局部故障而导致整个系统灾难性故障的发生。同时,它还能构造出一个新的容错控制系统,运用新的控制规律以确保控制系统稳定。

18.6.2　控制系统的主要故障

控制系统的主要故障可能涉及以下几方面:

(1) 控制器故障;

(2) 执行器故障;

(3) 传感器故障;

（4）计算机故障。

计算机故障可能涉及计算机主机、I/O接口电路、计算机软件以及通信网络等。

18.6.3　故障检测和诊断的含义

1. 故障检测

故障检测是当控制系统发生故障时,可以及时发现并报警,以保证控制系统的正常运行。

2. 故障诊断

故障诊断是分离出控制系统的故障部位,判别故障的类型,估计出故障的大小与时间,并作出评价与决策。

18.6.4　故障检测和诊断的主要方法

故障检测和诊断的主要方法有以下几种。

1. 基于控制系统动态模型的方法

控制系统中的执行器、测量变送器和被控对象可由动态模型来描述。基于控制系统动态模型就有可能对其故障进行检测和诊断。具体思路是利用观测器或滤波器对控制系统的状态或参数进行重构,形成残差序列,再增强残差序列中所含的故障信息,并抑制模型误差等非故障信息,最后,通过对残差序列的统计分析就可以检测出故障并进行故障诊断。

2. 不依赖于控制系统动态模型的方法

由于控制系统的复杂性,要想建立比较精确的数学模型是非常困难的。对于那些无法获得数学模型或模型很不精确的复杂控制系统,基于控制系统动态模型的方法就不太适用。这样,就要采用不依赖于控制系统动态模型的方法进行故障检测和诊断。这种方法属于人工智能的范畴,下面介绍几种主要方法。

1）诊断专家系统

该系统主要由知识库和推理机两大部分组成。知识库中包含规则库和数据库。其中,规则库中有一系列反映引起故障因果关系的规则,它属于判断性的经验知识,借助于推理机寻找结论;数据库中存放一些叙述性的环境知识、系统知识和实时检测到的生产过程特征数据以及故障时检测到的数据。推理机则是专家系统的诊断程序,在知识库的支持下,通过一系列的推理,就能快速得到诊断结果。

2）模糊诊断方法

有些复杂生产过程的状态很难或无法用数学模型来表示,而模糊数学则是描述这类生产过程的有效工具。模糊聚类分析是诊断故障的一种有效方法。将模糊集划分成不同级别的子集,借此判断出故障最有可能属于哪一个子集。

3）模式识别诊断方法

这种方法适合积累了大量有关故障的案例,诊断步骤如下:

（1）选择能够表达系统故障状态的向量集,以此构成故障模式向量;

（2）根据故障向量中各参数的重要性,选择故障状态最敏感的特征参数,构成特征向量集,作为故障的基准模式集;

（3）由特征向量以一定方式构成判别函数,用来判别系统目前状态属于哪一个基准模式,或系统属于哪种故障状态。

4）人工神经元网络诊断方法

人工神经元网络具有联想记忆和自学习的能力,如果系统出现新故障时,它可以通过自学习不断调整权值和阈值,以提高故障的检测率,降低故障的漏报率和误报率,并有可能实现控制系统在线故障的检测。

思考题与习题

18-1 什么是自适应控制系统?

18-2 自适应控制系统有哪几种类型?

18-3 什么是预测控制系统? 预测控制与传统的 PID 控制有何不同?

18-4 智能控制有哪些主要功能特点?

18-5 智能控制器有哪些主要类型?

18-6 什么是专家控制系统?

18-7 专家控制系统有哪几种类型?

18-8 什么是模糊控制系统? 试述模糊控制器的基本构成。

18-9 模糊控制的主要方法有哪些?

18-10 什么是人工神经元网络?

18-11 人工神经元网络在控制中有哪些主要作用?

18-12 简述 BP 神经网络的结构和特点。

18-13 提高控制系统可靠性的主要方法有哪些?

18-14 什么是控制系统的故障检测与故障诊断?

18-15 控制系统故障检测与故障诊断的主要方法有哪些?

第 19 章

石油化工典型设备的自动控制

控制方案的设计是实现石油化工过程自动化的重要环节。要想设计出一个好的控制方案,必须深入了解生产工艺,按化学工程的内在机理来探讨其自动控制方案。石油化工生产过程是由一系列基本单元操作的设备和装置组成的生产流程来完成的。按照石油化工生产过程中的物理和化学变化来分,这些单元操作主要有动量传递过程、热量传递过程、质量传递过程和化学反应过程。操作设备种类繁多,控制方案也千差万别。这里选择一些典型的设备为例,探讨其基本的控制方案。

19.1 流体输送设备的控制

在石油化工生产过程中,各种物料大多是在连续流动状态下进行传热,或进行传质和化学反应。输送的物料流和能量流称为流体。流体通常有液体和气体之分,有时固体物料也通过流态形式在管道中输送。流体输送的过程实质是一个动量传递的过程,流体在管道内流动,从泵或是压缩机等输送设备获得能量,以克服流动阻力。用于输送流体和提高流体压头的机械设备统称为流体输送设备。其中输送液体和提高其压头的机械称为泵,而输送气体并提高其压头的机械称为压缩机。

19.1.1 离心泵的控制

离心泵是最常见的液体输送设备。它主要是由叶轮和机壳组成,叶轮在原动机带动下作高速旋转运动。离心泵的出口压头由旋转叶轮作用于液体而产生离心力,转速越高,离心力越大,压头也越高;因离心泵的叶轮与机壳之间存在有空隙,所以当泵的出口阀完全关闭时,液体将在泵体内循环,泵的排量为零,压头接近最高值。此时对泵所做的功被转化为热能而散发,同时也使泵内液体温度升高。所以,离心泵不宜长时间关闭出口阀。随着排量逐渐增大,泵所能提供的压头慢慢下降。

离心泵流量控制的目的是要将泵的排出流量恒定于某一给定的数值上。离心泵的流量控制主要有三种方法。

1. 直接节流法

即直接改变节流阀的开度,从而改变控制阀两端节流损失压头 h_v,造成管路特性变化,以达到控制目的。图 19-1 表示了这种控制方案和泵系统工作点的移动情况。在一定转速下,离心泵的排出流量 Q 与泵产生的压头 H 有一定的对应关系。在不同流量下,泵所能提供的压头是不同的,曲线 A 称为泵的流量特性曲线。泵提供的压头必须与管路上的阻力相平衡才能进行操作。克服管路阻力所需压头大小随流量的增加而增加,如曲线 1 所示。曲线 1 称为管路特性曲线。曲线 A 与曲线 1 的交点 C_1 即为进行操作的工作点。此时泵所产生的压头正好用来克服管路的阻力,C_1 点对应的流量 Q_1 即为泵的实际出口流量。

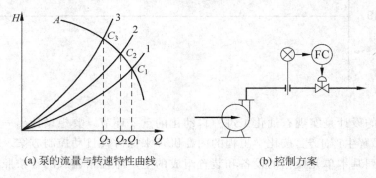

(a) 泵的流量与转速特性曲线　　　　(b) 控制方案

图 19-1　直接节流法

当控制阀开启度发生变化时,由于转数是恒定的,所以泵的特性没有变化,即图 19-1(a) 中的曲线 A 没有变化。但管路上的阻力却发生了变化,即管路特性曲线不再是曲线 1,随着控制阀的关小,可能变为曲线 2 或曲线 3 了。工作点就由 C_1 移向 C_2 或 C_3,出口流量也由 Q_1 改变为 Q_2 或 Q_3。以上就是通过控制泵的出口阀开启度来改变排出流量的基本原理。

采用本方案时,要注意控制阀一般应该安装在泵的出口管线上,而不应该安装在泵的吸入管线上(特殊情况除外)。若阀装在泵的吸入管道上,由于控制阀两端节流损失压头 h_v 存在,使泵的入口压力比无阀时要低,从而可能使流体部分气化。造成泵的出口压力降低,排量下降,甚至使排量等于零,这种现象叫做“气缚”;或者所夹带的部分气化产生的气体到排出端后,因受到压缩会重新凝聚成液体,对泵内机件产生冲击,情况严重时会损坏叶轮和机壳,这种现象叫做“气蚀”。控制阀一般宜装在检测元件(如孔板)的下游,这样将对保证测量精度有好处。此外,控制阀两端的压差 h_v 随阀开度的变化而变化。开度增大,流量增加,但 h_v 反而减小。

采用直接节流法的方案简单可行,是应用最为广泛的方案。但是,此方案总的机械效率较低,特别是控制阀开度较小时,阀上压降较大,对于大功率的泵,损耗的功率相当大,因此是不经济的。

2. 控制泵的转速

这种控制方案以改变泵的特性曲线,移动工作点,来达到控制流量的目的。图 19-2 表示这种控制方案及泵特性变化改变工作点的情况。当泵的转速改变时,泵的流量特性曲线会发生改变。图 19-2(a) 中曲线 1、2、3 表示转速分别为 n_1、n_2、n_3 时的流量特性,且有 $n_1 > n_2 > n_3$。在同样的流量情况下,泵的转速提高会使压头 H 增加。在一定的管路特性曲线 B 的情况下,减小泵的转速,会使工作点由 C_1 移向 C_2 或 C_3,流量相应也由 Q_1 减少到 Q_2 或 Q_3。

这种方案从能量消耗的角度来衡量最为经济,机械效率较高。但调速机构一般较复杂,多用在蒸汽透平驱动离心泵的场合,此时仅需控制蒸汽量即可控制转速。

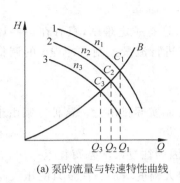

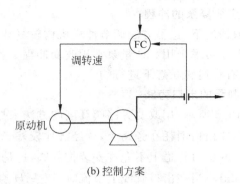

（a）泵的流量与转速特性曲线   （b）控制方案

图 19-2　调节转速式控制方案

3. 旁路法

图 19-3 所示为改变旁路回流量的控制方案。它是在泵的出口与入口之间加一旁路管道，让一部分排出量重新回到泵的入口。这种控制方式实质也是改变管路特性来达到控制流量的目的。当旁路控制阀开度增大时，离心泵的整个出口阻力下降，排量增加，但与此同时，回流量也随之增大，最终导致送往管路系统的实际排量减少。

显然，采用这种控制方式必然有一部分能量损耗在旁路管路和阀上，所以，机械效率也是较低的。但它具有可采用小口径控制阀的优点，因此在实际生产过程中仍有一定的应用。

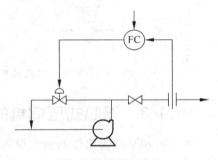

19.1.2　往复泵的控制

往复泵是常见的流体输送设备，大多用于流量较小、压头要求较高的场合，它是利用活塞在汽缸中往复活动来输送流体的。

图 19-3　旁路控制法

往复泵提供的理论流量（$Q_{理}$，单位为 m^3/h）可按下式计算

$$Q_{理} = 60nFs \tag{19-1}$$

式中：n——每分钟的往复次数；

　　　F——汽缸的截面积，m^2；

　　　s——活塞冲程，m。

从上式可以看出，影响往复泵出口流量变化的有 n、F、s 三个参数，通过改变 n、F、s 三个参数来控制流量。常用的流量控制方案有三种。

1. 改变原动机的转速

这种方案适用于以蒸汽机或汽轮机作为原动机的场合，此时，可借助于改变蒸汽流量的方法方便地控制转速，进而控制往复泵的出口流量，如图 19-4 所示。当用电动机作原动机时，由于调速机构较复杂，故很少采用。

图 19-4　改变原动机转速方案

2. 改变往复泵的冲程

在多数情况下,这种方法调节冲程机构较复杂,且有一定难度,只有在一些计量泵等特殊往复泵上才考虑采用。计量泵常用改变冲程 s 来进行流量控制。冲程 s 的调整可在停泵时进行,也有在运转状态下进行的。

3. 控制泵的出口旁路

如图 19-5 所示,用改变旁路阀开度的方法来控制实际排出量。这种方案由于高压流体的部分能量要白白消耗在旁路上,故经济性较差。

往复泵的出口管道上不允许安装控制阀,这是因为往复泵活塞每往返一次,总有一定体积的流体排出。当在出口管线上节流时,压头 H 会大幅度增加。往复泵的压头与流量之间的特性曲线大体如图 19-6 所示。从图中可以看出,在一定的转速下,随着流量的减少压头急剧增加,因此,企图用改变出口管道阻力既达不到控制流量的目的,又极易导致泵体损坏。

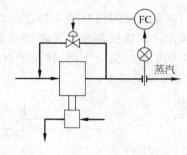

图 19-5 改变旁路流量方案

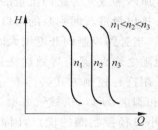

图 19-6 往复泵的特性曲线

19.1.3 离心式压缩机的防喘振控制

压缩机和泵同为流体的输送设备,其区别在于压缩机是提高气体压头的设备。气体是可以被压缩的,所以要考虑压力对密度的影响。

压缩机可分为离心式压缩机和往复式压缩机两大类,这里主要介绍离心式压缩机。

1. 离心式压缩机的特性及喘振现象

离心式压缩机在运行过程中,可能会出现这样一种现象,即当负荷低于某一定值时,气体的正常输送遭到破坏,气体的排出量时多时少,忽进忽出,发生强烈震荡,并发出如同哮喘病人"喘气"的噪声。此时可看到气体出口压力表、流量表的指示大幅度波动。随之,机身也会剧烈振动,并带动出口管道、厂房振动,压缩机将会发出周期性间断的吼响声。如不及时采取措施,将使压缩机遭到严重破坏,这种现象就是离心式压缩机的喘振,或称飞动。压缩机是严禁工作在这种喘振状态的。

图 19-7 是离心式压缩机的特性曲线,即压缩机的出口与入口的绝对压力之比 p_2/p_1 与进口体积流量 Q 之间的关系曲线。图中 n 是离心式压缩机的转速,且有 $n_1<n_2<n_3$。由图可见,对于不同转速 n 的每一条 $\frac{p_2}{p_1}$-Q 曲线,都有一个最高点。此点之右,降低压缩比 p_2/p_1

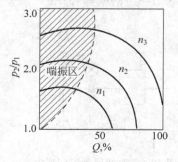

图 19-7 离心式压缩机特性曲线

会使流量增大,即 $\dfrac{\Delta Q}{\Delta (p_2/p_1)}$ 为负值。在这种情况下,压缩机有自衡能力,表现在因干扰作用使出口管网的压力下降时,压缩机能自发地增大排出量,提高压力建立新的平衡;此点之左,降低压缩比,反而使流量减少,即 $\dfrac{\Delta Q}{\Delta (p_2/p_1)}$ 为正值,这样的对象是不稳定的,这时,如果因干扰作用使出口管网的压力下降时,压缩机不但不增加输出流量,反而减少排出量,致使管网压力进一步下降,因此,离心式压缩机特性曲线的最高点是压缩机能否稳定操作的分界点。在图 19-7 中,连接最高点的虚线是一条表征压缩机能否稳定操作的极限曲线,在虚线的右侧为正常运行区,在虚线的左侧,即图中的阴影部分是不稳定区。

对于离心式压缩机,若由于压缩机的负荷(即流量)减少,使工作点进入不稳定区,将会出现一种危害极大地"喘振"现象。图 19-8 是说明离心式压缩机喘振现象的示意图。图中 Q_B 是在固定转速 n 的条件下对应于最大压缩比$(p_2/p_1)_B$ 的体积流量,它是压缩机能否正常操作的极限流量。设压缩机的工作点原处于正常运行区的点 A,由于负荷减少,工作点将沿着曲线 ABC 方向移动,在点 B 处压缩机达到最大压缩比。若继续减小负荷,则工作点将落到不稳定区,此时出口压力减小,但与压缩机相连的管路系统在此瞬间的压力不会突变,管网压力反而高于压缩机出口压力,于是发生气体倒流现象,工作点迅速下降到 C。由于压缩机在继续运转,当压缩机出口压力达到管路系统压力后,又开始向管路系统输送气体,于是压缩

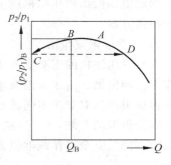

图 19-8 喘振现象示意图

机的工作点由点 C 突变到点 D,但此时的流量 $Q_D > Q_B$,超过了工艺要求的负荷量,系统压力被迫升高,工作点又将沿 DAB 曲线下降到 C。压缩机工作点这种反复迅速突变的过程,好像工作点在"飞动",所以产生这种现象时,又被称作压缩机的飞动。人们之所以称它为喘振,是由于出现这一现象时,由于气体由压缩机忽进忽出,使转子受到交变负荷,机身发生震动并波及到相连的管线,表现在流量计和压力表的指针大幅度摆动。如果与机身相连接的管网容量较小并严密,则可听到周期性的如同哮喘病人"喘气"般的噪声;而当管网音量较大,喘振时会发生周期性间断的吼响声,并使止逆阀发出撞击声,它将使压缩机及所连接的管网系统和设备发生强烈振动,甚至使压缩机遭到破坏。

2. 离心式压缩机的防喘振控制

喘振是离心式压缩机所固有的特性,每一台离心式压缩机都有其一定的喘振区域。负荷减小是离心式压缩机产生喘振的主要原因;此外,被输送气体的吸入状态,如温度、压力等的变化,也是使压缩机产生喘振的因素。一般讲,吸入气体的温度或压力越低,压缩机越容易进入喘振区。

在一般情况下,负荷的减少是压缩机产生喘振现象的主要原因。因此,要确保压缩机不出现喘振,必须在任何转速下,通过压缩机的实际流量都不小于喘振极限线所对应的极限流量 Q_B。根据这个基本思路,可采取压缩机的循环流量法。即当负荷减小时,采取部分回流的方法,既满足了工艺负荷要求,又使 $Q_1 > Q_B$。

常用的控制方案有固定极限流量法和可变极限流量法两种。

1) 固定极限流量法

对于工作在一定转速下的离心式压缩机,都有一个进入喘振区的极限流量 Q_B,为了安全起见,规定一个压缩机吸入流量的最小值 Q_P,且有 $Q_P > Q_B$。固定极限流量法防喘振控制目的就是当负荷变化时,始终保证压缩机的入口流量 Q_1 不低于 Q_P 值。图 19-9 是一种最简单的固定极限流量防喘振控制方案。在这种方案中,测量点在压缩机的吸入管线上,流量控制器的给定值为 Q_P,当压缩机的排气量因负荷变小且小于 Q_P 时,则开大旁路控制阀以加大回流量,保证吸入流量 $Q_1 \geqslant Q_P$,从而避免喘振现象的产生。

本方案结构简单,运行安全可靠,投资费用较少,但当压缩机的转速变化时,如按高转速取给定值,势必在低转速时给定值偏高,能耗过大;如按低转速取给定值,则在高转速时仍有因给定值偏低而使压缩机产生喘振的危险。因此,当压缩机的转速不是恒值时,不宜采用这种控制方案。

2) 可变极限流量法

为减少压缩机的不必要的能量消耗,该控制方案根据不同的转速,采用不同的喘振点流量作为控制依据。由于极限流量变化,因此,称为可变极限流量的防喘振控制。图 19-10 上的喘振极限线是对应于不同转速时的压缩机特性曲线的最高点的连线。只要压缩机的工作点在喘振极限的右侧,就可以避免喘振发生。但为了安全起见,实际工作点应控制在安全操作线的右侧。安全操作线近似为抛物线,其方程可用下列近似公式表示

$$\frac{p_2}{p_1} = a + \frac{bQ_1^2}{T_1} \tag{19-2}$$

式中：T_1——入口端绝对温度;

Q_1——入口流量;

a、b——系数,一般由压缩机制造厂提供。

p_1、p_2、T_1、Q_1 可以用测试方法得到。如果压缩比 $\frac{p_2}{p_1} \leqslant a + \frac{bQ_1^2}{T_1}$,工况是安全的;如果压缩比 $\frac{p_2}{p_1} > a + \frac{bQ_1^2}{T_1}$,其工况将可能产生喘振。

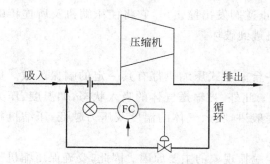

图 19-9 固定极限流量法防喘振控制系统

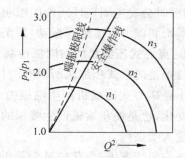

图 19-10 喘振极限线及安全操作线

经过换算,上述不等式可写成如下形式

$$\Delta p_1 \geqslant \frac{r}{bk^2}(p_2 - ap_1) \tag{19-3}$$

式中：Δp_1——与流量 Q_1 对应的压差；

　　　r——常数。

　　图 19-11 就是根据式 19-3 所设计的一种防喘振控制方案。压缩机入口、出口压力 p_1、p_2 经过测量、变送器以后送往加法器 $\sum$，得到（$p_2 - ap_1$）信号，然后乘以系数 $\frac{r}{bk^2}$，作为防喘振控制器 FC 的给定值。控制器的测量值是测量入口流量的压差经过变送器后的信号。当测量值大于给定值，压缩机工作在正常运行区，旁路阀是关闭的；当测量值小于给定值时，这时需要打开旁路阀以保证压缩机的入口流量不小于给定值。这种方案属于可变极限流量法的防喘振控制方案，这时控制器 FC 的给定值是经过运算得到的，因此能根据压缩机负荷变化的情况随时调整入口流量的给定值，而且由于这种方案将运算部分放在闭合回路之外，因此可像单回路流量控制系统那样整定控制器参数。

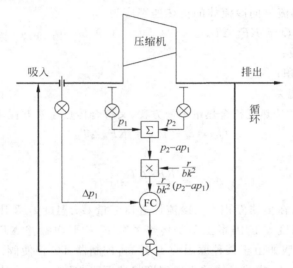

图 19-11　可变极限流量法防喘振控制系统

19.2　传热设备的控制

　　化工生产中，传热设备的种类很多，主要有换热器、再沸器、冷凝器、加热炉及锅炉等。由于传热的目的不同，被控变量也不完全相同。在多数情况下，被控变量都是温度。

19.2.1　换热器的控制

　　这里只讨论以温度作为被控变量时的各种控制方案，按传热的两侧有无相变的情况，分别讨论如下。

1. 两侧均无相变的换热器控制方案

　　换热器的目的是为了通过改变换热器的热负荷，使工艺介质加热（或冷却）到某一温度。当换热器两侧流体在传热过程中均不发生相变时，常采用下列控制方案。

1) 控制载热体流量

控制载热体流量,稳定被加热介质出口温度的控制方案如图 19-12 所示。从传热基本方程式可以推导出控制方案的工作原理。

在忽略热损失的情况下,冷流体所吸收的热量应等于热流体放出的热量:

$$Q = G_1 c_1 (T_1 - T_2) = G_2 c_2 (t_2 - t_1) \qquad (19-4)$$

式中:Q——单位时间内传递的热量;

G_1、G_2——分别为载热体和冷流体的热量;

c_1、c_2——分别为载热体与冷流体的比热容;

T_1、T_2——分别为载热体的入口和出口温度;

t_1、t_2——分别为冷流体的入口和出口温度。

由传热定理知,热流体向冷流体的传热速率应为

$$Q = KF_m \Delta T_m \qquad (19-5)$$

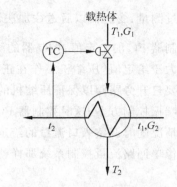

图 19-12 调节载热体流量的方案

式中:K——传热系数;

F_m——传热面积;

ΔT_m——平均温差。

由于冷热流体间的传热既符合热量平衡方程,又符合传热速率方程,因此可得下列关系:

$$G_2 c_2 (t_2 - t_1) = KF_m \Delta T_m \qquad (19-6)$$

整理后可得

$$t_2 = \frac{KF_m \Delta T_m}{G_2 c_2} + t_1 \qquad (19-7)$$

从上式可以看出,在传热面积 F_m、冷流体进口流量 G_2、温度 t_1 及比热容 c_2 一定的情况下,影响冷流体出口温度 t_2 的因素主要是传热系数 K 及平均温差 ΔT_m。控制载热体流量实质上是改变 ΔT_m。假如由于某种原因使 t_2 升高,控制器 TC 将使阀门关小以减少载热体流量,传热就更加充分,因此载热体的出口温度将要下降,必然导致冷热流体平均温差下降,从而使工艺介质出口温度也下降。因此这种方案实质上通过改变 ΔT_m 来控制工艺介质出口温度 t_2 的。需要注意的是,载热体流量的变化也会引起传热系数的变化,只是通常的变化不大,所以可以忽略不计。

改变载热体流量是应用最为普遍的控制方案,多适用于载热体流量的变化对温度影响较灵敏的场合。有时,当载热体流量较大时,载热体的进出口温差很小,控制系统进入饱和区,此时,载热体流量的改变对工艺介质出口温度的影响就很小,难以达到自动控制的目的。

2) 控制载热体旁路流量

当载热体是工艺流体,其流量不允许变动时,可采用图 19-13 所示的控制方案。这种控制方案也是利用改变温差的手段来达到控制温度的目的。这里,采用三通阀来改变进入换热器的载热体流量与旁路流量的比例,这样既可以改变进入换热器的载热体流量,又可以保证载热体总流量不受影响。这种方案在载热体为工艺主要介质时,极为常见。

旁路的流量一般不用直通阀来直接进行控制,这是由于在换热器内部流体阻力小的时候,控制阀前后压降很小,这样就使控制阀的口径要选得很大,而且阀的流量特性易发生畸变。

3）控制被加热流体自身流量

控制阀可以安装在被加热流体进入换热器的管道上,如图 19-14 所示。由式(19-7)可以看出,被加热流体流量 G_2 越大,出口温度 t_2 就越低。这是因为 G_2 越大,流体的流速越快,与热流体换热必然不充分,出口温度一定会下降。这种控制方案只能用在工艺介质的流量允许变化的场合。

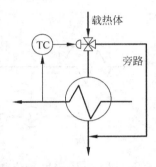 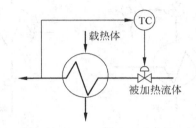

图 19-13　用载热体旁路控制温度　　　　图 19-14　用介质自身流量控制温度

4）控制被加热流体自身流量的旁路

当被加热流体的总流量不允许控制,而且换热器的传热面积有余量时,可将一小部分被加热流体由旁路直接流到出口处,使冷热物料混合来控制温度,如图 19-15 所示。该方案实际上是一个混合过程,所以反应迅速及时,但载热体流量一直处于高负荷下,而且要求传热面积有较大的裕量,这在通过换热器的被加热介质流量较小时是不经济的。将工艺介质部分旁路的控制方案广泛应用于过程工业能量回收系统,但具体应用时也应注意确保三通阀处于正常可调范围内,以避免被控制变量的失控。

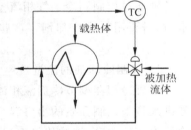

图 19-15　将工艺介质部分旁路的方案

2. 载热体冷凝的换热器控制方案

利用蒸汽冷凝来加热介质的加热器,在石油、化工中经常遇到。在蒸汽加热器中,蒸汽由气相变为液相进行冷凝,放出热量,通过管壁加热工艺介质。一般有下述两种控制方案。

1）控制载热体蒸汽的流量

当蒸汽压力本身比较稳定时,可采用图 19-16 所示的控制方案。蒸汽加热器的载热体为蒸汽,通过蒸汽冷凝释放热量来加热工艺介质,使工艺介质的出口温度达到给定值。该方案控制灵敏,但要求冷凝液排出畅通以确保在加热器内的冷凝液量可忽略不计。

2）控制冷凝液排量

在某些场合,当被加热工艺介质的出口温度较低,采用低压蒸汽作为载热体,传热面积裕量又较大时,往往将控制阀装在凝液管线上以冷凝液流量作为操纵变量,通过调节蒸汽气相传热面积,以保持出口温度恒定,具体控制方案如图 19-17 所示。如果被加热物料出口温度高于给定值,说明传热量过大,可将凝液控制阀关小,凝液就会积聚起来,减少了有效的蒸汽冷凝面积,使传热量减少,工艺介质出口温度就会降低。反之,如果被加热物料出口温度低于给定值,可开大凝液控制阀,增大有效传热面积,使传热量相应增加。

这种控制方案,由于凝液至传热面积的通道是个滞后环节,控制作用比较迟钝。当工艺介质温度偏离给定值后,往往需要很长时间才能校正过来,影响了控制质量。较有效的方法可采用图 19-18 所示的温度与凝液的液位串级控制方案。由于串级控制系统克服了进入副回路的主要干扰,改善了对特性,因而提高了控制品质。

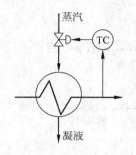 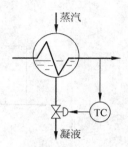 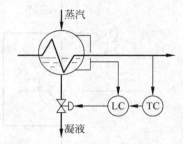

　图 19-16　调节蒸汽流量　　　图 19-17　调节冷凝液排放　　　图 19-18　温度-液位串级
　　　　　　的方案　　　　　　　　　　　的方案　　　　　　　　　　　控制系统

3. 冷却剂汽化的换热器控制方案

冷凝冷却器的载热体即冷剂,利用它们在冷凝冷却器内蒸发,吸收工艺物料的热量,以达到控制工艺物料温度的目的。基本控制方案包括两类:一类以冷剂流量为操纵变量,另一类则通过控制制冷剂气相流量来实现。当用水或空气作为冷却剂不能满足冷却温度的要求时,需要用其他冷却剂。这些冷却剂有液氨、乙烯、丙烯等。下面以液氨为例介绍控制方案。

1) 控制冷却剂的流量

冷凝冷却器调节冷剂液相流量的控制方案如图 19-19 所示,该控制方案是通过改变液氨进入量来控制介质的出口温度。当工艺介质出口温度上升时,应该增加液氨进入量使氨冷器内液位上升,液体传热面积就增加,因而使传热量增加,介质的出口温度下降。该方案调节平稳,冷量利用充分,且对后续液氨压缩机的入口压力无影响;但该方案蒸发空间不能达到保证,易引起气氨带液,损坏压缩机。为此,这种控制方案带有上限液位报警,或采用如图 19-20 所示的工艺介质出口温度与液位串级控制系统,或选择性控制系统。

2) 控制冷剂气相流量

冷凝冷却器调节冷剂气相排出量的控制方案如图 19-21 所示,其控制机理是通过调节平均温差来改变传热量,以达到控制工艺介质出口温度的目的。当控制阀的开度变化时,会引起氨冷器内汽化压力改变,于是相应的汽化温度也改变。当工艺介质出口温度升高偏离给定值时,就开大氨气出口管道上的阀门,使氨冷器内压力下降,液氨温度也就下降,冷却剂与工艺介质间的温差增大,传热量也就增大,工艺介质温度就会下降,这样就达到了控制工艺介质出口温度恒定的目的。该方案控制灵敏,但制冷系统必须允许压缩机入口压力的波动,另外冷量的利用不充分。为确保系统的正常运行,还需设置一个液位控制系统。

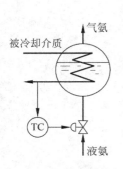

图 19-19 调节冷剂液相
流量的方案

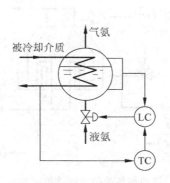

图 19-20 温度-液位串级
控制方案

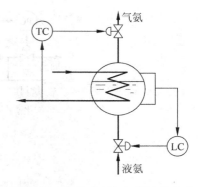

图 19-21 调节冷剂气相排放的方案

19.2.2 加热炉的控制

加热炉在炼油、化工工业中是较为重要的加热设备,工艺介质在加热炉中受热升温或同时进行汽化,它的温度高低将直接影响到后工序的工艺操作。如果炉温过高,不仅会使工艺介质在炉内分解、结焦,甚至可烧坏炉管,因此,炉温的控制是加热炉控制的重要内容。

1. 加热炉的单回路控制方案

1) 干扰分析

加热炉的最主要控制指标往往是工艺介质的出口温度,此温度为控制系统的被控变量,而操纵变量为燃料油或是燃料气的流量。对不少加热炉来说,温度控制指标要求相当严格,例如允许波动范围±(1~2)℃。影响炉出口温度的干扰因素包括:工艺介质方面有进料流量、温度、组分,燃料方面有燃料油(或气)的压力、成分(或热值)以及燃料油的雾化情况、空气过量情况、喷嘴的阻力、烟囱抽力等。在这些干扰因素中有些是可以控制的,有些是不可控的。为了保证炉出口稳定,对干扰应采取必要的措施。

2) 单回路控制系统分析

图 19-22 所示是加热炉温度控制系统,其主要控制系统是以炉出口温度为被控变量、燃料油流量为操纵变量组成的单回路控制系统,其他辅助控制系统如下:

(1) 进入加热炉工艺介质的流量控制系统,如图 19-22 中的 FC 控制系统;

(2) 燃料油总压控制,总压控制一般调回油量,如图 19-22 中的燃料油 PC 控制系统;

(3) 采用燃料油时,还需加入雾化蒸汽,为此设有雾化蒸汽压力控制系统。如图 19-22 中的雾化蒸汽 PC 控制系统,以保证燃料油的良好雾化。

采用雾化蒸汽压力控制系统后,在燃料油压力变化不大的情况下是可以满足雾化要求的,目前炼厂中大多数采用这种方案。假如燃料油压变化较大时,单采用雾化蒸汽压力控制就不能保证燃料油得到良好的雾化,可以采用如下控制方案:①根据燃料油阀后压力与雾化蒸汽,即采用压差控制,如图 19-23 所示;②采用燃料油阀后压力与雾化蒸汽压力比值控制,如图 19-24 所示。

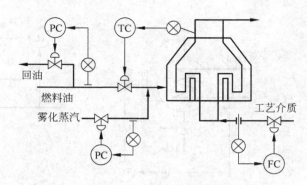

图 19-22　燃油加热炉的单回路控制系统

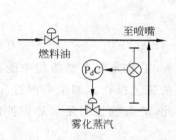 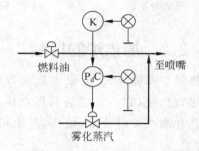

图 19-23　燃料油与雾化蒸汽压差控制系统　　图 19-24　燃料油与雾化蒸汽压力比值控制系统

采用上述两种方案时,只能保持近似的流量比,还应注意经常保持喷嘴、管道、节流件等通道的畅通,以免喷嘴堵塞及管道局部阻力发生变化,引起控制系统的误动作。此外,也可采用两者流量的比值控制,虽能克服上述缺点,但所用仪表多且重油流量测量困难。采用单回路控制系统往往很难满足工艺要求,因为加热炉需要将工艺介质从几十度升温到数百度,其热负荷很大。当燃料油(或气)的压力或热值(组分)有波动时,就会引起炉出口温度的显著变化。采用单回路控制时,当加热量改变后,由于传递滞后和测量滞后教大,控制作用不及时,使炉出口温度波动较大,满足不了工艺生产要求。因此单回路控制系统仅适用于下列情况:

(1) 炉出口温度要求不是十分严格;

(2) 外来干扰缓慢而较小,且不频繁;

(3) 炉膛容量较小,即滞后不大。

2. 加热炉的串级控制方案

为了改善控制品质,满足生产的需要,石油化工和炼油厂中的加热炉大多采用串级控制系统。加热炉的串级控制方案,由于干扰因素以及炉子形式不同,可以选择不同的副参数,主要有以下几种。

1) 炉出口温度与炉膛温度串级控制

当主要干扰是油料油(或气)的压力、热值、烟抽力等,首先反映的是炉膛温度的变化,其次反映的是炉出口温度的变化。由于前者的滞后远小于后者,采用炉出口温度对炉膛温度串级后,就把原来滞后的对象一分为二,副回路起超前作用,能使这些干扰因素一影响到炉膛温度时,就迅速采取控制手段,这将显著改善控制质量,控制方案如图 19-25 所示。

这种串级控制方案对下述情况更为有效:

(1) 热负荷较大,而热强度较小,即不允许炉膛温度有较大波动,以免影响设备;

(2) 当主要干扰是燃料油或气的热值变化时,其他串级控制方案的内环无法感受;

(3) 在同一个炉膛内有两组炉管,同时加热两种物料,此时虽然仅控制一组温度,但另一组也较平稳。

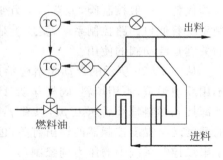

图 19-25　炉出口温度与炉膛温度串级控制

由于把炉膛温度作为副参数,因此采用这种方案时还应注意下述几个方面:

(1) 应选择有代表性的炉膛温度检测点,而且要反应快,但选择较困难,特别对圆筒炉;

(2) 为了保护设备,炉膛温度不应有较大波动,所以在参数整定时,对于副控制器不应整定得过于灵敏,且不宜加微分作用;

(3) 由于炉膛温度较高,测温元件及其保护套管材料必须耐高温。

2) 炉出口温度与燃料油(或气)流量串级控制

如果燃料流量的波动成为外来的主要干扰,则可以考虑采用炉出口温度对燃料油(或气)流量的串级控制,如图 19-26 所示。这种方案的优点是当燃料油流量发生变化后,还未影响到炉出口温度之前,其内环即先进行调节,以减小甚至消除燃料油(或气)流量的干扰,从而改善控制质量。

3) 炉出口温度与燃料油(或气)阀后压力串级控制

若加热炉所需燃料油量较少或其输送管道较小时,其流量测量较困难,特别是当采用黏度较大的重质燃料油时更难测量。一般来说,压力测量较流量方便,因此可以采用炉出口温度对燃料油(或气)阀后压力的串级控制,如图 19-27 所示。

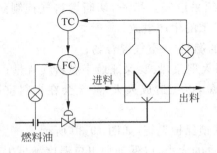

图 19-26　炉出口温度与燃料油流量串级控制

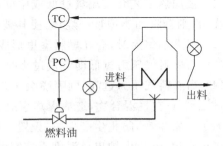

图 19-27　炉出口温度与燃料油压力串级控制

该方案应用较广。采用该方案时,应注意的是,如果燃烧喷嘴部分阻塞,也会使阀后压力升高,此时副控制器的动作使阀门关小,这是不适宜的。因此,在运行时必须防止这种现象的发生,特别是采用重质燃料油或燃料气中夹带着液体时更要注意。

4) 采用压力平衡式控制阀(浮动阀)控制

当燃料是气态时,采用压力平衡式控制阀(浮动阀)的方案,如图 19-28 所示。这里用浮动阀代替了一般控制阀,节省了压力变送器,且浮动阀本身兼起压力控制器的功能,整个控制系统看似单回路控制系统,实质上是炉出口温度与燃料气压力的串级控制系统。本控制的关键是浮动阀的使用。

从图 19-29 所示的浮动阀结构示意图可以清楚地看出:浮动阀与一般控制阀不同,它不用反馈弹簧,不用填料,阀杆移动自如,阀的膜片上部来自温度控制器的输出压力,而膜片下部接入燃料气阀后压力 p_2,只有 $p_1 = p_2$ 时,阀杆才不动,处于平衡状态。所以确定阀门的开度既与温度控制器的输出有关,也与燃料气压有关,也就是说浮动阀在此系统中,相当于串级控制系统中的压力副控制器。

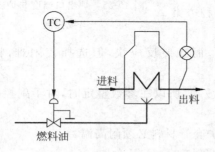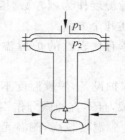

图 19-28　采用浮动阀的控制方案　　　图 19-29　浮动阀结构示意图

采用浮动阀的控制方案,被控燃料气阀后压力一般在 0.04~0.08MPa 之间。若压力大于 0.08MPa,为了满足平衡的要求,则在温度控制器的输出端串接一个倍数继动器。

3. 加热炉的安全联锁保护系统

为了保证大型加热炉的安全生产,防止生产事故发生,以免造成严重的损失,应有必要的安全联锁保护系统,至于采用哪些安全联锁保护系统,应视具体情况而定。

1) 以燃料气为燃料的加热炉安全联锁保护系统

在以燃料气为燃料的加热炉中,主要危险是:

(1) 被加热工艺介质流量过低或中断,此时必须采取安全措施,切断燃料气控制阀,停止燃烧,否则会将加热炉管子烧坏,使其破裂造成严重的生产事故;

(2) 当火焰熄灭时,会在燃料室里形成危险性的燃料气-空气混合物;

(3) 当燃料气压力过低即流量过小时会出现回火现象,故要保证最小燃料气流量;

(4) 当燃料气压力过高,则喷嘴会出现脱火现象,以至造成灭火,甚至会在燃料室里形成大量燃料气-空气混合物,造成爆炸事故。

为了正常生产,防止生产事故,设置一些安全联锁保护系统,如图 19-30 所示。

在正常生产时,由炉出口温度来控制燃料气流量的大小,以保证炉出口温度满足生产要求。设置的安全联锁保护系统有:

(1) 炉出口温度与控制阀阀后压力的选择性控制系统。正常生产时,由温度控制器 TC 工作。当由于某种干扰作用,使得控制阀阀后压力过高、达到安全极限时,压力控制器 PC 通过低值选择器 LS 取代温度控制器工作,关小控制阀,以防止脱火,一旦正常后仍由温度控制器工作。

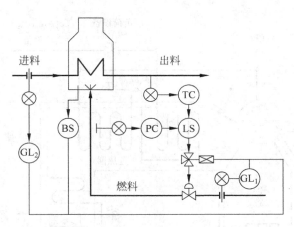

图 19-30　加热炉的安全联锁保护系统

（2）燃料气流量过低联锁报警系统 GL_1，当燃料气流量低到一定极限时，则 GL_1 联锁动作，使三通电磁阀线圈失电，这样来自控制器的气压信号放空，结果切断燃料气阀，以防止回火造成事故。联锁动作以后，不能自动复位，只能经过检查认为危险消除后，才人工复位、投入运行，以免误动作而造成爆炸事故。

（3）工艺介质低流量联锁报警系统 GL_2。当工艺介质流量过低或中断时，GL_2 动作切断燃料气控制阀，停止燃烧。

（4）火焰检测器开关 BS，当火焰熄灭时，动作切断燃料气控制阀，停止供气，以防止燃料室内形成燃料气-空气混合物造成爆炸事故。上述三个联锁系统动作以后，不能自动复位，恢复正常后，需人工复位重新投入运行。

2）以燃料油为燃料的加热炉安全联锁保护系统

在这类加热炉中主要危险是：进料流量过低或中断；燃料油压力过高会脱火，过低会回火；雾化蒸汽压力过低或中断，会使燃料油得不到良好的雾化，甚至无法燃烧。因此在这里设置联锁保护系统基本上与以燃料气为燃料的加热炉相似，仅是原来的火焰检测器 BS，换成雾化蒸汽压力过低联锁保护系统。

19.2.3　锅炉设备的控制

锅炉是化工、炼油、发电等工业生产过程中必不可少的重要动力设备。它所产生的高压蒸汽既可作为驱动发电机的动力源，又可作为蒸馏、化学反应、干燥和蒸发等过程的热源。随着工业生产规模的不断扩大，生产设备的不断革新，作为全厂动力和热源的锅炉，亦向着大容量、高效率发展。为了确保安全、稳定生产，锅炉设备的控制系统就显得愈加重要。

锅炉设备根据工作压力的不同可分为高压锅炉、中压锅炉和低压锅炉，根据燃料的不同可分为燃油锅炉、燃气锅炉和燃煤锅炉。还可以根据用途不同分为不同的类型。常见的锅炉设备的主要工艺流程如图 19-31 所示。

锅炉根据整个生产流程可以分为燃烧系统和汽水系统。燃烧系统的任务是将燃料和助燃空气按一定比例送入炉膛燃烧室内燃烧。空气和燃料在炉膛内燃烧产生大量热量传给水冷壁中的水，产生饱和蒸汽，然后经过热器，形成一定气温的过热蒸汽 D，汇集至蒸汽母管。

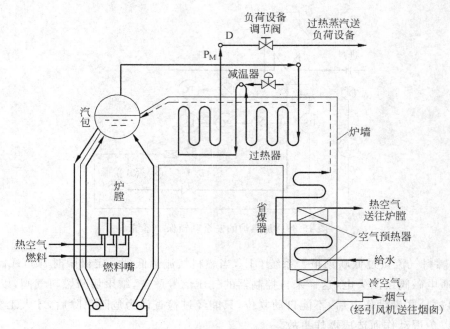

图 19-31　锅炉设备主要工艺流程图

压力为 p_m 的过热蒸汽,经负荷设备控制,供给负荷设备用。与此同时,燃烧过程中产生的烟气,除将饱和蒸汽变成过热蒸汽外,还经省煤器预热锅炉给水和空气预热器预热空气,最后经引风机送往烟囱,排入大气。在汽水系统中,锅炉的给水由给水泵打出,先经高压加热器加热,再经省煤器回收一部分烟气中的余热后进入汽包。汽包中的水在水冷壁中进行自燃或强制循环,不断吸收炉膛辐射热量,由此产生的饱和蒸汽由汽包顶部流出,再经过多级过热器进一步加热过热蒸汽,这个具有一定压力和温度的过热蒸汽就是锅炉的产品。

根据安全和工艺要求,锅炉设备的控制任务如下:

(1) 保持汽包内的水位在一定范围内;

(2) 保持炉膛负压在一定范围内;

(3) 保持锅炉燃烧的经济性和安全性;

(4) 锅炉产生的蒸汽量应适应负荷的变化或保持设定的负荷;

(5) 保持出汽压力在一定范围内;

(6) 保持过热蒸汽温度在一定范围内。

根据控制任务,锅炉控制系统主要有锅炉汽包水位的控制、锅炉燃烧系统的控制、过热蒸汽系统的控制。

1. 锅炉汽包水位控制

汽包水位是锅炉运行的主要指标。保持水位在一定范围内是保证锅炉安全运行的首要条件。水位过高、过低都会给锅炉及用户的安全操作带来不利的影响。如果水位过低,则由于汽包内的水量较少,而负荷却很大,水的汽化速度又快,因而汽包内的水量变化速度很快,如不及时控制,就会使汽包内的水全部汽化,导致锅炉烧坏或爆炸;水位过高会影响汽包的汽水分离,产生蒸汽带液现象,会使过热器管壁结垢,使过热蒸汽温度因传热阻力增大而急剧下降。如以此过热蒸汽作为汽轮机动力的话,蒸汽带液还会损坏汽轮机叶片,影响运行的安全与经济性。所以,必须对锅炉汽包水位加以严格控制。

1) 汽包水位的动态特性

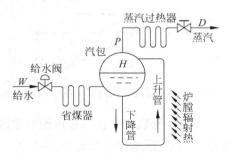

图 19-32　锅炉汽包水位系统示意图

锅炉的汽包水位对象如图 19-32 所示,给水阀用于控制给水量 W,所以 W 是该对象的操纵变量;蒸汽消耗量 D 由后续用汽装置决定,是该对象的主要干扰。汽包与循环管构成了水循环系统。从图 19-32 看以看出,决定汽包水位的因素除了汽包中(包括循环水管)储水量的多少外,还与水位下气泡容积有关。而水位下气泡容积与锅炉的负荷、蒸汽压力、炉膛热负荷等有关。在影响汽包水位的诸多因素中,以锅炉蒸发量(蒸汽流量 D)和给水流量 W 为主。

下面侧重讨论给水流量与蒸汽流量作用下的水位变化的动态特性。假设汽包内汽液相水位成线性关系。

(1) 蒸汽负荷(蒸汽流量)对水位的影响,即干扰通道的动态特性。在蒸汽干扰作用下,水位变化的阶跃响应曲线如图 19-33 所示。当蒸汽流量 D 突然增加,一方面在燃料量不变的情况下,从锅炉的物料平衡关系来看,蒸汽量 D 大于给水量 W,水位变化应如图 19-33 中的曲线 H_1 所示。另一方面,由于蒸汽用量突然增加,瞬间必导致汽包压力的下降。汽包内水沸腾突然加剧,产生闪蒸,水中气泡迅速增加,因气泡容积增加,而使水位变化的曲线如图 19-33 中的 H_2。而实际显示的水位响应曲线 H 为 H_1 与 H_2 的叠加,即 $H = H_1 + H_2$。从图 19-33 中可看出:当蒸汽量加大时,虽然锅炉的给水量小于蒸发量,但在一开始,水位不仅不下降反而迅速上升,然后再下降;反之,蒸汽流量突然减少时,则水位先下降,然后上升。这种现象称为"虚假水位"。蒸汽流量扰动时,水位变化的动态特性可用传递函数表示为

$$\frac{H(s)}{D(s)} = \frac{H_1(s)}{D(s)} + \frac{H_2(s)}{D(s)} = -\frac{K_1}{s} + \frac{K_2}{T_2 s + 1} \tag{19-8}$$

式中:K_1——在蒸汽流量的作用下,阶跃响应曲线的飞升速度;

K_2——响应曲线 H_2 的放大系数;

T_2——响应曲线 H_2 的时间常数。

虚假水位的变化与锅炉的工作压力和蒸发量等有关,对于一般 100～300t/h 的中高压锅炉,当负荷变化 10% 时,虚假水位可达 30～40mm。虚假水位的反向特性,给控制带来一定的困难,在控制方案设计时,必须引起注意。

(2) 给水流量对水位的影响,即控制通道的动态特性。图 19-34 是在给水流量作用下水位变化的阶跃响应曲线。如果把汽包和给水看作单容量无自衡对象,水位阶跃响应曲线如图中的 H_1 线。

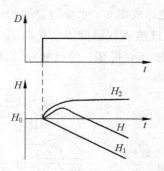 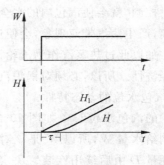

图 19-33　蒸汽流量阶跃干扰下水位的响应　　　　图 19-34　给水流量阶跃干扰下水位的响应

由于给水温度要比汽包内饱和水的温度低,所以给水流量增加后,需从原有饱和水中吸取部分热量,使水位下气泡容积减少。当水位下气泡容积的变化过程逐渐平衡时,水位将因汽包中储水量的增加而上升。最后当水位下气泡容积不再变化时,水位变化就完全反映了因储水量的增加而直线上升。所以图中 H 线是水位的实际变化曲线。在给水量作阶跃变化后,汽包水位不是立刻增加,而是呈现一段起始惯性段。用传递函数来描述时,它近似一个积分环节和纯滞后环节的串联,可表示为:

$$\frac{H(s)}{D(s)} = \frac{K_\circ}{s} e^{-\tau s} \qquad\qquad (19-9)$$

式中:$K_\circ$——为给水流量作用下,阶跃响应曲线的飞

　　　　升速度;

　　　τ——纯滞后时间。

给水温度越低,纯滞后时间 τ 越大。通常 τ 在 $15\sim100\text{s}$ 之间。如采用省煤器,则由于省煤器本身的延迟,将使 τ 增加到 $100\sim200\text{s}$ 之间。

2) 单冲量控制系统

单冲量控制系统结构如图 19-35 所示。这里单冲量指的是控制器仅有一个测量信号,即汽包水位。

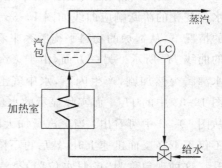

图 19-35　单冲量控制系统

该控制系统属于简单的单回路控制系统。其控制系统结构简单,使用仪表少。它的缺点是不能适应蒸汽负荷的剧烈变化。在燃料量不变的情况下,倘若蒸汽负荷突然有较大幅度的增加,由于假水位现象,开始时控制器不但不开大给水阀增加给水量,以维持锅炉的物料平衡,反而关小控制阀,减少给水量。等到假水位消失时,由于蒸汽量增加,给水量反而减少,使水位大幅度波动,严重时甚至会使汽包水位降到危险程度而发生事故,因此这种系统克服不了虚假水位带来的严重影响。故主要用于蒸汽负荷变化不剧烈,用户对蒸汽品质要求不十分严格的小型锅炉。而对于停留时间短、负荷变动较大的情况,不能采用单冲量控制。为了克服这种由于"虚假水位"而引起的控制系统的误动作,引入了双冲量控制系统。

3) 双冲量控制系统

在汽包水位控制中,最主要的干扰是蒸汽负荷的变化,如果根据蒸汽流量作为校正作

用,就可以纠正虚假水位引起的误动作,使控制阀的动作十分及时,从而减少水位的波动,大大改善了控制品质。将蒸汽流量信号引入就构成了双冲量控制系统。图 19-36 是典型的双冲量控制系统的原理图及方框图。这里的双冲量是指液位信号和蒸汽流量信号。当控制阀为气关阀,液位控制器(LC)为正作用时,其运算器中的液位信号运算符号应为正,以使液位增加时关小控制阀;蒸汽流量信号运算符号应为负,以使蒸汽流量增加时开大控制阀,满足由于负荷增加时对增大给水量的要求。

图 19-36 所示的双冲量控制系统实质上是一个前馈(蒸汽流量)加单回路反馈控制的前馈—反馈控制系统。当蒸汽负荷的变化引起液位大幅度波动时,蒸汽流量信号的引入起着超前的作用,它可以在液位还未出现波动时提前使控制阀动作,从而减少因蒸汽负荷量的变化而引起的液位波动,改善了控制品质。这里的前馈仅为静态前馈,若要考虑两条通道在动态上的差异,则还须引入动态补偿环节。

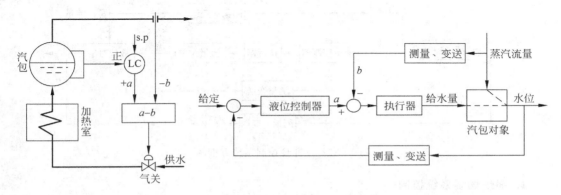

图 19-36　双冲量控制系统原理图与方框图

影响锅炉汽包液位的因素还包括供水压力的变化。当供水压力变化时,会引起供水流量变化,进而引起汽包液位变化。双冲量控制系统对这种干扰的克服是比较迟缓的。它要等到汽包液位变化以后再由液位控制器来调整,使进水阀开大或关小。所以,当供水压力扰动比较频繁时,双冲量液位控制系统的质量较差,这时可采用三冲量液位控制系统。

4) 三冲量控制系统

图 19-37 所示的为一种典型的三冲量控制系统,一种实施方案如图 19-38 所示。方框图如图 19-39 所示。从图中可看出,三冲量控制系统实质上是前馈-串级控制系统,这个系统是根据三个变量(冲量)来进行控制的。其中汽包液位是被控变量,工艺的主要控制指标;给水流量是串级控制系统中的副变量,引入这一变量是为了利用副回路克服干扰的快速性来及时克服给水压力变化对汽包液位的影响;蒸汽流量是作为前馈信号引入的,其目的是为了及时克服蒸汽负荷变化对汽包液位的影响。由于三冲量控制系统的抗干扰能力和控制品质都比单冲量、双冲量控制要好,所以用得比较多,特别是在大容量、高参数的近代锅炉上,应用更为广泛。

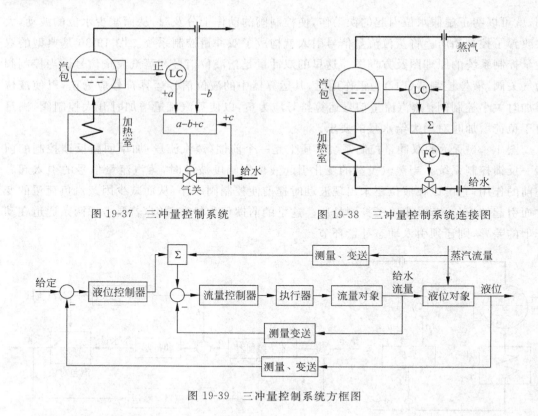

图 19-37　三冲量控制系统　　　　　图 19-38　三冲量控制系统连接图

图 19-39　三冲量控制系统方框图

2. 锅炉燃烧系统控制

锅炉燃烧系统的自动控制与燃料种类、燃烧设备以及锅炉形式等有密切关系。下面重点讨论燃油锅炉的燃烧系统控制方案。燃油锅炉的燃烧控制系统主要有三个：蒸汽压力控制系统、燃料空气比值控制系统和炉膛负压控制系统。

燃烧过程的控制基本要求有三个：

(1) 保证锅炉出口蒸汽压力稳定，能按负荷要求自动增减燃料量。

(2) 保证燃烧良好，供气适宜。既要防止因空气不足使烟囱冒黑烟，也要防止因空气过量而增加热量损失。当增加燃料时，空气量应先增加；减少燃料时，空气量也应相应减少。为此燃料量与空气量(送风量)应保持在一个合适的比例。

(3) 保持炉膛负压恒定。通常用控制引风量使炉膛负压保持在微负压(20～80Pa)，如果炉膛负压太小甚至为正，则炉膛内热烟气向外冒出，影响设备和操作人员的安全。反之，炉膛负压太大，会使大量冷空气漏进炉内，从而使热量损失增加，降低燃烧效率。与此同时，还必须加强安全措施。例如，烧嘴背压太高时，可能燃料流速过高而脱火；烧嘴背压过低时又可能回火，这些都应设法防止。

1) 蒸汽压力控制和燃料与空气比值控制系统

蒸汽压力的主要扰动是蒸汽负荷的变化与燃料量的波动，蒸汽负荷取决于蒸汽用量，不能作为操纵变量。因此，蒸汽压力控制通常采用燃料量作为操纵变量。当蒸汽负荷及燃料波动较小时，可以采用蒸汽压力来控制燃烧量的单回路控制系统。而当燃料量波动较大时可以采用蒸汽压力对燃料流量的串级控制系统。

为获得良好燃烧效率,需使燃料量与空气量保持一定比例关系。燃料流量是随蒸汽负荷而变化的,所以作为主流量,与空气流量组成单闭环比值控制系统。

图 19-40 所示是燃烧过程的基本控制方案。图 19-40(a)方案是蒸汽压力控制器(PC)的输出同时作为燃料流量和空气流量控制器(FC)的给定值。这个方案可以保持蒸汽压力恒定,同时燃料量和空气量的比例是通过燃料流量控制器和空气流量控制器的正确动作而得到间接保证的。图 19-40(b)方案是蒸汽压力对燃料流量的串级控制,而送风量随燃料量变化而变化的比值控制,这样可以确保燃料量与送风量的比例。这个方案可以保持蒸汽压力恒定,但是由于锅炉结构的原因,燃油锅炉的燃料控制回路时间常数小于空气控制通道的时间常数,当负荷变化时,送风量的变化必然落后于燃料量的变化,引起不完全燃烧,产生黑烟,造成污染。

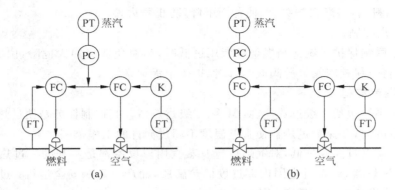

图 19-40　锅炉燃烧过程基本控制方案

针对送风量落后燃料量问题,设计了图 19-41 所示的燃烧过程改进控制方案。这个控制方案多了两个选择器,使得当负荷增加时,先增加空气量,然后再增加燃料量;当负荷减少时,先减少燃料量,再减少空气量。这个方案既保证了完全燃烧,又保持了蒸汽压力的恒定。

2) 炉膛负压控制与安全保护系统

一个典型的锅炉燃烧过程炉膛负压控制与安全保护控制系统如图 19-42 所示,它包括下列控制系统。

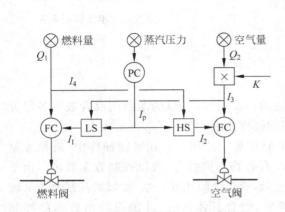

图 19-41　锅炉燃烧过程双交叉控制方案

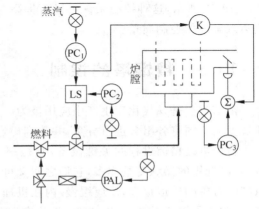

图 19-42　炉膛负压与安全保护控制系统

(1) 炉膛负压控制系统。

一般情况下可由炉膛负压控制器(PC_3)来调节烟道中的蝶阀,以改变引风量,使炉膛负压稳定。但当锅炉负荷变化较大时,单回路控制系统较难满足工艺要求。因负荷变化时,燃料量与送风量均作相应改变,但引风量仅在炉膛负压产生偏差时,才作出相应调整,这样引风量的变化就落后于送风量,从而造成炉膛负压的较大波动。为此,设计了一个前馈-反馈控制系统,除炉膛负压反馈调节外,还引入蒸汽压力控制器(PC_1)的输出,作为前馈输入,该前馈信号直接反映了燃料量与空气量的变化。

(2) 蒸汽压力与防脱火选择控制系统。

在燃烧嘴背压正常的情况下,由蒸汽压力控制器(PC_1)控制燃料阀,以维持锅炉出口蒸汽压力的稳定;当燃烧嘴背压过高时,为避免造成脱火危险,此时背压控制器(PC_2)过低选器(LS)控制燃料阀,将燃料阀关小,使背压下降,防止脱火。

(3) 防回火控制。

这是一个联锁保护系统。当燃烧嘴背压过低时,为避免造成回火危险,由 PAL 系统带动联锁装置,将燃料控制阀上游阀截断,以保护整个锅炉系统。

3. 过热蒸汽控制

蒸汽过热系统包括一级过热器、减温器、二级过热器。其控制任务是使过热器出口温度维持在允许范围内,并保护过热器使管壁温度不超过允许的工作范围。

过热蒸汽温度过高或过低,对锅炉运行及蒸汽用户设备都是不利的。过热蒸汽温度过高,容易损坏过热器,汽轮机也因内部过度的热膨胀,而严重影响安全运行;过热蒸汽温度过低,一方面使设备的效率降低,同时使汽轮机后几级的蒸汽湿度增加,引起叶片磨损,所以必须把过热器出口蒸汽的温度控制在规定范围内。

过热蒸汽温度控制系统常采用减温水流量作为操纵变量,但由于控制通道的时间常数及纯滞后均较大,所以组成单回路控制系统往往不能满足生产要求。因此,常采用以减温器蒸汽出口温度为副参数的串级控制系统,原理图如图 19-43 所示,这种控制系统可显著提高对过热蒸汽温度的控制质量。

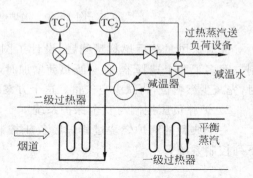

图 19-43 过热蒸汽温度串级控制系统

19.3 精馏塔的控制

精馏过程是现代化工生产中应用极为广泛的传质过程,其目的是利用混合液中各组分挥发度的不同将各组分进行分离,并达到规定的纯度要求。

精馏塔是精馏过程的关键设备,它是一个非常复杂的现象。在精馏操作中,被控变量多,可以选用的操纵变量亦多,它们之间又可以有各种不同组合,所以控制方案繁多。由于精馏塔对象的通道很多,反应缓慢,内在机理复杂,变量之间相互关联,加以对控制要求又较高,因此必须深入分析工艺特性,总结实践经验,结合具体情况,才能设计出合理的控制方案。

19.3.1　精馏塔的控制要求

为了对精馏塔实施有效的自动控制，必须首先了解精馏塔的工艺操作目标。一般来说，精馏塔的工艺操作目标，应该在满足产品质量合格的前提下，使总的收益最大或总的成本最小。因此，精馏塔的控制要求，应该从质量指标（产品纯度）、产品产量和能量消耗三个方面进行综合考虑。

1. 质量指标

精馏操作的目的是将混合液中各组分分离为产品，因此产品的质量指标必须符合规定的要求。也就是说，塔顶或塔底产品之一应该保证达到规定的纯度，而另一产品也应保证在规定的范围内。

在二元组分精馏中，情况较简单，质量指标就是使塔顶产品中轻组分纯度符合技术要求或塔底产品中重组分纯度符合技术要求。

在多元组分精馏中，情况较复杂，一般仅控制关键组分。所谓关键组分是指对产品质量影响较大的组分。从塔顶分离出挥发度较大的关键组分称为轻关键组分，从塔底分离出挥发度较小的关键组分称为重关键组分。以石油裂解气分离中的脱乙烷塔为例，它的目的是把来自脱甲烷塔底部产品作为进料加以分离，将乙烷和更轻的组分从顶部分离出，将丙烯和更重的组分从底部分离出。在实际操作中，比乙烷更轻的组分几乎全部从顶部分离出；比丙烯更重的组分几乎全部从底部分离出，少量从顶部分离出。这时，显然乙烷是轻关键组分，丙烯则是重关键组分，操作的关键是如何减少重关键组分在塔顶产品中的比例，或如何减少轻关键组分在塔底产品中的比例。因此，对多元组分的分离可简化为对二元关键组分的分离，这就大大地简化了精馏操作。

在精馏操作中，产品质量应该控制到刚好能满足规格上的要求，即处于"卡边"生产。生产超过规格的产品是一种浪费，因为它的售价不会更高，只会增大能耗，降低产量而已。

2. 产品产量和能量消耗

精馏塔的另两个重要控制目标是产品的产量和能量消耗。精馏塔的任务，不仅要保证产品质量，还要有一定的产量。另外，分离混合液也需要消耗一定的能量，这主要是再沸器的加热量和冷凝器的冷却量消耗。此外，塔的附属设备及管线也要散失一部分热量和冷量。从定性的分析可知，要使分离所得的产品纯度愈高，产品产量愈大，则所消耗的能量愈多。

产品的产量通常用该产品的回收率来表示。回收率的定义是：进料中每单位产品组分所能得到的可售产品的数量。数学上，组分 i 的回收率定义为

$$R_i = \frac{P}{Fz_i} \tag{19-10}$$

式中：P——产品产量；

$\quad\quad F$——进料流量；

$\quad\quad z_i$——进料中组分 i 的浓度。

产品回收率、产品纯度及能量消耗三者之间的定量关系可以用图 19-44 中的曲线来说明。这是对于某一精馏塔按分离 50% 两组分混合液作出的曲线图，纵坐标是回收率，横坐标是产品纯度（按纯度的对数值刻度），图中的曲线表示每单位进料所消耗能量的等值线（用塔内上升蒸汽量 V 与进料量 F 之比 V/F 来表示）。曲线表明，在一定的能耗 V/F 情况下，

随着产品纯度的提高,会使产品的回收率迅速下降。纯度愈高,这个倾向愈明显。

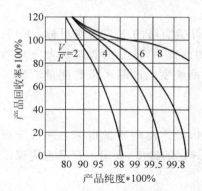

图 19-44 产品回收率、产品纯度和能量消耗的关系图

此外,从图 19-44 可知,在一定的产品纯度要求下,随着 V/F 从小到大逐步增加,刚开始可以显著提高产品的回收率。然而,当 V/F 增加到一定程度以后,再进一步增加 V/F 所得的效果就不显著了。例如,由图 19-44 可看出,在 98% 的纯度下,当 V/F 从 2 增至 4 时,产品回收率从 14% 增到 88%,增加了 74%;当 V/F 再从 4 增加到 6 时,则产品回收率仅从 88% 增加到 96.5%,只增加了 8.5%。

以上情况说明了在精馏操作中,主要产品的质量指标,刚好达到质量规格的情况是期望的,低于要求的纯度将使产品不合格,而超过纯度要求会降低产量。然而,在一定的纯度要求下,提高产品的回收率必然要增加能量消耗。可是单位产量的能耗最低并不等于单位产量的成本最低,因为决定成本的不仅是能耗,还有原料的成本。由此可见,在精馏操作中,质量指标、产品回收率和能量消耗均是要控制的目标。其中质量指标是必要条件,在质量指标一定的前提下,在控制过程中应使产品产量尽量高一些,同时能量消耗尽可能低一些。至于在质量指标一定的前提下,使单位产品产量的能量消耗最低或使单位产品产量的成本最低以及使综合经济效益最大等,均是属于不同目标函数的最优控制问题。

19.3.2 精馏塔的干扰因素分析

图 19-45 表示精馏塔塔身、冷凝器和再沸器的流程图。在精馏塔的操作过程中,影响其质量指标的主要干扰有以下几种。

1. 进料流量 F 的波动

进料量的波动通常是难免。如果精馏塔位于整个生产过程的起点,则采用定值控制是可行的。但是,精馏塔的处理量往往是由上一工序决定的,如果一定要使进料量恒定,势必要设置很大的中间储槽进行缓冲。工艺上新的趋势是尽可能减小或取消中间储槽,而采取在上一工序设置液位均匀控制系统来控制出料,使塔的进料流量 F 波动比较平稳,尽量避免剧烈的变化。

2. 进料成分 z_F 的变化

进料成分是由上一工序出料或原料情况决定的,因此对塔系统来讲,它是不可控的干扰。

3. 进料温度 T_F 及进料热焓 Q_F 的变化

进料温度通常是较为恒定的。假如不恒定,可以先将进料预热,通过温度控制系统来使精馏塔进料温度恒定。然而,进料温度恒定时,只有当进料状态全部是气态或全部是液态时,塔的进料热焓才能恒定。当进料是汽液混相状态。则只有当汽液两相的比例恒定时,进料热焓才能一定。为了保持精馏塔的进料热焓

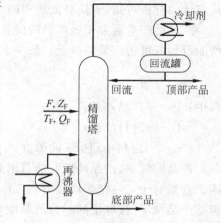

图 19-45 精馏塔流程图

恒定,必要时可通过热焓控制的方法来维持恒定。

4. 再沸器加热剂加热量的变化

当加热剂是蒸汽时,加入热量的变化往往是由蒸汽压力的变化引起的。可以通过在蒸汽总管设置压力控制系统来加以克服,或者在串级控制系统的副回路中予以克服。

5. 冷却剂在冷凝器内除去热量的变化

这个热量的变化会影响到回流量或回流温度,它的变化主要是由于冷却剂的压力或温度变化引起的。一般冷却剂的温度变化较小,而压力的波动可采用克服加热剂压力变化的同样方法予以克服。

6. 环境温度的变化

在一般的情况下,环境温度的变化较小,但在采用风冷器作冷凝器时,则天气聚变与昼夜温差,对塔的操作影响较大,它会使回流量或回流温度变化。为此,可采用内回流控制的方法予以克服。内回流通常是指精馏塔的精馏段内上一层塔盘向下一层塔盘流下的液体量。内回流控制,是指在精馏过程中,控制内回流为恒定量或按某一规律变化的操作。

由上述干扰分析可以看出,进料流量和进料成分的波动是精馏塔操作的主要干扰,而且往往是不可控的。其余干扰一般比较小,而且往往是可控的,或者可以采用一些控制系统预先加以克服的。当然,有时可能并不一定是这样,还需根据具体情况作具体分析。

19.3.3　精馏塔质量指标的选取

精馏塔最直接的质量指标是产品纯度。过去由于检测上的困难,难以直接按产品纯度进行控制。现在随着分析仪表的发展,特别是工业色谱仪的在线应用,已逐渐出现直接按产品纯度来控制的方案。然而,这种方案目前仍受到两方面条件的制约,一是测量过程迟延很大,反应缓慢,二是分析仪表的可靠性较差,因此,它们的应用仍然是很有限的。

最常用的间接质量指标是温度。因为对于一个二元组分精馏塔来说,在一定压力下,温度与产品纯度之间存在着单值的函数关系。因此,如果压力恒定,则塔板温度就间接反映了浓度。对于多元精馏塔来说,虽然情况比较复杂,但仍然可以看作在压力恒定条件下,塔板温度改变能间接反映浓度的变化。

采用温度作为被控的质量指标时,选择塔内哪一点的温度或几点温度作为质量指标,这是颇为关键的事。常用的有如下几种方案。

1. 灵敏板的温度控制

一般认为塔顶或塔底的温度似乎最能代表塔顶或塔底的产品质量。其实,当分离的产品较纯时,在邻近塔顶或塔底的各板之间,温度差已经很小。这时,塔顶或塔底温度变化0.5℃,可能已超出产品质量的容许范围。因而,对温度检测仪表的灵敏度和控制精度都提出了很高的要求,但实际上却很难满足。解决这一问题的方法是在塔顶或塔底与进料板之间选择灵敏板的温度作为间接质量指标。

当塔的操作经受扰动或承受控制作用时,塔内各板的浓度都将发生变化,各塔板的温度也将同时变化,但变化程度各不相同。当达到新的稳态后,温度变化最大的那块塔板即称为灵敏板。

灵敏板位置可以通过逐板计算或静态模型仿真计算,依据不同操作工况下各塔板温度分布曲线比较得出。但是,塔板效率不易估准,所以最后还需根据实际情况予以确定。

2. 温差控制

在精密精馏时,产品纯度要求很高,而且塔顶、塔底产品的沸点差又不大时,可采用温差控制。

采用温差作为衡量质量指标的参数,是为了消除压力波动对产品质量的影响。因此,在精馏塔控制系统中虽设置了压力定值控制,但压力也总会有些微小波动而引起浓度变化,这对一般产品纯度要求不太高的精馏塔是可以忽略不计的。但如果是精密精馏,产品纯度要求很高,微小的压力波动足以影响质量,就不能再忽略了。也就是说,精密精馏时若用温度作质量指标就不能很好地代表产品的质量,温度的变化可能是产品纯度和压力双方都变化的结果,为此应该考虑补偿或消除压力微小波动的影响。

在选择温差信号时,如果塔顶采出量为主要产品,宜将一个检测点放在塔顶(或稍下一些),即温度变化较小的位置;另一个检测点放在灵敏板附近,即浓度和温度变化较大的位置,然后取上述两测点的温度差 ΔT 作为被控变量。这里,塔顶温度实际上起参比作用,压力变化对两点温度都有相同影响,相减之后其压力波动的影响几乎相抵消。

在石油化工和炼油生产中,温差控制已应用于苯-甲苯、甲苯-二甲苯、乙烯-乙烷和丙烯-丙烷等精密精馏塔。要应用得好,关键在于选点正确,温差设定值合理(不能过大)以及工况稳定。

3. 双温差控制

当精密精馏塔的塔板数、回流比、进料组分和进料塔板位置确定之后,塔顶和塔底组分之间的关系就被固定下来。如果塔顶重组分增加,会引起精馏段灵敏板温度较大变化;反之,如果塔底轻组分增加,则会引起提馏段灵敏板温度较大的变化。相对地,在靠近塔底或塔顶处的温度变化较小。将温度变化最小的塔板相应地分别称为精馏段参照板和提馏段参照板。如果能分别将塔顶、塔底两个参照板与两个灵敏板之间的温度梯度控制稳定,就能达到质量控制的目的,这就是双温差控制方法的基础。

双温差控制方案如图 19-46 所示,设 T_{11}、T_{12} 分别为精馏段参照板和灵敏板的温度;

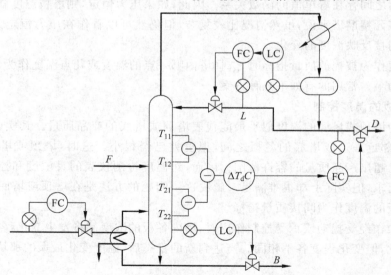

图 19-46 精馏塔双温差控制系统

T_{21}、T_{22}分别为提馏段灵敏板和参照板的温度,构成精馏段的温差 $\Delta T_1 = T_{12} - T_{11}$;提馏段的温差 $\Delta T_2 = T_{22} - T_{21}$,将这两个温差的差 $\Delta T_d = \Delta T_1 - \Delta T_2$ 作为控制指标。从实际应用情况来看,只要合理选择灵敏板和参照板位置,可使塔两端达到最大分离度。

19.3.4　精馏塔的基本控制方案

精馏塔是一个多变量的被控过程,可供选择的被控制变量和控制变量是众多的,选定一种变量的配对,就组成一种精馏塔的控制方案。然而精馏塔因工艺、塔结构不同等方面因素,使精馏塔控制方案更是举不胜举,很难简单判定哪个方案是最佳的。这里介绍精馏塔常规的、基本的控制方案,作为确定方案时的参考。精馏塔的控制目标是使塔顶和塔底的产品满足规定的质量要求,并确保操作平稳。为使问题简化,这里仅讨论塔顶和塔底产品均为液相时的基本控制问题。

1. 按精馏段指标控制

当塔顶采出液为主要产品时,往往按精馏段指标进行控制。这时,取精馏段某点浓度或温度作为被控变量、而以回流量 L、塔顶采出量 D 或再沸器上升蒸汽量 V 作为控制变量。可以组成单回路控制方式,也可以组成串级控制方式。后一种方式虽较复杂,但可迅速有效地克服进入副环的扰动,并可降低对控制阀特性的要求,在需作精密控制时采用。

按精馏段指标控制,对塔顶产品的纯度 x_D 有所保证,当扰动不很大时,塔底产品纯度 x_B 的变动也不大,可由静态特性分析来确定出它的变化范围。采用这种控制方案时,在 L、D、V 和 B 四者之中,选择一个作为控制产品质量的手段,选择另一个保持流量恒定,其余两个变量则按回流罐和再沸器的物料平衡关系由液位控制器加以控制。

常见的控制方案可分两类。

1) 依据精馏段指标控制回流量 L,保持再沸器加热量 V 为定值

这种控制方案如图 19-47 所示,其优点是控制作用迟延小,反应迅速,所以对克服进入精馏段的扰动和保证塔顶产品是有利的,这是精馏塔控制中最常用的方案。可是在该方案中,L 受温度控制器控制,回流量的波动对于精馏塔平稳操作是不利的。所以在控制器参数

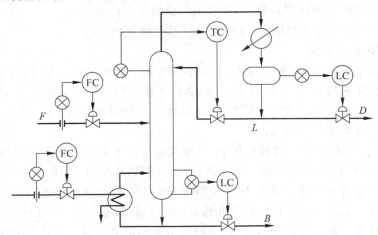

图 19-47　精馏段质量指标控制方案(1)

整定时,采用比例加积分的控制规律即可,不必加微分。此外,再沸器加热量维持一定而且应足够大,以便塔在最大负荷时仍能保证产品的质量指标。

2) 依据精馏段指标控制塔顶采出量 D,保持再沸器加热量 V 为定值

该控制方案如图 19-48 所示,其优点是有利于精馏塔的平稳运行,对于回流比较大的情况下,控制 D 要比控制 L 灵敏。此外,还有一个优点,当塔顶产品质量不合格时,如采用有积分动作的控制器,则塔顶采出量 D 会自动暂时中断,进行全回流,这样可保证得到的产品是合格的。

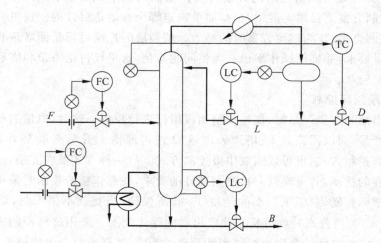

图 19-48 精馏段质量指标控制方案(2)

该方案温度控制回路迟延较大,反应较慢,从采出量 D 的改变到温度变化,要间接地通过回流罐液位控制回路来实现,特别是回流罐容积较大时,反应更慢,给控制带来了困难。此外,同样要求再沸器加热量需足够大,以保证在最大负荷时的产品质量。

精馏段温控的主要特点与使用场合如下:

(1) 采用了精馏段温度作为间接质量指标,因此它能较直接地反映精馏段的产品情况,当塔顶产品纯度要求比塔底严格时,一般宜采用精馏段温控方案;

(2) 如果干扰首先进入精馏段,采用精馏段温控就比较及时。

2. 按提馏段指标控制

当塔釜液为主要产品时,常常按提馏段指标控制。如果是液相进料,也常采用这类方案。这是因为在液相进料时,进料量 F 的变化,首先影响到塔底产品浓度 x_B,塔顶或精馏段塔板上的温度不能很好地反映浓度的变化,所以此时用提馏段控制比较及时。

常用的控制方案可分为两类。

(1) 按提馏段指标控制再沸器加热量,从而控制塔内上升蒸汽量 V,同时保持回流量 L 为定值。此时,D 和 B 都是按物料平衡关系,由液位控制器控制,如图 19-49 所示。

该方案采用塔内上升蒸汽量 V 作为控制变量,在动态响应上要比回流 L 控制的迟延小,响应迅速,对克服进入提馏段的扰动和保证塔底产品质量有利,所以该方案是目前应用最广的精馏塔控制方案。可是在该方案中,回流量采用定值控制。而且回流量应足够大,以便当塔的负荷最大时仍能保证产品的质量指标。

(2) 按提馏段指标控制塔底采出量 B,同时保持回流量 L 为定值。此时,D 是按回流罐

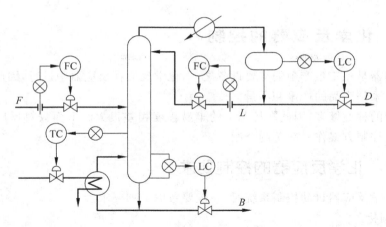

图 19-49 提馏段质量指标控制方案(1)

的液位来控制,再沸器蒸汽量由塔釜液位来控制,如图 19-50 所示。

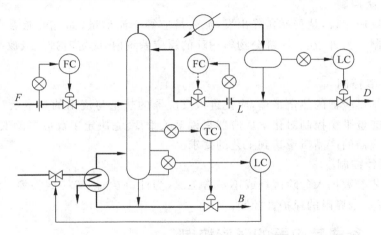

图 19-50 提馏段质量指标控制方案(2)

　　该控制方案正像前面所述的,按精馏段温度来控制 D 的方案那样,有其独特的优点和一定的弱点。优点是当塔底采出量 B 较少时,运行比较平衡;当采出量 B 不符合质量要求时,会自行暂停出料。缺点是延迟较大且液位控制回路存在反向特性。此外,同样要求回流量应足够大,以保证在最大负荷时的产品质量。

　　按提馏段指标控制主要特点与使用场合如下:

　　(1) 采用了提馏段温度作为间接质量指标,因此它能较直接地反映提馏段产品情况。将提馏段温度恒定后,就能较好地保证塔底产品的质量达到规定值。所以,在以塔底采出为主要产品,对塔釜成分要求比对馏出液高时,常采用按提馏段指标控制的方案。

　　(2) 当干扰首先进入提馏段时,例如在液相进料时,进料量或进料成分的变化首先要影响塔底成分,故用提馏段温控就比较及时,动态过程也比较快。

19.4　化学反应器的控制

化学反应器是化工生产中的重要设备之一,化学反应在反应器中进行,因此反应器控制的好坏直接关系到产品的产量和质量。

化学反应的种类繁多,因此在控制上的难易程度相差很大。下面只对反应器的控制要求及几种常见控制方案作一简单的介绍。

19.4.1　化学反应器的控制要求

在设计化学反应器自动控制系统时,一般要考虑下列要求。

1. 控制指标

根据反应器类型及其所进行的反应的不同,其控制指标可以选择反应转化率、产品的质量、产量或收率等直接指标,或与它们有关的间接工艺指标,例如温度、压力、温差等。

2. 物料平衡控制

对于化学反应来说,从稳态角度出发,流入量应等于流出量,如有可能需常常对主要物料进行流量控制。另外,在有一部分物料循环的反应系统内,应定时排放或放空系统中的惰性物料。

3. 能量平衡控制

要保持化学反应器的热量平衡,应使进入反应器的热量与流出的热量及反应生成热之间相互平衡。能量平衡控制对化学反应器来说至关重要,它决定了反应器的安全生产,也间接保证化学反应器的产品质量达到工艺的要求。

4. 约束条件控制

要防止工艺参数进入危险区域或不正常工况,为此,应当配置一些报警、联锁和选择性控制系统,进行安全界限的保护性控制。

19.4.2　釜式反应器的温度控制

釜式反应器在化学工业中应用十分广泛,除应用于聚合反应外,还应用于有机染料、农药等行业。反应温度的测量与控制是实现釜式反应器最佳操作的关键问题。下面主要针对温度控制进行讨论。

1. 控制进料温度

物料经过预热器(或冷却器)进入反应釜。通过改变进入预热器(或冷却器)的热剂量(或冷剂量),来改变进入反应釜的物料温度,从而达到维持釜内温度恒定的目的。控制方案如图 19-51 所示。

2. 改变传热量

由于大多数反应釜均有传热面,以引入或移去反应热,所以用改变引入传热量来实现温度控制。图 19-52 为一带夹套的反应釜。当釜内温度改变时,可用改变加热剂(或冷剂)流量的方法来控制釜内温

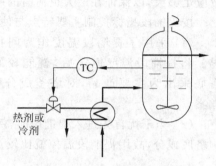

图 19-51　改变进料温度控制釜温

度。这种方案的结构比较简单,使用仪表少,但由于反应釜容量大,温度滞后严重,特别是当反应釜用来进行聚合反应时,釜内物料黏度大,热传递较差,混合又不易均匀,很难使温度控制达到严格的要求。

3. 串级控制

针对反应釜滞后较大的特点,可采用串级控制方案。根据进入反应釜的主要干扰的不同,可采用釜温与热剂(或冷剂)流量串级控制如图 19-53 所示、釜温与夹套温度串级控制如图 19-54 所示及釜温与釜压串级控制如图 19-55 所示等。

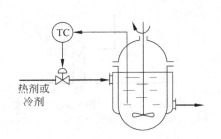

图 19-52　改变热剂或冷却剂流量控制釜温

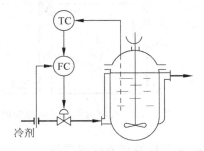

图 19-53　釜温与冷剂流量串级控制

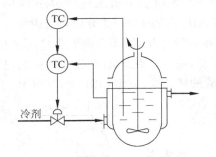

图 19-54　釜温与夹套温度串级控制

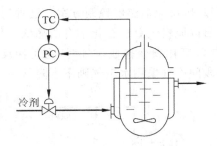

图 19-55　釜温与釜压串级控制

19.4.3　固定床反应器的控制

固定床反应器是指催化剂床层固定于设备中不动的反应器,流体原料在催化剂作用下进行化学反应以生成所需反应物。

固定床反应器的温度控制十分重要。任何一个化学反应都有最适宜的温度。最适宜温度综合考虑了化学反应速度、化学平衡和催化剂活性等因素。最适宜温度通常是转化率的函数。

温度控制首要的是要正确选择敏点位置,把感温元件安装在敏点处,以便及时反映整个催化剂床层温度的变化。多段的催化剂床层往往要求分段进行温度控制,这样可使操作更趋合理。常见的温度控制方案有以下方案。

1. 改变进料浓度

对放热反应来说,原料浓度越高,化学反应放热量越大,反应后温度也越高。以硝酸生产为例,当氨浓度在 $9\%\sim11\%$ 范围内时,氨含量每增加 1% 可使反应温度提高 $60\sim70℃$。

2. 改变进料温度

改变进料温度,整个床层温度就会变化,这是由于进入反应器的总热量随进料温度变化而改变的缘故。若原料进反应器前需预热,一种控制方案可通过改变进入换热器的载热体流量,以控制反应床上的温度,如图 19-56 所示,另一种控制方案是改变旁路流量大小来控制床层温度的,如图 19-57 所示。

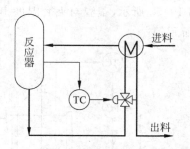

图 19-56 改变载热体流量控制温度

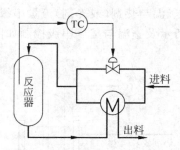

图 19-57 改变旁路流量控制温度

3. 改变段间进入的冷气量

在多段反应器中,可将部分冷的原料气不经预热直接进入段间,与上一段反应后的热气体混合,从而降低了下一段入口气体的温度。图 19-58 所示为硫酸生产中用 SO_2 氧化成 SO_3 的固定床反应器温度控制方案。这种控制方案由于冷的那一部分原料气少经过一段催化剂层,所以原料气总的转化率有所降低。另外有一种情况,如在合成氨生产工艺中,当用水蒸气与一氧化碳变换成氢气时,为了使反应完全,进入变化炉的水蒸气往往是过量很多的,这时段间冷气采用水蒸气则不会降低一氧化碳的转化率,方案如图 19-59 所示。

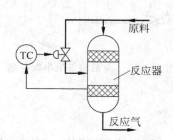

图 19-58 改变段间冷气量控制温度

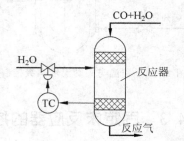

图 19-59 改变段间蒸汽量控制温度

19.4.4 流化床反应器的控制

流化床反应器的原理如图 19-60 所示。反应器底部装有多孔筛板,催化剂呈粉末状,放在筛板上,当从底部进入的原料气流速达到一定值时,催化剂开始上升呈沸腾状,这种现象称为固体流态化。催化剂沸腾后,由于搅动剧烈,因而传质、传热和反应强度都高,并且有利于连续化和自动化生产。

流化床反应器与固定床反应器的自动控制相似,温度控制是十分重要的。为了自动控制流化床的温度,可以通过改变原料入口温度,也可以通过改变进入流化床的冷剂流量,以控制流化床反应器内的温度。控制方案如图 19-61 和图 19-62 所示。

在流化床反应器内,为了了解催化剂的沸腾状态,常设置差压指示系统,如图 19-63 所示。在正常情况下,差压不能太小或太大,以防止催化剂下沉或冲跑的现象发生。当反应器中有结块、结焦和堵塞现象时,也可以通过差压仪表显示出来。

图 19-60 流化床反应器原理示意图

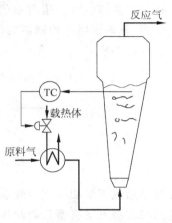

图 19-61 改变入口温度控制反应器温度

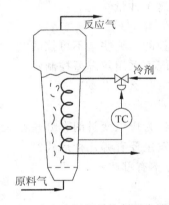

图 19-62 改变冷剂流量控制反应器温度

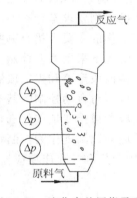

图 19-63 流化床差压指示系统

思考题与习题

19-1 离心泵的控制方案有哪几种?各有什么优缺点?

19-2 为了控制往复泵的出口流量,采用图 19-64 所示的控制方案行吗?为什么?

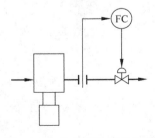

图 19-64 往复泵的流量控制

19-3 何谓离心式压缩机的喘振现象？喘振现象产生的原因是什么？

19-4 两侧均无相变的换热器常采用哪些控制方案？各有什么特点？

19-5 图 19-65 所示的列管式换热器，工艺要求出口物料稳定，无余差，超调量小。已知主要干扰为载热体(蒸汽)压力不稳定。试确定控制方案，画出该自动控制系统原理图与方框图，并确定所选控制器的控制规律及正反作用。

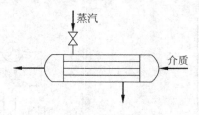

图 19-65　列管式换热器

19-6 改变加热蒸汽流量和改变冷凝水流量的加热器控制方案的特点各是什么？

19-7 氨冷器的控制方案有哪几种？各有什么特点？

19-8 在双冲量控制系统中，引入蒸汽流量这个冲量的目的是什么？

19-9 在三冲量控制系统中，为什么引入供水流量这个冲量？

19-10 精馏塔的控制要求是什么？

19-11 精馏塔操作的主要干扰有哪些？哪些是可控的？哪些是不可控的？

19-12 在什么情况下采用温差控制？又在什么情况下采用双温差控制？

19-13 什么是精馏段温控和提馏段温控？两者各有什么特点？

19-14 化学反应器对自动控制的基本要求是什么？

19-15 化学反应器被控变量如何选择？可供选择作为操纵变量的有哪些？

19-16 化学反应器以温度作为控制指标的控制方案主要有哪几种形式？

19-17 釜式、固定床和流化床反应器的自动控制方案有哪些？

附录 A
APPENDIX A

镍铬-镍硅热电偶（K 型）分度表

参考温度：0℃

t/℃	0	1	2	3	4	5	6	7	8	9
					E/mV					
0	0.000	0.039	0.079	0.119	0.158	0.198	0.238	0.277	0.317	0.357
10	0.397	0.437	0.477	0.517	0.557	0.597	0.637	0.677	0.718	0.758
20	0.798	0.838	0.879	0.919	0.960	1.000	1.041	1.081	1.122	1.163
30	1.203	1.244	1.285	1.326	1.366	1.407	1.448	1.489	1.530	1.571
40	1.612	1.653	1.694	1.735	1.776	1.817	1.858	1.899	1.941	1.982
50	2.023	2.064	2.106	2.147	2.188	2.230	2.271	2.312	2.354	2.395
60	2.436	2.478	2.519	2.561	2.602	2.644	2.689	2.727	2.768	2.810
70	2.851	2.893	2.934	2.976	3.017	3.059	3.100	3.142	3.184	3.225
80	3.267	3.308	3.350	3.391	3.433	3.474	3.516	3.557	3.599	3.640
90	3.682	3.723	3.765	3.806	3.848	3.889	3.931	3.972	4.013	4.055
100	4.096	4.138	4.179	4.220	4.262	4.303	4.344	4.385	4.427	4.468
110	4.509	4.550	4.591	4.633	4.674	4.715	4.756	4.797	4.838	4.879
120	4.920	4.961	5.002	5.043	5.084	5.124	5.165	5.206	5.247	5.288
130	5.328	5.369	5.410	5.450	5.491	5.532	5.572	5.613	5.653	5.694
140	5.735	5.775	5.815	5.856	5.896	5.937	5.977	6.017	6.058	6.098
150	6.138	6.179	6.219	6.259	6.299	6.339	6.380	6.420	6.460	6.500
160	6.540	6.580	6.620	6.660	6.701	6.741	6.781	6.821	6.861	6.901
170	6.941	6.981	7.021	7.060	7.100	7.140	7.180	7.220	7.260	7.300
180	7.340	7.380	7.420	7.460	7.500	7.540	7.579	7.619	7.659	7.699
190	7.739	7.779	7.819	7.859	7.899	7.939	7.979	8.019	8.059	8.099
200	8.138	8.178	8.218	8.258	8.298	8.338	8.378	8.418	8.458	8.499
210	8.539	8.579	8.619	8.659	8.699	8.739	8.779	8.819	8.860	8.900
220	8.940	8.980	9.020	9.061	9.101	9.141	9.181	9.222	9.262	9.302
230	9.343	9.383	9.423	9.464	9.504	9.545	9.585	9.626	9.666	9.707
240	9.747	9.788	9.828	9.869	9.909	9.950	9.991	10.031	10.072	10.113
250	10.153	10.194	10.235	10.276	10.316	10.357	10.398	10.439	10.480	10.520
260	10.561	10.602	10.643	10.684	10.725	10.766	10.807	10.848	10.889	10.930
270	10.971	11.021	11.053	11.094	11.135	11.176	11.217	11.259	11.300	11.341
280	11.382	11.423	11.465	11.506	11.547	11.588	11.630	11.671	11.712	11.753

续表

t/℃	0	1	2	3	4	5	6	7	8	9
					E/mV					
290	11.795	11.836	11.877	11.919	11.960	12.001	12.043	12.084	12.126	12.167
300	12.209	12.250	12.291	12.333	12.374	12.416	12.457	12.499	12.540	12.582
310	12.624	12.665	12.707	12.748	12.790	12.831	12.873	12.915	12.956	12.998
320	13.040	13.081	13.123	13.165	13.206	13.248	13.290	13.331	13.373	13.415
330	13.457	13.498	13.540	13.582	13.624	13.665	13.707	13.749	13.791	13.833
340	13.874	13.916	13.958	14.000	14.042	14.084	14.126	14.167	14.209	14.251
350	14.293	14.335	14.377	14.419	14.461	14.503	14.545	14.587	14.629	14.671
360	14.713	14.755	14.797	14.839	14.881	14.923	14.965	15.007	15.049	15.091
370	15.133	15.175	15.217	15.259	15.301	15.343	15.385	15.427	15.469	15.511
380	15.554	15.596	15.638	15.680	15.722	15.764	15.806	15.849	15.891	15.933
390	15.975	16.017	16.059	16.102	16.144	16.186	16.228	16.270	16.313	16.335
400	16.397	16.439	16.482	16.524	16.566	16.608	16.651	16.693	16.735	16.778
410	16.820	16.862	16.904	16.947	16.989	17.031	17.074	17.116	17.158	17.201
420	17.243	17.285	17.328	17.370	17.413	17.455	17.497	17.540	17.582	17.624
430	17.667	17.709	17.752	17.794	17.837	17.879	17.921	17.964	18.006	18.049
440	18.091	18.134	18.176	18.218	18.261	18.303	18.346	18.388	18.431	18.473
450	18.516	18.558	18.601	18.643	18.686	18.728	18.771	18.813	18.856	18.898
460	18.941	18.983	19.026	19.068	19.111	19.154	19.196	19.239	19.281	19.324
470	19.366	19.409	19.451	19.494	19.537	19.579	19.622	19.664	19.707	19.705
480	19.792	19.835	19.877	19.920	19.962	20.005	20.048	20.090	20.133	20.175
490	20.218	20.261	20.303	20.346	20.389	20.431	20.474	20.516	20.559	20.602
500	20.644	20.687	20.730	20.772	20.815	20.857	20.900	20.943	20.985	21.028
510	21.071	21.113	21.156	21.199	21.241	21.284	21.326	21.369	21.412	21.454
520	21.497	21.540	21.582	21.625	21.668	21.710	21.753	21.796	21.838	21.881
530	21.924	21.966	22.009	22.052	22.094	22.137	22.179	22.222	22.265	22.307
540	22.350	22.393	22.435	22.478	22.521	22.563	22.606	22.649	22.691	22.734
550	22.776	22.819	22.862	22.904	22.947	22.990	23.032	23.075	23.117	23.160
560	23.203	23.245	23.288	23.331	23.373	23.416	23.458	23.501	23.544	23.586
570	23.629	23.671	23.714	23.757	23.799	23.842	23.884	23.927	23.970	24.012
580	24.055	24.097	24.140	24.182	24.225	24.267	24.310	24.353	24.395	24.438
590	24.480	24.523	24.565	24.608	24.650	24.693	24.735	24.778	24.820	24.863
600	24.905	24.948	24.990	25.033	25.075	25.118	25.160	25.203	25.245	25.288
610	25.330	25.373	25.415	25.458	25.500	25.543	25.585	25.627	25.670	25.712
620	25.755	25.797	25.840	25.882	25.924	25.967	26.009	26.052	26.094	26.136
630	26.179	26.221	26.263	26.306	26.348	26.390	26.433	26.475	26.517	26.560
640	26.602	26.644	26.687	26.729	26.771	26.814	26.856	26.898	26.940	26.983
650	27.025	27.067	27.109	27.152	27.194	27.236	27.278	27.320	27.363	27.405
660	27.447	27.489	27.531	27.574	27.616	27.658	27.700	27.742	27.784	27.826
670	27.869	27.911	27.953	27.995	28.037	28.079	28.121	28.163	28.205	28.247

续表

$t/℃$	0	1	2	3	4	5	6	7	8	9
					E/mV					
680	28.289	28.332	28.374	28.416	28.458	28.500	28.542	28.584	28.626	28.668
690	28.710	28.752	28.794	28.835	28.877	28.919	28.961	29.003	29.045	29.087
700	29.129	29.171	29.213	29.255	29.297	29.338	29.380	29.422	29.464	29.506
710	29.548	29.589	29.631	29.673	29.715	29.757	29.798	29.840	29.882	29.924
720	29.965	30.007	30.049	30.090	30.132	30.174	30.216	30.257	30.299	30.341
730	30.382	30.424	30.466	30.507	30.549	30.590	30.632	30.674	30.715	30.757
740	30.798	30.840	30.881	30.923	30.964	31.006	31.047	31.089	31.130	31.172
750	31.213	31.255	31.296	31.338	31.379	31.421	31.426	31.504	31.545	31.586
760	31.628	31.669	31.710	31.752	31.793	31.834	31.876	31.917	31.958	32.000
770	32.041	32.082	32.124	32.165	32.206	32.247	32.289	32.330	32.371	32.412
780	32.453	32.495	32.536	32.577	32.618	32.659	32.700	32.742	32.783	32.824
790	32.865	32.906	32.947	32.988	33.029	33.070	33.111	33.152	33.193	33.234
800	33.275	33.316	33.357	33.198	33.439	33.480	33.521	33.562	33.603	33.644
810	33.685	33.726	33.767	33.808	33.848	33.889	33.930	33.971	34.012	34.053
820	34.093	34.134	34.175	34.216	34.257	34.297	34.338	34.379	34.420	34.460
830	34.501	34.542	34.582	34.623	34.664	34.704	34.745	34.786	34.826	34.867
840	34.908	34.948	34.989	35.029	35.070	35.110	35.151	35.192	35.232	35.273
850	35.313	35.354	35.394	35.435	35.475	35.516	35.556	35.596	35.637	35.677
860	35.718	35.758	35.798	35.839	35.879	35.920	35.960	36.000	36.041	36.081
870	36.121	36.162	36.202	36.242	36.282	36.323	36.363	36.403	36.443	36.484
880	36.524	36.564	36.604	36.644	36.685	36.725	36.765	36.805	36.845	36.885
890	36.925	36.965	37.006	37.046	37.086	37.126	37.166	37.206	37.246	37.286
900	37.326	37.366	37.406	37.446	37.486	37.526	37.566	37.606	37.646	37.686
910	37.725	37.765	37.805	37.845	37.885	37.925	37.965	38.005	38.044	38.084
920	38.124	38.164	38.204	38.243	38.283	38.323	38.363	38.402	38.442	38.482
930	38.522	38.561	38.601	38.641	38.680	38.720	38.760	38.799	38.839	38.878
940	38.918	38.958	38.997	39.037	39.076	39.116	39.155	39.195	39.235	39.274
950	39.314	39.353	39.393	39.432	39.471	39.511	39.550	39.590	39.629	39.669
960	39.708	39.747	39.787	39.826	39.866	39.905	39.944	39.984	40.023	40.062
970	40.101	40.141	40.180	40.219	40.259	40.298	40.337	40.376	40.415	40.455
980	40.494	40.533	40.572	40.611	40.651	40.690	40.729	40.768	40.807	40.846
990	40.885	40.924	40.963	41.002	41.042	41.081	41.120	41.159	41.198	41.237
1000	41.276	41.315	41.354	41.393	41.431	41.470	41.509	41.548	41.587	41.626
1010	41.665	41.704	41.743	41.781	41.820	41.859	41.898	41.937	41.976	42.014
1020	42.053	42.092	42.131	42.169	42.208	42.247	42.286	42.324	42.363	42.402
1030	42.440	42.479	42.518	42.556	42.595	42.633	42.672	42.711	42.749	42.788
1040	42.826	42.865	42.903	42.942	42.980	43.019	43.057	43.096	43.134	43.173
1050	43.211	43.250	43.288	43.327	43.365	43.403	43.442	43.480	43.518	43.557
1060	43.595	43.633	43.672	43.710	43.748	43.787	43.825	43.863	43.901	43.940

续表

$t/℃$	0	1	2	3	4	5	6	7	8	9
	E/mV									
1070	43.978	44.016	44.054	44.092	44.130	44.169	44.207	44.245	44.283	44.321
1080	44.359	44.397	44.435	44.473	44.512	44.550	44.588	44.626	44.664	44.702
1090	44.740	44.778	44.816	44.853	44.891	44.929	44.967	45.005	45.043	45.081
1100	45.119	45.157	45.194	45.232	45.270	45.308	45.346	45.383	45.421	45.459
1110	45.497	45.534	45.572	45.610	45.647	45.685	45.723	45.760	45.798	45.836
1120	45.873	45.911	45.948	45.986	46.024	46.061	46.099	46.136	46.174	46.211
1130	46.249	46.286	46.324	46.361	46.398	46.436	46.473	46.511	46.548	46.585
1140	46.623	46.660	46.697	46.735	46.772	46.809	46.847	46.884	46.921	46.958
1150	46.995	47.033	47.070	47.107	47.144	47.181	47.218	47.256	47.293	47.330
1160	47.367	47.404	47.441	47.478	47.515	47.552	47.589	47.626	47.663	47.700
1170	47.737	47.774	47.811	47.848	47.884	47.921	47.958	47.995	48.032	48.069
1180	48.105	48.142	48.179	48.216	48.252	48.289	48.326	48.363	48.399	48.436
1190	48.473	48.509	48.546	48.582	48.619	48.656	48.692	48.729	48.765	48.802
1200	48.838	48.875	48.911	48.948	48.984	49.021	49.057	49.093	49.130	49.166
1210	49.202	49.239	49.275	49.311	49.348	49.384	49.420	49.456	49.493	49.529
1220	49.565	49.601	49.673	49.674	49.710	49.746	49.782	49.818	49.854	49.890
1230	49.926	49.962	49.998	50.034	50.070	50.106	50.142	50.178	50.214	50.250
1240	50.286	50.322	50.358	50.393	50.429	50.465	50.501	50.537	50.572	50.608
1250	50.644	50.680	50.715	50.751	50.787	50.822	50.858	50.894	50.929	50.965
1260	51.000	51.036	51.071	51.107	51.142	51.178	51.213	51.249	51.284	51.320
1270	51.355	51.391	51.426	51.461	51.497	51.532	51.567	51.603	51.638	51.673
1280	51.708	51.744	51.779	51.814	51.849	51.885	51.920	51.955	51.990	52.025
1290	52.060	52.095	52.130	52.165	52.200	52.235	52.270	52.305	52.340	52.375
1300	52.410	52.445	52.480	52.515	52.550	52.585	52.620	52.654	52.689	52.724
1310	52.759	52.794	52.828	52.863	52.898	52.932	52.967	53.002	53.037	53.071
1320	53.106	53.140	53.175	53.210	53.244	53.279	53.313	53.348	53.382	53.417
1330	53.451	53.486	53.520	53.555	53.589	53.623	53.658	53.692	53.727	53.761
1340	53.795	53.830	53.864	53.898	53.932	53.967	54.001	54.035	54.069	54.104
1350	54.138	54.172	54.206	54.240	54.274	54.308	54.343	54.377	54.411	54.445
1360	54.479	54.513	54.547	54.581	54.615	54.649	54.683	54.717	54.751	54.785
1370	54.819	54.852	54.886							

附录 B 镍铬-铜镍热电偶（E 型）分度表

APPENDIX B

参考温度：0℃

$t/℃$	0	1	2	3	4	5	6	7	8	9
					E/mV					
0	0.000	0.059	0.118	0.176	0.235	0.294	0.354	0.413	0.472	0.532
10	0.591	0.651	0.711	0.770	0.830	0.890	0.950	1.010	1.071	1.131
20	1.192	1.252	1.313	1.373	1.434	1.495	1.556	1.617	1.678	1.740
30	1.801	1.862	1.924	1.986	2.047	2.109	2.171	2.233	2.295	2.357
40	2.420	2.482	2.545	2.607	2.670	2.733	2.795	2.858	2.921	2.984
50	3.048	3.111	3.174	3.238	3.301	3.365	3.429	3.492	3.556	3.620
60	3.685	3.749	3.813	3.877	3.942	4.006	4.071	4.136	4.200	4.265
70	4.330	4.395	4.460	4.526	4.591	4.656	4.722	4.788	4.853	4.919
80	4.985	5.051	5.117	5.183	5.249	5.315	5.382	5.448	5.514	5.581
90	5.648	5.714	5.781	5.848	5.915	5.982	6.049	6.117	6.184	6.251
100	6.319	6.386	6.454	6.522	6.590	6.658	6.725	6.794	6.862	6.930
110	6.998	7.066	7.135	7.203	7.272	7.341	7.409	7.478	7.547	7.616
120	7.685	7.754	7.823	7.892	7.962	8.031	8.101	8.170	8.240	8.309
130	8.379	8.449	8.519	8.589	8.659	8.729	8.799	8.869	8.940	9.010
140	9.081	9.151	9.222	9.292	9.363	9.434	9.505	9.576	9.647	9.718
150	9.789	9.860	9.931	10.003	10.074	10.145	10.217	10.288	10.360	10.432
160	10.503	10.575	10.647	10.719	10.791	10.863	10.935	11.007	11.080	11.152
170	11.224	11.297	11.369	11.442	11.514	11.587	11.660	11.733	11.805	11.878
180	11.951	12.024	12.097	12.170	12.243	12.317	12.390	12.463	12.537	12.610
190	12.684	12.757	12.831	12.904	12.978	13.052	13.126	13.199	13.273	13.347
200	13.421	13.495	13.569	13.644	13.718	13.792	13.866	13.941	14.015	14.090
210	14.164	14.239	14.313	14.388	14.463	14.537	14.612	14.687	14.762	14.837
220	14.912	14.987	15.062	15.137	15.212	15.287	15.362	15.438	15.513	15.588
230	15.664	15.739	15.815	15.890	15.966	16.041	16.117	16.193	16.269	16.344
240	16.420	16.496	16.572	16.648	16.724	16.800	16.876	16.952	17.028	17.104
250	17.181	17.257	17.333	17.409	17.486	17.562	17.639	17.715	17.792	17.868
260	17.945	18.021	18.098	18.175	18.252	18.328	18.405	18.482	18.559	18.636
270	18.713	18.790	18.867	18.944	19.021	19.098	19.175	19.252	19.330	19.407
280	19.484	19.561	19.639	19.716	19.794	19.871	19.948	20.026	20.103	20.181

续表

$t/℃$	0	1	2	3	4	5	6	7	8	9
					E/mV					
290	20.259	20.336	20.414	20.492	20.569	20.647	20.725	20.803	20.880	20.958
300	21.036	21.114	21.192	21.270	21.348	21.426	21.504	21.582	21.660	21.739
310	21.817	21.895	21.973	22.051	22.130	22.208	22.286	22.365	22.443	22.522
320	22.600	22.678	22.757	22.835	22.914	22.993	23.071	23.150	23.228	23.307
330	23.386	23.464	23.543	23.622	23.701	23.780	23.858	23.937	24.016	24.095
340	24.174	24.253	24.332	24.411	24.490	24.569	24.648	24.727	24.806	24.885
350	24.964	25.044	25.123	25.202	25.281	25.360	25.440	25.519	25.598	25.678
360	25.757	25.836	25.916	25.995	26.075	26.154	26.233	26.313	26.392	26.472
370	26.552	26.631	26.711	26.790	26.870	26.950	27.029	27.109	27.189	27.268
380	27.348	27.428	27.507	27.587	27.667	27.747	27.827	27.907	27.986	28.066
390	28.146	28.226	28.306	28.386	28.466	28.546	28.626	28.706	28.786	28.866
400	28.946	29.026	29.106	29.186	29.266	29.346	29.427	29.507	29.587	29.667
410	29.747	29.827	29.908	29.988	30.068	30.148	30.229	30.309	30.389	30.470
420	30.550	30.630	30.711	30.791	30.871	30.952	31.032	31.112	31.193	31.273
430	31.354	31.434	31.515	31.595	31.676	31.756	31.837	31.917	31.998	32.078
440	32.159	32.239	32.320	32.400	32.481	32.562	32.642	32.723	32.803	32.884
450	32.965	33.045	33.126	33.207	33.287	33.368	33.449	33.529	33.610	33.691
460	33.772	33.852	33.933	34.014	34.095	34.175	34.256	34.337	34.418	34.498
470	34.579	34.660	34.741	34.822	34.902	34.983	35.064	35.145	35.226	35.307
480	35.387	35.468	35.549	35.630	35.711	35.792	35.873	35.954	36.034	36.115
490	36.196	36.277	36.358	36.439	36.520	36.601	36.682	36.763	36.843	36.924
500	37.005	37.086	37.167	37.248	37.329	37.410	37.491	37.572	37.653	37.734
510	37.815	37.896	37.977	38.058	38.139	38.220	38.300	38.381	38.462	38.543
520	38.624	38.705	38.786	38.867	38.948	39.029	39.110	39.191	39.272	39.353
530	39.434	39.515	39.596	39.677	39.758	39.839	39.920	40.001	40.082	40.163
540	40.243	40.324	40.405	40.486	40.567	40.648	40.729	40.810	40.891	40.972
550	41.053	41.134	41.215	41.296	41.377	41.457	41.538	41.619	41.700	41.781
560	41.862	41.943	42.024	42.105	42.185	42.266	42.347	42.428	42.509	42.590
570	42.671	42.751	42.832	42.913	42.994	43.075	43.156	43.236	43.317	43.398
580	43.479	43.560	43.640	43.721	43.802	43.883	43.963	44.044	44.125	44.206
590	44.286	44.367	44.448	44.529	44.609	44.690	44.771	44.851	44.932	45.013
600	45.093	45.174	45.255	45.335	45.416	45.497	45.577	45.658	45.738	45.819
610	45.900	45.980	46.061	46.141	46.222	46.302	46.383	46.463	46.544	46.624
620	46.705	46.785	46.866	46.946	47.027	47.107	47.188	47.268	47.349	47.429
630	47.509	47.590	47.670	47.751	47.831	47.911	47.992	48.072	48.152	48.233
640	48.313	48.393	48.474	48.554	48.634	48.715	48.795	48.875	48.955	49.035
650	49.116	49.196	49.276	49.356	49.436	49.517	49.597	49.677	49.757	49.837
660	49.917	49.997	50.077	50.157	50.238	50.318	50.398	50.478	50.558	50.638
670	50.718	50.798	50.878	50.958	51.038	51.118	51.197	51.277	51.357	51.437

续表

$t/℃$	0	1	2	3	4	5	6	7	8	9
					E/mV					
680	51.517	51.597	51.677	51.757	51.837	51.916	51.996	52.076	52.156	52.236
690	52.315	52.395	52.475	52.555	52.634	52.714	52.794	52.873	52.953	53.033
700	53.112	53.192	53.272	53.351	53.431	53.510	53.590	53.670	53.749	53.829
710	53.908	53.988	54.067	54.147	54.226	54.306	54.385	54.465	54.544	54.624
720	54.703	54.782	54.862	54.941	55.021	55.100	55.179	55.259	55.338	55.417
730	55.497	55.576	55.655	55.734	55.814	55.893	55.972	56.051	56.131	56.210
740	56.289	56.368	56.447	56.526	56.606	56.685	56.764	56.843	56.922	57.001
750	57.080	57.159	57.238	57.317	57.396	57.475	57.554	57.633	57.712	57.791
760	57.870	57.949	58.028	58.107	58.186	58.265	58.343	58.422	58.501	58.580
770	58.659	58.738	58.816	58.895	58.974	59.053	59.131	59.210	59.289	59.367
780	59.446	59.525	59.604	59.682	59.761	59.839	59.918	59.997	60.075	60.154
790	60.232	60.311	60.390	60.468	60.547	60.625	60.704	60.782	60.860	60.939
800	61.017	61.096	61.174	61.253	61.331	61.409	61.488	61.566	61.644	61.723
810	61.801	61.879	61.958	62.036	62.114	62.192	62.271	62.349	62.427	62.505
820	62.583	62.662	62.740	62.818	62.896	62.974	63.052	63.130	63.208	63.286
830	63.364	63.442	63.520	63.598	63.676	63.754	63.832	63.910	63.988	64.066
840	64.144	64.222	64.300	64.377	64.455	64.533	64.611	64.689	64.766	64.844
850	64.922	65.000	65.077	65.155	65.233	65.310	65.388	65.465	65.543	65.621
860	65.698	65.776	65.853	65.931	66.008	66.086	66.163	66.241	66.318	66.396
870	66.473	66.550	66.628	66.705	66.782	66.860	66.937	67.014	67.092	67.169
880	67.246	67.323	67.400	67.478	67.555	67.632	67.709	67.786	67.863	67.940
890	68.017	68.094	68.171	68.248	68.325	68.402	68.479	68.556	68.633	68.710
900	68.787	68.863	68.940	69.017	69.094	69.171	69.247	69.324	69.401	69.477
910	69.554	69.631	69.707	69.784	69.860	69.937	70.013	70.090	70.166	70.243
920	70.319	70.396	70.472	70.548	70.625	70.701	70.777	70.854	70.930	71.006
930	71.082	71.159	71.235	71.311	71.387	71.463	71.539	71.615	71.692	71.768
940	71.844	71.920	71.996	72.072	72.147	72.223	72.299	72.375	72.451	72.527
950	72.603	72.678	72.754	72.830	72.906	72.981	73.057	73.133	73.208	73.284
960	73.360	73.435	73.511	73.586	73.662	73.738	73.813	73.889	73.964	74.040
970	74.115	74.190	74.266	74.341	74.417	74.492	74.567	74.643	74.718	74.793
980	74.869	74.944	75.019	75.095	75.170	75.245	75.320	75.395	75.471	75.546
990	75.621	75.696	75.771	75.847	75.922	75.997	76.072	76.147	76.223	76.298
1000	76.373									

工业用铂电阻温度计（Pt100）分度表

$R_0 = 100\Omega$

$t/℃$	0	1	2	3	4	5	6	7	8	9
					R/Ω					
0	100.00	100.39	100.78	101.17	101.56	101.95	102.34	102.73	103.12	103.51
10	103.90	104.29	104.68	105.07	105.46	105.85	106.24	106.63	107.02	107.40
20	107.79	108.18	108.57	108.96	109.35	109.73	110.12	110.51	110.90	111.29
30	111.67	112.06	112.45	112.83	113.22	113.61	114.00	114.38	114.77	115.15
40	115.54	115.93	116.31	116.70	117.08	117.47	117.86	118.24	118.63	119.01
50	119.40	119.78	120.17	120.55	120.94	121.32	121.71	122.09	122.47	122.86
60	123.24	123.63	124.01	124.39	124.78	125.16	125.54	125.93	126.31	126.69
70	127.08	127.46	127.84	128.22	128.61	128.99	129.37	129.75	130.13	130.52
80	130.90	131.28	131.66	132.04	132.42	132.80	133.18	133.57	133.95	134.33
90	134.71	135.09	135.47	135.85	136.23	136.61	136.99	137.37	137.75	138.13
100	138.51	138.88	139.26	139.64	140.02	140.40	140.78	141.16	141.54	141.91
110	142.29	142.67	143.05	143.43	143.80	144.18	144.56	144.94	145.31	145.69
120	146.07	146.44	146.82	147.20	147.57	147.95	148.33	148.70	149.08	149.46
130	149.83	150.21	150.58	150.96	151.33	151.71	152.08	152.46	152.83	153.21
140	153.58	153.96	154.33	154.71	155.08	155.46	155.83	156.20	156.58	156.95
150	157.33	157.70	158.07	158.45	158.82	159.19	159.56	159.94	160.31	160.68
160	161.05	161.43	161.80	162.17	162.54	162.91	163.29	163.66	164.03	164.40
170	164.77	165.14	165.51	165.89	166.26	166.63	167.00	167.37	167.74	168.11
180	168.48	168.85	169.22	169.59	169.96	170.33	170.70	171.07	171.43	171.80
190	172.17	172.54	172.91	173.28	173.65	174.02	174.38	174.75	175.12	175.49
200	175.86	176.22	176.59	176.96	177.33	177.69	178.06	178.43	178.79	179.16
210	179.53	179.89	180.26	180.63	180.99	181.36	181.72	182.09	182.46	182.82
220	183.19	183.55	183.92	184.28	184.65	185.01	185.38	185.74	186.11	186.47
230	186.84	187.20	187.56	187.93	188.29	188.66	189.02	189.38	189.75	190.11
240	190.47	190.84	191.20	191.56	191.92	191.29	192.65	193.01	193.37	193.74
250	194.10	194.46	194.82	195.18	195.55	195.91	196.27	196.63	196.99	197.35
260	197.71	198.07	198.43	198.79	199.15	199.51	199.87	200.23	200.59	200.95
270	201.31	201.67	202.03	202.39	202.75	203.11	203.47	203.83	204.19	204.55
280	204.90	205.26	205.62	205.98	206.34	206.70	207.05	207.41	207.77	208.13

续表

$t/°C$	0	1	2	3	4	5	6	7	8	9
					R/Ω					
290	208.48	208.84	209.20	209.56	209.91	210.27	210.63	210.98	211.34	211.70
300	212.05	212.41	212.76	213.12	213.48	213.83	214.19	214.54	214.90	215.25
310	215.61	215.96	216.32	216.67	217.03	217.38	217.74	218.09	218.44	218.80
320	219.15	219.51	219.86	220.21	220.57	220.92	221.27	221.63	221.98	222.33
330	222.68	223.04	223.39	223.74	224.09	224.45	224.80	225.15	225.50	225.85
340	226.21	226.56	226.91	227.26	227.61	227.96	228.31	228.66	229.02	229.37
350	229.72	230.07	230.42	230.77	231.12	231.47	231.82	232.17	232.52	232.87
360	233.21	233.56	233.91	234.26	234.61	234.96	235.31	235.66	236.00	236.35
370	236.70	237.05	237.40	237.74	238.09	238.44	238.79	239.13	239.48	239.83
380	240.18	240.52	240.87	241.22	241.56	241.91	242.26	242.60	242.95	243.29
390	243.64	243.99	244.33	244.68	245.02	245.37	245.71	246.06	246.40	246.75
400	247.09	247.44	247.78	248.13	248.47	248.81	249.16	249.50	249.85	250.19
410	250.53	250.88	251.22	251.56	251.91	252.25	252.59	252.93	253.28	253.62
420	253.96	254.30	254.65	254.99	255.33	255.67	256.01	256.35	256.70	257.04
430	257.38	257.72	258.06	258.40	258.74	259.08	259.42	259.76	260.10	260.44
440	260.78	261.12	261.46	261.80	262.14	262.48	262.82	263.16	263.50	263.84
450	264.18	264.52	264.86	265.20	265.53	265.87	266.21	266.55	266.89	267.22
460	267.56	267.90	268.24	268.57	268.91	269.25	269.59	269.92	270.26	270.60
470	270.93	271.27	271.61	271.94	272.28	272.61	272.95	273.29	273.62	273.96
480	274.29	274.63	274.96	275.30	275.63	275.97	276.30	276.64	276.97	277.31
490	277.64	277.98	278.31	278.64	278.98	279.31	279.64	279.98	280.31	280.64
500	280.98	281.31	281.64	281.98	282.31	282.64	282.97	283.31	283.64	283.97
510	284.30	284.63	284.97	285.30	285.63	285.96	286.29	286.62	286.95	287.29
520	287.62	287.95	288.28	288.61	288.94	289.27	289.60	289.93	290.26	290.59
530	290.92	291.25	291.58	291.91	292.24	292.56	292.89	293.22	293.55	293.88
540	294.21	294.54	294.86	295.19	295.52	295.85	296.18	296.50	296.83	297.16
550	297.49	297.81	298.14	298.47	298.80	299.12	299.45	299.78	300.10	300.43
560	300.75	301.08	301.41	301.73	302.06	302.38	302.71	303.03	303.36	303.69
570	304.01	304.34	304.66	304.98	305.31	305.63	305.96	306.28	306.61	306.93
580	307.25	307.58	307.90	308.23	308.55	308.87	309.20	309.52	309.84	310.16
590	310.49	310.81	311.13	311.45	311.78	312.10	312.42	312.74	313.06	313.39
600	313.71	314.03	314.35	314.67	314.99	315.31	315.64	315.96	316.28	316.60
610	316.92	317.24	317.56	317.88	318.20	318.52	318.84	319.16	319.48	319.80
620	320.12	320.43	320.75	321.07	321.39	321.71	322.03	322.35	322.67	322.98
630	323.30	323.62	323.94	324.26	324.57	324.89	325.21	325.53	325.84	326.16
640	326.48	326.79	327.11	327.43	327.74	328.06	328.38	328.69	329.01	329.32
650	329.64	329.96	330.27	330.59	330.90	331.22	331.85	331.85	332.16	332.48
660	332.79	333.11	333.42	333.74	334.05	334.36	334.68	334.99	335.31	335.62
670	335.93	336.25	336.56	336.87	337.18	337.50	337.81	338.12	338.44	338.75

续表

$t/℃$	0	1	2	3	4	5	6	7	8	9
					R/Ω					
680	339.06	339.37	339.69	340.00	340.31	340.62	340.93	341.24	341.56	341.87
690	342.18	342.49	342.80	343.11	343.42	343.73	344.04	344.35	344.66	344.97
700	345.28	345.59	345.90	346.21	346.52	346.83	347.14	347.45	347.76	348.07
710	343.38	348.69	348.99	349.30	349.61	349.92	350.23	350.54	350.84	351.15
720	351.46	351.77	352.08	352.38	352.69	353.00	353.30	353.61	353.92	354.22
730	354.53	354.84	355.14	355.45	355.76	356.06	356.37	356.67	356.98	357.28
740	357.59	357.90	358.20	358.51	358.81	359.12	359.42	359.72	360.03	360.33
750	360.64	360.94	361.25	361.55	361.85	362.16	362.46	362.76	363.07	363.37
760	363.67	363.98	364.28	364.58	364.89	365.19	365.49	365.79	366.10	366.40
770	366.70	367.00	367.30	367.60	367.91	368.21	368.51	368.81	369.11	369.41
780	369.71	370.01	370.31	370.61	370.91	371.21	371.51	371.81	372.11	372.41
790	372.71	373.01	373.31	373.61	373.91	374.21	374.51	374.81	375.11	375.41
800	375.70	376.00	376.30	376.60	376.90	377.19	377.49	377.79	378.09	378.39
810	378.68	378.98	379.28	379.57	379.87	380.17	380.46	380.76	381.06	381.35
820	381.65	381.95	382.24	382.54	382.83	383.13	383.42	383.72	384.01	384.31
830	384.60	384.90	385.19	385.49	385.78	386.08	386.37	386.67	386.96	387.25
840	387.55	387.84	388.14	388.43	388.72	389.02	389.31	389.60	389.90	390.19
850	390.48									

附录 D
APPENDIX D

工业用铜电阻温度计（Cu100）分度表

$R_0 = 100\Omega$

$t/℃$	0	1	2	3	4	5	6	7	8	9
						R/Ω				
0	100.00	100.42	100.86	101.28	101.72	102.14	102.56	103.00	103.43	103.86
10	104.28	104.72	105.14	105.56	106.00	106.42	106.86	107.28	107.72	108.14
20	108.56	109.00	109.42	109.84	110.28	110.70	111.14	111.56	112.00	112.42
30	112.84	113.28	113.70	114.14	114.56	114.98	115.42	115.84	116.28	116.70
40	117.12	117.56	117.98	118.40	118.84	119.26	119.70	120.12	120.54	120.98
50	121.40	121.84	122.26	122.68	123.12	123.54	123.96	124.40	124.82	125.26
60	125.68	126.10	126.54	126.96	127.40	127.82	128.24	128.68	129.10	129.52
70	129.96	130.38	130.82	131.24	131.66	132.10	132.52	132.96	133.38	133.80
80	134.24	134.66	135.08	135.52	135.94	136.38	136.80	137.24	137.66	138.08
90	138.52	138.94	139.36	139.80	140.22	140.66	141.08	141.52	141.94	142.36
100	142.80	143.22	143.66	144.08	144.50	144.94	145.36	145.80	146.22	146.66
110	147.08	147.50	147.94	148.36	148.80	149.22	149.66	150.08	150.52	150.94
120	151.36	151.80	152.22	152.66	153.08	153.52	153.94	154.38	154.80	155.24
130	155.66	156.10	156.52	156.96	157.38	157.82	158.24	158.68	159.10	159.54
140	159.96	160.40	160.82	161.26	161.68	162.12	162.54	162.98	163.40	168.84
150	164.27									

参 考 文 献

[1] 庄富山,许治平,等.石油化工仪表及自动化[M].武汉:华中工学院出版社,1988.
[2] 程鹏.自动控制原理[M].北京:高等教育出版社,2003.
[3] 王永骥,王金城,王敏.自动控制原理[M].第2版.北京:化学工业出版社,2007.
[4] 厉玉鸣.化工仪表及自动化[M].第5版.北京:化学工业出版社,2011.
[5] 厉玉鸣.化工仪表及自动化例题与习题集[M].北京:化学工业出版社,1999.
[6] 王俊杰,曹丽,等.传感器与检测技术[M].北京:清华大学出版社,2011.
[7] 刘笃仁,韩保君.传感器原理及应用技术[M].西安:西安电子工业大学出版社,2003.
[8] 杜维,张宏建,等.过程检测技术及仪表[M].北京:化学工业出版社,1999.
[9] 张宏建,蒙建波.自动检测技术与装置[M].北京:化学工业出版社,2004.
[10] 郁友文.传感器原理及工程应用[M].西安:西安电子科技大学出版社,2000.
[11] 梁森,欧阳三泰,等.自动检测技术及应用[M].北京:机械工业出版社,2006.
[12] 许秀.测控仪表及装置[M].北京:中国石化出版社,2012.
[13] 栾桂冬.传感器及其应用[M].西安:西安电子工业大学出版社,2002.
[14] 张毅,张宝芬,等.自动检测技术及仪表控制系统[M].第3版.北京:化学工业出版社,2005.
[15] 张宏建,王化祥,等.检测控制仪表学习指导[M].北京:化学工业出版社,2006.
[16] 左国庆,明赐东.自动化仪表故障处理实例[M].北京:化学工业出版社,2003.
[17] 王化祥,张淑英.传感器原理及应用[M].天津:天津大学出版社,2005.
[18] 范玉久.化工测量及仪表[M].第2版.北京:化学工业出版社,2008.
[19] 王森,朱炳兴.仪表工试题集[M].北京:化学工业出版社,1992.
[20] 徐科军.传感器与检测技术[M].第2版.北京:电子工业出版社,2008.
[21] 林德杰.过程控制仪表及控制系统[M].第2版.北京:机械工业出版社,2009.
[22] 张根宝.工业自动化仪表与过程控制[M].西安:西北工业大学出版社,2008.
[23] 俞金寿.过程自动化及仪表[M].北京:化学工业出版社,2003.
[24] 施仁,刘文江,等.自动化仪表与过程控制[M].第4版.北京:电子工业出版社,2009.
[25] 侯志林.过程控制与自动化仪表[M].北京:机械工业出版社,1999.
[26] 杨明丽,张光新.化工自动化及仪表[M].北京:化学工业出版社,2004.
[27] 河道清,谌海云,等.自动化与仪表[M].第2版.北京:化学工业出版社,2011.
[28] 金伟,齐世清,等.现代检测技术[M].第2版.北京:北京邮电大学出版社,2006.
[29] 周杏鹏.现代检测技术[M].第2版.北京:高等教育出版社,2010.
[30] 孙传友,翁惠辉.现代检测技术及仪表[M].北京:高等教育出版社,2006.
[31] 周泽魁.控制仪表与计算机控制装置[M].北京:化学工业出版社,2002.
[32] 曹润生,黄祯地,等.过程控制仪表[M].杭州:浙江大学出版社,1987.
[33] 吴勤勤.控制仪表及装置[M].第3版.北京:化学工业出版社,2007.
[34] 张永飞.PLC及其应用[M].大连:大连理工大学出版社,2009.
[35] 严盈富,罗海平,等.监控组态软件与PLC入门[M].北京:人民邮电出版社,2006.
[36] 杨宁,赵玉刚.集散控制系统及现场总线[M].北京:北京航空航天大学出版社,2003.
[37] 何衍庆.集散控制系统原理及应用[M].第3版.北京:化学工业出版社,2009.
[38] 王慧锋,何衍庆.现场总线控制系统原理及应用[M].北京:化学工业出版社,2006.
[39] 凌志浩.DCS与现场总线控制系统[M].上海:华东理工大学出版社,2008.
[40] 刘国海.集散控制与现场总线[M].北京:机械工业出版社,2006.
[41] 阳宪惠.现场总线技术及其应用[M].第2版.北京:清华大学出版社,2008.

[42]　张岳. 集散控制系统及现场总线[M]. 第 3 版. 北京：机械工业出版社，2006.

[43]　刘泽祥. 现场总线技术[M]. 第 2 版. 北京：机械工业出版社，2011.

[44]　赵众，冯晓东，孙康. 集散控制系统原理及其应用[M]. 北京：电子工业出版社，2007.

[45]　刘翠玲，黄建兵. 集散控制系统[M]. 北京：中国林业出版社，2006.

[46]　常慧玲. 集散控制系统应用[M]. 北京：化学工业出版社，2009.

[47]　张一，肖军. 测量与控制电路[M]. 北京：北京航空航天大学出版社，2009.

[48]　肖军. DCS 及现场总线技术[M]. 北京：清华大学出版社，2011.

[49]　王慧，等. 计算机控制系统[M]. 北京：化学工业出版社，2007.

[50]　张凤登. 现场总线技术与应用[M]. 北京：科学出版社，2008.

[51]　张新薇，陈旭东. 集散系统及系统开放[M]. 北京：机械工业出版社，2005.

[52]　李正军. 现场总线及其应用技术[M]. 北京：机械工业出版社，2005.

[53]　方康玲，等. 过程控制与集散系统[M]. 北京：电子工业出版社，2009.

[54]　胡小强，等. 计算机网络[M]. 北京：北京邮电大学出版社，2005.

[55]　张学申，叶西宁. 集散控制系统及其应用[M]. 北京：机械工业出版社，2006.

[56]　郭巧菊. 计算机分散控制系统[M]. 北京：中国电力出版社，2005.

[57]　张新，高峰，陈旭东. 集散系统及系统开放[M]. 第 2 版. 北京：机械工业出版社，2008.

[58]　金以慧. 过程控制[M]. 北京：清华大学出版社，1993.

[59]　王骥程，祝和云. 化工过程控制工程[M]. 第 2 版. 北京：化学工业出版社，1991.

[60]　汪晋宽，罗云林，等. 自动控制系统工程设计[M]. 北京：北京邮电大学出版社，2006.

[61]　王树青，戴连奎，于玲. 过程控制工程[M]. 第 2 版. 北京：化学工业出版社，2009.

[62]　王树青，等. 工业过程控制工程[M]. 北京：化学工业出版社，2005.

[63]　任彦硕，赵一丁. 自动控制系统[M]. 第 2 版. 北京：北京邮电大学出版社，2006.

[64]　黄德先，王京春，金以慧. 过程控制系统[M]. 北京：清华大学出版社，2011.

[65]　俞金寿，孙自强. 过程控制系统[M]. 北京：机械工业出版社，2008.

[66]　孙洪程，李大字，翁维勤. 过程控制工程[M]. 北京：高等教育出版社，2006.

[67]　陈夕松，汪木兰. 过程控制系统[M]. 北京：科学出版社，2005.

[68]　张早校. 过程控制装置及系统设计[M]. 北京：北京大学出版社，2010.

[69]　李国勇. 过程控制系统[M]. 北京：电子工业出版社，2009.

[70]　潘立登. 过程控制技术[M]. 北京：中国电力出版社，2007.

[71]　方康玲等. 过程控制系统[M]. 第 2 版. 武汉：武汉理工大学出版社，2009.

[72]　刘晓玉，方康玲，王新民. 过程控制系统-习题解答及课程设计[M]. 武汉：武汉理工大学出版社，2009.

[73]　张晓华. 控制系统数字仿真与 CAD[M]. 北京：机械工业出版社，1999.

[74]　尹朝庆，尹皓. 人工智能与专家系统[M]. 北京：中国水利水电出版社，2001.

[75]　楼世博，孙章，陈化成. 模糊数学[M]. 北京：科学出版社，1983.

[76]　何玉彬，李新忠. 神经网络控制技术及其应用[M]. 北京：科学出版社，2000.

[77]　邹珊刚，黄麟雏，李继宗，等. 系统科学[M]. 上海：上海人民出版社，1987.